温故視新のテレビ学

テレビ放送開始直後の新橋駅西口広場。17インチの白黒・街頭テレビに映る力道山のプロレスに約2万人の群集が殺到。わずか866世帯しか受像機が普及しない中で、オーディエンスは新たなメディアを熱狂と共に受け入れていた。その後、テレビは順調に普及率を伸ばしていき、爛熟期を迎え、技術的にもカラー化、デジタル化、4K、8Kへと格段の進歩を果たす。しかし、それとは裏腹に受け手には、もう草創期の熱はなく、テレビ離れの進行が指摘される中で、テレビはインターネットにメディアの覇権を取って代わられようとしている。

開局当時の制作現場は未熟ではあったが、黎明期特有の自由度と活気に満ちていた。対照的に、今、テレビの「作り手」たちは疲弊しきってしまい、自律性も失いつつある。その元凶は、視聴率のプレッシャー、テレビ局の組織体制の硬直化、管理制度の浸透……

もう一度、テレビが輝いていたあの時代、高い熱量や面白さを取り戻すために必要なものとはなにか？

新テレビ学講義

～もっと面白くするための理論と実践～

目次

第5章　テレビの歴史③　１９８２〜１９９３
「第三期　フジテレビ・初期編成主導型モデル」…２１３

第6章　テレビの歴史④　１９９４〜２００３
「第四期　日本テレビ・編成主導型モデル」…２５９

第7章　テレビの歴史⑤　２００４〜２０１０
「第五期　フジテレビ・多メディア型モデル」…３１３

装丁　中村 健（モ・ベターデザイン）
本文レイアウト　茉莉花社 編集部
編集　塩澤幸登
プルーフ・リーディング　長田 衛

はじめに

おはようございます！　私は東京のテレビ局で働きながら大学の教壇に立ち、テレビマンとテレビ研究者の二足の草鞋をはいて活動しております。そんな私の元に、先日、大学で私が担当する「メディア文化論」を履修する学生から一通の手紙が届きました。

松井英光様

突然、お手紙を差し上げ、驚かせて申し訳ありません。

私は、先生の授業を履修しております、人間社会学部3年の田坂幸人と申します。

さて、間もなく新卒の就職試験が始まる時期になり、私も就職活動を始めようと思っております。私は小学生の頃からテレビの世界で仕事をしたいと思い続けておりまして、それもあり、松井先生の「メディア文化論～テレビはまだ面白くなる～」の授業を履修することにしました。まだ授業のガイダンスが終わったばかりの段階であり、大変不躾ではありますが、テレビ業界に入って仕事をするには、どういった考え方をして、何を知っていなければいけないのだろうか、番組を創る人たちはものごとをどんなふうに考えるのだろうか、何かテレビの世界で仕事をしていくための秘訣のようなものを教えて頂けないだろうか、などを伺いたいと思ってお手紙を差し上げました。

本当に、私は子供の頃からテレビが大好きで、小学校3年生の頃から将来は必ずテレビの世界で活躍するのだと心に決めて、ここまでやって参りました。

というのは、私は広島県の因島出身で、祖先は海賊であったらしいのですが、小学校3年生に上がる少し前に行った「因島水軍祭り」で、その後の人生を決める出会いがありました。その「因島水軍祭り」は、因島を拠点に活躍した村上水軍を再現する、島をあげて盛り上がるイベントなのですが、その時、水軍の末裔である因島村上家の当主がいらっしゃっており、鎧兜を着て行列に参加されていました。

そこで、村上家の家来であった我が家は、現在でも当主と交流があり、私の祖父が鎧兜を颯爽と着た、第22代当主の村上七郎さんを孫の私に紹介してくれました。この村上七郎さんは、長い間、東京のテレビ局に勤務してご活躍されていた方で、当時は関西テレビの社長さんでした。テレビ好きという私に、「テレビは夢のある世界だよ。番組作りの現場は、大声でわめく者やゲラゲラ笑う者がいて、賑やかな場所だし、大人になったら華やかなショービジネスの世界にぜひ入ってきてね」と笑顔でアドバイスをもらい、私も「テレビを創る人になりたい」と答え、一気にテレビへの想いが高まりました。

その後、村上七郎さんと会うことはなく、今はもう亡くなられておりますが、村上さんの言葉は深く私の心に残ったのです。そのあと、私は自分なりに考えて東京の大学に進み、テレビ業界へ入ることを人生最大の目標として一生懸命に勉強してきました。

しかし、最近のテレビ番組を見ていると、昔ほどは心の底から面白いと思える番組がなくなっており、世の中的にも若者を中心とした「テレビ離れ」が進んでいると言われております。私の周りにも、「テレビは面白くないので全く見ない」という学生たちも増えており、テレビの現場は今でも本当に「夢があり、笑い声が絶えない、賑やかで華やかな場所」なのでしょうか。しかし、私の心には村上さんの優しい笑顔と言葉がしっかりと残っており、その魂が乗り移っているかのように、「テレビの世界で生きろ、テレビで頑張って現状を変えていけ」と言われているような気がしてならないのです。

そして、実際に私自身の就職活動をする時期が来て、今や背後霊のように感じられる村上七郎さんの魂が「松井英光さんに相談してみなさい」と繰り返して言うのです。先生の授業の副題のように本当に「テレビはもっと面白くなる」のでしょうか。そして、私がテレビの世界で大活躍するには大学生の間に何を学んでおけば良いでしょうか。

田坂君、私も就職活動の際はいろいろ考えましたが、少なくとも私の時分の１９８０年代後半はテレビが元気で、テレビ業界に進むこと自体への迷いはありませんでした。しかし、現状は大変お答えするのが難しく、簡単に説明がつくような問題ではありません。私自身も、以前はテレビ番組のプロデューサーやディレクターを担当しておりましたが、現在はテレビ研究者からの立場としても、テレビ業界の未来像を、やや不安に思っております。ただ、「テレビはまだ面白くなる」

と思っております。

のも事実で、現役の「作り手」の意見も交えた上で、若い皆さんと今後のテレビメディアについて一緒に考えていけたらと思っております。

実際に、インターネットの普及など、メディアや娯楽媒体の多様化の影響もあり、いわゆる「テレビ離れ」の現象が拡大しています。特に若年層を中心に「見るものがない」といった、テレビ番組に対する不満足度も上昇しており、その直接的な影響として「視聴率」も低下傾向にあります。テレビの現状は、社会的影響力や営業的数値の側面を考慮しますと、まだ基幹メディアに位置していると推察されますが、この状況が10年、20年先にどうなっているかについては不透明です。昨今は番組の画一化も見られ、「放送文化の多様性」を遵守した創造性豊かな番組群の放送ができなくなれば、近い将来にテレビは「多様なメディアの選択肢の一つ」に脱落する可能性もあるでしょう。

そこで、テレビの現状を考える上で、私が執筆して数年前に東京大学へ提出した博士論文をやわらかく噛み砕いて、ここからは話していきたいと思います。また、もし田坂君がテレビメディアについてもっと勉強をしたいと思うのでしたら、学術論文の書き方についてもしっかり説明していきますので、卒業論文や修士論文、もしかしたら博士論文を書く際にも大いに参考にして頂ければと思います。

そもそも、私自身もテレビの現場から大学院に移った際には、勉強の仕方や論文の書き方などで、当初は大変苦労もしましたが、徐々に慣れていく中で、従来のテレビ研究に「ここはおかしいのでは」と思う所がいくつか出てきました。現在、テレビメディアの現場と、テレビ研究のアカデミズムの世界は盛んに交流が行われている状態とは言い難く、どちらかと言えば、双方がかけ離れている状況にあると思われます。そこで、博士号を持つテレビマンとして、その懸け橋になれるような活動をしていこうとも思っております。

おそらく私は、東京大学博士号を持つ唯一のバラエティー番組のプロデューサーやディレクターを経験したテレビマンとなりましたが、時にはテレビというメディアをじっくりと理論的に考えてみることも、今後、田坂君が実際に現場で働く際にも役に立ってくるはずです。やや難しい話にもなるかもしれませんが、広い視点で俯瞰からテレビを学ぶことにより、自ずとメディアの将来像や、自分のやるべきことが明確になると思います。

その上で、テレビ業界の現状や問題点を現場目線から指摘していこうと思っておりますので、よく理解して頂いて「テレビはもっと面白くなる」と実感してもらえると幸いです。とても長いお話にはなりますが、テレビの基本的な仕組みや歴史を振り返り、更に現状のドラマ・バラエティー・報道など各ジャンルの番組制作過程を、実際に「作り手」の話を交えて現場目線から考えていきましょう。

序章　なぜ「海外情報バラエティー」番組ばかりに？

「同じような人が出る、似たような番組」が出来る裏にあるシステム

２０１１年7月24日にテレビ地上波放送ではアナログ停波により、完全デジタル化移行を完了しました。その後、まさにメディアが過渡期を迎える中で、放送と通信の融合が進んでおり、放送コンテンツの重要性が改めて認識されてきております。しかし、一方では特定タレントに出演依頼が集まる中で、類似番組が横行する傾向が目に余る状況となっており、民放各局の独自カラーが失われ、番組多様性の確保が難しい状況が露呈しています。実際に、テレビメディアに対する満足度も下がってきており、私の授業を履修する学生からも「最近のテレビ番組は見るものが無い」と言う意見も多く寄せられ、若年層を中心に「テレビ離れ」と言われる現象が各方面から指摘されています[1]。この状況を裏付けるように、２０１５年7月のＮＨＫ放送文化研究所による発表では、１９８５年の調査開始以来初めてとなる、一日二時間以下の「短時間視聴」割合が増えてきており、「テレビ離れ」の兆候も若年層から世代層の拡大すら懸念される状況にあります[2]。更に、インターネットの普及などメディアや娯楽媒体の多様化の影響があり、全体的に「視聴率」も下がる中で、ついには民放キー局の営業売り上げにも波及が目に見える形になって表れてきております[3]。

また、ここ数年のテレビ番組の編成状況を眺めましても、「韓流ドラマ」、「クイズ番組」、「海外情報バラエティー」など、一旦特定のテレビ局の新企画が成功すると、他局が一斉に類似番組を放送するケースが目立ってきており、多くの視聴者に「どのチャンネルを見ても同じ」と非難される状況に直面しているようです。具体的には、日本テレビ『世界の果てまでイッテＱ！』（２０１０年、22・6％）の成功により似たような感じの海外情報バラエティー番組が急増しており、２０１５年4月編成では1週間の番組編成表に民放局で17本もの同種の海外情報レギュラー番組が並ぶ状況にありました。同じように、出演者に関しても、テレビ朝日『マツコ&有吉の怒り新党』（２０１3年、14・5％）で高視聴率を獲得して人気タレントの地位を不動のものとした有吉弘之は一週間に11本、マツコデラックスが9本のレギュラー出演番組を抱えており、その他にも、くりぃむしちゅー、さまぁ～ず、ネプチューンなど一部のお笑いタレントに出演依頼が集中しております。こうした「最大公約数」的な企画やキャスティングが横行して、安易な類似企画がはびこる多様性に欠けた番組編成の弊害が、各方面から指摘されています。これらの影響もあり、若年層を中心とした「テレビ離れ」現象が広がり、更にテレビ局には決定的なダメージとなる、全体的な「視聴率」の低下が進行していると考えられます。

このような番組の多様性が低下する原因として、「視聴率至上主義」の影響が新聞紙上を賑わしており、テレビメディア研究者からも頻繁に同様の指摘が見受けられますが、実は問題はそんなに単純ではなく、よりテレビ局内部の深い部分に存在する、ある特殊な組織モデルが、視聴者には見えない部分で関係しているのです。それは、テレビ局には番組のタイムテーブルを決定する「編成」という司令塔的な部署があるのですが、簡単に言うと制作過程で番組存続の決定権を握る、この編成部門の権力が大きくなることにより、「視聴率」の影響をダイレクトに制作現場へ反映させ、プロデューサーやディレクターの「自律性」を制限する状況が生まれております。具体的に言いますと、１９８０年代以降よりテレビ局の組織構造は徐々に制作局が編成局に吸収される組織体制に移る中で、番組を評価する際に「視聴率」の獲得を最優先する編成部門の担当者が、一部で番組制作過程で企画会議に介入する方法などにより制作現場へ影響力を及ぼしており、結果として制作現場の自由な創造力が抑えられてきております。このテレビ局の編成部門が異常に力を持つ組織体制は、皆さんには聞きなれない言葉ですが、「編成主導体制」とテレビ業界内部で呼ばれ、テレビ局内部でも現状を批判的に語る際のキーワードとして頻繁に使われますが、現行体制の否定にもなるため、局内で声高に語られることはまずありません。しかし、「編成主導体制」はこの本の中でもキーワードとなる重要なテレビメディアを動かしているシステムであり、詳しくは後の章において改めて書くことにしましょう。

ここで、まずこの本の大前提として、番組の存続や制作費などを全部ひっくるめてまるごと管理する編成部門の最大の判断基準は「視聴率」の獲得であり、その編成部門が民放キー局の内部で番組制作部門を呑み込んで拡大した「編成主導体制」を浸透させている状況があります。そして、小前提としては、「視聴率」の獲得を最優先させる方針により、制作現場の「自律性」が大幅に制約され、結果として番組の多様性が低下する実態が想定されます。この大前提と小前提から三段論法的に考えますと、「編成主導体制」の浸透が「作り手」の自由な創造力を抑え込んで、番組の多様性が下がるという仮説が成立することになります。そして、この想定の根拠としては、私の１９８９年から現在までの民放キー局と準キー局に勤務する中での経験、いわゆる「内部的目線」が下地となっております。

自分のことを少し書いておきますと、１９８９年に慶應義塾大学法学部政治学科を卒業後にフジテレビの系列局である関西テレビに入社し、まず編成局編成部に配属されました。翌々年の１９９１年には在京キー局に移り、制作局制作二部に配属となり、バラエティー番組を中心に制作現場でプロデューサーやディレクターを担当しておりました。その中で「作り手」としてのキャリアを重ねつつ、お昼12時の『笑っていいとも！』が始まる時間に起きるという、学生とさほど変わらないような日々の生活を謳歌しておりました。

しかし、長年テレビ番組の制作現場で従事する中で、１９９８年に飼育されているイルカを訓練して野生に戻す過程を追ったドキュメンタリー番組を担当した際に様々なトラブルに見舞われ、３か月で終了する予定が足掛け1年以上も沖縄で取材ロケをすることとなったのです。その際に、普段の番組制作に追われる慌ただしい日々から一転して、穏やかな南国の空の下で、自分自身の生活を落ち着いて見つめ直す絶好の機会に恵まれました。

結果として、その後の大学院進学の契機となったのですが、その最大の動機は、自分自身の「50歳になった時の姿」がよく見えなかったことでした。一般的に、テレビの「作り手」のピークは、ディレクターであれば30代、プロデューサーならば40代と考えられ、実際に50代になっても制作現場で活躍するテレビマンは極めて少ない状況です。特にテレビ局の社員である「作り手」は現場でのピークが早く、50代では大多数が管理職になるか閑職に異動することが予想され、当時の私も、「お前こんなにお金使いやがって、数字も取れないのに」と若いテレビマンを叱っている、50代になった時の自分の姿を想像しては、背筋が寒くなっていたものです。

もちろん、こうした自身の将来像が極めて不透明であったこと以外にも、テレビメディア自体の状況も入社前に思い描いていた理想像とは違う部分もあり、本格的にテレビ研究を追究することにより、テレビの正体をもう一度、外から見極めたいという気持ちも強かったことも確かです。このように、日々のテレビマン生活で潜在的にあったものが、沖縄でまとまった時間を得て、色々と思う所が大きく膨らみ、大学院への受験勉強を始めることとなりました。その後、紆余曲折を経て、ついに２００３年には東京大学大学院人文社会系研究科社会情報学専門分野（旧新聞研究所）の修士課程に合格して、会社を2年間休職した上で、本格的にアカデミズムの世界でテレビ研究を学んでいくことになりました。

さて、ここで少し話が逸れるのですが、このテレビの「作り手」が早々に制作現場からの離脱を余儀なくされる傾向は、すでに1970年代よりアカデミズムサイドから指摘されていたようで、東京大学新聞研究所所長も務めたメディア研究者の稲葉三千男は、次のように指摘しております。

ジャーナリストが同一企業に永年勤続するにつれて、その活動の目標(価値)は企業内での地位になっていく。(中略)出世するにつれて、ジャーナリストは現場から遊離し、管理部門の担い手になる。いつまでも現場にとどまっているジャーナリストは、無能者、脱落者、もしくは反逆者とみなされる[4]。

この稲葉三千男という方は、テレビ局の労働組合との繋がりが深く、学者にしては珍しくテレビ業界の内情にも精通しており、更に、次のように断言しています。

欧米でよくみられる、老練重厚なジャーナリストの活躍の余地がなくなってしまった。第一線の現場で取材を続けつつ、あるいはドラマ演出のキューを出しつつ、そのまま企業内での評価を高める方途があればよいのだが、官僚制の発達という現代的潮流へ逆行していて実現しない[5]。

当時から、「メディアの制作過程の分析を続けている唯一の研究者」として高く評価されていた稲葉は、驚くことに1970年代の時点で、テレビ局内部の官僚的な組織管理体制の進行を鋭く言い当てておりました。おそらく、この有能な「作り手」が管理職化する番組制作現場の状況に、現在も大きな変化はありません。この稲葉の指摘は秀逸であり、「作り手」が「自律性」を失ってしまい、テレビ番組の多様性が乏しくなってきている現状に通ずる部分も多く、後の章でまた稲葉の論考を詳しく追っていきたいと思います。

ここで再度、私の話に戻しますと、いざ大学院の修士課程でテレビ研究を始めてみると、アカデミズムの世界で語られている「テレビメディア論」に対して、「ちょっとそれはおかしいんじゃないか」と思う部分がいくつか出てきました。そもそも、大学院ではテレビメディアの動向を体系化することが要求されるのですが、その際には学生の皆さんも経験があると思いますが、一般理論としても通用するような「普遍性」が必要となってきます。テレビの実務家であった私には「視聴率が取れなければ番組が終わる」という極めてシンプルなルールの中で柔軟に動いているテレビの世界を、わざわざ難しくする作業にも感じられ、当初はこのアカデミズムとメディア現場のギャップに苦しみました。

しかし、最終的には従来のテレビ研究に欠けていた、メディア現場の実態とかけ離れていく原因となる致命的な部分を見つけ出して、そこを「ここだけは曲げられない」部分、いわゆる「問い」に設定した修士論文を完成させます。そして、２００５年に修士課程修了と同時に、そのまま博士課程に進学しました。同年には会社に復職し、ＢＳやＣＳで番組を制作する一方で、営業局などに人事異動となり、現在は広報局でメディアリテラシー活動を担当する非制作現場の部署で働いております。その後、２０１７年にようやく博士論文を完成させ、修士課程入学から14年の長い歳月をかけて、本当に大変でしたが、社会情報学の博士号を取得しました。その博士論文が、この本のベースとなっており、ここからは「テレビをもっと面白くする」方策を、理論的にもテレビメディアの状況をある程度まで体系化した上で、更に、制作現場の実情を交えながら、これからテレビの世界を目指す方にも、メディア状況と今後進むべき道をわかりやすく説いていこうと思います。

このように、私は大学院に通いながらテレビ局で制作現場と非制作現場の双方を経験する中で、テレビメディア内部に「編成主導体制」が浸透する過程をナマで感じておりました。この本は、私の実体験を踏まえつつ、多数の業界内では有名な現役テレビマンへ「インタビュー調査」を敢行する一方で、テレビメディア論の名著から新作までを網羅した「文献調査」も活用することなどにより、「実務家の立場」と「研究者の立場」の双方から、テレビメディアの過去、現在、将来の行方について執筆していくものであります。

では、ここから私が大学院修士課程に入学して最初に感じた、テレビメディアの実情とアカデミズムの間にある決定的なギャップについて、少し具体的に説明していきたいと思います。やはり、当初から「ここだけは曲げられない」部分として、修士論文の「問い」に設定したものは、「視聴率」の問題でした。そこで、当時の私の指導教官であり後に東京大学総長に就任される濱田純一教授に、なぜ「視聴率」がテレビ研究の対象になっていなかったのか、その理由を伺ったところ、「視聴率はお金の匂いがプンプンするために、社会学では臭いものにフタをする形で、なかなか研究対象とはならなかったのでしょうかねぇ」と率直に答えて頂いた記憶があります。だとすれば、「視聴率」はスポットCMを広告取引する際の基準となる数値としての部分が偏重され、数字を上げることでチャリンチャリンお金が儲かっていくイメージで、スポンサーを対象とした商業的色彩の濃い「営業的指標」として取り扱われ、学術研究の対象から半ば除外されてきたと言えるでしょう。

しかし、「視聴率」には、この「営業的指標」以外の重要な側面が確実に存在します。それは、「一人でも多くの視聴者に番組を見てもらいたい」という「作り手」の自然発生的な欲望を満たすための、視聴者数の把握という放送効果の「社会的指標」の部分です。実際に、このテレビ研究の中では半ば不可視化されている「社会的指標」としての側面が、番組を制作する上で様々な形で「作り手」に影響を及ぼしてきました。テレビメディアには、広告収入により経営が成立している側面と、制作現場が自らの表現したものを少しでも多くの視聴者に見てもらおうと努力した結果として、放送文化の構築へ貢献するという二つの側面が存在しております。実際に、「視聴率」が「営業的指標」であると同時に「社会的指標」となることで、この二重構造に対応するシステムとして機能しており、民間放送を60年以上にわたり安定的に成長させてきたと考えられます。

加えて、この本の中でキーワードとなっている「編成主導体制」も、実態としてテレビ局内部では周知されている状況ですが、テレビ研究の場では語られておらず、ヤフーでキーワード検索してみても、学術論文としては私の執筆した文献しか出てきません。やはり、これまでのテレビ研究の中で「編成主導体制」の是非が議論されることはなく、この制度が原因となって発生している「視聴率至上主義」や「番組画一化」に対する、不祥事が起こるたびに、判で押したように巻き起こる批判とは対照的に、こうした現象を生むメディア内部の根本的な問題は検証されないままの状況にあります。

従来のテレビ研究が、これらの避けては通れないキーワードである「視聴率」や「編成主導体制」のメカニズムを究明してこなかった理由として、調査対象となる番組制作現場が直接取材することが難しい「ギョーカイ」であり、ある面で閉鎖性が非常に強いため、接近が困難だったことが挙げられます。実際に、これまでのテレビ研究の中で、「受け手」を研究したオーディエンス論は幅広く展開されてきましたが、テレビの「送り手」論は極めて手薄であるといった指摘が古くからあります[6]。しかも、その「送り手」論もテレビ局などの組織全体を対象としたものが大多数であり、実際にテレビ番組の制作現場で汗水たらして働いている「作り手」を独立の対象とした研究はごく少数に留まり、「送り手」の一部分の範疇に含まれて語られている状況です。しかし、テレビの制作現場の「作り手」と非制作現場を中心とする「送り手」の、組織や個人の間には、「視聴率」に対する考え方の違い以外にも、勤務状況や契約形態から日常生活に至るまでの絶対的な相違があり、これらを同じものとして一括りに「送り手」としてしまえば、正確なメディア状況の把握が難しくなると思われます。私はこのテレビの「作り手」と「送り手」の双方を経験しておりますが、起きる時間や残業時間から、服装にまで及ぶ大きな違いがありました。実際に、「作り手」から「送り手」へ人事異動になった時には、学生の延長線上のような生活をテレビの制作現場で謳歌していた状況から、一夜にしてネクタイをして満員電車に揺られるサラリーマン生活を余儀なくされることとなり、テレビ局内部の二面性を痛感すると同時に、日頃の生活リズムや働き方、更には「視聴率」観を一変させられました。

しかし、従来のテレビ研究では、明確に「作り手」の概念を「送り手」から分けて定義する先行研究は皆無に等しく、「送り手」の定義に関しても諸説ある中で、確定的な解釈は存在しておりません。この「送り手」の定義に共通認識が欠け、「送り手」と「作り手」を混同したままのテレビ研究では、「編成」と「制作」が一括されてしまい、私が「ここだけは曲げられない」と力説している「視聴率」の二面性や「編成主導体制」の問題に気付くことは難しいでしょう。やはり、「視聴率」の「社会的指標」の部分や「編成主導体制」の影響が現在までテレビ研究の中で見逃されている最大の理由は、制作現場への調査が難しいという物理的な問題に加えて、「送り手」と「作り手」が混同して語られてきた状況にあると考えられます。結果として、「編成主導体制」がアカデミズムとメディア内部の双方で無批判な状態で放置され、すっかり民放キー局内部に浸透しております。こうして、テレビ局の編成部門の影響力が巨大になっていくことが見逃されてきたことで、番組制作の現場でも「送り手」と「作り手」の境界が曖昧となり、「視聴率」の獲得を最優先するシステムとなる「編成主導体制」が、番組の多様性低下を加速させていると推測されます。

そこで、この本ではこれらの現状を正確に把握するためにも、「作り手」と「送り手」が混在されたままである、従来のテレビメディア研究のアプローチ方法から抜け出して、「送り手」論から「作り手」論を分離した新たな視座を採用します。このテレビ現場の実情に即した新たな理論枠組みを取り入れることにより、「視聴率」が持つ「社会的指標」の部分を見つけ出すと同時に、１９８０年代よりテレビメディア内部で段階的に台頭してきた「編成主導体制」が「作り手」の「自律性」を押さえ込んで、番組の「多様性」を低下させる原因となる危険なシステムであることが分かってくるでしょう。このように、「視聴率至上主義」や「番組画一化」現象が生まれる根源的な理由を明らかにすると同時に、最終的には、テレビを再度「面白くしていく」ための、新たな組織体制を作る方法論も模索していきたいと思います。

続きまして、少し難しくなりますが大切なことなので、この本の中でたびたび使用するキーワードの中でも、特に重要となる「多様性」と「自律性」の双方について、それらの概念を整理しておきます。まず、番組の「多様性」ですが、広辞苑には「いろいろ異なるさま。異なるものの多いさま[7]」と書かれていますが、特に言論・表現を巡る「多様性」は、民主主義社会においては根幹となる重要な概念と言えるでしょう。ここで、私の恩師である濱田純一先生が、法制度論的な枠組みから、言論・表現の自由の文脈の中での「多様性」に対する解釈を説明されているものがあり、とても参考になりますので引用します。

民主主義国家を支える基盤である「思想の自由市場」あるいは「言論の自由市場」という考え方のキー・ワードは、多様性の概念であると言ってよい。そうだとすれば、現代においてこの市場の核を形成しているマス・メディアに対して、多様性の確保という要請が向けられることは、当然であろう。（中略）技術的・社会的・経済的な理由によって、これまで特殊に放送にのみ課せられてきたさまざまな規制のうちでも、多様性確保の観点からする規制は、もっとも重要なものの一つであったと言える[8]。

ここで、濱田先生はマス・メディアが「多様性」を確保することの必然性を説いていますが、主要マス・メディアの一つであるテレビメディアについても、法制度の観点から触れており、更に強い言葉を使って、その重要性について次のように明言しています。

将来の放送制度のあるべき姿を構想する、放送政策の基本的な価値目標の一つが、放送における意見と情報の多様性の確保という点にあることは、民主主義国家においては自明の事柄であると言ってよい[9]。

実際に、「多様性」の概念はテレビ研究の中でも幅広くキーワードとして使われておりますが、基幹メディアであるテレビの「多様性」確保の重要性は、私のテレビマンとしての経験からも素直に頷けるところです。一方で、最近は英語の「diversity」(ダイバーシティー)としても、「多様性」の問題は様々な文脈の中で日常的に頻繁に取り上げられており、ある種の流行語にもなってきている状況です。

また、海外でもテレビメディアに関する「diversity」は広く議論されており、イギリスのリーズ大学(以前に佳子さまが留学した大学です)教授のデビッド・ヘスモンダルグが、ケーブルテレビや衛星放送の普及により多チャンネル化した欧米のテレビメディアの状況を例にとり、「多様性」の概念を具体的に説明しています。ヘスモンダルグによると、多チャンネル化により視聴可能な選択肢は飛躍的に増えましたが、過去に存在したテレビ局の放送内容を少し変えただけで、視聴者に新たな意識を与えるものではなく、必ずしも本当の「diversity」が成立した状況とは言えず、むしろ無意味な「multiplicity」の状態であるそうです[10]。この「diversity」と「multiplicity」は双方ともに、英和辞書では「多様性」と訳されておりますが、英英辞書で引いてみると前者は「noticeable heterogeneity(目立った異種)」、後者は「a large number（大きい数字）」とニュアンスの違いがよく分かります。要するに、テレビメディアの「多様性」とは、単に多チャンネル化により番組の数が増える（multiplicity）という状況にとどまらず、放送内容そのものの種類の違い（diversity）を指すものと、ヘスモンダルクは捉えているようです。この解釈を、日本のテレビメディアの現状に当てはめますと、デジタル化以降は多チャンネル化で「multiplicity」は確かに成立しておりますが、決して「diversity」とは言えない状況にあると思われます。

一方、日本のテレビ研究者もテレビメディアの「diversity」について、より具体的に言及しており、上智大学の音好宏教授[11]らは放送の「多様性」について、個々の番組を調べた上で、「番組タイプ」（番組プログラムの種類の構成バランス）、「フォーマット」（スタイルの多様性やリソースの適正配分）、「内容」（文化多様性）の3つの観点から定義しています[12]。この論文の中では、「多様性」について具体的に個々の番組内容を分析した「番組単位のミクロなレベル」から検証されており、メディア現場の実情に近い形で裏付けされています。やはり、この本でもテレビメディアの「多様性」とは、単なる多チャンネル化とは異なり、「様々な種類の番組タイプや内容から構成され、視聴者に幅広い意見と情報を提供する状態」と規定したいと思います。つまり、いくらデジタル技術による多チャンネル化で番組数が増えたとしても、「最大公約数」的な類似企画や一部の人気出演者への集中が横行すれば、それは決して「多様性」が確保された状況ではないことになります。

その上で、テレビメディアで言論・表現の自由に基づいた番組の「多様性」を実現するためには、制作現場の「自律性」を確保することが不可欠となるでしょう。ここで再度、私の師匠の濱田純一先生の言葉を引用しますと、「個々の主体の放送活動に自由を最大限認めることから思想や情報の多様な市場が当然に生み出される」として、「自律性」を放送の自由の「主観的側面」、「多様性」を「客観的側面」と指摘されています[13]。まさに、テレビサイドから見たら、この双方は「テレビが面白くなる」ために必要な表裏一体のキーワードと言えるでしょう。そこで、この本の中では、番組の「多様性」を取り戻すことで「テレビをもっと面白く」するためのマスト事項として、「作り手」の「自律性」を確保する問題について、現場目線から深く考えていきたいと思います。

一般的に「自律性」とは、「自分の行為を主体的に規制すること。外部からの支配や制御から脱して、自身の立てた規範に従って行動すること」などと、解釈されております[14]。メディア研究の世界でも、「自律性」は法制度論やジャーナリズム論などで幅広く議論されてきた基本概念であり、これまでは「国家からの自律性」に力点が置かれてきたようですが、この本の流れの中では、むしろテレビの「作り手」の「自律性」が問題になります。

ここからは少し難しくなりますが、こうしたメディア企業の内部で働く「作り手」の「自律性」に関する研究について触れていきたいと思います。まず、先ほど主流と言いました「国家からの自律性」は「外部的自由」と呼ばれており、それと対比される「作り手目線からの自律性」として、メディアの「内部的自由」があります。簡単にイメージしてみますと、国家権力からのチカラに対してテレビ局が抵抗するのが「外部的自由」で、テレビ局の番組編成権を握る経営サイドからの圧力に対して個々のプロデューサーやディレクターなどが抵抗するのが「内部的自由」ということになるでしょう。この「内部的自由」研究の大家で元関西学院大学教授の石川明は、「作り手」の「自律性」が制約されてきた状況と、「内部的自由」の問題について次のように指摘しております。

組織の上部から、また、外部から〝圧力〟が加えられた場合、どこまで自らの職業的な使命感に基づいた〝自己決定〟ができる状況にあるかどうかには大きな問題がある。（中略）日本社会では、自律的なジャーナリストとしての自己決定が大きく阻害されている。内部的メディアの自由は、記者や番組制作者が、メディアの果たすべき公共的な役割に協働する限りにおいて、〝分有することのできるメディアの自由〟を、専門的な職業者として行使することを意味している[15]。

ここで石川は、「専門的な職業者」の行使する「自律性」として「内部的自由」を捉えて、その職務を健全に成立させるためにも、「作り手」の「自律性」が守られる必要性を明確に指摘しておりました。一方、この「自律性」の確保について、より具体的には、林利隆が「テレビ・ジャーナリズムにおけるエディターシップの確立」の必要性を挙げており、そのためにも「組織内部においてエディターシップの主体および作動過程を透明にすること」が重要であると主張しています16。

この本でも、実際に番組制作過程を明らかにしていくのですが、その際に「作り手」の「自律性」とは、制作現場の「作り手」が非制作現場の「送り手」から独立して、「エディターシップ」の主体を確保した状態で「自己決定」に基づいて創作活動を行い、メディアの公共的役割を果たしていくことと定義したいと思います。やはり、この報道からバラエティー番組まで、広い範囲の創作活動の中で「エディターシップ」の主体を、「作り手」が「送り手」から取り戻すことが、「テレビがもっともっと面白くなる」ためのキモとなる部分と言えるのではないでしょうか。

このように、のっけから難しくなってしまいましたが、重要なメディア論的な部分として、この本の「多様性」と「自律性」の定義を改めて具体的に確定させました。ここからは、「多様性」と「自律性」をキーワードにして、「作り手の自律性復活による番組の多様性確保」という、制作現場の本来あるべき姿を取り戻す方法論を見つけていきます。実際に、現在の「編成主導体制」では明らかに「作り手」の「自律性」が抑えられ、その影響で番組の「多様性」も低くなる傾向にあり、この状況を改めていくには、制作現場の「自律性」の復活が見込まれる新しい組織モデルを探り当てることが必要となります。その際に、一昔前から遡って「編成主導体制」を分析することが効果的であり、編成部門の「送り手」が、徐々に制作現場の「作り手」を吸収していく歴史を正確に捉えるためにも、テレビメディアの「内部的視点」から見た「作り手」論を展開していこうと思います。

もちろん、「編成主導体制」の問題を分析する上で、メディア内部の実務者へのインタビュー調査を駆使した「内部的視点」に頼った研究方法に限界がないわけではありません。実際に、番組制作現場の「自律性」や番組の「多様性」の問題は、テレビ研究の中で以前から何かにつけて議論されてきた普遍的なテーマであり、「作り手」論の目線のみでは解決されず、経営論、法制度論、政策論、ジャーナリズム論などマクロな視点で議論した上での分析が求められるべき問題なのかもしれません。しかし、これらの幅広い研究領域を網羅した考察は、一人の研究者の手に負えるレベルを超えた壮大な対象範囲となります。むしろ、これらを全てカバーした総花的な研究よりも、ある一面に特化した効果的な解決策を具体的に示す方が、テレビの現状に迫るには有効ではないかと考えます。その際に、私の実務者としての経験を活かした「内部的視点」から調べていくことによって、これまでのテレビ研究では見逃されてきた「編成主導体制」の浸透による、番組制作現場への様々な影響を明らかにすることができると確信しております。つまり、テレビメディアのミクロな「内部的視点」からの一点突破により、従来のマクロな「外部的視点」からでは説明のつかなかった、「作り手」の「自律性」や番組の「多様性」の問題の核心部分を衝くことが出来るという目論見です。

従いまして、この本ではマクロな「外部的視点」から見た以前からの研究では見つけられなかったテレビの本質的な部分を、ミクロな「内部的視点」からメディアの内部組織を詳しく見ていくことにより、既存のテレビ研究に新たな視点を付け加えていきます。まずは「作り手」論の視角から問題の解決方法を提示することにより、そこからテレビ研究全体へと影響が及ぶ、多角的な議論へと発展する状況も将来的には期待されるでしょう。

さて、続きましてはテレビ研究の中で、「作り手」論を独立させた新たな研究方法を採り入れる上での、研究対象や限定条件などについて具体的に述べていきたいと思います。ここからは、学術論文を書いていく際に必須となる確認事項が続きますので、場合によっては軽く読み飛ばして頂いてもけっこうな部分ですが、卒業論文、修士論文、博士論文を書かれる方は、スタンダードな序章の書き方として、大いに参考にして頂ければと思います。

まず、この本では「作り手」を「送り手」から分けた議論を展開していきますが、その際に、研究対象を限定するためにも、それぞれの定義を明確にしておきたいと思います。この定義を踏まえた上で、この本の研究枠組みや、対象の限定条件を設定していきます。

やはり、一言でテレビの「作り手」の範囲を言い切ることはメディア環境が複雑になる中、とても難しい作業でありますが、そうと分っていながらも、敢えてこの本では「番組制作現場に直接従事するテレビメディア内で労働する人たち」と定義します。この理論的な裏付けなどは後の章で詳しく書きますが、労働基準法の規定する「みなし労働時間制」の根拠となる「裁量労働制」の定義を援用したいと思います。この「裁量労働制」は、何かと話題になっている制度ですが、民放キー局では2000年代から既に導入されており、自分の都合で働けるとされる職場の勤務時間が一定時間に決められてしまい、私も青天井に付けていた残業時間が頭打ちとなり、給料が減った苦い覚えがあります。とはいえ、この法律上は「出退勤時間の自由があり、実働時間が管理されない」とされる部署を、「送り手」から「自律性」の確保が可能となる「作り手」の適用範囲にしたいと思います。

具体的に、この「裁量労働制」が適用されている部署をテレビ局の組織図に合わせて「作り手」の範囲を取り決めますと、「制作部[17]・報道局・スポーツ局」等の管理部門以外のスタッフが該当することになります。また、「作り手」にはテレビ局員以外の制作会社のスタッフも多数存在しており、広義の定義としては、芸能プロダクションの出演者や構成作家、脚本家なども含まれます。

同様に、テレビの「送り手」の定義を確定することも骨の折れる所ですが、この本の中では「番組制作現場に直接従事しないテレビメディア内で労働する人たち」とします。また、「作り手」の定義とは対照的に、民放キー局が導入している「非裁量労働制現場」を、「送り手」の範囲に適用させます。また、テレビ局の組織図を「送り手」の範囲として具体的な部署に照らし合わせますと、「編成部・営業局・経理局・人事局」等のスタッフが該当するでしょう。一方で、「作り手」との大きな違いとして、補助スタッフを除くと「送り手」の大半はテレビ局の社員が当てはまることになります。

次に、この本の中で「作り手」を「送り手」から分けて考えていく際に、これらの定義を全てのテレビ局に適用させることは難しいため、基本的には「視聴率」の影響を強く受けている地上波の「民放キー局、準キー局」を対象範囲に限定します。なぜならば、まずBSやCSは歴史が浅く、最近まで定期的な視聴率調査が実施されていなかったからです。また、NHKについては「視聴率」に対する影響力が民放に比べると圧倒的に弱く、民放地方局はそもそも自社制作番組が少なく、番組編成もキー局の影響力がとても強く、それぞれ比較対象としては不適切と考えます。

実際に、テレビメディア全体の現状を見ても、地上波放送が市場規模の面でBSなどの衛星放送を遥かに上回っております。また、「視聴率」もBSやCS、CATVなどは「その他の局」として数値を合算して集計されていますが、極めて低く、地上波放送が「受け手」への影響力の面でも圧倒する形で基幹メディアとして成立していると言えるでしょう[18]。

そして、その地上波放送の中では、民放キー局系列の5局とＮＨＫが併存しており、個々のキー局や準キー局とＮＨＫの「視聴率」も大差はない状況です[19]。したがって、この本の中で対象を地上波の「民放キー局及び、準キー局」に限定することは、テレビメディア全体を語る上で、本質的な部分から大きく外れない設定範囲であると考えられます。

一方、引用するデータとして、視聴率調査の数値は１９６２年から現在まで継続して運用されているビデオリサーチによる「関東地区世帯視聴率」を使い、２０００年に撤退したニールセンのデータや、１９９７年に本格的に導入された個人視聴率は基本的に使用しません。そして、この本の中で引用する番組視聴率は、何か断りがない限りビデオリサーチの関東地区世帯視聴率を引用しており、できるだけ当該番組の歴代最高視聴率と、その年度を関連書籍やインターネットで調べた上で付記していこうと思います。

また、研究方法としては、「質的調査法」と「文献調査」を採り入れました。この「質的調査法」とは、アンケート調査などの「量的調査」とは対照的に、特定な体験をした一部の人たちを対象に調査するもので、この本では、主に時代別の代表的な番組を担当した制作現場の「作り手」や、編成部門の「送り手」を中心とする実務者へのインタビュー調査を実施しました。具体的には、２００４年9月から２０１７年12月の間に計33人のテレビメディアで働くエキスパートを対象に、毎回一人の対象者への対面インタビューによる聞き取り調査をしており、必要に応じて事後に電話インタビューや手紙、電子メールで内容を補足しています。その上で、場合によっては調査したインタビュー内容を、取材対象者に関連する雑誌や書籍などで裏を取る、「文献調査」により補っております。その具体的な著作物としては、テレビ研究論文の他にも、新聞やテレビ業界紙、調査報告書などの一次資料や、各種雑誌、テレビ誌、関連書籍などを網羅して丹念に調べ上げました。

この「作り手」や「送り手」の実務者のインタビュー調査を重点的に行った理由として、これまでのテレビ研究は、ギョーカイ関係者へのアプローチ方法の難しさもあり、制作現場の実態をとらえた調査が決定的に不足しておりました。結果として、テレビの「送り手」研究が遅れてきたという事実があり、その解決策として制作現場で働く対象者への直接取材調査が効果的であると考えたからです。更に、調査報告書などで見つけた内容の確認や、「文献調査」のみでは信憑性に欠けている部分を補う意味でも、実務者へのインタビュー調査が有効な手段となりました。その際に、調査対象者の選定基準は、エポックメイキングな番組に従事した「送り手」と「作り手」の双方をリストアップした上で、コンタクトが可能であり、調査協力者として承諾を得ることができた人たちを対象者としました。

また、インタビュー方法としては、事前に決めた質問を変えられない「構造化インタビュー」と呼ばれる方式では、複雑な番組制作過程の実態を把握することが難しくなると判断して、質問を事前に大筋で決めておくものの、会話の展開で臨機応変に順序や内容を変えられる「半構造化インタビュー」方式で大半は行いました。その質問項目は、制作された番組内容よりも、担当番組の中の「編成主導体制」浸透の有無や、制作現場の「視聴率」や編成部門の影響などの制作過程に関連するものを中心に設定しています。一方、インタビュー時間が充分に取れた場合は、状況に応じてオープンエンドで自由に質問をしていく「非構造化インタビュー」方式を採用しました。この会話がはずむインタビュー形態は、関連文献などには書かれていない、独自調査による新しい情報の収集にも効果的でした。

その他にも、調査対象者がパネラーとして出演するイベントや講演会などで話したコメントも活用しています。具体的には、2012年6月から2014年6月までの7人を対象にしておりますが、その後、補足的な個別インタビューや、担当番組に関連する調査報告書などの「文献調査」で裏を取り、これらの「質的調査法」の信憑性を高めました。

このように、この本では、まず「送り手」と「作り手」を分けた視座を採り入れた上で、個々の具体的なケースとなる番組の制作現場を入念に調べて、設定した理論枠組みの妥当性を検証していきます。個々の番組やテレビ局の組織構造を「送り手」と「作り手」の双方の視点から分析することにより、これまで見えていなかった番組制作過程の複雑な内部構造の問題点を照射すると同時に、今後のテレビの「作り手」たちの進むべき道を明確に提示していけるのではないかと思います。

最後に、この本の全体構成を見ていきたいと思います。一般的に言いますと、この序章の他に、本論となる第1章から第8章までと、結論となる終章を基本形とする「並列式三部構成法」を採用しております。少し名称は難しいですが、それぞれの章に小さな答えがあり、最後にその答えを集約して大きな答えを導き出すという構成方法です。

まず、この序章で問題となる仮説を設定した上で、学術論文の作法に近い形で、研究方法、研究対象、限定条件などを確認しましたが、ここから全体構成にも触れていきます。

続いて、本論部分に入りますが、第1章と第2章では、先行研究を概観した上で、核となる理論モデルを設定することにより、この本の論点を抽象化していきます。そして、第3章から第8章では、具体的にテレビメディアの歴史を考察することにより、第1章と第2章で設定した理論モデルの妥当性を明らかにして、終章で結論を提示していくといった流れです。つまり、この本の中で、第1章と第2章が「理論的パート」で、第3章から第8章が「実践的パート」になりますので、読者の皆さんの需要に応じては、このあといきなり第3章から読んでいくことも可能な全体構成になっております。

具体的な各章の内容ですが、まず第1章では、従来のテレビ研究における国内外の先行研究の系譜を俯瞰した上で、「受け手」としてのオーディエンス研究の豊かさと比較して、手薄であると指摘されてきたテレビの「送り手」論を精査していきます。当時は「送り手」の定義に共通概念がなく、結果として、後藤和彦の編成研究や、稲葉三千男の生産過程研究、井上宏の組織研究など、個々のテレビ研究が分断され、大きな潮流を形成するに至らなかったと考えられます。実際に、1970年代後半でこれらの系譜はほぼ途絶えており、その歴史と成果を丹念に振り返ると同時に、それぞれの限界点を検証していきます。

次の第2章では、この本のキーワードにもなっている「作り手」、「送り手」の概念を整理して、「作り手」を「送り手」から分離した視座の必要性について説明していきます。その上で、理論モデルとして、1970年代までのテレビメディアの中で主流となっていた、「作り手」が「送り手」から「自律性」を確保する「制作独立型モデル」と、1980年代前半以降に構築されていく、「送り手」が「作り手」を吸収して実質的に傘下に置くようになる「編成主導型モデル」の二類型を設定しました。

このように、新たに採用したテレビの「作り手」を「送り手」から分けて検証した類型モデルの設定により、メディア内部で「送り手」と「作り手」の境界線が徐々に曖昧になっていく状況が見えてきており、後の章で段階的に「編成主導体制」の浸透による影響を検証する際の指針とします。

実際に、第3章から第8章では、この理論モデルの妥当性について、歴史研究や事例研究により実践的に明らかにしていきます。具体的には、各章ごとに1970年代TBS、80年代フジテレビ、90年代日本テレビと移っていく「視聴率の覇権」を握ったテレビ局別の年代区分を採用して、「作り手」と「送り手」の関係性を、「制作独立型モデル」から「編成主導型モデル」への変遷を基軸に、第一期から第六期までを分けて考察します。この「制作独立型モデル」から「編成主導型モデル」への移行に伴う、番組制作過程の変容に焦点を当てて、「視聴率」に対する意識の変化や編成部門の影響力が徐々に強くなっていく実態の、テレビメディア全体にもたらす弊害を深く検証していきます。

最終的には、テレビ研究の新たな枠組みとなる「送り手」と「作り手」を分けた視座から、現状で理想となるテレビメディアの組織モデルを提示します。終章では、第8章までの考察を整理して、「編成主導型モデル」と「制作独立型モデル」の双方を再考することにより、「編成主導体制」の浸透が「作り手」の「自律性」を制約して自由な創造力の発揮が抑えられ、結果として番組の「多様性」が失われると想定した仮説の妥当性を説いた上で、現行の「編成主導体制」を修正する新たな組織モデルを提示したいと思います。

現在のテレビメディアの傾向を一言で表しますと、「作り手」個人のカラーは失われて、極めて集団的な作業に埋没しており、「送り手」が編成部門の枠組みを超えて、「作り手」の総責任者であるプロデューサーと同等、もしくはそれ以上の地位へ、役割を拡大させる傾向が見られます。その中で、「作り手」と「送り手」の境界線と結節点も流動的ですし、その線引き作業も簡単ではありませんが、テレビ局が編成部門を中心とした「送り手」が統括する組織集団として大企業化する中で、「作り手」の個人的な側面が軽視され、「送り手」の一部として吸収されていく傾向に警鐘を鳴らしていきたいと思います。ひいてはテレビ番組の制作現場で直接働くスタッフを対象にした「作り手」論を展開することにより、従来のテレビ研究が看過してきた「編成主導体制」の浸透など、テレビメディアの本質的な部分に関わる危うい部分にも、深く迫っていけると確信しております。

くどいようですが、現状のテレビ研究に必要なことは、従来の「送り手」と「受け手」の二元論に「作り手」を加えることにより、メディア現場とも大きくかけ離れない、「視聴率」の影響の作動形態などを正確に捉えられる、「番組制作過程」研究を展開する「作り手」論を確立することです。この従来とは異なる視座によって、新たなテレビ研究の道が開け、これまでうまく衝けていなかったテレビメディアの本質的な部分を指摘することも可能になるでしょう。結果として、これからテレビの世界に入ってくる新しいテレビマンが何をしていかなくてはいけないか具体的に見えてくるでしょうし、望むらくは「作り手」の「自律性」を回復させることで、番組の多様性を確保して、「受け手」となる視聴者にもバラエティーに富んだ放送文化を享受できるようにしたいところです。

この本の結論となる終章において、現行の「編成主導体制」の是非を冷静に判断して、新たな組織モデルを提言することで、「もっとテレビを面白くする」方法論を明示します。やはり、今後の研究の広がりの方向性は、メディアとして危殆に瀕しているといわれるテレビを冷静に分析し、基幹メディアとして生き返らせるために、テレビの面白さを回復させる処方箋を考えていく中で、この本のオリジナルモデルとなるテレビメディアの新たな組織論の提示に向けられることになります。

これは、現代社会における企業組織のあり方が多様化・柔軟化していく中で、従来の平準化を促進する一般企業のような組織論とは異なり、テレビメディアにフィットさせた、新たな視角からの組織論を提案するものになると考えられるでしょう。

最終的にはこれから新たにテレビの世界に入ってくる人、ひいてはメディア全体への政策提言となるよう、研究成果を制作現場にフィードバックして、テレビの明るい未来像を築く一助になると同時に、制作現場の視点にも立脚した実践的な「作り手」論を成立させることで、日本のテレビ研究の再構築となる「新テレビ学」を模索していくことも目標にしております。

【註】

1　大和総研が2014年8月18日に発表した「若者のテレビ離れと昼下がりの高齢者」や、『NHK放送文化研究所年報2012』で、執行文子が「若者のネット動画利用とテレビへの意識〜中高生の動画利用調査の結果から〜」を掲載するなど、多くの若年層の「テレビ離れ」を指摘する文献が存在する。

2　「毎日新聞」（2015年7月8日付）、「テレビ離れ傾向強く 30分〜2時間 短時間視聴が増加」参照。NHK放送文化研究所世論調査部・中野佐知子副部長のコメントを引用。

3　2004年度の民放キー局の「年間平均視聴率」として、プライム帯はフジテレビ14・0%、日本テレビ13・5%、TBS12・9%、テレビ朝日12・3%を記録したが、2014年度はフジテレビ10・0%、日本テレビ12・7%、TBS9・3%、テレビ朝日11・3%と大幅に下落しており、ゴールデン帯、全日帯も同じ傾向である。一方で、電通が試算した2004年の地上波テレビ広告費は2兆436億円で、2014年は1兆8347億円と、「視聴率」低下の影響もあり下回っている。また、民放キー局5局のテレビ部門単体での年間売上高総計も、各局の決算説明資料によると、2004年は1兆2015億円であったが、2013年は1兆1418億円と約600億円も下落している。

4　稲葉三千男『現代マスコミ論』（青木書店、43頁、1976）参照。

5　稲葉三千男『現代マスコミ論』（青木書店、44頁、1976）参照。

6　高木教典「〈シンポジウム〉・放送研究の進め方〈報告〉マス・メディア産業論と放送研究」『新聞学評論』第13号（日本マス・コミュニケーション学会、11頁、1963）などで「送り手」論の遅れの指摘がある。

7　岩波書店『広辞苑 第六版』の「多様」の概念を参照。

8　濱田純一『メディアの法理』（日本評論社、165頁、1990）参照。

9　濱田純一『メディアの法理』（日本評論社、１９１頁、１９９０）参照。
10　Hesmondhalgh, D.(２００７), The Cultural Industries, Los Angeles: Sage Publications, P２７１―２７２参照。
11　音は、民放連の研究所に勤務経験があり、現在は放送批評懇談会理事長を務め、民放局の番組審議員も歴任するテレビメディアに近いタイプのメディア研究者と言える。
12　音好宏、日吉昭彦「テレビ番組の放映内容と放送の〝多様性〟～地上波放送のゴールデンタイムの内容分析調査～」『コミュニケーション研究』第38号（上智大学コミュニケーション学会、49―54頁、２００８）参照。
13　濱田純一「5法制度論 自由」『マス・コミュニケーション研究』50号（日本マス・コミュニケーション学会、１００頁、１９９７）参照。
14　岩波書店『広辞苑 第六版』の「自律」の概念を参照。
15　石川明「組織の中のジャーナリスト」花田達朗・廣井脩編『論争 いま、ジャーナリスト教育』（東京大学出版会、63―64頁、２００３）参照。
16　林利隆「求められる『専門職』としての意識―ＴＢＳ取材テープ問題を考える」『新聞研究』１９９６年5月号（日本新聞協会、58頁、１９９６）参照。
17　民放キー局により編成局が制作局を吸収した組織と、それぞれに独立した組織がある。２０１８年1月時点で、フジテレビとテレビ朝日が前者であり、フジテレビは編成局の傘下に制作センターを置き、テレビ朝日は総合編成局の傘下に第1制作部、第2制作部、ドラマ制作部が置かれている。日本テレビ、ＴＢＳ、テレビ東京は「編成局」と「制作局」を組織的には分離している。
18　電通の調査によると、２０１５年の地上波テレビ全体の広告費は1兆８０８８億円、ＢＳ放送全体で８６４億円、ＣＳ放送全体が１９８億円、衛星放送関連全体でも１２３５億円であり、地上波テレビの1割にも満たない。そして、ビデオリサーチによる２０１５年の年間視聴率でも、衛星メディア全体の「その他」に分類される視聴率は、全日帯４・８％、ゴールデン帯７・４％、プライム帯７・１％であり、民放キー局の1局分よりも低い数値となっている。

19　ビデオリサーチによる２０１５年の年間視聴率によると、ＮＨＫの視聴率は全日帯６・７％（６局中、第３位）、ゴールデン帯10・４％（同３位）、プライム帯９・２％（同５位）であり、地上波の全局中で、ほぼ中間的な数値となっている。

第1章　テレビ研究は「何ができて、何ができていないか」

1 これまでの「テレビ研究」をよく見てみると…

序章では、これまでのテレビ研究が見逃してきた部分を色々と指摘しましたが、アカデミズムの世界のルールとして、以前の研究を批判する場合は、対象となる過去の論文を入念に調べた上で、どこが不足しているのかを具体的に論証しなくてはいけません。この作業を「先行研究」のレビューと言いますが、研究論文を執筆する上ではマスト事項となりますので、卒業論文などを書く際の参考にもなりますし、改めてこれまでのテレビ研究が看過してきたものを確認すると同時に、過去のテレビ研究の素晴らしい成果をじっくりと分析していきたいと思います。少し難しそうにも聞こえますが、言い変えますと従来のテレビ研究で「何はできていて、何はできていないか」を、しっかりと見極めていくことになります。ですので、全体的には次の第2章までが「理論的パート」となり、少し取っ付きにくい内容となりますので、制作現場の話を先に読みたいという方は第3章からの「実践的パート」まで飛ばして読んで頂いてもけっこうです。しかし、特に第1章はこの本の特徴でもある「理論と実践」の双方を語る上で重要な話を含んでおり、そこから数々のテレビに関する新しい発見もあるはずですから、必ず戻ってきてこの部分も読み直してください。

さて、そもそもテレビ研究の比較的浅い歴史の中で、オーディエンス研究と呼ばれる視聴者の動きなどを分析した「受け手」論は各分野に幅広く展開されておりますが、一方でテレビのメディアサイドを研究した「送り手」論は極めて手薄であるといった指摘が多い状況です。実際に、日本のテレビ研究は生まれた直後から、当時のアメリカで流行していた「マス・コミュニケーション研究」の影響を強く受けており、実用性を重視する番組の効果測定に主眼が置かれ、その結果として、アンケートなどの調査結果を分析する実証的研究を採り入れた「受け手」論が主流となっていきました。また、研究者による制作現場への取材やアプローチ方法も当初より骨の折れる所だったようですが、この物理的な制約は今も解消されておらず、現在まで日本のテレビの「送り手」論は１９７０年代をピークに後退しているとも言われ、活発な研究の継続が困難な状況にあるようにも思われます。

しかし、一方で「コミュニケーション学の父」と称される社会学者のウィルバー・シュラム[1]は、テレビのコミュニケーションの流れを語る際に、１９５０年代より「送り手」が「受け手」に通信内容を伝達する局面を想定して、次のように明言しております。

われわれが過程について語るとき、われわれは送り手が受け手に通信内容を伝達するとき何が起こるかについて言及しているのである[2]。

極めて短い簡潔な表現ですが、実はこの言葉には深い意味があり、シュラムは情報伝達を研究する際に「受け手」のみならず「送り手」と双方の検証が必要であることを、ここで確認しております。やはり、「受け手」論と「送り手」論が同時に議論されなければ、テレビ研究のバランスが崩れ、有効な検証にならないことは言うまでもないでしょう。

また、当時の日本のテレビメディア研究には、このシュラムらの社会学を系譜とするマス・コミュニケーション過程の枠組みが幅広く取り入れられておりました。実際に、１９６３年の日本新聞学会のシンポジウムで、後に東京大学新聞研究所の所長となる高木教典が、当時のマス・コミュニケーション研究をこのように批判しています。

これまでのマス・コミ研究は、ほとんど効果論、機能研究を中心としたものであって送り手の研究は立ちおくれていました。しかし、送り手研究はたんにその立ちおくれを指摘することだけでは、その発展を促進することはできません。送り手研究を促進するためには、マス・コミ研究が効果論、機能論に片寄っていたことの原因を内在的に克服しなければなりません。（中略）現在、マス・コミュニケーション研究は、これまでの限界を破って、送り手研究と正面から取り組むことなしに多くの成果を期待できない段階にあるといえましょう[3]。

50年以上も前に高木は、「受け手」論の偏重により「送り手」論が立ち遅れている状況を不安に思っており、その根本的な問題点を「内在的な原因」と指摘しておりました。この「内在的」という表現は、いかにも社会学者らしいカッコ良い言い回しですが、簡単に言うと「内部の・本質的な」ということで、要するにアカデミズム内部の根本に「送り手」論が発展しなかった原因があったと主張されていたのだと思われます。もちろん、当時から「送り手」サイドへのアプローチ方法など「外在的（外部的）」問題もあったのですが、高木はこの時点で既に、「受け手」論と「送り手」論の双方が同じレベルで議論されなければ、将来のテレビ研究がうまく立ちゆかなくなることと認識していたものと思われます。

ところが、実際には現在までのテレビ研究の中で、「送り手」論は「受け手」論と比較すると圧倒的に弱い状況です。その理由として、2002年に東京大学大学院情報学環・学際情報学府教授の水越伸はメディア研究者の目線から、「メディアの送り手組織が調査を容易には受け容れない」、「研究者の関心や観点が受容や消費の場面に向かいがちになり、表現や生産に向かわない」、「多くの研究者がメディア現象やコミュニケーション文化の全体像をとらえることに長けていない」の三点を指摘しております。ここで水越は「内在的理由」と「外在的理由」の双方を具体的に示していますが、更にこれらの問題点を克服する方法として、具体的に2000年代以降のテレビ研究者層の変化を挙げて、次のように主張しています。

メディア論に関心を持つ層に、いわゆる社会人、表現や生産の現場で実務経験を持った人々が増えはじめた。（中略）これらの人々が、自らの実務経験を生かしつつ、しかもそれらを批判的にとらえ直す方法論により、メディア表現と情報生産の研究は今後充実してくる可能性が大いにある[4]。

水越自身も、メディア表現のための実践的な研究活動として「メルプロジェクト」を立ち上げるなど、新たな「送り手」論を模索する研究者でもありますが、今後の「送り手」論が活性化する可能性を「現場で実務経験のあるメディア研究者」に見出していました。実際に、私自身も東京大学大学院で水越先生（当時は准教授でしたが）の講義を受けたこともあり、テレビメディアに関して意見が合わないことも少なからずありましたが、期待されている「現場で実務経験のあるメディア研究者」の一人として、まさに私も「送り手」論の活性化に向けて、微力ながら力になっていければと切に思っております。

やはり、この本の中で「受け手」論と比較してまだまだであると指摘される「送り手」論の枠組みを打ち崩していく際にも、私自身のテレビメディア現場の実務経験を最大限活用していくつもりです。つまり、民放キー局の現場部門と非現場部門の双方での実務者としての実体験による知識を、水越の指摘するように研究者の立場からも批判的に捉え直していくのです。具体的に、私は実はこれが「内在的」な問題を克服する一番の方策だと思うのですが、「送り手」論から「作り手」論を分けた方法論を新たに採り入れることにより、「視聴率」の影響が制作現場へ作動する形態や、番組制作過程への「編成主導体制」の影響を目に見える形で解き明かしていくこともできると思います。

そこで、まずは現在までのテレビ研究を見渡して、欧米で生まれたマス・コミュニケーション研究の一分野として、いかに「受け手」論が輸入され発展してきたのかを確認して、日本の研究への影響や弊害などを整理することにより、その克服方法として「作り手」論の必要性を論じていこうと考えております。

アメリカから直輸入された「受け手」論が流行ったわけ

まずは、現在の日本のテレビ研究で主流となっている「受け手」論ですが、アメリカではテレビメディアの生まれる前から「マス・コミュニケーション研究」の一部として「オーディエンス論」が展開されてきたようです。このアメリカの初期オーディエンス論の代表的な研究として、アメリカ社会学会の会長も歴任した著名な社会学者のポール・ラザースフェルドによる「ラジオ聴取研究」があります。この研究について、東京大学副学長も務めた社会学者の吉見俊哉は、当時の主流であった第二次世界大戦中のプロパガンダ研究を、宣伝研究と結びついたマス・コミュニケーション研究へと変化させた功績を高く評価しており、次のように結論付けています。

戦後に大いに発展していく社会心理学的なマス・コミュニケーション研究は、この戦時期のラジオ研究と宣伝研究の結合にその原点を求めることができる。（中略）

ラザースフェルドらのマスコミ効果研究は聖域化され、マス・コミュニケーションについて学ぼうとするすべての者が出発点とする『教科書』になっていった[5]。

確かに、吉見の指摘するラザースフェルドによる黎明期のアメリカのマス・コミュニケーション研究は、ドイツではナチスが国策としてラジオをプロパガンダに利用していた時代に、市場調査により商業的な目的で聴取行動を調べることでラジオを急速に普及させており、日本の初期のテレビ研究にも強いインパクトを与えました。具体的には、対象者へ一定期間同じ内容の質問を重ねていく「パネル調査」を用いた「実証研究」が、１９６０年代以降の日本のテレビ研究へ急速に浸透していくことになるのですが、この流れにもラザースフェルドらによる１９４８年の『ピープルズ・チョイス』の影響がうかがえます。この『ピープルズ・チョイス』では、１９４０年のアメリカの大統領選挙の際に、5月から11月までの期間でオハイオ州エリー郡に滞在して、３０００サンプルの中から毎月６００サンプルを抽出して面接調査し、有権者の投票行動を観察する方法による「実証研究」を試みておりました[6]。これらの「実証研究」を用いたラザースフェルドらの業績は、１９６０年代までのマス・コミュニケーション研究の出発点をなしていたと評価されています。

具体的には、ラザースフェルドらの「実証研究」により、人々が自身の行動を決定する際に強い影響力を持つ「オピニオンリーダー」の存在が証明され、「コミュニケーションの二段階の流れ」と呼ばれる新たな仮説を導き出しました。そして、それまで主流であった、「受け手」がメディアの流すメッセージを全面的に受け入れるとする「皮下注射効果モデル（強力効果理論）」から、メディアの直接的で強力な効果を否定して、限定的な影響しか与えないとする「限定効果モデル（限定効果理論）」へ向かう大きな流れを作ったとも言われております。

今の時点から考えますと、メディアの「受け手」に対する影響力が限定的であるということは、ごく当然にも思えますが、１９３８年にはアメリカのラジオ局ＣＢＳで、後に映画監督となるオーソン・ウェルズがラジオドラマの「火星人の襲来」を放送したところ、各地で大パニックを引き起こす事件が起きたと伝えられており、一般的に当時はメディアのチカラは絶大であると考えられていたようです。同様に日本でも、テレビ放送の開始当時の代表的な社会学者で、アメリカのマス・

コミュニケーション研究に影響を受けていた清水幾太郎は「テレビが人間をノック・アウトする」と、テレビの「受け手」への影響力の強さをメディアの逆機能と捉えて、強力効果理論の立場から警鐘を鳴らしていました。

結果として、これらのアメリカから輸入された「効果研究」の影響を強く受けた当時の日本のテレビ研究は、「受け手」論が主流となっていきますが、特にアメリカでも主流であった、実用性を重視した「実証研究」を中心とする「マス・コミュニケーション論」の流れが強く垣間見られます。具体的には、１９５７年の東京大学新聞研究所による「マス・メディアとしてのテレビ――調査報告」が東京都内のテレビ視聴状況を調査しており、２年後にも「テレビと〝孤独な群衆〟」では皇太子のご成婚パレードを「実証研究」により分析していました。また、ＮＨＫ放送文化研究所も同時期に世界四大調査として高く評価された「静岡調査」を実施するなど、テレビの「受け手」を調査した大規模な「実証研究」が盛んに発表されております。その後も、１９７０年代はラザースフェルドらの研究に影響を受けた実証的な効果研究が盛んであり、竹内郁郎らによる『「利用と満足の研究」の現況」（『現代社会学』第3巻第1号、１９７６年）などの「受け手」論が実績を残していますが、他にも民放連研究所が番組の「充足度調査システム」を開発するなど、実践的な研究が幅広く展開されていたようです[7]。しかし、実際にはラザースフェルドらの研究成果とは異なり、これらの「受け手」論が、特に日本の民放キー局の制作現場の「作り手」や編成の「送り手」へ実質的に影響を及ぼすケースは極めて少なかったと推察されます。

衝撃を受けた「放送学」構想とその後の「送り手」論

一方で、ラザースフェルドと共同研究をしていたＮＨＫ放送文化研究所の放送学研究室に在籍していた岡部慶三らが中心となり、「放送学」構想が提唱されております。この「放送学」構想は、当時の日本のテレビ研究の主流であったアメリカから輸入された「マス・コミュニケーション論」から脱却して、「科学としての放送研究」を声高らかに標榜する、「政策科学」を模索した新たな動きでした。しかし、この構想は結果的に大きな流れを作ることなく頓挫してしまうのですが、

2014年になって、関西大学准教授でメディア研究者の松山秀明は「放送学」を再評価して、次のように述べています。

放送学構想とは、NHK放送文化研究所と東京大学新聞研究所の結節によって進められた、テレビジョンについての新しい学問的潮流であったということである。この2つの研究機関が協働することによって、放送学は「政策科学」という志向のもと、従来のマス・コミュニケーション研究と対峙する学問的実践を構築していくことになった。(中略)岡部は「個別科学」の立場に拠りつつ、その上で「政策科学」としての放送学を主張する。それは当面の実用目的に拘束されない政策としての科学であり、なぜそのような意思決定が行われたのか、合理的な根拠に基づいた判断を提供することのできるテレビジョンの学知である[8]。

実は、松山君は私の大学院時代の仲の良い後輩で、私より20歳以上も若いのですが、将来を嘱望されている新進のメディア研究者です[9]。この「学知」というのは、松山君が好んで使う表現ですが、『中庸』に出てくる「学知利行」から派生した言葉で、「人が進むべき道を、生まれつきではなく、学んで知ること」といった意味であり、この論文に私は少なからず影響を受けることになりました。この論文の構想段階に、彼の発表をゼミで聞いた時に、「これだっ」と、私の背筋に衝撃が走った覚えがあります。特に、松山君が結論として書いた次の文章は、当時の私が考えていた今後のテレビ研究が進むべき方向性が間違っていないということを、改めて確信させるきっかけにもなりました。

果たして、放送学は具体性のない空論だったのだろうか。理論的短命性の宿命を不可避的にもつがゆえの、一瞬の夢幻だったのだろうか。そのような結論を下すにはまだ早く、むしろ、テレビの未来が見通せなくなりつつある現代にこそ、もう一度「放送学」の原理的な問いと向き合わなければならない。(中略)まず、テレビ研究とは放送の現場や経営にいかなる批判的な意味を及ぼし得るものなのか、そして視聴者にいかなる原理的な視点を提供できるものなのか、その根源的な学問の姿勢を自身に深く問うていかなければならない。放送学という過去の学知をいま改めて掘りおこすことは、そうしたテレビの歴史性や政治性を考慮に入れた内在的なテレビ批判としての研究の地平をもう一度、見つめなおすことでもある[10]。

研究論文なので、やや難しい文章にはなっておりますが、要するにテレビ研究もメディアの現場にもっと影響力をもつものを提示するべきであり、そのためには志半ばで頓挫した「放送学」をもう一度考え直してみるべきではないかといった主張だと思います。私は当時すでに博士論文を執筆中でしたが、なんとなく従来のテレビ研究に対して「さすがにここは違うんじゃないの」といった部分が頭にあり、それをうまく理論的に説明することができなくて、むずがゆい思いをしておりました。その後、私は岡部の「放送学」構想について書かれた論文を読みあさることになるのですが、この本のベースとなっている私の博士論文も、まさにメディア現場に役立つものを提言していこうとする実践的な「政策科学」を標榜しており、言うなれば「放送学」とは全く同じ志向性にあったのです。恥ずかしい話ですが、当時の私は「政策科学」という言葉の深い意味も知らずに、制作現場の感覚でテレビ研究を進めておりました。そのような状況の中、岡部の「放送学」構想の論文は、やっと見つけた理論的な部分でモチーフとなる先行研究であり、実際に私自身も大きな影響を受けており、この本にも少なからず繋がっているのです。ですので、ここから少し長くなりますが、この「放送学」構想について詳しく見ていきたいと思います。

まず「放送学」構想の成り立ちですが、１９６１年に『放送学研究』の創刊号に掲載された岡部慶三の「実務研究とアカデミズムの谷間」という論文で、初めて発表されました[11]。その中で、「放送学」の方法論や概念なども詳しく述べられていますが、岡部は当時の日本のマス・コミュニケーション研究の状況を次のように大胆に批判しております。

マス・コミュニケーション研究といえば、政策と直接結びついた実用研究が主流であり、研究の目標はおおむね実践的な価値に向けられていた。（中略）研究の実績は実用価値によって評価されるばかりでなく、社会科学の一環としての理論価値によっても真価を問われなければならないという声もあらわれるにいたった。(中略)だが、これらの論議を味読するとき、多くの場合、率直にいって学問的骨格に何ほどかのひ弱さを感ずるのが普通である。それは文明批評であって科学には縁遠いものである[12]。

ここで岡部は、当時のテレビ研究がメディア企業の利益追求を主な目的としていた部分に加えて、欧米から輸入したマス・コミュニケーション研究の難しい法則性を求めた文明論的な姿勢をあからさまに批判しております。更に岡部は、当時のテレビ研究に対する具体的な影響として、テレビ局が実用的な研究を重んじたために「実証研究」が主流とならざるを得なくなり、結果的に「受け手」論が偏重されていく状況を指摘しております。

これまでの放送研究では伝統的に聴取者調査が重要視されてきたという事実がある。放送は他のマス・コミュニケーション・メディアに比べて受け手の実態がはるかにとらえがたい。それでいてその実態を明らかにしたいという要請はとくにつよい。それは、いうまでもなく行政管理面での必要とくに商業放送における市場調査の要請にほかならないが、それが具体的に聴取率や聴取効果に対する関心、しかも何よりもまずデータそれ自体に対する関心となって調査至上主義傾向を育てたことは容易に想像される。

(中略)企業体が膨張すると政策決定たとえば番組編成に関する決定がインフォーマルな話し合いではかたがつかず、合理的ないし客観的な手続きを経ることを要請する。その結果として調査研究が重んじられ、調査結果の価値は実質以上にいちじるしく重みを加えるのである[13]。

少し難しい表現を使って書かれておりますが、ここでキモになるのは、岡部がビデオリサーチなどによる科学的な「視聴率調査」が始まる数年前の時点で、既に「視聴率」の重要性を敏感に読み取り、その上でテレビ局が大企業になるにしたがって官僚化していく未来の状況を予言していたことです。実際には、その後ビデオリサーチなど民間の調査会社ができて、アカデミズムへ直接大きな影響を及ぼすことはなかったのですが、一方で岡部の見立て通りに、民放キー局の組織の官僚化が「編成主導体制」の導入により進んでおり、「視聴率」が番組の評価基準として最重視される傾向が強化されていきます。

更に、岡部は当時のテレビ研究は「圧倒的な大部分が実務的研究によって占められてきた」と認識しておりましたが、この１９６０年代前半までの実務的な研究の限界を「視聴率」調査を実例に挙げて、このようにも批判しています。

社会構造とか社会体制との関連において放送制度のあり方を追求するような研究は、これまでの実務的研究には欠けていたし、もっと卑近な例では、視聴率の実態やその現われ方についてはは精密な調査研究がおこなわれても、視聴率を問題にしなければならぬ必然性は一体どこにあるかという問い、あるいは視聴率が番組編成に対して原理的には一体どういう意味をもつのかというような問い、が提出されたことは、かつてほとんどなかった[14]。

ここで、岡部が当時から現在までテレビ研究の場で語られることがほとんどなかった、「視聴率」の原理的な仕組みについて触れていることに驚かされます。メディア内部で半ば隠蔽されていたビジネスシステムとして機能する深い部分も視野に入れることで、「放送学」が実践的にメディアサイドにより良い処方箋を提言する「政策科学」的な志向性を持つ姿勢を示唆していたように感じられます。更に、岡部は当時の実務的なテレビ研究に対しては、「administrative research から critical research への脱皮」を要求していました。これを直訳すると、「行政管理的研究から批判的研究」ということになり、更に難しくなってしまいますが、要するに現場に深く関与しながらも、実務部分を重視したテレビの御用研究的なものではなく、メディアの仕組みや作用などの根本的な部分をとらえた上で、言いたいことをどんどん遠慮せずに批判していくという、自律的な「放送学」の基本姿勢を示したものだと思われます。

そして、岡部は細かい方法論的な部分に関しても、当時のマス・コミュニケーション論が使っていた概念とは異なる枠組みをテレビ研究の場に求めており、「コミュニケーション一般の理論を云々しようと思えば、またそこで独特の用語法を採用しなければならない」とした上で、更に次のように具体的な例を挙げて説明します。

マス・コミュニケーションの分析図式と、放送研究において問題の所在を教えるような分析図式との間にも、それなりの差異を無視することはできない。たとえば免許事業である放送の場合には、他のマス・コミュニケーションと比べて政府の役割は一層大きな意味をもっている。放送をめぐる多くの問題は、国の放送政策もしくは放送行政との関連において一層的確に理解できる場合がしばしばであり、したがって放送研究の手掛かりを教える分析図式というものは、マス・コミュニケーション一般の図式とは異なり、政府という一項をそのなかに加えることがおそらく必要不可欠となってくる[15]。

岡部は、ここで「政府」というキーワードが、マス・コミュニケーションを論じる際に有効な分析図式とは異なるものとして、放送研究への適用を主張していました。私の博士論文に関して言いますと、この「政府」の部分を「作り手」に置き換えた「独特の用語法」の導入を目論んでいたので、大いに勇気づけられることになりました。更に、岡部はこの新たな分析枠組みの採用について、その意義を次のように熱く論じております。

こうした分析レベルの混同は、研究にとって明らかにマイナスであることが少なくない。放送を研究しようという場合、コミュニケーション論のモデルを適用したところで、具体的には一体どういう問題を分析の焦点に据えてよいのか、はっきりしないだろうし、それによってひいては重要な問題を見逃がすことにもなり兼ねない。あるいはマス・コミ論の常套的な論理を適用したところで、放送の個々の具体的な事実を説明し、もしくは理解するための理論としては、密度が粗大に過ぎるという場合もたびたび生ずるだろう。つまり、マス・コミュニケーションというレベルでは有効な考え方や terminology [筆者注：学術用語] も、放送の問題を論ずる場合には必ずしも適当だとはかぎらない。もっと放送の具体的な現実に即した言葉を使って、もっと的確に問題を解析していくことも、時には必要のはずである[16]。

この文章を読んだ時に、当時抱いていた博士論文を書く上でもやもやしていたものが、一気に吹き飛んだのでした。序章でも書きましたが、従来のテレビ研究で使われてきたコミュニケーション論の「送り手・受け手」という二元論の図式では、制作現場のプロデューサーやディレクターと編成や営業などの非制作部門のスタッフを一括りにして語ることとなり、結果として、重要なシステムの根源的な部分を見誤ることになっていたと考えられます。まさに、岡部の指摘するように、この従来の図式では「密度が粗大に過ぎる」ため、「視聴率」がメディア全体にどう影響しているか、「編成主導体制」がなぜ危険な組織体制であるかなどの、「重要な問題」を見逃してきたと言えるでしょう。ここで、テレビ研究の新たな枠組みとなる分析図式として、「送り手」から「作り手」を分けて考える方法により、従来の雑な理論モデルから脱却でき、制作現場の実態に即したテレビ研究を、「新テレビ学」として提唱することが可能になるのだと確信したのでした。

また、岡部は当時のテレビ研究が主要目的としていた「実用価値に対処することの要求」と、一方で学問として真理へと導く「理論研究としての自律性と客観性の保持」を両立させることを「放送学」が成立する条件としており、「実践的な動機」と「批判的な研究の独立性」が同時に必要となる「政策科学」の難しさを指摘しています[17]。その上で、岡部はテレビ局サイドが望む実用性とはかけ離れた、「放送企業体にとっては直接役に立つ研究とは言えない」ものに関与するケースも想定して、次のように「放送学」の意義と最終的な目的について主張しており、重要な部分ですので、少し長くなりますが引用します。

従来の放送研究には色々な反省すべき問題点が見出せる。実務研究はもっと普遍性のある研究をしなければならないし、アカデミックな研究はもっと実際面に近づいて研究することが必要である。（中略）

これらの研究の方向は、諸科学の内容の豊富化を第一義にしているのではない。それは、あくまでも放送のしくみや作用についての理解それ自体を目標とするのである。さらに言えば、国の放送政策からはじまって、放送事業の経営、番組制作、番組聴取等々にいたるまでの放送の全局面における根本的な課題を考える場合に、有効な示唆となり得るような放送に関する知識または原理を追求すること、そのことを以て当面の目標とするものである。（中略）

「放送学」というからには、勢いそれは政策科学的志向をとらざるを得ない。放送の現状を向上させようという実践的な関心が欠如した状態で、いわゆる客観的な純粋科学という方向をとろうとするならば、個別的な放送研究は別としても、「放送学」というような旗印をかかげることは最初から断念すべきではないか、ということさえ私は考えたいのである。

また、政策科学的志向をとった場合、研究のイデオロギー的性格に関連した問題を見落とすわけにはいかない。つまり、この種の研究には、しばしば現状を合理化するためのいわゆる御用研究に傾く危険が伴うので、それだけに研究のこのような保守的、退嬰的な性格をいかにして克服するか、という問題が研究の内面問題としてたえず問われなければならないのである。したがって、「放送学」は放送の実践に対する批判的な研究であるにとどまらない。まさに放送研究についてのきびしい自己批判の学となることも、おそらくは不可欠の要件というべきであろう[18]。

この岡部の主張は、言ってみればメディアサイドとアカデミズムの双方に対して、公然と喧嘩を売っているようにも読み取れます。私としても、制作現場の実務的な経験を生かして、現状のメディアの根源的な問題点を批判的にとらえつつも、テレビ現場の実情とかけ離れる傾向にあったテレビ研究との懸け橋的な役割を果たしていきたいと考えていたのですが、その理論的な方法論が分からずに苦しんでおりました。そこへ現れた、岡部の潔くも双方に批判的な政策提言を行う研究姿勢にはインスパイアされる部分が大きく、博士論文を書いていく上で、かなり影響を受けたことは確かなところです。

しかし、このようにテレビ局の望む実用的な目的を制約してまでも、真理価値を要求する学問的な自律性を確保して、一方で当時の主流であったマス・コミュニケーション研究の機能論を否定して、より原理的な実践活動に貢献する政策科学を目標とした「放送学」構想は、その後テレビ局とアカデミズムの双方から支持されることなく消滅することになりました。この原因として、法政大学教授でＢＰＯの委員も務める藤田真文は、「放送学」が対象を「送り手」に限定したために、「送り手」であるテレビ局に拒絶された時点で研究の意義を失ったと分析しています。そして、藤田は「放送学」の対象に「受け手」である「視聴者の視点」を取り入れて、「送り手の業務遂行上の必要とは別の場所で放送学を構築」するべきであったと結論づけました[19]。

また、藤田は「政策科学」としての「放送学」がメディアサイドの関心から排除されたもう一つの理由として、「送り手」の「目標達成の手段についてのみ研究する技術的研究への圧倒的な要請」に加えて、それ以上に「自己の存在根拠を問題にするほどの危機的な政策決定を必要としなかった放送産業の組織力学、歴史的位置に求めるべきである[20]」と説明しております。この指摘は、１９７０年代前半にテレビメディアが急速な発展を終えて安定期に入っていた１９９３年に、この論文が執筆された時点のコメントとしては的確だと言えるでしょう。加えて、その後「椿発言事件」を発端としてメディアサイドが政府の介入に危機感を抱き、１９９７年にＢＲＯ「放送と人権等権利に関する委員会機構」を発足させて、「送り手」がアカデミズムサイドに実用目的以外の放送制度に対する知識を望んだ状況に関しても示唆的な指摘であったとも思われます。そして、２００７年の『発掘！あるある大事典Ⅱ』で起きた「納豆ダイエット捏造事件」の際に、更なる「政策科学」の提案をアカデミズムに要請して、ＢＰＯ「放送倫理・番組向上機構」の役割を強化した際の動向にもあてはまっており、この「送り手」が「危機的な政策決定」をアカデミズムに委ねる状況の有無は、「放送学」消滅を巡る重要な着眼点でしょう。

確かに、テレビ研究がより実務的な「実証研究」への転換期に、言わばクライアントであった「送り手」の興味と、岡部の意図する「放送の実践に対する批判的な」政策研究の部分がかけ離れてしまったため、メディアサイドが利益に直結する「実証研究」を望むのは明らかであり、「放送学」の存在意義が消えてしまったとする藤田の指摘は、説得力があります。また、この時代にテレビ研究自体が、開局直後にあった「未知のメディアが社会に与えるインパクトに対する期待と不安」が徐々に消えていたため、放送学構想以前の「文明論的な問題意識の豊穣さ」までも無くなってしまったという藤田の論考も頷けます。

しかし、岡部が批判していた当時のテレビ研究の原理的な問題へのアプローチを欠く、「視聴率」に対する論考などの根源的な問題に関しては、藤田の言う「受け手」を対象にしなかったことが原因ではなく、「放送学」が経営サイドを中心とする「送り手」のみを対象として、現場の「作り手」を無視した研究にとどまっていたためであり、具体的な解決策の提示ができず、「政策科学」として機能しなかったのではないかと思われます。結局は、岡部の批判していた「視聴率の実態や現われ方」を実用的に調査した従来のテレビ研究と同様に、「放送学」も制作現場へのアプローチを欠いたものであり、「作り手」を視野に入れずに「送り手」のみを対象としたため、「視聴率」の番組編成に対する影響などの原理的な問題点が究明できなかったものと考えられます。

その後、実際に岡部の「放送学」構想から、原理的な学問論や方法論を問題意識とする難解な言論展開は消えていきましたが、全体的なテレビ研究の流れも、テレビの諸問題を検証する、実用的な調査研究が主流となりました。岡部自身も、「放送学」構想を発表して20年以上がたった時点で、次のように振り返っております。

> 放送学を基礎づける論拠を求められた際、多様な学際的研究が進められている放送の中から取り残された放送学固有の対象領域を見付け出そうとしたために、結果的に非常に狭い自己限定に陥ってしまった。その閉塞状況に気づいてからは、放送学の成立を云々するような不毛の論議から離れることにした[21]。

ここで岡部は、「放送学」構想の方法論を提示することに固執した理論構築の部分の限界を明言しておりますが、具体的になぜ「放送学」が発展していかなかったかについては触れられていません。まさに、「敗軍の将、多くを語らず」といったところですが、こうして全体的には１９６０年代前半から、テレビ研究の文明論的な研究の側面が科学的な実証研究へとシフトする中で、「放送学」構想は自然消滅していきました。しかし、１９７３年の文献でＮＨＫ放送文化研究所にも所属していた経歴を持つ学習院大学教授の藤竹暁が、この岡部慶三の提唱した「放送学」構想により、テレビ研究の

「アメリカ流のマス・コミュニケーション研究から抜け出していこうという試み」が「テレビ研究領域の拡大」に繋がったと、高く評価しております[22]。確かに、「放送学」構想以降に、当時のテレビ研究の主流であった、研究成果の実用性を重視した輸入モノのマス・コミュニケーション研究を、日本のテレビ研究に合わせて修正する方法論が模索されており、１９７０年代前半にかけてテレビの「送り手」論が活性化していました。その当時の具体的な研究として、後藤和彦の「編成研究」や藤竹暁の「組織研究」など、複数の「送り手」論が展開されており、テレビ研究の活動領域を拡大させたと推察されますが、詳しくは後の項で改めて紹介していきます。

また、この時期は１９５９年にＮＨＫ放送文化研究所放送学研究室、１９６２年に日本民間放送連盟研究所が開設されて、ＮＨＫと民放の双方がメディア内部にテレビ研究組織を整備していたようです。一方で、１９５７年に『ＣＢＣレポート』（中部日本放送）が発刊されると、１９５８年は『調査情報』（ＴＢＳ）、１９５９年には『放送朝日』（朝日放送）や『ＹＴＶレポート』（読売テレビ）などの民放テレビ局の機関誌が創刊され、１９６１年にはＮＨＫでも『放送学研究』が発行されているなど、テレビの実務家によるメディア研究が活性化する契機となり、精力的な活動を展開していました。

しかし、このテレビ研究の隆盛期も、１９７０年代には既に衰退の兆しが確認されます。具体的には、藤竹暁がメディア企業内の研究組織の整備による、テレビ局主導の研究体制に危機感を持ち、「研究者のテレビ離れ現象も出はじめている。これはすでに、テレビが研究のフロンティアを構成しなくなったからなのであろうか。テレビが魅力のないものとなったからなのか。それとも、研究者が疲れたからなのか[23]」と言及して、テレビ研究の将来像が１９７０年代前半の時点で既に不安視されていたようです。ここで藤竹は、岡部が「放送学」成立の条件として主張していた、「実用的性格と科学としての自律性の維持」が、テレビの「送り手」主導の研究体制の整備により、侵害される問題点を指摘しておりますが、実際に多くの研究者たちが「テレビ研究」の現場から離脱したとも証言していました。

こうして、１９７０年代以降は岡部の提唱した「放送学」と同時に、従来の「マス・コミュニケーション理論」を基礎とした日本のテレビ研究も停滞期を迎えていったと推察されます。一方で、１９７０年代以降の日本の「送り手」論は、「産業論」の分野ではテレビメディア内部からの要請もあり、CATVや衛星放送などを中心とした「ニューメディア論」が登場し、TBS調査部編による『情報未来学序説（70年代情報シリーズ、1）』（ブロンズ社、1970年）などが発行され、実用的な目的を中心とした研究が活性化していきました。その後、1990年代にはインターネットの誕生やBS、CS放送の普及により、「ニューメディア論」から「マルチメディア論」へと発展して、西正の『衛星放送とケーブルテレビ』（中央経済社、2000年）や、生田目常義の『新時代テレビビジネス 半世紀の歩みと展望』（新潮社、2000年）、など多数の著作物が刊行されておりますが、経済的な未来予測の側面が強く、実用的な研究が主流であり、「送り手」論の全体像やテレビメディア自体を対象とする総合的な研究は衰退していきました。

実際に、「ニューメディア論」や「マルチメディア論」を中心にした「産業論」以外の分野で、日本のテレビ「送り手」論は、1980年代から大部分が新たな展開を休止しており、1960年代から70年代にかけて継続されてきた「編成論」や「制作過程論」などの「送り手」論の系譜の多くが断絶された状態にあります。また、テレビの「送り手」を対象とした研究は、番組制作現場へのアプローチ方法が困難な状況に変化は見られず、同時にメディアサイドからの「送り手」を対象とする研究要請も皆無に近く、体系的な議論の必然性を欠いた状況の中で「送り手」論の衰退が進行していると考えられます。

欧米では盛んな「送り手」論をチェックすると

一方、日本の「送り手」論の状況とは対照的に、欧米の「送り手」論は質量ともに幅広く展開されてきております。ここで、また少し話はそれてしまいますが、修士論文や博士論文を執筆していく上で、海外の文献を取り上げていく「洋書のレビュー」と言われる研究方法が必須条件となります。研究テーマによっては、英語以外の文献にも当たらなくてはいけないケースもあり相当な労力を要しますが、特に、博士論文では論文審査の際に、最も審査員の先生から突っ込まれやすい部分であり、私自身もかなり苦戦を強いられました。やはり、当初はどの海外の文献に当たっていけばよいか見当がつかず、仕方なくヤフーでキーワード検索をして、更にアマゾンなどで要約文や紹介文を読んで急場を凌ごうとしたものの、すぐに先生方に見破られてしまい、その部分を一から全面的に書き直す結果となりました。私の場合は、東京大学にメディア系の文献を集めた図書館があり、そこにアマゾンで調べた洋書の大半がありましたので、なんとかドンピシャの海外文献にたどり着くことができ、「洋書のレビュー」の部分を書き上げられましたが、いずれにしても地道に原著に当たっていくことが必要不可欠となります。

さて、まず欧米の「送り手」論について大きな流れから見ていきますと、１９７０年代から「organizational sociology（組織社会学）」に属するゲイ・タックマンの参与観察の方法論を採用した、ニュース番組の制作過程の研究が有名であり、その後も幅広く展開されていったようです。そして、１９８０年代前半からは、ポピュラーカルチャーやエンターテイメントの分野でもテレビに特化しない形態でメディア全体を対象とする「Media Industry Studies」又は「Media Production Studies」と呼ばれる学問分野も新たに誕生しており、２０００年代以降はタイムワーナーやディズニーなどメディア企業のグループ化による巨大企業化が進行する中で、活発な研究が展開されております。この「Media Industry Studies」や「Media Production Studies」が「送り手」論として流行していく傾向を、イギリスのメディア研究者で、あの佳子様が留学されたリード大学の教授のデビッド・ヘスモンダルグは「organizational sociology」や「political economy（社会経済学）」、「cultural studies（カルチュラル・スタディーズ）」などの分野を微妙に交錯させて、発展した歴史として説明しています[24]。日本のメディア研究者の間では、自分がこれらのどの分野に所属しているのか明確に宣言する人は少ないのですが、欧米では自分の立ち位置をはっきりさせた上で、自説を主張する傾向にあるようです。

また、ヘスモンダルグは２００２年に出版された『The cultural industries』の中で、メディア企業内部の管理業務と制作現場の創造性の対立について、「creative autonomy（創造的部門の自律性）」を基軸に具体的な議論を展開しています。更に、ヘスモンダルグは、１９８０年代前半からのメディア産業の巨大企業化やインターネットの普及などの変化の中で、テレビメディアが日常生活の中で娯楽や情報の発信源として、中心的な役割をキープしていくために、「作り手」と「送り手」

の関係性を変化させている実態も指摘しているようです[25]。また、ヘスモンダルグは「Media Industry Studies」が台頭する中で、当初は「organizational sociology」と「political economy」を中心として展開されていた研究に、「cultural studies」が深く関与していく傾向を捉えて、「political economy」と「cultural studies」の対立から歩み寄りへの変化が、「送り手」論の分野を拡大する上で重要であったと指摘しており、この欧米の「送り手」論の流れを具体的に見ていこうと思います。

やはり、まずこの「Media Industry Studies」や「Media Production Studies」の先駆者としては、「political economy」に属するニューレフトの活動家であったと言われるトッド・ギトリンが挙げられると思います。ギトリンの著作物の中でも、1983年に書かれた『Inside Prime Time』が特に有名ですが、学校の図書館でディープブルーの美しいハードカバーの実物の本を見つけた時は本当に感動しました。この本の中で、ギトリンは1981年1月から7月に及ぶ制作現場への濃密なインタビュー取材により、プライムタイムに放送されたアメリカのテレビ番組の制作過程を精査していますが、当時の状況についてギトリンは、次のように回想しております。

プロデューサーの何人かは、私に制作現場を数週間ついて回ることを許し、連続シリーズの台本が、部分的に変化していく様子も見せてくれた。調査した時期に脚本家のストライキがあり、この期間にロサンゼルスに来ていたのはラッキーだった。プロデューサーや脚本家たちは予期せぬ時間を持て余しており、約200人の制作現場の人々がインタビューに応じてくれて、彼らの仕事ぶりと、その拠り所を教えてくれた[26]。

当時は、まだ欧米でも現在の日本の状況と似ており、ニュース現場の参与観察は既に行われていましたが、まだテレビの番組制作現場へのアプローチは無理だろうと考えられていました。その中で、運よくドラマの制作現場で濃密な調査が実施された背景が明かされていますが、やはりいくらテレビ局が取材に対して閉鎖的とはいえ、そこで諦めていては前に進めないわけであり、ギトリンのような積極的な姿勢が今後の日本のテレビ研究者にも要求されると思います。

また、この著作でギトリンは、エミー賞なども受賞したＣＢＳの事件記者ドラマ『Lou Grant』が、番組制作過程で「視聴率」に影響を受ける状況を丹念に調べており、「この著作を通してのテーマである、プライムタイムの三大ネットワークテレビを支配する、力関係や政治力や意思決定摂理などの解明に役立てたい」と、その目的を主張しています[27]。一方で、ギトリンは「視聴率」については、調査方法の変遷から標本誤差までを詳しく検証しており、番組制作過程に大きな影響を与えるファクターとして重要な研究対象と認識していたようです。具体的には、視聴率データが発表されるまでの所要日数として、１９５０年代には6週間も要したものが、１９６1年に16日、１９６７年に9日、１９７1年に7日、１９７６年には翌日に算出されるようになり、徐々に視聴率競争が激化していく状況を時系列で説明しています[28]。

更に、ギトリンは、１９７０年代後半から１９８０年代前半に放送されたＮＢＣの高視聴率刑事ドラマ『Hill Street Blues』に取材しており、その制作過程で意思決定の際に権限が作動する状況を分析しました。具体的には、貧困、失業、人種差別などの問題が、ほぼプライムタイムの時間帯に放送されない理由として、「視聴率」が最も考慮されることを挙げて、プロデューサーを頂点とした制作現場の内部構造を指摘しております[29]。その上で、ギトリンは１９８１年秋から１９８２年秋までの三大ネットワークのレギュラー番組の制作状況を、制作会社別に番組数と放送時間をグラフ化した上で、ユニーバーサルやパラマウントなどの「スタジオ系」と呼ばれた制作会社が寡占する状況を明らかにしており、「テレビ番組制作への新規参入は困難であり、軍隊や飛行機の機体制作産業のように寡占構造にある」と結論づけております[30]。

このように、ギトリンは番組制作過程を「送り手」や「作り手」に直接取材する方法により、テレビメディア内部の支配関係や「視聴率」の影響を詳細に検証しています。つまり、ここで「political economy」の研究者であったギトリンは、「送り手」論の中でニュース番組の制作過程の研究が取り入れていた、制作現場へ直接取材する実践的な「参与観察」に近い手法を用いて、「cultural studies」にも近い目線からドラマなどの制作過程へも広げて展開しており、「Media Production Studies」の先駆として高く評価されます。

次に、この「Media Production Studies」の一連の流れの中で、ギトリンより更に明確に「cultural studies」に近い立場から、「送り手」論を展開した「political economy」の研究者として、オーストラリアのメディア研究者でビクトリア大学教授のビル・ライアンが挙げられます。具体的に、ライアンは１９９２年に出版された『Making Capital from Culture』で、仲介者（mediators）である「creative manager」の重要性を主張していますが、テレビという文化的なものの中にある政治性について、メディア企業内部に立ち入って取材するという、文化人類学で用いられるエスノグラフィー的な方法を使って精査しており、そういった意味でもかなり「cultural studies」に近い立ち位置の研究者と言えるでしょう。実際に、ライアン自身も15年間に及ぶオーストラリアの国営や民放のラジオ局で勤務経験があり、メディア企業内部の「送り手」への濃密なインタビューや参与観察が可能となった背景について、次のように説明しています。

　このメディア現場での管理者と実務者の双方の経験が、文化的産業を分析する上で、私に〝インサイダー〟の立ち位置を与えてくれたのは、とても重要であった。（中略）一方、〝ショービジネス〟に於ける語彙や作法が把握できていたため、適切に制作現場に立ち入ることができ、自由に送り手たちへインタビューもできたように思う[31]。

日本にはなかなか、テレビの実務者経験のある研究者がいないので、このような言及は極めて珍しいのですが、私自身も実感できるコメントであり、改めて自分の〝インサイダー〟的な研究者としての立ち位置を確認できたような気がしました。具体的に、ライアンはオーストラリアのＦＭラジオ局の参与観察により、メディア企業内部の組織的な分業状況を精査しております。その際に、まずライアンは番組制作現場と流通過程を「creative（創造的分野）」と「reproduction（複製分野）」に区別しており、それぞれ「creative」を「preparation（準備調整部門）」と「performance（上演部門）」、「reproduction」を「transcription（録画部門）」と「duplication（複製部門）」のフェーズに分けて図式化しました。更に、「creative」部門の労働形態をプロデューサーなどの「conception（構想）」担当と、ディレクターや実演者などの「execution

（制作）」担当に分けており、「創作過程を概念付けて演出していく際に、プロデューサーとディレクターは合理性の組織モードで、芸術家としての実演家を拘束できる」と規定しています。同時に、ライアンは創造的部門の内部は、非創造的部門の管理と比較すると、管理状況が官僚的にフォーマット化された絶対的なものではないとして、次のように指摘しています。

創造性の管理は流通レベルに比較すると柔軟性があり、ジャーナリズムに対する管理と同様に、管理層から制作レベルへの影響は企業色を付けるに留まっている。（中略）制作現場の組織構造は比較的に緩く、管理者との関係性は相互の敬意と協力が基本にあり、作り手は管理ではなくインスピレーションを求めている[32]。

このライアンの指摘は、私自身のテレビの「作り手」としてプロデューサーやディレクターを担当した経験に則しますと、少なくとも１９９０年代までは管理部門は制作現場に対して寛大であり、頷ける部分が大きいと言えます。一方で、制作部門内部の管理状況については、ライアン独特の言い回しである「creative manager」としてのプロデューサーの役割が、１９９０年代前半のメディア企業内部で肥大化する傾向を、制作現場の状況に当てはめて、以下のように説明しております。

制作過程においてプロデューサーが、創造性の概念を構築する職務から、プロジェクトチームをメディア企業の必要に応じてコントロールする形態で、創造性を管理する職務に変化しており、ビジネスの理論からプロ意識を実行させる傾向にある。（中略）

プロデューサーの社内的な地位の向上により、制作現場が自動車産業のルーティン作業のような統制形態でフォーマット化して統合されてきている。このように、プロデューサーの仕事が、予算やスタッフの管理や合理化に繋がる効果的で戦略性のあるレベルに構築され、不安定であった創造的生産部門を、営業部門のように確実に収益を上げる体制に変化させている。この制作過程のフォーマット化は組織内に於けるディレクターの地位に影響を与えており、特に、テレビやラジオの番組で、プロデューサーがプランニングと制作現場の双方に関与し、企業内でディレクターのスーパーバイザーとしての機能を低下させている[33]。

このライアンの指摘もまた絶妙であり、私自身も一部のプロデューサーが管理部門に代わって、制作現場を統括する傾向を1990年代の時点で既に目の当たりにしており、国の違いはあるものの、参与観察による調査の精度の高さを改めて感じました。

一方で、ライアンは番組の編成担当の「送り手」を創造的部門とは異なる流通部門の「creative manager」として捉えており、「文化的商品としての番組を合理的に流通させるために、最も魅力的な番組はプライムタイムに、そうでないものは周縁的な時間帯などへ、視聴者を引き付けることを意図した適切な時間に配置して、図書館のように番組を統合させた上で選択して、編成表を作成している」と、オーストラリアのABC放送の番組編成表を例にとり、時間帯毎の視聴ターゲット層に対応させた編成状況を詳しく検証しています。しかし残念ながら、私の関心分野であり、メディアの内情を分析する上でとても重要になると思われる、編成と制作部門の関係性については論考の対象外でした[34]。

このライアンが明示した「creative/reproduction」の二項対立の図式による分類は、編成やプロデューサーの位置を規定する際に、日本のテレビ研究には見られない、とても示唆的なものです。実際に、日本のテレビメディア内部と照らし合わせて考えてみても、以前は編成の「送り手」が制作現場の「作り手」の創造性を考慮して、利潤を追求する営業サイドからの要求の間に立って仲介する役割をしておりましたが、現在では「視聴率」獲得を最優先して制作現場に介入するように変化しており、ライアンが指摘する1990年代のプロデューサーの機能拡大と似た形で、「作り手」の自由度が大幅に制限される状況にあります。一方で、編成部門の「送り手」が直接的に番組の制作過程へ介在しないオーストラリアのテレビメディアと日本の状況は根本的な違いも多いため、ライアンの提示している「creative/reproduction」をそのまま援用することは難しい部分もありますが、この本の中で用いようとしている、「送り手」と「作り手」を分離した視座を考えるうえで、大いに参考になる理論枠組みであったと考えられます。

続きまして、ライアンとほぼ同時期の「cultural studies」の研究者として、イギリスのイエン・アングが１９９１年に『Desperately Seeking The Audience』を発表しており、「視聴率」の「送り手」や「作り手」への影響について、ＣＢＳの副社長などへの濃密なインタビュー取材により検証しています。具体的に、アングは「視聴率」について、「企業が〝オーディエンス測定〟と呼ぶ、最も顕著な大規模製品である。（中略）特にアメリカの民放テレビ局では、視聴率が恐ろしく重要な役割を果たしている」と評価しておりました。基本的にアングは「cultural studies」でも「受け手」論の研究者ですが、「視聴率」について根源的な部分まで調査するテレビ研究の文献は少なく、しかも肯定的なコメントを残している点にも独自性が感じられます。

一方で、アングは「political economy」のトッド・ギトリンの『Inside Prime Time』を引用しており、具体的にはドラマ『Hill Street Blues』の制作過程で、「送り手」が「視聴率」に一喜一憂して過敏な反応をする中で、制作現場が対処せざるを得なくなる状況を説明した部分に関して、次のように述べています。

> 視聴率は、産業がオーディエンスを知る必要性を渇望する際の、最も基本的な問題解決策である。この企業ニーズの複雑な流れにおいて、視聴率は科学的で機械的な機能以上の効果を発揮する。例えば、トッド・ギトリンは１９８３年の著作において、ネットワークが視聴率を〝即時に数字的な満足を伴う物神的崇拝〟として強迫観念を持つ状況を指摘していた。彼が観察したネットワークの管理者たちは、一般的に視聴率データを評価する際にある、科学的な技術の方法論〔筆者註：メーター誤差など〕を無視していた[35]。

ここでアングは、「視聴率」が「送り手」の指示により「作り手」に深い影響を及ぼしていく過程を、ギトリンの研究を引用して補足していますが、ここにも以前は対立する学派であった、「cultural studies」と「political economy」の歩み寄りが感じられます。

他にも、「cultural studies」の「送り手」論としては、映画製作者の経歴を持つメディア研究者で、ＵＣＬＡの教授であるジョン・コールドウェルが『Televisuality : style, crisis, and authority in American television』を発表しており、独自の「プロデューサー・ディレクター」論を展開しています。この「Media Production Studies」研究としての要素を含んだアメリカの「cultural studies」は、マルクス主義の影響を受けたイギリスの本流とは本質的に異なり、内容も番組制作過程の権力性や政治性より、組織内部の実務的な構造を考察する研究となっています。しかしながら、研究の方法論は旧来のスタイルが踏襲されており、「cultural studies」で頻繁に用いられる、制作現場に密着して同行取材する文化人類学のエスノグラフィー的な手法による濃厚なインタビュー調査を活用することで、制作現場の実態と乖離しない番組制作過程の把握に成功しております。

この著作の中でコールドウェルは、アメリカ三大ネットワークの番組制作過程を細部に至るまで検証しており、「１９８０年代よりプライムタイムの番組における美術的価値を保証する重要な役割を、プロデューサーやディレクターの個人名が負うようになった」と、結論づけています。その上で、これらの「作り手」の特徴を「Showcase Producer」、「Mainstream Conversions」、「Auteur-Imports」の３タイプに分けて作表しております。具体的には、まず「Showcase Producer」は、１９８０年代にテレビのプライムタイムで「作り手」の重要性が高まった時期に顕在化した最初のタイプであり、『Hill Street Blues』などを担当した Steven Bochco や、『Miami Vice』の Michael Mann らのネットワークで経験を積んだプロデューサーが該当し、その特徴を劇場の入り口の看板文字を意味する「Marquee Signatures」と、コールドウェル独特の表現で言い表しています。次に台頭した「作り手」のタイプとして、「Auteur-Imports」が指摘されており、スティーブン・スピルバーグやフランシス・コッポラ、デヴィッド・リンチらの有名映画監督がテレビドラマを担当するケースを例にして、特徴を「Cinematic Spectacle」と表現していますが、「あまり視聴率を獲得しない傾向にあった」と断罪しました。そして、第三のタイプとして最後に顕在化したのが「Mainstream Conversions」であり、従来の番組ジャンルや枠組みを変えた「作り手」として、『The A-Team』のDonald Bellasarioや、『The Simpsons』のJames Brooksが挙げられています。これらの分類による「プロデューサー・ディレクター」論は、実際に「作り手」の経験のあるコールドウェル独自の分析であり、制作現場への濃厚な取材から得た情報を「インサイダー」の立ち位置から噛み砕いたもので、日本のテレビ研究の論文には決して見られないとてもユニークな考察となっております[36]。

以上、欧米の研究者による１９８０年代以降の「送り手」論について考察してきましたが、ここでまとめてみたいと思います。まず、「organizational sociology」のニュース番組制作過程研究や、「political economy」の「送り手」の権力による「作り手」への抑圧に対する批判などを中心に展開され、その後、「cultural studies」が、エスノグラフィー的な制作現場に密着した参与観察に近い研究方法を確立して、一部で「political economy」の研究と融合しながら「Media Production Studies」へ発展させていったと言えるでしょう。一方で、日本の「送り手」論の限界と同様に、欧米でも番組制作現場には、当初から接近が困難であったと思われます。しかし、トッド・ギトリンによる先駆的な試みや、「Media Production Studies」の台頭により、徐々に状況が変化していったようです。

現状では、ヘスモンダルグによると、メディア企業内部からアカデミズムに対する要請も増加しており、制作現場へのアプローチ方法も整備された結果として、テレビ研究が活性化しているようです。更に、メディア企業のグループ化の影響により、テレビメディアを超越した「Media Production Studies」として精力的に研究が展開され、「Media Production」を専攻する研究者が増加傾向にあると指摘されています[37]。

この状況は、「送り手」論が衰退している日本のテレビ研究とは対照的ですが、欧米では「organizational sociology」「political economy」「cultural studies」などの各分野が、相互に影響を受けながら「送り手」論を展開していく中で、番組制作過程の精査により「作り手」論の観点をどんどん拡充させてきていると考えられます。一方で、巨大メディア企業化が進行するアメリカと日本のテレビ研究では、根本的なメディア環境に大きな違いがあるのは確かです。しかし、そのメディア状況の相違もさることながら、テレビ研究の方法論や実績にも大きな隔たりがあり、数々のユニークで興味深い欧米の研究には驚かせられ、その先進性と層の厚さをひしひしと感じると同時に、大いに刺激を受けました。

具体的には、「creative/ reproduction」の分離を「mediators」である「creative manager」の存在に着目して分析するライアンの方法論などは、私の提唱する「編成」を中心とする「送り手」と制作現場の「作り手」を区別して論証する視座にも一部で重複する部分があります。やはり、日本のテレビ研究では同様のものが無かったため、私独自のものだと思い込んでいた身にとっては、世界は広く「井の中の蛙」であったことを実感させられました。いずれにしても、文化人類学的なメディアのリサーチ方法を含めて、「作り手」論の確立に向けて欧米の「送り手」論から示唆される部分が具体的にあり、博士論文を執筆するに当たって「洋書のレビュー」により最先端の欧米のテレビ研究に触れられたことの意義を改めて感じました。

2　1970年代で途絶えてしまった日本の「送り手」論の輝きと限界

ここまで見てきましたように、日本のテレビ研究は、当初よりアメリカから輸入された「マス・コミュニケーション研究」の影響を強く受ける中で、1950年代後半からオーディエンス論を中心とした「受け手」論が、メディア現場の効果測定に対する要望もあり、「受容と消費」を主要テーマとして、各分野に展開されておりました。現在では、「マス・コミュニケーション研究」から「カルチュラル・スタディーズ」などへと学問領域も多様化する中で、テレビの「受け手」論は引き続き幅広い研究活動を展開しているようです。

一方、対照的にテレビの「送り手」論は極めて手薄であると指摘されており、1990年代後半以降も、民放連出身の音好宏などメディア内部に精通する研究者が増えてきてはいるものの、番組制作現場へのアプローチが困難な状況に変化はありません。そのためでしょうか、「送り手」論の対象は、主にメディア企業としての「テレビ局」の組織全体であり、実際にテレビ番組の制作現場に携わっている個々の「作り手」を対象とした研究は、「送り手」論の一部分に包括された状態にあると思われます。活発な「受け手」論と比較して研究方法も確立されていない中で、新しい切り口も必要とされる今後の「送り手」論には、「視聴率」や「編成主導体制」などの根源的な問題をカバーする「作り手」論の視座を、「送り手」論から独立させて採り入れることも必要となってくることでしょう。

本来ならば、ここで「作り手」論を対象とする先行研究のレビューが理想的なのですが、制作会社テレビマンユニオンの村木良彦らによる、制作現場の「作り手」が実務者としての経験をベースに書いた優れた文献はありますが、必ずしも、メディア論的な見地から体系的に書かれた学術的な研究論文とは言えないようです。そこで、１９６０年代前半から１９７０年代後半に活発な議論が展開された、テレビの「送り手」論の系譜を振り返りながら、これらの先行研究の中に見え隠れする「作り手」論の要素と、その限界や将来に向けた可能性を検証して、番組制作過程の現場に即した「作り手」論の確立を視野に入れた、新たなテレビ研究の方向性を模索していきたいと思います。

テレビ局出身の研究者による現場寄り「送り手」論

まずは、取材が極めて難しかったと指摘されるメディア現場へのアプローチが比較的に可能であったと考えられる、テレビ局にいた経歴を持つ研究者による「送り手」論が１９６０年代後半から展開されており、その系譜を辿っていこうと思います。最初に、藤竹暁による「テレビの組織研究」などを網羅した「送り手」論を見ていきますが、１９６９年に出版された『テレビの理論』で、おそらく日本の文献では初めてテレビの「送り手」について、具体的に対象となる範囲を示して定義しており、この「送り手」の範囲が、その後の研究者にも一部で援用されています[38]。

また、藤竹は１９８４年までＮＨＫ放送文化研究所に所属していましたが、この組織は１９４６年にＮＨＫの研究機関として設立され、戦前からの「ラジオ研究」の業績を基盤とする実務的な研究を展開していました。実際に、放送文化研究所の初期の業績として、１９５４年の京浜地区を対象にした「第１回テレビ視聴率調査」があり、その後も１９５７年と１９５９年の「静岡調査」や、１９６０年から５年ごとに行われている「国民生活時間調査」など、実証研究を用いた実用価値を目的とする調査が多く見受けられます[39]。

一方、1959年6月に放送文化研究所内に「放送学研究室」が発足しており、東京大学新聞研究所から岡部慶三助教授らが研究員として招聘されましたが、当時から実証研究のみならず、テレビ研究の理論的体系化も模索されています。具体的には、1961年に放送文化研究室の機関誌として『放送学研究』が発行され、その創刊号の巻頭論文で岡部慶三が「科学としての放送研究（1）—いわゆる放送学理論の性格について—」を掲載して、「放送学構想」を明らかにしました。当時、藤竹は東京大学大学院社会学専門課程博士課程の学生として新聞研究所に在籍中でしたが、1962年にNHK入社と同時に放送文化研究所の配属となり、組織の中心的な存在となって活躍されました。その後、藤竹は1984年に学習院大学法学部教授に転出されますが[40]、『テレビの理論』の執筆当時はテレビメディア内部に所属する研究者であり、まさに「送り手」論の研究に最適な環境下での業績であったと思われます。

この『テレビの理論』の中で、藤竹はテレビ研究を、規範科学としての「テレビジャーナリズム論」と、法則科学としての「テレビ・コミュニケーション過程論」から成立するものと想定しており、その中で「テレビ・コミュニケーション過程」の構成要素として、「送り手=個々のテレビ番組制作者としての送像者」を具体的に定義しました。

その際に、藤竹は「絶大な力を発揮しているテレビについて、送り手というのはいったいどのような存在であり何なのか。一見自明のようにみえながら、きわめて曖昧で漠然とした概念を、再検討することはきわめて重要なことだといわなければならない」と断言した上で、当時は未確定のまま放置されていた「送り手」の定義を、初めて明確にしておりますので、少し長くなりますが引用しようと思います。

> 送像者は〝テレビ放送機構〟のなかで一定の職制上の地位を占め、またジャーナリズム産業としての放送のなかで、一定の専門的職種をもっていることを、確認しておく必要があろう。さて、ここで、プロデューサー、ディレクター、台本の作家、カメラマンなど、制作スタッフの全体の総称として送像者という名称を用いようと思う。つまり、〝テレビ作家〟という一つの人格体を想定し、制作スタッフの集団がもっている作家性を軸として、送像者の問題を考えようとするのである。テレビ番組のばあいも、映画などと同じように、究極的にはプロデューサー、ディレクターがそ

の番組のトーンを決定づけ、その作品の質を決定することはいうまでもないことである。だがテレビは映画とちがって、制作スタッフの集団的合力が番組にたいしてきわめて大きな規定力をもっていることは、周知のとおりである。以下、送像者についての議論を進めて行くにあたって、送像者という言葉をもって、このような集団的合力をもつ制作スタッフの活動を、一つの人格体をもつ〝テレビ作家〟としてとらえようと思うわけである。

送像者はテレビ放送機構の一員であり、その点では送り手という言葉で表現するのにふさわしい[41]。

つまり藤竹は、「送り手」を「制作現場に直接従事するスタッフ」と定義していたようであり、この本の中で私が設定した枠組みの中では、「作り手」に当たる部分を「送り手」としておりました。対照的に、私が「送り手」と定義する編成部門を中心とした「制作現場に直接従事しないスタッフ」について、藤竹は「送り手」の対象外と認識しており、この、編成や営業などの非制作現場が「送り手」に含まれていない点も特徴的であると言えます。一方、藤竹はテレビ・コミュニケーション過程を11個の構成要素から分析していますが、その中で、「送り手」である「（２）送像者…個々のテレビ番組制作者」と、「（８）テレビ放送機構…マスコミ産業としてのテレビ局」を別項目としており、非制作現場のスタッフは、後者の一部として定義したものと思われます。

その上で、藤竹は、当時のテレビ研究に共通の理論的な枠組みが欠けていることを指摘しており、その解決方法として「テレビを操作する送像者の、現実にたいする主体的な切り取り過程」に着目し、「送像者すなわち、いわゆる送り手という曖昧な表現で呼称されているテレビ番組の制作者」の定義を明確にして、その視点から「テレビ・コミュニケーション過程に存在するさまざまな問題」を分析しようと考えていたようです。つまり、「一見自明のようにみえながら、きわめて曖昧で漠然とした概念」に留まっていた「送り手」を、改めて「送像者＝制作現場に直接従事するスタッフ」と具体的に定義することで、テレビ・コミュニケーション過程の構成要素の一つとして、「テレビ放送機構」から分けて位置づける、新たな視座を提示したのでした[42]。

これらの分析の中で特に興味深いのは、「制作現場で自分自身にたいして誠実に生きようとすれば、機構との間にさまざまなコンフリクトを経験しなければならない[43]」として、藤竹の定義する「送り手」と、「マスコミ産業としてのテレビ局＝テレビ放送機構」の敵対関係の構図を、早い段階で指摘していた点です。ここで「テレビ放送機構」の具体的な対象範囲が明らかにされておりませんが、「送り手＝送像者」の定義の中に編成部門が含まれていないため、「テレビ放送機構」に含まれているものと考えられ、藤竹は、その後の制作と編成の決定的な軋轢を予見していたように思えます。

また、藤竹は「視聴率」について、「作り手」への影響力が現在と比べると圧倒的に弱かった１９６０年代後半の時点で、次のように、岡部慶三が必要性を指摘していた、単なる調査研究に終わらない「システムの原理的な部分」にも迫る見解を述べております。

> 番組がどうみられているかについて、現在のところ送像者が準拠しうるデータは、若干の例外を除いて、視聴率だけといってよかろう。しかしながら視聴率によってとらえられたオーディエンスは、きわめてぼう大な数にのぼる。（中略）テレビ局の編成資料として、視聴率がきわめて有効な判断材料として活用される点を、否定することはできまい。またどの程度のオーディエンスが自分の番組をみてくれているか知る目安として、視聴率が格好の判断基準となることも事実である。しかしながら、視聴率と、視聴者は王様という理論が、安易な形で符号によって結ばれるとしたら、大いに問題だといわなければならぬ。視聴率は単純に、どれだけのオーディエンスがある番組をみたか、という数を示すにすぎないものである。視聴率のなかに、オーディエンスの欲求や願望を見出したり、彼らの評価をそこからよみとったりすることは、間違いである[44]。

ここで、藤竹はまず、「視聴率」の持つ制作現場への「社会的効果」の側面を挙げて、「送像者＝送り手」に対する、ある程度の作用についてまでは肯定的に評価しており、当時のテレビ研究には珍しくメディア現場の実情に近い分析ができていると考えられます。一方で、藤竹は番組編成への決定的な影響力を、条件付きで「視聴率」の問題点であるとして、その根拠を挙げた上で批判しますが、更に、「視聴率」の具体的な「送像者＝送り手」への影響について、次のように警鐘を鳴らしておりました。

送像者側の大衆像の不在現象に拍車をかけているのが、視聴率絶対の考え方である。視聴率がもっとも入手可能な、ほとんど唯一の番組評価基準としての作用をもっているのであるから、視聴率がふるう偉力は絶大なものがある。視聴率についての最大の問題は、すべての人が平等に貴重な一票として数えられる点である。だから、誰一人としておろそかにすることはできない。こうして誰にたいしても、ものわかりのよさ、面白さ、を売ろうとすることが、逆に、すべての人にとって、物足りなさ、を感じさせる原因へと転化するのである。その結果、送像者の側には自分は何をやっているのかわからない、大衆は手ごたえがない、という無力感を増幅させる結果を作り上げてゆく。視聴者はどこで動くのかさっぱりわからないと嘆く送像者の心情は、こうした状況の反映だといえるであろう[45]。

やはり、藤竹は「視聴率」が「送像者＝送り手」にもたらす、現在にも通ずるようなフラストレーションの一端を、1960年代後半の制作現場に「自律性」がまだ残っていたと思われる時点で、感じ取っていたのでしょう。その根拠として、「送像者＝送り手」からの裏付け証言があったようで、藤竹は当時の代表的なドラマ演出家であったTBSの岡本愛彦による言及を引用して、次のように説明しました。

現場のディレクターからさえ、送像者はこんにち安逸をむさぼる状況のなかで、作家としての主体性を忘れ、また創造的な情熱を失っているという批判を生みだしている。

ここでは、テレビ番組が一種の消耗品のように制作され、オンエアされていること。さらに送像者の空虚性、不安定性、浮薄性などが指摘されている。テレビというきわめてぼう大なメカニズムに放送界全体がふりまわされてしまっているというのが、これらの批判に共通してみられる論点である。（中略）

ディレクターの才能とは無関係に番組があたえられ、才能とは無関係に番組の存否が決定され、ディレクターが自分をそこに賭けて制作した番組が、真剣な批判と討論の場を経由することなく、企業の方針という一言で番組の評価が定まるような生温い制作条件のもとでは、作品の進歩などありえないのではないか。岡本はこのように主張するのである。（中略）

そこでは、作品の進歩にとって不可欠の要素である〝競争〟が、まったく存在していないといっていい。こうした状況の中で、〝意欲なき制作演出家の存在〟がテレビ進歩の最大のガンとなっている、というのが岡本の主張の根底をながれている。つまり、岡本の主張するところによれば、ディレクターが作品によって勝負するシステムから疎外され、サラリーマンと同じ地位のヒエラルキーによって彼の創作過程の隅々までもが規制されてしまっているところに、こんにちのテレビ界が陥っている最大の矛盾が存在しているのである[46]。

要するに、藤竹は「視聴率」が民放の「企業方針」の判断材料として最重視されるシステム自体を念頭に、「送像者＝送り手」の創作意欲が減退する状況を衝いていたのでした。ここで、藤竹は制作現場に取材することにより、１９６０年代後半の時点で「視聴率」がテレビメディア内部の重要なシステムの一環として、「送像者＝送り手」へ少なからず影響を及ぼしている実態を、既に把握していたと言えます。

しかし、ほぼ同時期に活躍していた「作り手」の中には岡本とは異なる「視聴率」観や制作姿勢を唱える「作り手」もいたようです。例えば、１９６０年代から日本テレビで『シャボン玉ホリデー』などの人気番組を担当する演出家であった井原高忠は、当時の番組制作事情について、このように述べています。

視聴率なんて気にする人がいなくて、少なくとも話題性があれば許された。（中略）日本では視聴率の良し悪しで得意顔で上むいたり、はずかしくて下むいたりするけれども、それはいわば、精神的なものであって、成績が悪いからといって首になる話じゃない[47]。

当時の「視聴率」の強い影響力について、井原は明確に否定しますが、更に、井原の部下で１９５９年に日本テレビに入社して、のちに『アメリカ横断ウルトラクイズ』などを担当した佐藤孝吉は、「視聴率というものは、作っている人たちへの視聴者の拍手の大きさだと思っています」と肯定的であり、その根拠を次のように主張します。

ディレクターの実感で言えば、視聴率が20%を超えると、近所の人から見ましたよと声がかかり、25%を超えると、小学校時代の友だちから何十年かぶりに電話がかかってきて、30%を超えると、電車のつり革につかまったとき、両側の人が、自分の番組の噂話をしていて、35%を超えると電車を乗り換えても同じ現象が続くという感覚です。

視聴率と番組の問題を、ディレクターの実感で言おう。逆説で言わせてほしい。もし視聴率がなかったら、どうなるだろう?テレビは死ぬ。すぐ死ぬと僕は断言する。競争のないところに、進歩はない。視聴率がなくなったら、制作者の独りよがりな番組、面白くない番組が、毎日、放送される。競争がない世界で、真っ先に失われるのは、なんだ?そう〝サービス〟だ。視聴率は、テレビを活性化させる生命の源だ、と僕は信じる[48]。

当時の日本テレビを代表する「作り手」の証言は、藤竹が「視聴率」の影響について、「自分の創作活動にたいして筋金を入れようとしても、準拠すべき基準を発見することができないのが、こんにちの送像者のおかれた状況である。そのため送像者の創作意識は、しだいに減退の方向をたどることになる[49]」とする、否定的な分析とは対照的に、「視聴率」が「送像者=送り手」の創作意欲を促進するものと読み取れます。同じ時期に活躍した「作り手」であっても、井原や佐藤は主に音楽やバラエティー番組の担当者であり、ドラマの演出家であったＴＢＳの岡本とは状況が異なりますし、番組ジャンルやテレビ局によって「作り手」の「視聴率」に対する感覚は様々で、彼ら以外の考え方も想定されます。これらのテレビ局や番組ジャンル、時代別の「作り手」や「送り手」の「視聴率」に対する考え方の傾向については、第3章以降でより詳しく体系的に論じていきたいと思います。

では、ここで藤竹の「送り手」論の功績をまとめますと、やはりメディア現場に近い位置から分析されており、「マス・

コミュニケーション研究」の一部として「欧米的スケールを直訳」する当時のテレビ研究の方法論を否定して、日本独自の理論展開を模索する姿勢は異彩を放っていたと評価できます。その中でも、特に従来の研究では曖昧にされていたままの状況であった「送り手」の定義を、テレビの組織に合わせて具体的に対象範囲を明示したことは意義深く、その後のテレビ研究にも少なからず影響を与えております。

しかし、一方で藤竹の「送り手」論の中で、致命的に考察が抜け落ちている部分があると考えられます。それは、特に現在の民放キー局で中枢的な役割を担っている、編成部門に対する検証が欠落している点です。確かに、1960年代後半の「視聴率」の影響力は現在よりも弱く、「編成」と「制作」のメディア内部の力関係や組織構造も現状とは大きな違いがあります。しかし、編成部門を「テレビ放送機構」の中にひっくるめてしまい、その制作現場への影響力を半ば黙殺したうえで、「視聴率」の「送像者」への直接的な影響に特化して検証すれば、現実のテレビ局内部の構造とは懸け離れたものとなるでしょう。

実際に、藤竹が重視する「送像者と受像者がテレビ映像を媒介とする」過程の中でも、編成部門が間接的に強い影響力を及ぼしており、「送像者＝送り手」について検証する際に「編成」は決して省略することのできない、テレビメディアにとって最重要ファクターであると思われます。従いまして、この当時の藤竹のテレビ「送り手」論の問題点としては、「編成」を軽視した分析に終始したことが挙げられ、「視聴率」の番組編成に与える影響が極めて少なかったＮＨＫの放送文化研究所に藤竹が在籍していた側面を考慮しても、メディア現場との乖離は避けられないものと判断されます[50]。

次に、1960年に大阪の読売テレビに入社して、番組企画や編成に携わる中で、放送研究誌『ＹＴＶレポート』の執筆も担当していた、井上宏によるテレビの「送り手」論を精査していきます。その後、1973年に井上は関西大学に転身して、1975年に『現代テレビ放送論――〈送り手〉の思想――』を執筆しておりますが、入社当初からＮＨＫの放送文化研究所の研究員に配属された藤竹と比べますと、井上は民放局でメディア現場に近い立場からアカデミズムに転身した方と言えるでしょう[51]。

また、井上は藤竹の『テレビの理論』について、テレビ初期の「制作の時代」を背景に執筆されたため、現場の「作り手」個人中心の問題意識に集中しているが、次の「経営の時代」に移っていく中では、「送り手」組織の内部構造も視野に入れて考察するべきであると主張しておりました。やはり、井上のテレビ研究は現場に近い考え方が見られ、１９７３年に開催された「テレビ20年のシンポジウム」の場でも、「現場の送り手にとって、20年のテレビ研究は、どういう意味を持っていたのか」という質問に対して、「現場で参考になったのは現場人のテレビ発言であり、研究者のテレビ研究は、テレビと人間、テレビと思考の諸矛盾に切り込んでいない[52]」と、当時のテレビ研究がメディア現場の実情と掛け離れてしまい、理論に純化させた部分を批判しています。この研究姿勢は、井上の「視聴率」に対する考え方にも表れており、制作現場への影響を事実に即して、以下のように分析しておりますので少し長くなりますが引用します。

> 〈送り手〉は番組の企画に当たってまず、これまでの視聴者にお気に入りのステレオタイプを考える。従来のタイプに役者の彩りや、ストーリー、音楽などに多少の変化をつけてうまくいけば大ヒット。そうはいかなくてもまずまずの成功をおさめることができるという計算であるし、過去のデータがそれを教える。
>
> 〈送り手〉のステレオタイプの再生産活動は、〈送り手〉に一定の経済的な安定を保障すると同時に、ステレオタイプを通しての意識支配を実現させる。（中略）
>
> 受け手はステレオタイプにしがみつき、〈送り手〉は、視聴率の数字を回転させながら、ステレオタイプの拡大再生産をはかるという図式からは、テレビは世界に開かれた窓というよりも閉じられたカーテンということになってしまう。テレビは〈広場〉ではなくなってしまうわけだ。（中略）
>
> 現代の大衆文化には絶えずこうした側面がついてまわっていくことは事実であり、テレビもその例に漏れないのであり、私もその点について視聴率主義に対する批判をしてきたのである。
>
> しかし、一方、目を転ずれば、そのような激しい競走場裡から、内容が濃く、しかも新しい作品の登場も見られるのである。一部少数の知的エリートによって享受されるというわけでもなく、大衆的規模でもって、そうした作品が

見られるという現象も現れつつある[53]。

ここで井上は、「視聴率」を功罪両面から分析していますが、まず負の側面として、「受け手」と「送り手」が半ば共犯関係となって、「興味をひきつけながらいつもわかりやすくあろうとする」企画が視聴者に受け入れられたことにより高視聴率番組となり、結果としてテレビ文化が均質化する状況を批判します。一方、肯定的な側面としては、「視聴率」競争により新ジャンルの番組が開発され、広く一般に受け入れられることにより高視聴率を獲得する中で、大衆文化が根付いていく可能性についても言及していました。更に、この文献の十年後の1987年に発表された井上の著作では、「視聴率」のテレビメディア全体に対する肯定的な側面を、次のように強調しております。

テレビ界において、もし視聴率調査というものがなかったら、あるいはもし、視聴率を無視して番組制作が行われたとしたら、送り手は、見たい人だけが見たらよろしいという考え方になるであろう。そうした番組作りの結果、質の高い、あるいは前衛的な新しい番組が制作されるということがあるが、そんな番組ばかりでは、視聴者がテレビそのものから遠ざかってしまうということは明らかである。

テレビ番組の大衆化、テレビが人々の日常生活の一部分となり、生活のあらゆる面に浸透し、暮らしのためのあらゆる情報のショーウインドーと化すようになったのは、視聴率競争の結果だといってよい[54]。

確かに、十年間でメディア状況も変化していましたが、井上の希望的観測という感じであった「視聴率」の有効性を、改めて断言しています。井上は日本テレビ系列の準キー局である読売テレビの出身ですが、奇しくも、「視聴率」に対する考え方は日本テレビの「作り手」であった佐藤孝吉に似ているような気がします。やはり、井上は佐藤と同様に、従来からの「大衆文化の画一化」を促進するという視聴率批判に対して、「テレビが新しい大衆文化を作っている」と否定した上で、「視聴率」の持つ社会的側面からの番組への影響力を明確に指摘しておりました。

このように、井上はＮＨＫ出身の藤竹暁とは明らかに異なる「視聴率観」を持っていたようです。加えて、井上は「放送事業にとって、番組の編成・制作業務はその事業の根幹である。このことを抜きにした放送経営論や組織論など、いくらやっても意味がない」と明言した上で、「編成・制作過程に影響力のある、経営、編成、制作、営業の各レベルがどのような構造連関を描くのかということが、放送組織論の中心でなければならない」と、「送像者」を軸に展開する藤竹とは異なるテレビ研究の方法論を主張しています。当然のように、「送り手」の定義に関しても、藤竹が「送像者」という言葉を用いて制作現場のスタッフに限定したものとは異なり、次のような大きな隔たりがありました。

テレビの初期時代、つまり〝制作の時代〟においては、ディレクターを〝作家性〟のもとにとらえることも出来たが、組織が初期の〝柔らかさ〟を失い次の〝経営の時代〟にと移っていく過程で、〝作家性〟に忠実であろうとするディレクターは、組織とのコンフリクトを訴え、サラリーマン化していくディレクターをうれえた。（中略）

藤竹は、〝送像者〟の意識をきびしく問うわけであるが、確かに、〝第一環〟をなす〝送像者〟の果たす役割は大きいのだし、彼らの〝強烈な自己意識〟〝受像者像〟〝現実認識〟〝映像表現〟についての考察も見逃すことは出来ない。しかし、それをあまりに抽象化して論ずるのは現実的ではない。〝送り手〟組織の内部構造とその過程とを視野の中に入れて考えなければならないと思う。〝送像者〟を〝制作〟という枠の中で抽象的に取り出すのではなく、組織の構造をどうとらえるのかという問題と共に考えなければならないであろう[55]。

つまり、ここで井上はテレビ局が大企業化する中で、「作り手」の組織全体における立ち位置の変化を重視しており、「制作の時代」から「経営の時代」へと変貌を遂げていた１９７０年代当時の状況に合わせた目線へ変えて考えてみることを提言しています。また、井上は「送り手」の定義についても、「通常は、記者や編集者、ディレクターやプロデューサーを指して〝送り手〟と言っている時が多い」が、テレビ局が大企業化して官僚的組織を発達させている状況のもとでは、個人的要素の過大評価が難しいと考え、藤竹とは異なる広範囲に及ぶ対象範囲を、次のように構想していたようです。

〝送り手〟というのは、普通の個人ではなく、まず何らかの組織が前提される。そして、その組織を存立させている社会の制度もその〝送り手〟の中に入るであろう。組織のメンバーとしての個人、組織と関係をもつ個人、仕事の上での地位や役割、分業と協業、労働者と経営者、作り手と管理者、それらを支える経済的社会的制度等々が全て〝送り手〟である[56]。

少なくとも私の調べた範囲では、1969年に書かれた藤竹の「送り手」に対する具体的な定義に対して、初めてここで井上が否定しており、その上で新たな定義を具体的に述べています。しかし、その後、両者の間でこの問題が議論された形跡はなく、残念なことに、テレビ研究における共通の「送り手」の定義を決める絶好のチャンスを逃しております。一方、これらの「視聴率」や「送り手」の定義と同様に、「編成」に対する考え方も、井上と藤竹の間には大きな見解の相違があったようです。

編成とは何なのか。〔筆者註：藤竹の定義する〕〝何を、いつ、いかに〟を決定する行為だと定義はされても、NHKの編成ならともかくも、現実の編成をいっこうに説明したことにはならない。そういうきれいな定義の出来ないのが現実だ。

編成行為を二つに分けるならば、①表現としての編成と、②連絡・調整としての編成とに分けて考えることができる。表現としての編成というのは、まさに編成主体が、何を放送すべきかを考え、新しい番組を開発し、媒体価値を高め、〝放送の論理〟を実現することを任務とし、かつ責任を負うべき編成である[57]。

やはり、井上は民放局の編成部門を担当した経験からも、その重要性を高く評価しており、「編成」を「送り手＝送像者」の定義から外した、NHKに所属していた藤竹の見解とは対照的な考え方を示しています。更に、井上は「送り手」を「組織的集団」と考えた際に、「編成の自立を可能にする主体は編成主体というよりもむしろ放送主体」と言及した上で、「①の編成を目指す姿勢がないとたちまちのうちに、②の編成に転落してしまう」と危険性を指摘し、メディア全体の中での編成の重要性を次のように力説します。

放送というものが、企画・制作・営業・技術等すべてのセクションが強固に組織され、知恵を出し合い、協力されるときに十分の力を発揮するものであることを思えば、この編成機能は説得的価値をもって組織の中での求心的役割をも果たさなければならないのである。（中略）

連絡・調整としての編成というのは、企画制作、営業・技術等の社内外の諸情報をまとめて連絡を密にし、調整をはかり、日常の放送業務を円滑にすることを任務とする編成である。

編成というのはともすれば、連絡・調整者の地位に転落し、それがあたかも本来の編成業務のように思われてしまう。極端にいえば、制作と営業とネットワークの間に立たされて、単なる連絡業務だけを請け負いかねない存在になってしまうのである。

放送という現象が表現である限り、編成という行為は放送そのものと言うべきである。表現者としての編成は、その意味では企業全体が背負う責任・権限と判断・決断力と、想像力のたくましさが要求される、放送のプロデューサーなのである58。

ここで井上は、編成部門に「新しい時間帯を開発し、新しい番組を考え、テレビの未来を切り拓いていくことを任務」とする「表現としての編成」であることを渇望しておりますが、実際に１９７０年代の民放局では、「連絡・調整としての編成」が主要業務であったものと思われます。特に、井上が勤めていた大阪の準キー局では、東京のキー局との間で行われる調整事項が編成の主要業務となり、このネットワーク間と営業や制作現場の連絡係として、「トラフィック」と呼ばれる業務に終始していたものと推察されます。このような背景から、井上は当時の編成部門の状況に忸怩たる思いがあり、藤竹とは対照的な「編成」の未来像を思い描いていたのではないでしょうか。

更に、井上は制作現場の「作り手」と編成部門の関係性についても、自らの経験を踏まえながら、独自の考え方を以下のように述べております。


編成という行為と、制作という行為とをどのように関連づけるか。

編成というのは、送り出す番組全体のあり方に一つの秩序を与えるものだという考えからすれば、編成の目はやはり個々の番組にまでゆきとどいていなければならない。しかし、その〝一つの秩序〟といっても、それを具体性でもって支えているのは制作であり、制作の創造性があればこそである。番組の編成というのは、番組を具体的に作るという制作行為をまって完結する。編成にも、もちろん、ものを新しく生み出すという創造活動の要素があるが、むしろ状況の全体を認識しながら、いろんな束縛条件にもからまれながら、情報の選択を的確に行い、タイムリーに送り出すという、どちらかと言えば〝創造力〟よりも〝想像力〟が要請される。つまりプロデューサー性が要請される。制作の方は、〝想像力〟も必要だが、どちらかと言えば、具体的な案を出し、具体的に演出していく〝創造力〟が要請される。いわばプロデューサー性に対してディレクター性が要請される。編成と制作は共通のダブリ部分を持ちながら、その機能の違いから対立・緊張の関係におかれるときもある。

編成と制作とは連動していながら、それぞれが独自の位相をもつ活動である。制作にはまさに具体的に言葉・音と映像で表現するという行為がある[59]。


ここで井上は、編成部門と制作現場の間にある、言語表現と映像・音声表現とがぶつかり合う緊張関係や対立による、「作り手」と「送り手」間の軋轢について言及しています。一方で、井上は制作に「ディレクター性」が求められるという周知の指摘に加えて、編成に「プロデューサー性」の必要性を見出しておりました。これは、先ほども指摘しましたが、この文献の書かれた1970年代当時のメディア状況の中では、少なくとも編成はトラフィック業務が主要業務であったと認識され、この時点では井上の希望的観測に過ぎないものであったと思われます。しかし、現在の「編成主導体制」が浸透するテレビメディアの状況を考えますと、未来予想図としては十分に当たっていたと言えるでしょう。

更に、井上は１９５０年代を「制作の時代」、１９６０年代を「経営の時代」とした上で、それに続く１９７０年代を「編成の時代」と標榜して、井上独自のテレビ史となる時代区分を設定しました。この本の中でも、後の章で私独自の区分となるテレビ史を論じていきますが、１９７０年代に書かれた井上の分析は、現在から振り返ってみても当たっている部分も多く、なかなか興味深いものがあります。また、井上は１９７０年代を「編成の時代」とする根拠として、以下のように当時のメディア状況を分析しております。

外部プロダクション化が番組制作の門戸を外に対して開き、好ましい競争関係——〝柔らかい〟制作のあり方——をつくり出すのか、それとも単に視聴率原理を押しつけるだけの下請け、硬い制作のあり方、をつくり出すに過ぎないのか。（中略）

編成については視聴率をいかにとるかが第一の目標として、ますますはっきりと浮かび上がり、その限りにおいて編成としてのイニシアティブが発揮されるに過ぎなくなりつつある。視聴率をとると簡単にいっても、現実にはこの視聴率をとるというのは容易なことではないので、そのための試行錯誤、調査や研究がなされ、その方向での〝最適編成〟を目指して涙ぐましいまでの努力が払われている。そうした視聴率をとるための努力がときには独創的なおもしろい番組を開発するということはある。しかし、全体としては、やはり番組の類似、画一化現象を結果してしまうのである。

（中略）

経営の面で、組織の面で、編成の面で、制作の面で——初期時代の〝柔らかい〟構造が、硬化してきた、今の〝硬構造〟を意識的に初期時代の〝柔らかい〟構造へと転換していく作業が大切なのではないかという気がしてならない。（中略）

現実には〝経営の時代〟の圧力が強いが、だからこそ番組の編成・制作において矛盾が噴出してきているのだから、〝編成の時代〟をこそ志向すべきで、そのことによってしか、社会の動きに対応していけなくなるというものではないだろうか[60]。

実際に、この文献が出版された1975年の時点で、井上の分類する1970年代の「第三期」は現在進行形でしたが、当時は一部の民放キー局で制作部門の外部プロダクション化が進行している状況にありました。具体的には、1971年にフジテレビが報道、スポーツ以外の制作部門をテレビ局本体から分離させ、フジポニーやワイドプロなどの系列子会社による外注化を進めて経営の合理化を図りましたが、制作現場の士気が下がった影響で「視聴率」が低下しており、結局1980年には局内に戻して制作部門を復活させています。この状況の中で井上は、経営主導により「視聴率」と売り上げ競争に特化した管理体制の強化を図った結果、組織自体が硬直化していった状況を憂慮し、「柔らかい構造」へ戻していくことを「編成」に期待していたようです。

その後、1977年に書かれた著作の中で井上は、「70年代初頭からの合理化は局の少数プロデューサーを頂点にして、プロダクションを含め、視聴率原理によるタテ割り管理（組織的にと同時に経済的に）の制作体制を作り上げた[61]」と指摘して、外部プロダクション化により制作現場の閉鎖性強化と硬構造化が進んだと結論づけました。実際に、井上の標榜していた「編成の時代」は、TBSが「視聴率三冠王」として君臨していた1970年代には実現しませんでした。しかし、その後1981年にフジテレビが編成方針で「楽しくなければテレビじゃない」というキャッチコピーを展開し、テレビ局が一体となって「若年層ターゲット」を謳い上げて高視聴率獲得に成功しております。この1980年代前半のフジテレビによる「編成主導体制」への動きにより、井上が標榜した「編成の時代」がスタートしたものと思われますが、その詳細は第5章以降で書いていきたいと思います。

また、井上は「編成の時代」を成立させる条件として、「硬くなった組織を柔らかくさせる」ために、次の役割を編成部門に期待しておりました。

編成に期待されているのは〝認識・表現としての編成〟なのであり、またこれなしには、制作も営業もうかび上がれないということになる。組織の官僚化が進行し、セクショナリズムが横行する時、その〝硬く〟なったセクションをつなぎ合わせ、活性化する牽引車の役割が編成に期待されているなら、まずは〝認識・表現としての編成〟を見なおすところから出発しなければならないと思う。これは、これまで呼び慣らされてきた〝編成マン〟ではなくて、〝編成プロデューサー〟と呼ばれるべきものである。

番組プロデューサーが、〝ワーキング（Working）プロデューサー〟であるのと同時に、編成プロデューサーも〝ワーキング〟であることに変わりはない。〝硬く〟なった組織間の〝リエゾン・マン〟として機能すると同時に、〝作り手〟としての機能を発揮する〝編成プロデューサー〟である[62]。

もちろん井上は、当時の状況として、実際には編成が「間接的表現領域」であると認識していたようですが、硬直化した組織状態を打破するために「編成表現＝認識・表現としての編成」を行使する「編成プロデューサー」像を敢えて提言したものと思われます。確かに、編成は「送り手」の中枢としてメディア内部で複数の重要業務を担当しており、現在では「編成プロデューサー」の呼び方や存在もテレビ局では一般化しています。しかし、「直接的表現領域」を担当する制作現場のプロデューサーと比較すると、「編成プロデューサー」に「作り手」の機能を持たせるとする井上の主張は、編成部門にあまりに多くの権限を与えることとなり、制作現場の弱体化が生じるケースが考えられますし、実際に現在起こっている危うい現象であるとも考えられます。

当然、井上は編成部門に権力が集中することへの危険性も想定しており、編成と制作の連動が成立する条件として、「両者が共に共通の部分を有しながら、相互に独自の位相をもって緊張し合っているという関係」を保った上で、「双方がそれぞれに独自の位相」を歩むことが不可欠であると述べていました。更に、井上は「編成」の権力が大きくなりすぎた時の影響として、具体的な制作現場の弱体化による弊害も次のように挙げています。

編成と制作との関係を上下関係と錯覚し、制作の相対的ではあるが、その〝独自の位相〟を尊重せず、要するに〝下請け〟に出す発想であったとしたら、これからも〝新しい刺激〟や〝創造的な仕事〟を期待できないし、無難な類似番組ばかりが横行し、番組の多様化もおぼつかないであろう[63]。

この井上の指摘は、１９９０年代半ば以降の「編成主導体制」が浸透する現在の民放キー局に見られる現象であり、「編成」と制作現場の関係性を予見した重要な指摘と考えられます。つまり、１９９０年代以降の編成が肥大化して制作の自律性が失われていく事態は、民放キー局の中央集権的な組織構造への変化が主要因となっており、井上の言葉を借りますと、「放送に独自の組織のあり方を探るのをやめて、一般の管理システムを定着」させて、番組を商品として管理するシステムとなる「柔構造から硬構造」へ転換したことによるものであり、１９７０年代の時点で既に、井上はその状況を警告していたと言えます。

しかし、それでも井上は編成を「広場の主催者」とイメージする、更なる甘美な「送り手」組織の理想像を思い描いていたようで、以下のように自論を続けています。

多種多様な〝受け手〟に対しながら、しかも、その〝受け手〟の協力・参加を得てゆきながら、社会的コミュニケーションの〝広場〟を実現しようとする役割は、〝主催者〟という言い方しか、私には思いつかない。

個々の番組が〝広場〟になり得るし、その集まりである番組の全体が〝広場〟になり得るのである。

〝編成表現〟はまず第一に、番組全体をどのような〝広場〟として展開するかに関係を持つ。〝編成プロデューサー〟がここでの〝主催者〟となる。組織内のあるいは組織外のさまざまな利害がうごめく中で、現代の〝広場〟の実現をはかっていく[64]。

やはりここまで来ると、ロマンティックに過ぎる井上の「編成」に対する願望であったと言わざるを得ないところです。

その後、実際には権力が集中していく過程で、「編成」が制作現場と連動してバランスを調整するよりも、経営サイドが最重要視する「視聴率」の原理に特化していく方向性となり、組織を硬構造化させていった状況が垣間見られます。

ここでまとめますと、やはり井上が提唱したテレビの「送り手」論は、「編成」を軽視した藤竹とは対照的に、民放のテレビ局の内部で絶大な権力を握っている編成部門の重要性を指摘する、メディア状況を的確にとらえた秀逸な研究であったと高く評価されます。しかし、一方で制作現場の「作り手」の職務範囲を侵食する形で「編成プロデューサー」像を想定するなど、「編成」に過度な期待を含んだ組織改革を想定したため、編成部門の影響力の浸透を助長する提言になっていたと思われます。不幸なことに、井上は見誤っていましたが、現実的に「編成プロデューサー」は、硬くなった組織を柔らかくする「広場の主催者」として機能せず、逆に「視聴率」へ固執することで組織の官僚化を進めて、「作り手」像が矮小化されていく傾向になりました。このように、「編成」を中心とする組織に性善説をもって検証を進めたために、プロデューサーやディレクター個人の自律性をないがしろにする危険性を含んだ組織論となってしまったと判断され、ここに井上の「送り手」論の限界があったと思われます。

続いては、井上の組織論にも大きな影響を与えた、後藤和彦のテレビ「送り手」論を見ていきましょう。後藤は、1953年にＮＨＫへ入局後、洋楽番組の制作などを経て、放送文化研究所で長年勤めた後に、常磐大学教授に転出されていますが、テレビ研究の世界では「編成研究と言えばこの人」と呼ばれた人物です[65]。また、放送文化研究所に在籍中は、機関誌『放送学研究』の実質的な統括役を務めており、岡部慶三の「放送学構想」を巡る一連の議論を要約するなど、テレビ研究の中心的人物として活躍されていました。

まず、後藤の「編成」への問題関心が発表されたのは、1963年に放送批評懇談会の発足直後に刊行された、『放送批評懇談会ニュース』に連載された論文の「編成批評を提唱する」でした。当時の後藤は、既に放送文化研究所の研究員であり、翌年には有名なダニエル・ブーアスティンの『幻影の時代』を翻訳するなど、研究者として旺盛な研究活動を展開していた時期です。当初の「編成批評」の目的は、評論家や視聴者による当時の番組批評が、テレビ局の中枢部分にはほとんど影響を及ぼしていなかったことに対するアンチテーゼとして書かれており、具体的な手法などについて次のように述べておりました。

カテゴリー単位の批評は、結果として、その番組部門の編成・制作を担当している制作部門の管理職への圧力にとどまって、その放送局の企業の心臓部にはほとんど圧力は及ばない。（中略）

編成批評は、放送されるあらゆるジャンルの具体的な内容・形式を介して、究極的には、集団組織としての企業の集団意思を批評の対象とするものであり、いいかえれば、最終的には、その企業組織はなんのためにそのチャンネルで放送しているのか、という根本的理念を徹底的に分析することによって、放送の存在理由を正すことを目的とする。

（中略）

したがって編成批評は、一日の時間の系列の中で、企業の側がどのように国民生活の実態を把握し、解釈し、それに対応しているかを具体的に問うものでなくてはならない。ゴールデンアワーはゴールデンアワーとして、視聴率の谷間は谷間として、企業の側ではその時間に生活している人間をどうとらえ、どう解釈し、それに対してどういう姿勢を見せているかが問われなくてはならない[66]。

加えて、後藤は「編成研究」の方法について、番組ジャンル別の放送時間量など統計的な調査ではなく、具体的な番組内容の把握による精査の必要性を主張していました。いずれにせよ、ここで後藤は編成批判が「その特定の時間帯に、その番組をおいた事の意味」を問う、言わばテレビ局にとって根源的な部分に迫ることにより、当時の個々の番組に対する批評が制作現場の「作り手」への不当な圧力の源となっていた状況から抜け出して、「企業構造の心臓部を突き刺す」状況となることを想定していたようです。

同時に、後藤は経営学者であるハーバート・サイモンの、「決定する」、「行動する」、「両者を媒介する」という三つの機能を中心に据えて「組織は三つの層をなしたレイヤーケーキである[67]」とした、企業の意思決定過程を巡る考察を、「編成」の概念に援用しております。この「編成」を三段階に分類した定義は、後藤の「編成研究」の核となる重要な概念的な枠組みですので、少し長くなりますが引用したいと思います。

サイモンに従って、かつて編成の構造をつぎの三つのレベルで考えてみた。

第1レベルは組織目標の第一次的具現化に関するトップ・マネジメントの意思決定（政策決定）のレベルであり、それが編成の基本方針という形で表明される限り、企業体の意思表明として、総体としての企業組織レベルの〝編成〟といえる。

第2レベルは一般にいわれる〝編成〟行為の行われるレベルであって、一方で統括的な意図の表明でありタテマエである第1レベルに規定され、他方で具体的な外部・内部の制約条件に規定されて、悪くいえば妥協、よくいえば最適化を意図した行為の結果としての放送番組の編成——短期もしくは準長期の放送番組全体の計画——を行うレベルである。

第3レベルは筆者が〝編成・制作レベル〟と名付けたレベルであって、第1、第2レベルに条件規定を受けながら、感性的な番組という異った次元での表現行為を行うレベルである。

これらの三つのレベル間の関係は、一口にいえば相互規定的である。第1レベルと第2レベルは、最高意思決定のための提案と、それに基づく決定という相互規定的作用の関係にあり、第2レベルと第3レベルは、提案と決定、指示と実施の関係にあるが、第1、第2レベルの決定が、実は第3レベルの〝編成・制作〟行為を全面的に規定しつくさないところに大きな特色がある[68]。

この後藤による編成を三分割した定義は、「送り手」と「作り手」を分離して考える際にも示唆的な考え方であり、私の博士論文では何度も引用しましたが、この本の中でも、後の章で登場してくるキモとなる概念的な枠組みです。

ここで後藤は、「編成」の概念について、テレビ局の編成部門に当たる「第二レベル」に限定せず、いわゆる経営サイドを「第一レベル」、制作サイドは「第三レベル」と規定しており、「編成」を三つのレベルの連鎖過程と想定する後藤流の大胆な捉え方をしています。一見すると、「作り手」である制作レベルと、編成部門に加えて経営レベルの「送り手」までを、同じ「編成」の概念の範疇に入れており、実際のメディア状況とは、かけ離れたものとも思えます。もちろん後藤自身も、そのことを少し自覚していたようで、「一般用語法から逸脱している解釈」と認めた上で、次のように補足説明します。

〝編成〟という概念は、放送企業の機構セクションの特定の行為にしても、それの前提となるトップ・マネジメント・レベルの決定行為にしても、あるいはセクションとしての〝編成〟に期待されている機能に基づく、企画、制作のレベルにおける決定行為にしても、いずれも、具体的に送り出されて、スピーカーやブラウン管に現象する〝放送〟に関して、〝なにを、いつ、いかに〟行うかを決定する行為である。(中略)

　しかし、〝制作〟については、〝なにを、いつ、いかに〟という行為の意味が、さらに異なった内容をもってくる。すなわち、言語系において表現され、指示されてきたものを、異なった系の表現形態に具象化する行為が中枢となるので、狭義、あるいはトップ・マネジメントのレベルにおける〝編成〟とは異なった問題をはらんでくる。そこで、〝制作〟のレベルの問題は、制作における特殊な意味内容をもった〝編成〟として、編成・制作レベルと考えるのが妥当であろう[69]。

更に、後藤は「第三レベル」を、「第一・第二レベル」と「相互にある意味での対立を前提とする」レベルとしてカッコつきの定義とする、歯切れの悪い説明に終始しており、別の呼び方をしたことで、結果的に曖昧な定義になったような印象を受けます。やはり、後藤には「編成」を三分割する際に、ハーバート・サイモンの「組織は三つの層をなしたレイヤーケーキである」とする経営学のセオリーが根幹にあり、この考え方をテレビの組織へ無理やり当てはめようとしたために、破綻が生じているようにも思えます。

　一方で、後藤は「第二レベル」の編成行為について、基本的には「第一レベル」に規定されており、「各種の要求の調整という側面が大きく、そうしたいわば妥協的な調整作業の中に、いかに第一レベルの理念的なものを具現化していくか」という難題を背負わされ、「その点では第二レベルは機構内の組織集団間のコミュニケーションが重要な側面となっている[70]」と説明します。つまり、後藤は編成部門である「第二レベル」を調整役的な役割を主要業務する、「第一レベル」と「第三レベル」を媒介する組織として考えていたようです。この「編成」のメディア内での立ち位置に関する後藤の見立ては、藤竹暁に比べると高評価であったと思われますが、井上宏よりは、かなり低いものであったと思われます。

この後藤の「編成」に対する論考に対して、井上は読売テレビの編成部門を担当していた経験から、後藤が「第二レベル」を主にトラフィック機能を担当する部門と過小評価した点について、民放の立場から明確に異議を唱えております。

後藤の編成・制作論はＮＨＫという企業体を背景に考えられているが、これを民放において考えると、編成セクションについて、私は次のように考えたいと思う。

民放においては編成が、〝媒介の機能〟〝情報処理過程〟としか考えられてこなかった――視聴率原理に基づいて――そのことに欠陥があったのではないかという気がするのである。先に述べた〝連絡・調整〟の編成というのはそれに当たる。認識し、判断し、価値を創造する主体の存在は予想されていない。〝認識・表現〟としての編成というのはそういう主体を予想しており、第三レベルにおいて、相対的にではあるが、独自の位相をもつ制作が考えられるのと同時に、〝編成表現〟の位相が考えられなくてはならない[71]。

更に、井上は後藤の三区分に加えて、新たに「第四レベル」を「営業レベル」として想定しており、「ＮＨＫについては、受信料徴収問題があるが、それはいちおう別として、第三レベルまででその編成構造の説明は終わる。しかし、民放においては、営業を編成構造の第四レベルとして位置づけしておかなければならない[72]」と、双方の相違を指摘しました。やはり、民放とＮＨＫでは組織構造の違いが大きいため、井上は後藤の「編成」に対する定義が、公共放送であるＮＨＫに限定的なものであり、民放には不適合と考えていたようです。一方で、井上の「第二レベル」が「連絡・調整」の機能以外に「認識・表現」の役割も担当するという主張も、当時の状況とは必ずしも一致しておりませんが、その後のメディア展開を考えますと、とても興味深い指摘であったと言えます。

実際に、その後1980年代初頭のフジテレビでは、「第一レベル」に近い位置で「若年層に特化」した編成方針が決定されており、後藤の言う「タテマエ」を超えた明確な指針となって社内全体に伝達されていたようです。そして、「第二レベル」が「楽しくなければテレビじゃない」と意訳して、井上の標榜する「編成表現」を機能させた上で、最終的に「第三レベル」が数々の若者向け番組を制作することで具現化していきました。すなわち、1980年代以降の「編成主導体制」の導入による組織構造の変化により、後藤の想定する「連絡・調整」機能に限定された「第二レベル」の役割が、井上の指摘した「認識・表現」機能も徐々に担当する状況に変わっていったのです。当時の後藤が、テレビの将来像として編成部門への権力の集中により、「第三レベル」の制作現場の自律性が損なわれることを危惧していたか否かは分かりませんが、「第二レベル」に「認識・表現」機能を持たせることを想定せず、トラフィック機能に特化させた組織構造に抑えたことの意味についても、後の章で検証する部分と関係が深く、とても興味深いところです。

一方、後藤は過小評価した「第二レベル」とは対照的に、「第三レベル」については、わざわざ「編成・制作レベル」と別称をつけた上で、「個人的な側面の強いレベル」であり、「編成がいよいよ具体的な内容と表現をもった個々の番組の問題として出てくる」重要な局面と述べています。加えて、「第三レベル」の独立性について、後藤は以下のように、「第一レベル」、「第二レベル」による完全な制御が困難である根拠を説明しました。

> すべて言語系による〝編成〟行為であったものが、この制作表現において、表現形態をまったく異にする〝番組〟として具現化されるのである。（中略）そこには、観念を具体的番組という異なったレベルの感性的表現に結実させるという、表現論の領域が存在するのである。問題はそれだけではない。放送における制作行為は、他の多くの芸術表現とは異なって、制作主体の自立性が成立するだけではなく、主体の労働対象の方も自立性を確立しうるような行為なのである。（中略）制作主体と対立して、自立性を主張し、自己表出の領域を成立させようとするのである。制作者

はもちろん、自らの制作意図の表現のために、人を選び、場を選び、音を選び、カットを選び、レンズを選ぶわけであるが、そのそれぞれの中で、制作主体とその労働対象との間の、たえ間ない対立のダイナミックなプロセスが成立している。

いいかえれば、制作プロセスにおける個人ディレクターまでで、〝編成〟のシステムが閉じて完結しているのではなく、あくまでこのシステムは末端においてオープンであり、広くいえば社会に、人間に、そして狭くいっても、労働対象になりうる芸術家と称される人びとに、開かれているのである。（中略）

さらにこの第二レベルと第三レベルの間には、表現形態を異にする制作行為、創造領域への断絶が見られる。すなわち、言語系の中で、原理から、より具体的な展開へとつながってきた〝編成〟行為が、ここで、まったく次元を異にする〝表現〟の形態への具現化に直面するのである。ある意味では、組織をあげての言語系での規定の行為が、実はオープン・エンドで、最終的〝表現〟については、手を拱いて眺めているより他ない[73]。

ここで後藤は、番組制作過程で「第三レベル」が「第一・第二レベル」からの「自律性」が確約される状況を物理的に論証すると同時に、その制作現場内部でも、個々の「作り手」が「自律性」を保ってそれぞれの創作活動にあたっていく状況を指摘しています。要するに、後藤は表現領域となる「第三レベル」が、言語系の「第一・第二レベル」からの制約に対して自由であるのと同じように、「第三レベル」内部でも制作現場のカメラマンや出演者たちが、それぞれの表現領域を持つため、制作主体となるディレクターから自由であると考えていたようです。細かい部分を指摘すると、後藤の言う「放送主体」がプロデューサーではなくディレクターで良いのかといった問題もありますが、この指摘は番組制作過程の現場を精査しなければ気付けないものであり、現在のメディア現場が果たしてこのような理想的な状態が保たれているのかを含めて、再考の余地がありそうです。

やはり、この後藤の主張は、１９６０年代後半の「編成主導体制」が成立する前のメディア状況を前提に、「第三レベル」の「作り手」が「自律性」を十分に確保していた時代を背景として書かれたものであり、現在の番組制作過程には必ずしも合致しない部分もあるでしょう。しかし、制作現場が「編成」から、同時に、個々の「作り手」が制作現場から「自律性」を確保する状況を、表現領域の違いから論証した後藤の指摘は、現在にも通じる普遍的な理想像であるとも考えられます。

このように、後藤の「編成研究」を中心とする「送り手」論は、一見すると制作を「第三レベル」の編成と定義したことにより、「作り手」を「送り手」と混同しているように見受けられますが、詳しく読み解いていくと、実質的には両者を分けて考えるテレビの組織論であったと判断されます。結局のところ、後藤はテレビ局の組織の意思決定過程を「編成」を中心に考察する方法により、かえってテレビ番組が映像や音声による独自の表現系統に属している特殊性を、鮮明に捉えていたと言えます。具体的に、「第三レベル」全体に加えて個々の「作り手」の「自律性」が成立する根拠を論じた上で、最終的に後藤は、「対象素材の特殊性のために、第一レベル、第二レベルにおける規定性が、第三レベルでの実現を究極的に完全には規定しえない」と、明確に結論づけました。しかし、この『放送編成・制作論』が書かれた六年後の１９７３年の著作の中で、後藤は、再度「編成と制作との関係」について具体的に触れており、そこに論調の変化が見受けられます。

第一に〝つくる〟ことと、その条件の設定との関係である。第二に、この二つは相互に作業内容の次元を異にするものである。第三に、この二つの作業は、放送事業体という組織体において、異なった分業体制によって担われるものであり、その関係は、組織の下位部分間の企業の関係である。第四に、番組を〝つくる〟ことは、総合的かつ芸術創造的な行為であり、そのための条件の設定は経営事務的業務であるので、両者の関係は、芸術創造的なものと非・芸術的創造ないしは無・芸術創造的なものとの緊張した関係である[74]。

ここで後藤は、１９７０年代の制作現場の実情を考慮したものと思われ、「作り手」の「編成」からの「自律性」に関する論考を微妙に変えて、「下位部分間の企業の関係」、「緊張した関係」という表現を使っています。これは、それまで後藤が「編成研究」の中で断言してきた、「第三レベル」が「第二レベル」との自律的な関係性を保っていくことに関して、彼なりの危機感を表していたものとも受け取れます。

更に、その三年後で、『放送編成・制作論』からは九年後の１９７６年には、後藤を共同研究メンバーとする『日本のテレビ編成』が発刊され、その中で、「編成」の概念的な枠組みが再定義されています。具体的には、「第二レベル」を「狭義の編成」、「第一レベル・第三レベル」が「広義の編成」と新たに明記され、肝心の「第三レベル」の自律性については、更に限定的な言い回しになっていますので、引用したいと思います。

> トップ・マネジメントのレベルを第1のレベルとする。第2のレベルは、われわれが新聞の放送番組時刻表にみるものの原型をつくる作業のレベルである。第3のレベルは、具体的な番組の制作の過程に含まれる編成的考慮である。番組はナベやカマではないので、仕様書の指示さえあれば自動的にできあがるというものではない。このレベルは番組制作という相対的に独立した創造的行為が行われる過程ではあるのだが、しかし、その制作行為は第1、第2レベルの規定を前提とすべき条件として受けている。より内実に即していうならば、ここは編成・制作のレベルである[75]。

やはり、後藤は従来通りに、「第三レベル」を「編成・制作のレベル」として別称することで、半ば独立したものと捉えてはいるものの、９年前に制作現場の自律性を強く意識した論考と比べるとトーンダウンした印象が拭えません。ここで後藤は、テレビメディアの意志決定過程の特殊性を「ナベ・カマではない」と言及しながらも、具体的な表現領域の問題については触れておらず、「第一・第二レベル」の「送り手」の制限下にある、より限定的なものとして「作り手」の「自律性」を説明します。これも、実際のメディア現場で徐々に「第三レベル」の自律性が損なわれつつあったことが背景になっていたと推察されますが、当時の民放キー局は実際にまだ「編成主導体制」へ移行しておらず、後藤も突っ込んだ「第二レベル」の拡張にまでは議論を進められなかったと考えられます。

一方で、後藤は「編成研究」の対象範囲についても述べましたが、実は、ここに後藤の「送り手」論の限界があったように思えます。具体的には、この１９７６年に書かれた論文の中で、「第三レベル」に関連する大部分を研究対象の範囲外としており、次のように「第二レベル」を中心とする限定的な「編成研究」であることを明示しました。

第3レベルの編成では、それを編成・制作レベルと名づけたように、具体的な番組を生み出す過程に直接かかわる編成の要素を問題にする。したがって、結果としての編成ということであれば、具体的番組と第2あるいは第1レベルの編成との関連について検討することが考えられる。しかし、このレベルはそこに含まれる行為の性質上、結果としてよりはむしろ過程として分析することの方が意味があると思われる。感性的な個々の具体的番組の制作に、どのような指示情報、制限情報として編成情報がかかわるのか、その過程の具体的研究はひとつの興味ある編成研究の領域として成立する。（中略）

編成研究一般は概略上述のように理解されるとして、本研究がそのすべてをカバーするものでないことはいうまでもない。（中略）

制作の過程における編成との相互関連そのものの問題を扱うことはしない。本研究が直接対象としているのは、具体的には放送番組時刻表として表現されている第2レベルの狭義の編成であり、第3レベルの編成は、第2レベルの編成の検討に有効な範囲内にある場合に限り、部分的に問題にされるにすぎない。また、過程としての編成についても、同様に直接的な検討の対象とはせず、第2レベルの結果としての編成の分析に直接かかわるものがある場合にのみ、改めて問題にすることにする[76]。

ここで後藤は、番組制作過程を精査した「編成研究」が重要であることを述べていますが、その言葉とは裏腹に、この論文の限定条件として、実質的に「第三レベル」の大部分を研究対象から除外しておりました。確かに、「第三レベル」の「作り手」は、当時から取材対象としてアプローチが困難であり、制作過程に及ぶ研究範囲の拡大を避けて、「第二レベル」の基礎情報やデータ処理の整備を優先させる集中的な研究としたため、このような限定条件にならざるを得なかったものと思われます。

この基本的な姿勢は、以前の後藤の論文を見ても同様であり、長年にわたって番組制作過程にまでは研究対象の範囲が及ばなかったようです。実際に、後藤は１９６８年の論文でも「編成研究領域の対象」として、番組表などを検証する「プロダクト研究」と、番組制作過程などを検証する「プロセス研究」に、「編成研究」を二分しており、その上で、後藤は当時の「プロセス研究」が整備されていない状況を、次のように述べています。

> 放送における編成権の所在とその性格について検討することも、〝プロセス〟として編成を研究対象にする立場から生まれてくることが当然予想されよう。
>
> 度々提案はされながらも十分な実現をみていない個別の番組のトータルな過程研究もこの領域に関連するものとして考えられるだろう。そのような提案の典型的なものはつぎのごときものである。すなわち、ある特定の番組について、それが実現するまでの過程を遡及するというもので、そもそもその番組のアイディアは、どのような個人and/or集団が、どのような状況において発案し、それがどのような組織内・外過程――フォーマルおよびインフォーマルな――を経て、具体的な番組となるにいたったかを詳細に追求し記述しようとするものである。これは根本的には、事後に動機を尋ねるというような動機調査の研究に内在的な難問題があって、現在の段階では方法的に成立は不可能でないにしてもかなり困難があると思われる[77]。

やはり、後藤は当時の取材対象へのアプローチ方法の問題を「内在的な難問題」として、将来的な実現の可能性を残しながらも、番組制作過程を網羅した「プロセス研究」の成立は難しいと考えていたようです。結果的に、その八年後の論文を見ても同じジレンマを抱えており、１９８０年代以降は、後藤による「編成」に関して体系的に考察した著作物は刊行されていません。そもそも、１９６０年代から「個別の番組のトータルな過程研究」の重要性が提案されていたこと自体に驚かされますが、最終的に後藤の指摘する番組の「作り手」と編成の「送り手」の具体的な関係性を明らかにする、「編成研究」の中で「プロセス」と呼ばれる重要領域は、依然として未開拓のまま残された状況と言えます。

しかし、トータルで見ると後藤の「送り手」論は、テレビ局組織内部で根幹となる「編成」に着目し、メディア現場の実情に即して検証する秀逸な業績であり、特に「編成」を三段階に分けた上で、制作現場の自律性を説いていく手法は、私が掲げている「作り手」論の導入にも示唆される部分が大きいと考えられます。そこで、この本の中では、番組制作過程の中の「送り手」と「作り手」の関係性を問う、後藤が「編成研究」の中でやり残した、「プロセス研究」の部分を重点的に究明していきたいと思います。

東京大学新聞研究所の研究者による学術寄り「送り手」論

次に、1949年に発足して以来、渡邉恒雄（わたなべつねお）、横澤彪らのジャーナリストやプロデューサーなどの著名な「作り手」を多数輩出し、一方で岡部慶三らの業績により日本のテレビ研究の中核的組織となっていた「東京大学新聞研究所」に所属する研究者による、テレビの「送り手」論を検証していきたいと思います。実は、私自身もこの「東京大学新聞研究所」が名称を変えた「東京大学社会情報研究所」の出身です。この社会情報研究所は、一般の研究者養成コースの他に、社会人特別選抜の社会人コースがあり、「職業経験を活かしつつ、社会情報学の知識や理論と研究態度を身に付けることにより、高度な職業的社会的実践能力を備えた人材を育成することを目的」と明記してあり、まさにこの恩恵をしっかり受けて学ばせて頂きました。しかし、現在は「東京大学大学院情報学環・学際情報学府」に吸収されて組織が消滅しており、2017年に博士課程を修了することで私は、この伝統のある教育機関の何と最後の学生になってしまいました。少し話は逸れてしまいますが、私が修士課程に所属していた2004年の秋頃、情報学環への組織統合という形で吸収が決定しており、社会情報研究所の全学生に籍を移すように強い要請がありました。当時の私は、「横澤彪さんなどを輩出した新聞研究所からの流れに憧れて入ってきたので、このまま社会情報研究所に残りたい」といった意思が強く、担当教官であった濱田先生へ率直に相談したところ、「それもそうですね。わかりました。私から学務には言っておきます」と、承諾されて転籍をせずにすんだ覚えがあります。結果的に、濱田研究室以外の修士、博士の大半の学生が情報学環に移ったようでしたが、学校としては、その後、私が博士号を取得するまで10年以上も事務処理上は社会情報研究所を残すことになり、大変迷惑も掛けてしまいました。しかし、だからこそ責任を持って博士論文を最後まで挫けずに書くことができた部分もあり、私にとっても「東京大学新聞研究所」は、思い入れが深いところでもあります。

さて、前置きが少し長くなりましたが、まず東京大学新聞研究所は、戦前の１９２９年に産学連携で渋沢栄一や徳富蘇峰などの尽力により、東京帝国大学文学部の中に「新聞研究室」として設置された、ドイツ新聞学を導入するメディア研究に特化した組織として発足しています。その後、戦後の１９４９年に東京大学付属研究所として「新聞研究所」が再発足して、新聞、出版、放送、映画に関する研究や、これらのマス・メディアに従事する人材の養成を目的とする研究機関となりました。また、後藤和彦たちが所属したＮＨＫ放送文化研究所とは密接な関係性にある、テレビメディア現場と距離感の近い組織であり、１９５７年には「マス・メディアとしてのテレビ─調査報告」が発表されるなど、テレビ研究の初期段階から、メディア現場が望む実践的な「受け手」論の実績を残しています。

その「東京大学新聞研究所」の中で、まずは、後藤和彦が「マス・コミュニケーションの生産過程について分析をつづけてきているのは、ほとんど唯一人、稲葉三千男である[78]」と高く評価した、稲葉三千男によるテレビの「送り手」論を見ていきたいと思います。この稲葉は、１９５８年に東京大学新聞研究所助手になって以来、１９８０年から１９８４年には新聞研究所所長を担当するまで、一貫して同じ組織で、長い研究生活を続けていました[79]。その中で、稲葉はテレビ研究の分野にマルクス主義の適用を試みており、テレビの「作り手」を「マスコミ産業は、物質的生産をするし、その生産に従事するマスコミ労働者は生産的労働者[80]」と捉えるなど、「送り手」の中枢である「経営者」と、制作現場の「労働者」を区別して考えており、ある面で、マルクス主義の観点からテレビの「作り手」と「送り手」を切り離して、分析していたものと考えられます。

一方で、稲葉は労働三要素を構成する労働力・労働手段・労働対象の関係性に着目した上で、やや難解な理論を噛み砕いて、マス・コミ企業の組織に当てはめて、以下のように分かりやすく説明しております。

マス・コミの労働者の内部でも、労働条件や権力・権威の配分などをめぐって、一種の身分秩序が成立しがちである。すなわち、第一の認識過程を代表的に遂行する新聞記者、編集者、放送記者、プロデューサー、ディレクターなどと、第二の表現過程を代表的に遂行する印刷労働者、大多数のアナウンサー、電波の送出関係の技術者、製本労働者などと、第三の伝達・交流過程を代表的に遂行する新聞の発送および配達労働者、書籍の発送および販売労働者などとの間には、第一V第二V第三という関係がある[81]。

ここで稲葉は、具体的な個々のメディアの職制を想定することにより、「認識・表現・伝達」過程の中で、企業内部に存在する一種の「身分秩序」に近い実態を指摘しました。更に、稲葉は3年後の著作で、その「身分秩序」の中に複雑な協業関係が成立している状況について、以下のように述べております。

マスコミ産業の労働者は、じつに数多くの職種をふくんでいる。だから当然に、マスコミ内容の製作・創造を直接に担っている労働（新聞における取材や編集、放送や映画におけるプロデュース業務や監督など、ほとんどが精神労働）と間接に担っている労働、という差が生じる。前者が、ふつうにジャーナリストの労働と考えられ、この直接・間接の差が、ジャーリストの優越感の現実的根拠となっている。たとえば、新聞の編集部門や放送の製作部門よりも、販売、広告、管理といった部門のほうがいろんな意味で強い発言権を企業内でもっていても――もっていればいっそう――、ジャーナリストの優越感は強まる[82]。

この稲葉の指摘は逆説的な表現ですが、現在のテレビ局にもそのまま当てはまる現象であり、メディア企業内部で「送り手」と「作り手」の精神的な断層をついた鋭い分析と言えます。更に、この当時と比較すると現在は、「送り手」と「作り手」の間で人事異動が頻繁に行われており、「編成主導体制」が浸透する中で、「送り手」サイドの思惑もあり、より複雑な状況を呈しているようにも考えられます。このようにメディア内部の実情をズバッと言い切るには、かなり深いレベルまで現場に精通していないと難しかったのではないかと思いますが、実際に、稲葉はテレビ局の労働組合を通じてメディア企業の「作り手」の労働状況を把握していたようで、更に根の深い部分にも触れておりますので、引用したいと思います。

ジャーナリストが同一企業に永年勤続するにつれて、その活動の目標（価値）は企業内での地位になっていく。しかも日本のマスコミ企業では、高い地位とはより権限の大きい管理職である。（中略）出世するにつれて、ジャーナリストは現場から遊離し、管理部門の担い手になる。いつまでも現場にとどまっているジャーナリストは、無能者、脱落者、もしくは反逆者とみなされる。

こういうマスコミ企業内の官僚制的管理機構が整備するにつれて、欧米でよくみられる〝大〟ジャーナリスト、たとえば大統領と〝君〟〝おれ〟で話しあえるといった老練重厚なジャーナリストの活躍の余地がなくなってしまった。第一線の現場で取材をつづけつつ、あるいはドラマ演出のキューを出しつつ、そのまま企業内での評価を高める方途（現実的には管理職手当などに見合う給与の支給）があればよいのだろうが、官僚制の発達という現代的潮流へ逆行していて実現しないのだろう。（中略）

こうしてマスコミ企業の編集部門や製作部門はもちろんのこと、管理部門の幹部もまた、ジャーナリスト（の出身者）で占められていることが多い。そこで、資本―経営管理の幹部―第一線ジャーナリストという三つの階層のあいだに、編成―営業―管理といういちおう横の分業関係から生じた矛盾をあわせふくむ複雑な矛盾が生じる。この矛盾を一言でいうなら、〝編集権〟である[83]。

このように稲葉は、１９７０年代半ばのメディア現場の状況を辛辣に批判しておりますが、現在も同じような傾向にあり、テレビ局の内部で官僚的な管理制度が進行しているものと思われます。一方で、民放キー局にも一部の優秀なベテランの「作り手」を守る人事システムとして、制作現場に残ったままで管理業務をすることなく昇進できるという、「高度専門職」制度ができましたが、該当する社員は各局とも極めて少ないようです。

この優秀な「作り手」が高齢化に伴い、管理職の「送り手」化していく現象について、稲葉は「編集権」に原因の一端を見出しており、更に、「編集に必要な一切の管理を行う機能は、すべて経営権に属する」と規定された、新聞の「編集権」に対する考え方が「放送法第三条などを通じて放送界をもほぼ支配している[84]」と指摘します。この「編集権」が、現在のテレビ局では「編成権」に当たりますが、稲葉は影響力が制作現場にも及ぶ、経営サイドが「編集権＝編成権」を握ることの本質的な問題点を次のように述べています。

現実には、解雇や配置転換や考課などの人事権の行使という形で、経営権は編集権を貫徹させている。ジャーナリストは、企画を立て、取材し、記事を書き、あるいは番組や映画をプロデュースし、演出する。簡潔にいうなら、社会的現実の認識活動・表現活動に従事する。その活動の過程で、むろんいろいろな制約・拘束を受ける。編集権もそういう拘束のひとつだが、そのほかに政治的・法律的・経済的・道徳的・社会的など、さまざまの制約・拘束がある。

ジャーナリストとしては、真実を伝達し、すぐれた文化を創造すべき社会的任務の遂行のために、編集権をふくめたこれらの制約をしばしば突破しなければならない。マスコミ企業が資本主義的に経営されて、資本主義社会の維持と利潤の追求とを目標としているかぎり、ジャーナリストがクビや配転や出世の放棄を覚悟のうえで、もろもろの制約を突破すべき事態が、ともすると生じがちである。そこで、その突破のエネルギーをどこから汲み上げるかが、重大な課題になる[85]。

実例として、稲葉は制作現場の「作り手」が真実を伝えるために「編集権＝編成権」を無視して「送り手」と対峙した結果、配転や減給などの人事面での不利益を被り、テレビ局を退社して制作会社を創設した良心的な「作り手」が存在したことにも触れています。おそらく、これは１９７０年代に、当時ＴＢＳの社員であった萩元晴彦や村木良彦が、成田報道やドキュメンタリーの演出方法を巡って懲罰的な人事異動となり、制作会社「テレビマンユニオン」を創設して退社した、一連の「ＴＢＳ闘争」のことを指しているのでしょう。その後、日本で最初の本格的な制作プロダクションとなった「テレビマンユニオン」は、『遠くへ行きたい』、『海は甦える』、『世界・ふしぎ発見！』など数々のエポックメイキングな番組を制作しており、彼らは「作り手」として「送り手」の持つ「編成権」からの制約を突破できたようにも見えます。

しかし、現在でも大多数の「作り手」は、これらの制約を突破するエネルギーを保つことが困難な状況にあると考えられます。今もって、この「編成権」を巡る多くの矛盾をもつ複雑な状況が、番組制作過程で民放キー局の「作り手」が抱えている、組織制度の面での限界とも思われますが、１９７０年代の時点で提起された稲葉の視点は鋭くメディアの問題点を突いていたと言えるでしょう。現実的に、「送り手」の利潤を確保する方法として、「視聴率」獲得が編成部門の最優先課題となり、制作現場の「作り手」への至上命題とする構図で、「編成権」を効果的に行使してきた側面が考えられます。加えて、稲葉は「視聴率」に関しても、当時の状況を正確に把握しており、以下のように捉えていました。

放送企業のばあい、視聴率競争は、最大限シェアの確保のためと同時に、受け手大衆からの信託の強度を誇示するためという意味を持ち、新聞や雑誌などの販売合戦以上に激烈となりがちである。（中略）

資本主義的マスコミ企業の内部で、利潤動機と言論・表現動機とが矛盾し抗争する。そして資本主義社会における資本主義的企業であるかぎり、言論・表現活動は結局規制されてしまう[86]。

ここで稲葉は、まず「視聴率」の持つ「営業的指標」と同時に「社会的指標」の側面を指摘して、それゆえの競争激化を説明します。この「視聴率」が持つ「社会的指標」の側面にまで言及したアカデミズムの論考は珍しく、まさに稲葉がメディア現場へ深いレベルまで取材ができていたことの賜物とも言えるでしょう。一方で、稲葉は「作り手」のクリエイティブな部分が、利潤を優先する「送り手」から制限されるという、やや凡庸とも思える指摘をしておりますが、同時に、制作現場の「作り手」内部の組織と個人の関係性については、次のように再び鋭い視線を向けておりました。

表現活動も、それに先行する認識活動も、企業外の（たとえば下請けプロダクションや通信社など）および企業内の（たとえばカメラマンとディレクターとプロデューサーなど）協業関係による集団作業となっている。したがって、協業集団を構成している多数者めいめいが日常的に反覆するさまざまなデシジョン・メーキング間に、連続性、統一性、整合性、が要請されることになる。選択のための集団的な規範（group norms）もしくは価値体系（value system）が必要になる[87]。

ここで稲葉は、「作り手」と「送り手」の相克の問題に加えて、テレビ局と制作会社、演出サイドと技術サイドの対立などの、「作り手」の個人裁量がグループの内部規範と相克する状況について、後藤和彦とは対照的な見解を述べております。その中で、稲葉は「作り手」個人がそれらの制約に対して屈しない、「あるべき姿」にも触れていました。

デシジョン・メーキングのための集団規範や価値体系の形成・決定の機能も、また〝編集権〟に、したがって経営権に、属するという。したがって、〝編集権〟を通して、利潤動機がマスコミの制作過程を規定することになる。しかも経営権は、人事権をにぎっている。（中略）

個々のジャーナリストは、マスコミ制作過程という協業の連鎖のなかで、認識・表現活動について多少とも自主的なデシジョン・メーカーとして機能し、そのデシジョンを隣のデシジョン・メーカーに手渡す。そういうデシジョン授受の門番（gate keeper）として機能する。そして日常的ルーティンの多忙な反復のなかでは、自分のジャーナリストとしての言論・表現動機とキャピタリスト的な利潤動機（あるいは〝編集権〟）との矛盾・相克も、そこで利潤動機を優先させて〝編集権〟を尊重せざるをえない良心の痛感をも、多忙やら生活の重要やらを口実に忘却してしまうかもしれない[88]。

残念ながら、この稲葉の予想は杞憂には終わっていないように思われます。実際に、その後も「編成主導体制」の浸透により、現在まで「送り手」が「編成権」を行使する際に、「視聴率」の獲得を半ば強制的に民放キー局の「作り手」への制約として負わせ、制作現場の協業の中で個々のクリエーターたちが、「自主的なデシジョン・メーカー」となることを阻止していると推察されます。

また、稲葉は「放送における生産や創造は、きわめて集団的な活動である」として、その集団性をテレビの「作り手」を抑制する原因の一つに挙げていますが、更に映画と比較して、番組制作現場でのディレクターの個人的裁量についても疑問を呈しております。

> 映画でなら、幻像を獲得し把握し保持する役割は、まさに監督個人が担った。けれども、放送のばあい、（中略）その幻像をだれのものと呼べるだろうか。放送においても、放送番組は監督の幻像の物的表現といえるだろうか。さらにいうなら、放送番組はディレクターのものなのだろうか。（中略）放送番組もまた監督した個人の〝自分のもの〟といえるだろうか。
>
> じつは映画においても、その資本主義的な生産様式が進行するにつれて、エイゼンシュテインやチャップリンら〝個人的天才〟の段階とは根本的に異なる様相が現われた。製作者・プロデューサーの登場である[89]。

1970年代の時点で、稲葉はテレビの制作現場に資本主義的な生産様式が進行する中で、ディレクターの権限が低下する実態を見抜いていたようです。この状況は、前項で取り上げたビル・ライアンが1990年代にも指摘しておりましたが、現在まで例外的な制作現場はあるものの、おおむね稲葉の指摘通りだと言えるでしょう。同時に稲葉は、ディレクターに代わり、中心的存在となって制作現場を取り仕切っていく重要なポジションとして、プロデューサーの台頭を指摘します。その際に、稲葉はプロデューサー登場の意義に着目した先行研究として、社会心理学者の南博が1961年に書いた論文を引用して、「作り手」の集団化の経緯を説明しております。やはり、一橋大学教授であった南も、俳優座の養成所で教鞭をとるなど、メディア現場にも精通する研究者と言えますが、以下のように、南はプロデューサーを「作り手」ではなく「送り手」として捉えていました。

作品の商品化は、マス化の進むにつれて、作り手と受け手のあいだにいる、送り手、伝え手の役割を、急に大きなものにする。(中略)

そこでは、送り手、伝え手は、作り手と受け手の橋渡しをする単なる仲介者ではなく、プロデューサーというかたちで、全く新しい機能を持った、第三の人物、しかもきわめて重要な人物として登場する。(中略)

プロデューサーは、芸術作品の資本主義的な商品化にとって、欠くことのできない生産者のひとりなのである。その仕事は、パーソナル芸術の作品を、どのように商品化するか、ということに集中される。彼は、作品の芸術性と商品性のバランスを考え、その最適度を測定し、確保するために、芸術上の配慮と、経済上の計算とをもとにして、作品のプロダクション生産を管理する[90]。

このように、南は「プロデューサー」について、その誕生の背景をテレビや映画以前の状況と比較し、マスプロダクション化に伴って必然的に現れる「送り手」として解釈しています。この南のプロデューサーに対する論考に対して稲葉は、「プロデューサーは、作り手からも作品からも、その本来の個性を喪失させかねず、この個性喪失を条件として、作品の大量生産、大量配布を実現していく[91]」と補足説明しており、前項で取り上げた井上宏の提唱する、個々の番組より全体性を重視する「編成プロデューサー」論にも似た見解を示しました。やはり、この論文が執筆された1961年の状況を考慮しても、テレビの制作現場でプロデューサーを「作り手」に分類せず、「送り手」とする南の解釈には、違和感が残ります。更に、南はプロデューサーを中心とした組織による「作り手」の集団化を、「個性回復のモメント」として肯定的に捉えており、その根拠を次のように述べました。

受け手の層が、厚く、ひろいために、その内容も、ひとりの作り手の、単一な視点と表現技術だけではカバーしきれない部分が出てくる。たとえば映画のシナリオライターは、プロデューサーとも、監督とも、意見を交換することで、シナリオの内容を修正しなければならない。また放送芸術のばあいには、なおさら、そのような複数の観点と技術の創造的な合成が必要になってくる。
　このように、マス芸術は、テクノロジーの面からも、芸術の面からも、作り手集団の組織をともなうところから、作り手集団の集団的個性が、創造の上に、大きな役割を演じるようになる。特定の映画会社や放送会社の特有な〝カラー〟ということ、映画監督の名をとって〝何々組〟の作品とよぶことなど、いずれも集団的個性を指していることばである[92]。

ここで南は、「集団制作と集団創造」といった方法により、個々の「作り手」の個性が回復していく状況を思い描いており、テレビなどの制作現場で、具体的に集団的個性が現われていく様子を説明していました。この南の論考に対して稲葉は、一定の評価は示しつつも、根源的な部分で、次のように異論を唱えます。

　集団創造や集団製作という形での作り手の集団化、そこからの集団的個性の発生という南の指摘は、まさしく卓見である。ただし南は、作り手が集団化したマス芸術ということで、映画と放送をマス芸術という一つのジャンルに含めてしまった。そして映画における作り手集団と放送におけるそれとの差異にまでは、目を配らなかった。（中略）映画のばあい、その作り手集団、つまり〝何々組〟は、かなり閉鎖的である。ギルド的な封建制、閉鎖性を抱えていることは否定できない。
　それにくらべて放送のばあい、作り手集団の構成はずっと開放的・流動的である。（中略）この集団的個性は匿名の集団的個性である。映画の集団的個性には映画監督の名前が署名されているのにたいし、放送のばあいの集団的個性は無署名である。ディレクターの個性が集団的個性の上にそびえ立っていない[93]。

確かに、稲葉の著作が執筆された1976年には番組制作現場の基本システムが確立され、プロデューサーの地位も現在に近い状況になっていたと考えられ、南の論文が発表された1961年時点の混沌としたメディア状況との単純比較は難しいものがあるでしょう。しかし、テレビと映画の制作過程を同一視することに対する稲葉の批判は正当性が強く、監督を頂点とする閉鎖的な「作り手」集団である映画とは対照的に、テレビ番組の制作現場は編成など「送り手」からの制約が強い中で、「作り手」組織の内部は映画よりも開放的であったことは確かです。実際に、当時のテレビディレクターでもNHKの和田勉やTBS大山勝美など、視聴者から〝何々組〟の作品と認知されるドラマが、ごく少数ですが存在してはおりました。しかし、バラエティーなどドラマ以外のジャンルではディレクターの名前が思い起こされることは皆無に近く、1980年代以降は、横澤彪や土屋敏男などのスタープロデューサーが誕生する中で、ディレクターよりむしろプロデューサーの名前が、ごく稀に集団的個性の上に現れる傾向にあると思われます。

その上で、稲葉は番組制作現場の黎明期について、当時の雇用形態から、テレビと映画の制作過程の違いを次のように補足説明します。

放送産業では、その成立の初期から、大工業的性格が強く、作り手集団は（タレントを除いて）ほとんどが賃金労働者として企業に雇用された。こうして作り手集団の内部では、そのそれぞれの機能の分化にもかかわらず、賃金労働者（サラリーマン）としての等質性の側面が比重を高めた。

それに加えて、放送制作の初期には、ラジオにせよテレビにせよ、どちらかといえば作り手集団の全体に素人性が強かった。とくにテレビでは、映画での技術的な蓄積を継承できていたカメラマンや照明係などの技術者たちのほうが、むしろ作り手集団をリードできたといえる。俳優やシナリオ・ライターのばあいなども、ディレクターに従属するというより、むしろディレクターに教示する能力や経験さえもっていた。（中略）

放送という活動の内部において、さまざまな人間は、その職分や特技や経験などの違いにもかかわらず、ある意味で交換可能な Ich-Atome もしくは Ich-Punkte（いずれもヤスパースの言葉）として平準化されていた。資本主義の展開がまさにそういう平準化の推進運動である。そのかぎりにおいて放送産業は、映画や新聞や出版など、他のマス・コミュニケーション産業よりも、より資本主義的である。またより近代的で、封建的な身分制からは、いちおう自由である[94]。

ここで稲葉は、難解なドイツ語の学術用語を駆使しながらも、当時の映画製作現場の強烈なプロ意識と比べて、テレビの制作現場の素人性を鋭く言い当てております。実際に、テレビの「作り手」が当初よりサラリーマンの雇用形態として登場したことによる影響は、現在も端々に現れているようです。ここでも、豊富な制作現場への取材活動が稲葉の主張の根拠となっていると推察されますが、テレビの「作り手」がサラリーマン化する構造と、他のマスコミ産業よりも平準化が進む状況を言い当てた分析は秀逸と言えます。この１９７０年代に発せられた指摘は、その後、テレビメディアに「編成主導体制」が浸透する中で、「送り手」が「誰が作っても同じクォリティー」となる安定的な組織体制を構築した代償として、制作現場が平板化していく将来像を示唆するものでした。

また、稲葉は、これらのテレビ制作現場の「送り手」と「作り手」の関係性を示す最適な理論モデルとして、Ｍ・Ｗ・ライリー＝Ｊ・Ｗ・ライリーの設定した、「送り手」内部を「第一次集団」と「第二次集団」に分けて考える図式を引用しました[95]。その際に、稲葉はライリーの難解な図式を、実際にテレビの「送り手」の内部構造に当てはめて、次のように分かりやすく説明しております。

送り手は通常、新聞社、映画会社、放送局などの大組織に組織されている。けれども、そういう第二次集団的な大組織の内部に第一次集団が成立して、コミュニケーション内容の生産・送出活動をしているばあいがほとんどである。ただし、現実の送り手については、一方に大組織外の人間（放送や映画のばあいの俳優やタレントなど）が第一次集団のメンバーに随時組み込まれるし、その一方で、大組織内の人間でありつつ第一次集団にはほとんど参加しない（管理部門や補助部門の）人間もいる。マス・コミュニケーションの送り手のなかにおける分業関係、雇用関係の問題である[96]。

つまり、実質的には、私がこの本の中で定義している「送り手」を「第二次集団」、「作り手」を「第一次集団」と、稲葉は「送り手」の内部を分けて考えていたようです。その根拠として、稲葉は豊富なメディア現場への取材で得た情報をフル活用して、番組制作過程の複雑さの実態を捉えることに成功していたのでしょう。ところが、最終的に稲葉は「この分業や雇用の問題はここでは扱わない」と述べており、「第一次集団」と「第二次集団」の関係性については、自身の研究の対象範囲外と明言します。

しかし、番組制作過程を検証する上で、「第一次集団＝作り手」と「第二次集団＝送り手」に関する、稲葉の言うところの「分業関係と雇用関係」の問題は、後に「編成主導体制」が確立して番組制作部門の外注化が顕在化する中で、テレビ研究の重要な論点であると考えられます。ところが、稲葉の関心は、「第一次集団＝作り手」内部の問題にとどまっており、より複雑な「第二次集団＝送り手」との関係に踏み込めていなかったことが、豊富な取材に裏付けされた稲葉の「送り手」論の惜しまれる部分であったと思えます。そこで、稲葉の指摘する「第一次集団」と「第二次集団」を、それぞれ「作り手」と「送り手」へ明確に分けた視座を確立した上で、両者が協業していく際の関係性の移り変わりや番組制作過程への影響を、後の章でゆっくり究明していこうと考えております。

次に、稲葉と同様に東京大学新聞研究所に所属して、主に「産業論」の観点からテレビ研究を展開した高木教典の「送り手」論を精査していきます。まず、高木は1956年に東京大学新聞研究所研究生となり、その後、1988年に新聞研究所所長に就任すると社会情報研究所へ改組するなど、長年にわたり組織の中心的人物として関わっていました[97]。また、稲葉と高木は東京大学新聞研究所へ同時に在籍する中で、1973年に発行された『講座 現代日本のマス・コミュニケーション 4 マス・メディアの構造とマス・コミ労働者』を共同著作しており、極めて密接な関係性にあったと思われます。

この高木の「送り手」論は、民放キー局などの「マス・コミ企業」を独占資本として捉える中で、特に、その労働過程の部分に着目して、「認識・表現・伝達という活動のために高度に発達した分業・協業関係から成り立っている複雑な構造をもつ組織集団」の観点から分析を重ねています。つまり、高木は「作り手」個人ではなく、全体の「組織集団」を軸に「送り手」論を展開していたと言え、その考え方は藤竹暁よりも井上宏に近いように考えられますが、当時の「送り手」論の状況について、次のように述べておりました。

マス・コミの構造・組織集団の研究は、従来おこなわれてきたマス・コミの研究の分類でいえば、「送り手」研究に該当する。「送り手」研究という呼称は、これまでしばしば指摘されてきたようにマス・コミ過程を、コミュニケーションの発信者と受信者の役割が固定した一方的なコミュニケーション過程として認識し、視聴者の能動性を否定するという一面的な〝送り手〟—〝受け手〟の図式によったものであるという重要な欠陥をもっているが、適当な用語が確立されていないので、ここではしばらく従来の呼称に従っておこう。マス・コミの〝送り手〟にかんしては、戦前から実に多くのことが語られてきた。しかし、〝送り手〟の科学的な研究は、戦前からおこなわれてきた歴史的な研究を除けば、受容過程論、効果論などの「受け手」研究やマス・コミの社会的機能をマクロな観点から究明した社会的機能の研究などと比較すると、立ち遅れてきた[98]。

ここで高木は、自ら提示した「組織集団」研究を「送り手」論に当たると分類しながらも、「送り手」と「受け手」の定義について確定的な解釈を避けています。その上で、高木は当時の「送り手」論を「受け手」論と比較して停滞する状況を憂慮しておりましたが、その状況を克服する強い意志を、次のように明示しました。

研究の問題関心だけでなく、〝送り手〟研究の方法的な困難や、マス・コミが研究対象として複雑でありまた資料の入手、調査が容易ではないといった実際的な条件も少なからず作用していたとみられる。

しかし、マス・コミニケーション研究がこれまでの限界を超えて飛躍的な発展をとげるためには、〝送り手〟研究は避けて通ることのできない課題である。〝送り手〟研究を発展させることなしに、今後マス・コミ研究は多くを期待できないといってもけっして過言ではないであろう。

この高木の主張は大いに頷けるところではありますが、その後、50年近くが経過した現在も、この「送り手」への調査が難しい側面や、「送り手」論が「受け手」論と比べて盛んではない状況に、残念ながら大きな変化は見受けられません。また、高木は当時の日本の「送り手」論と比べて先進的であった、アメリカの「送り手」論の先行研究として、稲葉三千男と同様に、M・W・ライリー＝J・W・ライリーの論文を引用しています[99]。この文献自体を引用しても良いのですが、とても難解であり膨大な量の注釈や説明が必要となるため、それは避けて、高木による以下の解釈を見ていきます。

ライリー＝ライリーは、〝送り手〟を〝受け手〟と同様に集団やより広い社会構造に規定された個人として捉え、マス・コミの〝送り手〟研究では、〝送り手〟のフォーマル、インフォーマル・グループ、そこに支配的な社会意識や社会的性格、〝送り手〟を規定する社会構造などの分析の必要性を指摘している。（中略）しかし、〝送り手〟研究は、これらにつきるものではない。ライリー＝ライリーは、もつ特殊な困難さを見逃し、〝受け手〟研究の方法をそのまま〝送り手〟に適用することによって、〝送り手〟研究を進めることができると考えており、そのために〝送り手〟研究の課題をせまく限定している。マス・コミの〝送り手〟研究は、ライリー＝ライリーの指摘を超えて、マス・コミの〝送り手〟が社会的現実を複雑な組織集団として認識・実現・伝達する活動を全体として把握するものでなければならない。すなわち、マス・コミの〝送り手〟研究は、〝送り手〟が政治・経済・社会的現象をどのように切りとり、創造、伝達するかという組織集団のメカニズムと認識活動を追求するマス・コミの〝組織集団の認識論〟というべき分野の研究を課題とするものでなければならないであろう[100]。

ここで高木は、アメリカの「送り手」論の先駆者として、日本の研究者からも評価されていたライリー＝ライリーの功績を部分的に認めつつも、当時の「受け手」論が提唱していたもの（オピニオンリーダーが介在する情報の二段階の流れ）を、そのまま「作り手」論に援用したに過ぎないと批判しました。その上で、高木はライリー＝ライリーの「送り手」論を修正する方法として、「作り手」個人ではなく、自説である「組織集団」を軸にした全体的な組織論の採用を強く主張しています。

しかし、前に触れました、稲葉三千男による「第一次集団」と「第二次集団」というライリー＝ライリーの考え方を継承して、「送り手」と「作り手」を実質的に分けた論考と比較しますと、高木の「組織集団の認識論」は、「作り手」の存在が軽視され過ぎているように思えます。つまり、高木はライリー＝ライリーが、制作現場の「作り手」個人を「第一次集団」、非制作現場の「送り手」を「第二次集団」と分けて論じた手法を批判して、双方を合わせて「送り手」とする「組織集団」を想定したのですが、このように「送り手」と「作り手」をまとめて一括してしまうと、現状の「編成主導体制」による編成と制作の微妙な関係性などを見逃してしまう危険性が高くなると考えられるのです。

一方で、高木は「組織集団の認識論」を成立させるための条件として、その問題点と克服方法について、次のように述べておりました。

> 認識・表現・伝達の機能を目的として組織されている集団であるがゆえに、組織集団としての構造や認識活動を把握することは複雑かつ困難な課題である。したがって、マス・コミの認識活動を究明することは一挙に成果をあげることのできる作業ではなく、マス・コミの組織集団としての活動の諸側面およびそれを規定する条件との関連でいえば、取材、制作、編集、編成、企業経営、産業、政府のマス・コミ政策・行政、制度等の諸側面の分析・研究の積み重ねとその結果の集大成とによって初めて成果を生み出すことができるという性格の課題である[101]。

ここで高木は、「組織集団の認識論」にフォーカスした「送り手」論には欠かすことのできない、メディア現場に密着した検証の必要性を指摘しており、その中で「生産過程をできるだけ解説的に記述しながら当面注意を要する主要な問題点を拾い出す作業」を優先する研究姿勢も述べています。しかし、一方で高木は「現状はまだ組織集団としてのマス・コミの構造と認識活動全体について結論的な成果を提示できる段階には進んでいない[102]」として、1973年時点での「送り手」論の状況を冷静に捉えておりました。

当時の高木の「送り手」論に対する意識は旺盛であり、その成立に向けた方法論も具体的に想定できていましたが、やはり現実的には難しいところがあったようです。残念ながら、この1973年に書かれた論文以降、高木によるテレビの制作現場などを対象とした「組織集団の認識論」を検証する文献は刊行されておらず、崇高な問題意識や数々の問題点の克服方法は示されておりましたが、その方法論を含めて高木の「送り手」論には限界があったと言えるでしょう。

限界を超えるために「送り手」論が進むべき道とは

このように、1960年代から70年代までのテレビの「送り手」論は、現在と比較しても活発であり、「編成研究」、「組織論」、「生産（制作）過程論」などが幅広く展開されておりました。ところが、それぞれの研究が相互に結び付くことなく、大きなムーブメントを形成できず、テレビメディアの現場に強い影響力を及ぼすケースは皆無に等しい状況であり、その後は徐々に衰えていったようです。

実際に、後藤和彦の「編成研究」は1976年の『放送学研究28　日本のテレビ編成』、稲葉三千男の「生産過程研究」は1976年の『現代マスコミ論』、井上宏の「組織論」は1977年の『テレビの社会学』から、結果として新たな論点は提示されておりません[103]。まさに、これらの1960年代から幅広く展開されてきたテレビの「送り手」論は、1970年代後半でその系譜がほぼ途絶えた状態にあると言えます。

一方、現在まで「送り手」論が活性化しなかった原因を、テレビメディアの周年時にテレビ研究者たちが振り返って検証しております。まず、テレビ放送開始40周年の1993年に社会学者の藤田真文は、岡部慶三が提唱した「放送学」

の消滅した理由を論じると同時に、「送り手」論の全体的な不振についても、以下のように述べています。

多くのマス・コミュニケーション研究が、海外の理論動向を追うことにのみ関心が有り、日本の放送の実践とは別のところで研究を純化させた。（中略）

この意味で、〝現場の送り手にとって、二十年のテレビ研究は、どういう意味を持っていたのか〟という批判は、現在にいたるまでの《最も広義の放送学》の欠落を鋭く指摘している。（中略）

例えば、自己の権益を保持し拡張する実用的な目的以外で放送制度についての知識を必要としただろうか。これを放送現場の人々の良心に帰することは安易にすぎよう。むしろ、その原因は、自己の存在根拠を問題にするほどの〝危機的な〟政策決定を必要としなかった放送産業の組織力学、歴史的位置に求めるべきであろう[104]。

ここで、藤田はテレビ研究がメディア現場の実践的な部分と離れてしまったことを挙げて、テレビの実務者の関心から排除された実態を指摘します。同時に、藤田は個々の「作り手」よりも、むしろメディア企業として「送り手」が危機的な状況に陥らなかった状況に、テレビ研究に対する無関心の原因を見出していました。やはり、当時のテレビ研究が「送り手」と「作り手」を混同してしまった結果として、双方の関心領域を正確に把握できていなかったことの弊害が、この藤田の指摘からも垣間見られるような気がします。

また、法政大学教授の中野収は、テレビ放送開始50周年の２００３年にテレビ研究とメディアの関係性を振り返り、次のように「送り手」論が制作現場の「作り手」に全く影響を及ぼしてこなかった状況を痛烈に批判しています。

重要なことは、テレビ制作者・送り手にとっては、さかしらなテレビ批判よりも視聴者が問題なのである。視聴率の実態を決定するのは、彼らだからなのだ。（中略）

だから、テレビ批判論は、ジャーナリズムとしてのテレビの弱点を衝いてはいるが、テレビ制作・送り手の制作・

編成態度に対しても、視聴者のテレビ観にも大きな影響を与えてはこなかった。（中略）だとすると、テレビメディア批判論は、誰に向かって、どうすればいいというのかわからなくなる。どうやら、テレビ批判論は、先刻承知の人々に、既成の論理構成で批判をぶつけていたことになる。テレビ批判は誰のためのものだったのか。（中略）
テレビの手法・様式が日々新たにならざるをえないことを、おそらく現場の人々は直感的にわかっている。それはあの視聴者のしたたかぶりを承知しているからであろう。そして、唯一客観化されうる数字＝視聴率に気を配りながら制作し編成している。
各種あるテレビ論を、現場の人々はほとんど読まないとぼくはにらんでいるが、それはすでに彼らの日常の業務からイメージできるものだからだと思っている。[105]

このアイロニーに富んだ中野の指摘は、「視聴率」が半ば絶対的な指標となるメディア現場の実態に基づいて、「送り手」論との埋めようのない隔たりについて説明しております。この論文は、フジテレビの発行する業界紙に掲載されたものであり、ややメディア寄りに書かれているきらいもありますが、制作現場を深く調査した上でないと断言できない部分もあり、これらの「視聴率」の影響に関する中野の分析は的確なものと言えます。やはり、当時のテレビの「送り手」論には制作現場の「作り手」を実際に精査した文献が少なく、特に「視聴率」の影響に対する検証は皆無に近い状況であり、その点からも中野の論考は異彩を放っていたと言えるでしょう。ただ、この中野の指摘の中で一つ残念なことは、編成と制作が別々に書かれてはいるものの、「視聴率」の捉え方などが同質なものとして捉えられており、もう一歩進んで、「送り手」と「作り手」を分けて考えていれば、更にメディア現場の実情に近い分析となっていたように思えます。

このように、テレビ研究者の間でも、従来の「送り手」論の問題点と限界が鋭く分析されており、その克服に向けてテレビ研究とメディア現場の乖離を解消することの必要性が示唆されていました。一方で、テレビの制作現場への調査が困難である物理的な問題が依然解消されておらず、「送り手」論を志望する研究者の視点が、テレビからインターネットに代表される、新しいメディアの「送り手」論にシフトしていった側面も考慮されます。

しかし、テレビの「送り手」論が停滞する根本的な原因として、テレビの「送り手」の定義に統一された解釈がなかったために、千差万別な「送り手」像が乱立することになり、共通概念が築けなかったことが、むしろ重大であると考えられます。この「送り手」の定義に共通認識がないことは、従来の「送り手」論の盲点とも言える致命的な欠陥ですが、現在も未確定のままであり、「編成研究」、「組織論」、「生産（制作）過程論」などが繋がることなく、大きな潮流に至らなかった主要因と想定されます。つまり、個々の「送り手」論を結び付ける論理的な枠組みが明確に設定されておらず、それぞれの知識が断片化したままの状態で孤立することになり、メディア現場に影響を及ぼすような大きなムーブメントを起こせず、「送り手」論自体が活性化しなかったと考えられるのです。

では、ここで「送り手」の定義が従来のテレビ研究の中で共有されていなかった状況を、もう一度実際に確認していきたいと思います。まず、藤竹暁は次のように、この本の中で私が「作り手」とする制作現場のスタッフを、逆に「送り手」と定義しました。

送像者は〝テレビ放送機構〟のなかで一定の職制上の地位を占め、またジャーナリズム産業としての放送のなかで、一定の専門的職種をもっていることを、確認しておく必要があろう。さて、ここで、プロデューサー、ディレクター、台本の作家、カメラマンなど、制作スタッフの全体の総称として送像者という名称を用いようと思う。つまり、〝テレビ作家〟という一つの人格体を想定し、制作スタッフの集団がもっている作家性を軸として、送像者の問題を考えようとするのである。（中略）

送像者はテレビ放送機構の一員であり、その点では送り手という言葉で表現するのにふさわしい[106]。

そこには、私がこの本の中で「送り手」と定義する編成や営業など、テレビ局の重要な組織が含まれておらず、半ば黙殺されている点が特徴的と言えます。ところが、井上宏はこの藤竹による「送り手」の定義に対して、次のように異議を唱えます。

テレビの初期時代、つまり〝制作の時代〟においては、ディレクターを〝作家性〟のもとにとらえることも出来たが、組織が初期の〝柔らかさ〟を失い次の〝経営の時代〟にと移っていく過程で、〝作家性〟に忠実であろうとするディレクターは、組織とのコンフリクトを訴え、サラリーマン化していくディレクターをうれえた。（中略）
しかし、それをあまりに抽象化して論ずるのは現実的ではない。〝送り手〟組織の内部構造とその過程とを視野の中に入れて考えなければならないと思う。〝送像者〟を〝制作〟という枠の中で抽象的に取り出すのではなく、組織の構造をどうとらえるのかという問題と共に考えなければならない[107]。

更に井上は、藤竹が評価した「送像者」の個人的な要素を過大評価することは難しいと考え、次のように広い範囲に及ぶ対象を「送り手」として定義しました。

〝送り手〟というのは、普通の個人ではなく、まず何らかの組織が前提される。そして、その組織を存立させている社会の制度もその〝送り手〟の中に入るであろう。組織のメンバーとしての個人、組織と関係をもつ個人、仕事の上での地位や役割、分業と協業、労働者と経営者、作り手と管理者、それらを支える経済的社会的制度等々が全て〝送り手〟である[108]。

ここで井上は、藤竹による「送り手」の定義とは異なる解釈を明示しており、私が定義する「作り手」の範囲を、完全に「送り手」の一部に含むものと考えています。また、井上は高木教典と同様に、「送り手」を個人ではなく組織として捉えており、同時にその組織を成立させている社会制度も、広く「送り手」と定義します。つまり、井上と藤竹の「送り手」の定義は全く正反対でしたが、ここで統一した見解を定めない限り、双方の「送り手」論は平行線を辿ることになるのです。しかし、「送り手」の定義に関して藤竹と井上の両者で改めて議論する機会は設定されず、新たな視点の提示もなく、その後も「送り手」像は曖昧なまま放置されて、現在に至っております。

更に、別の「送り手」の定義として、後藤和彦はテレビ局内部で組織の中枢として制作現場をコントロールしていると目される「編成」を、「トップ・マネジメント＝第1レベル」、「編成セクション＝第2レベル」、「編成・制作＝第3レベル」と三分類して考えます。ここで後藤は、私が「作り手」と定義する制作部門を「第3レベルの編成」として、「送り手」の中心的組織である「編成」の中に包括させた上で、次のように論じました。

第3レベルは筆者が〝編成・制作レベル〟と名付けたレベルであって、第1、第2レベルに条件規定を受けながら、感性的な番組という異った次元での表現行為を行うレベルである。

これらの三つのレベル間の関係は、一口にいえば相互規定的である。第1レベルと第2レベルは、最高意思決定のための提案と、それに基づく決定という相互規定的作用の関係にあり、第2レベルと第3レベルは、提案と決定、指示と実施の関係にあるが、第1、第2レベルの決定が、実は第3レベルの〝編成・制作〟行為を全面的に規定しつくさないところに大きな特色がある[109]。

実のところ、後藤は「送り手」と「作り手」を明確に分けておらず、曖昧な表現を使って、確定的な解釈を避けていたようです。確かに、１９６０年代後半のテレビ局の編成部門は主に「トラフィック機能」を担当する、言語系までを取り仕切っている部署であり、表現形態は制作現場に一任する状況でした。しかし、現在は「編成主導体制」がテレビ局の組織形態として定着する中で、編成部門の影響力が制作現場の表現形態に及ぶものに変化しており、後藤の曖昧な定義では対処しきれない可能性が高いと考えられます。

このように、日本のテレビメディアが誕生した直後の段階から、テレビ研究の中で制作現場の「作り手」が「送り手」と混同されて、しかも多様な形態で議論されておりました。しかし、何度も言いますが、肝心な「送り手」自体の概念に共通項が存在せず、その定義が互いに議論されることもなく、雑多な解釈を放置したままの状態で、なんとなく成立していたのでした。その結果、各種の「送り手」論の具体的な論点や方向性が噛み合わない状態で孤立することになり、テレビの「送り手」論は衰退してしまいました。実際に、テレビの「編成研究」、「組織論」、「生産（制作）過程論」などが、「送り手」論の一環として1960年代から活発に議論されてきましたが、1970年代後半でその系譜がほぼ途絶えています。その主要因として、当時の「送り手」の定義に共通概念がなく、現在まで曖昧な状態で「送り手」と「作り手」を一緒くたにして使用している弊害が甚大であり、早急な是正が必要と考えられます。

これらの「作り手」と「送り手」双方の違いを考慮することなく、同じ「送り手」に一括りにして検証すると、その実態はメディア内部でも極めて異なっており、メディア現場の状況と決定的な乖離が生じることになるしょう。これは、アカデミズムでよく言われる「産業論と表現媒体の対立」の文脈で矮小化される問題ではなく、テレビ特有の「編成」を中心とした「送り手」と制作現場の「作り手」の、番組制作過程を巡る、言語系から表現領域への問題に関わる、複雑な二項対立構造が存在しているのです。つまり、このテレビ局の特殊な内部構造の問題は、従来の研究では「送り手」として一括りにされていたために組織集団の内部に隠れていましたが、実際に、このメディア特有の対立関係を可視化するためには、新たな概念枠組みの設定が不可欠になります。

そこで、テレビ研究の中で、半ば黙殺されている「作り手」を「送り手」から分離した定義を確立するためにも、次章では双方の概念枠組みを具体的な部署に照らし合わせて詳しく設定していきたいと思います。この新たな枠組みの採用により、断片的であった各種「送り手」論の融合が可能になり、少し大げさに言えば、従来のテレビ研究を再構築していきたいと考えます。最終的には、1970年代に断絶した「編成研究」、「組織論」、「生産（制作）過程論」などの知識の総合化を実現させることで「新テレビ学」を成立させ、「テレビをもっともっと面白くする」ために、メディアに影響を及ぼせるような、テレビの組織改革にも結びつく「政策科学」となる提言をしていくことを目標としております。

【註】

1　ウィルバー・シュラムは第二次世界大戦中にはプロパガンダ研究の大家として活躍し、戦後はイリノイ大学やスタンフォード大学などにコミュニケーション研究所を創設するなどしている。

2　シュラム・W・編、学習院大学社会学研究室訳『新版 マス・コミュニケーション マス・メディアの総合的研究』（東京創元社、１６０―１６１頁、１９６８）参照。

3　高木教典「〈シンポジウム〉・放送研究の進め方〈報告〉マス・メディア産業論と放送研究」『新聞学評論』第13号（日本マス・コミュニケーション学会、11―12頁、１９６３）参照。

4　水越伸「メディア・プラクティスの地平」水越伸、吉見俊哉編『メディア・プラクティス』（せりか書房、28―30頁、２００２）参照。

5　吉見俊哉『メディア文化論 改訂版 メディアを学ぶ人のための15話』（有斐閣アルマ、54―58頁、２０１２）参照。

6　ラザースフェルド・F・P・、ベレルソン・B・、ゴーデッド・H・著、有吉広介監訳『ピープルズ・チョイスアメリカ人と大統領選挙』（芦書房、54―56頁、１９８７）参照。

7　植田康夫、伊豫田康弘、小林宏一「開拓途上における研究の位相と展開」『新聞学評論』39号（日本マス・コミュニケーション学会、48頁、１９９０）参照。

8　松山秀明「テレビジョンの学知―１９６０年代、放送学構想の射程」『マス・コミュニケーション研究』第85巻（日本マス・コミュニケーション学会、１１２―１１３頁、２０１４）参照。

9　私の担当教官であった濱田純一先生が東京大学総長に就任された際に、総長になると学生の論文指導ができなくなるルールが東京大学にはあり、濱田先生が後任となる担当教官に丹羽美之先生を紹介して頂き、そこで同じゼミの同僚となったのが松山君であった。博士論文を書いていく上で、担当教官と学生はまさに「二人三脚」で果てしなく遠い道のりを歩んでいくことになるのだが、丹羽先生には本当に親身になって面倒を見て頂き、私は言ってみれば「50人51脚」くらいの状況で手取り足取りご指導頂いた覚えがある。半年に一度くらい、ゼミの授業で博士論文や、それぞれの学生の執筆中の論文を発表する機会があり、その際に松山君と「どうして、テレビ研究はメディアの実態とかけ離れているのか。もっと、アカデミズムの研究成果がテレビの現場に良い影響を与えることができないものか」といった共通の想いがあることが分かり、常日頃からよく意見を交わしていた。

10　松山秀明「テレビジョンの学知―1960年代、放送学構想の射程」『マス・コミュニケーション研究』第85巻（日本マス・コミュニケーション学会、119頁、2014）参照。

11　岡部慶三（1927〜2008）は後に東京大学名誉教授となるが、東京大学新聞研究所助教授時代にNHK放送文化研究所研究委員として所属する中で執筆された論文である。

12　岡部慶三「科学としての放送研究（1）―いわゆる「放送学」理論の性格について―」『放送学研究』1号（日本放送出版協会、8―9頁、1961）参照。

13　岡部慶三「科学としての放送研究（1）―いわゆる「放送学」理論の性格について―」『放送学研究』1号（日本放送出版協会、21頁、1961）参照。

14　岡部慶三「科学としての放送研究（3）―放送研究と「放送学」―」『放送学研究』7号（日本放送出版協会、11頁、1964）参照。

15　岡部慶三「科学としての放送研究（3）―放送研究と「放送学」―」『放送学研究』7号（日本放送出版協会、15頁、1964）参照。

16　岡部慶三「科学としての放送研究（3）―放送研究と「放送学」―」『放送学研究』7号（日本放送出版協会、15頁、1964）参照。

17　岡部慶三「科学としての放送研究（1）―いわゆる「放送学」理論の性格について―」『放送学研究』1号（日本放送出版協会、26―27頁、1961）参照。

18　岡部慶三「科学としての放送研究（3）―放送研究と「放送学」―」『放送学研究』7号（日本放送出版協会、26―27頁、1964）参照。

19　藤田真文「テレビ40年―不惑の検証　未完のプロジェクト《放送学》テレビ実践活動に規範を与える政策科学を―」『総合ジャーナリズム研究』30巻1号（東京社、35―36頁、１９９３）参照。
20　藤田真文「テレビ40年―不惑の検証　未完のプロジェクト《放送学》テレビ実践活動に規範を与える政策科学を―」『総合ジャーナリズム研究』30巻1号（東京社、34頁、１９９３）参照。
21　岡部慶三「特集・放送学研究の25年 第1章 放送学の課題と方法―草創期における論点を中心に」『放送学研究』35号(日本放送出版協会、19頁、１９８５）参照。
22　藤竹暁「テレビ研究の20年」『新聞学研究』22号（日本マス・コミュニケーション学会、12頁、１９７３）参照。
23　藤竹暁「テレビ研究の20年」『新聞学研究』22号（日本マス・コミュニケーション学会、13頁、１９７３）参照。
24　Hesmondhalgh, D.（２０１３), Media Industry Studies, Media Production Studies, P１―５ <http://www.academia.edu/1534970/Media_industry_studies_media_production_studies>、２０１４年9月15日閲覧。
25　Hesmondhalgh, D.（２００７）, The Cultural Industries, Los Angeles: Sage Publications, p２―３、p64―66参照。
26　Gitlin, T.（１９８３), Inside Prime Time, New York, NY: Pantheon Books, p13参照。
27　Gitlin, T.（１９８３), Inside Prime Time, New York, NY: Pantheon Books, p11参照。
28　Gitlin, T.（１９８３), Inside Prime Time, New York, NY: Pantheon Books, p48―55、参照。
29　Gitlin ,T.（１９８３), Inside Prime Time, New York, NY: Pantheon Books, p２７３―２８２、参照。
30　Gitlin, T.（１９８３), Inside Prime Time, New York, NY: Pantheon Books, p１１７―１２１、参照。
31　Ryan, B.（１９９２), Making Capital from Culture The Corporate Form of Capitalist Cultural Production, Berlin and New York NY: Walter de Gruyter. p14―15、参照。
32　Ryan, B.（１９９２), Making Capital from Culture The Corporate Form of Capitalist Cultural Production, Berlin and New York NY: Walter de Gruyter. p１０７―１１９、参照。
33　Ryan, B.（１９９２), Making Capital from Culture The Corporate Form of Capitalist Cultural Production, Berlin and

New York NY: Walter de Gruyter. Ｐ１８０—１８１、参照。

34　Ryan, B. (１９９２), Making Capital from Culture The Corporate Form of Capitalist Cultural Production, Berlin and New York NY: Walter de Gruyter. Ｐ２４０—２４１、参照。

35　Ang, I. (１９９１), Desperately Seeking The Audience, London: Routledge, Ｐ45—52、参照。

36　Caldwell, J. (１９９５), Televisuality : Style, Crisis, and Authority in American television, New Brunswick, N.J. : Rutgers University Press, Ｐ13—18、参照。

37　Hesmondhalgh, D. (２０１３), Media Industry Studies, Media Production Studies, Ｐ２、<http://www.academia.edu/1534970/Media_industry_studies_media_production_studies>、２０１４年９月15日閲覧。

38　渡辺みどり『現代テレビ放送文化論』（早稲田大学出版部、１９９７）などがこの例である。

39　ＮＨＫ「ＮＨＫの世論調査について 沿革」、ＮＨＫオンライン、<https:// www.NHK.or.jp/bunken/yoron/NHK/history.html >、２０１６年１月14日閲覧。

40　藤竹暁（１９３３〜）はＮＨＫ総合放送文化研究所主任研究員を経て、１９８４年に学習院大学法学部教授に転出して、最終的には名誉教授となっている。２００４年には新設の浜松学院大学で現代コミュニケーション学部長に就任している。

41　藤竹暁『テレビの理論』（岩崎放送出版社、65—66頁、１９６９）参照。

42　藤竹暁『テレビの理論』（岩崎放送出版社、63—64頁、１９６９）参照。

43　藤竹暁『テレビの理論』（岩崎放送出版社、66頁、１９６９）参照。

44　藤竹暁『テレビの理論』（岩崎放送出版社、67頁、１９６９）参照。

45　藤竹暁『テレビの理論』（岩崎放送出版社、74頁、１９６９）参照。

46　藤竹暁『テレビの理論』（岩崎放送出版社、68—69頁、１９６９）参照。

47　井原高忠『元祖テレビ屋大奮戦！』（文藝春秋、２３５頁、１９８３）参照。

48　佐藤孝吉『僕がテレビ屋サトーです　名物ディレクター奮戦記　ビートルズからはじめてのおつかいまで』（文藝春秋、５７１―５７２頁、２００４）参照。

49　藤竹暁『テレビの理論』（岩崎放送出版社、74頁、１９６９）参照。

50　その後、藤竹は『図説　日本のマスメディア　第二版』（ＮＨＫブックス、２００５）の中で、「マスコミの送り手は一般に大規模組織体」であると規定するなど変化しているが、「送り手」を論じる際に「送像者」という定義を後年は使用していない。

51　井上宏（１９３６〜）は、１９６０年に京都大学文学部哲学科社会学専攻を卒業し、読売テレビに入社後、番組モニターを皮切りに、事業、営業、番組企画、編成、考査の部署に従事しており、１９７２年には「上方お笑い大賞」の創設にも参画していた。その後、１９７３年に関西大学社会学部に移り、１９８１年に教授となり、最終的には名誉教授に就任する。また、後年は、「笑い学」を提唱し「日本お笑い学会」会長なども歴任するなど、テレビの「作り手」と「送り手」の双方を経験した珍しい経歴を持つ研究者と言える。

52　藤田真文「テレビ40年―不惑の検証　未完のプロジェクト《放送学》テレビ実践活動に規範を与える政策科学を―」『総合ジャーナリズム研究』30巻1号（東京社、31―32頁、１９９３）参照。

53　井上宏『テレビの社会学』（世界思想社、77―78頁、１９７７）参照。

54　井上宏『テレビ文化の社会学』（世界思想社、46―47頁、１９８７）参照。

55　井上宏『現代テレビ放送論―〈送り手〉の思想―』（世界思想社、14―16頁、１９７５）参照。

56　井上宏『現代テレビ放送論―〈送り手〉の思想―』（世界思想社、7頁、１９７５）参照。

57　井上宏『現代テレビ放送論―〈送り手〉の思想―』（世界思想社、62頁、１９７５）参照。

58　井上宏『現代テレビ放送論―〈送り手〉の思想―』（世界思想社、62―63頁、１９７５）参照。

59　井上宏『現代テレビ放送論―〈送り手〉の思想―』（世界思想社、81頁、１９７５）参照。

60　井上宏『現代テレビ放送論―〈送り手〉の思想―』（世界思想社、１２５―１２６頁、１９７５）参照。

61　井上宏『テレビの社会学』（世界思想社、74頁、1977）参照。
62　井上宏『現代テレビ放送論―〈送り手〉の思想―』（世界思想社、144頁、1975）参照。
63　井上宏『現代テレビ放送論―〈送り手〉の思想―』（世界思想社、184―185頁、1975）参照。
64　井上宏『現代テレビ放送論―〈送り手〉の思想―』（世界思想社、235頁、1975）参照。
65　後藤和彦（1929～2016）は、1953年に東京大学文学部を卒業し、NHKに入局後、洋楽番組の制作などを経て、放送文化研究所に異動して研究部長などを歴任。その後、1983年に常磐大学人間科学部教授に転出して、最終的には名誉教授に就任している。この経歴を考慮すると、同じ放送文化研究所に所属していた藤竹よりはメディアサイドに近く、井上よりはアカデミズム寄りの研究者であったと言えるだろう。
66　後藤和彦『放送編成・制作論』（岩崎放送出版社、7―8頁、1967）参照。
67　後藤和彦「編成における決定―一事例の問題発見的考察―」『放送学研究』18号（日本放送出版協会、47頁、1968）参照。ここで後藤は、Simon, A.(1960) The New Science of Management Decision, New York: Harper & Row, p40を引用している。
68　後藤和彦「編成における決定―一事例の問題発見的考察―」『放送学研究』18号（日本放送出版協会、47頁、1968）
69　後藤和彦『放送編成・制作論』（岩崎放送出版社、19―20頁、1967）参照。
70　後藤和彦『放送編成・制作論』（岩崎放送出版社、32頁、1967）参照。
71　井上宏『現代テレビ放送論―〈送り手〉の思想―』（世界思想社、134頁、1975）参照。
72　井上宏「テレビ編成の構造」大山勝美編『テレビ表現の現場から―プロデューサー／ディレクター／編成編』（一見書房、372―373頁、1981）参照。
73　後藤和彦『放送編成・制作論』（岩崎放送出版社、34―36頁、1967）参照。
74　後藤和彦「テレビ研究の20年」『新聞学研究』22号（日本マス・コミュニケーション学会、30頁、1973）

75　日本放送協会総合放送文化研究所・放送学研究室編集『放送学研究28　日本のテレビ編成』（日本放送出版協会、17頁、１９７６）参照。
76　日本放送協会総合放送文化研究所・放送学研究室編集『放送学研究28　日本のテレビ編成』（日本放送出版協会、22―23頁、１９７６）参照。
77　後藤和彦「放送研究の対象領域としての編成」『放送学研究』18号（日本放送出版協会、12頁、１９６８）参照。
78　後藤和彦『放送編成・制作論』（岩崎放送出版社、114頁、１９６７）参照。
79　稲葉三千男（１９２７～２００２）は、１９５３年に東京大学文学部を卒業後、１９５８年に東京大学新聞研究所助手になり、１９６２年に助教授就任、１９７２年には教授に昇任して、１９８０年からは新聞研究所所長を務め、名誉教授となる。また、稲葉は後にテレビ局へ就職する藤竹暁や横澤彪と助手時代に一緒に東京大学新聞研究所に在籍していたが、テレビの実務家としての体験は皆無であった。その後、１９８７年に東京大学を定年退官し、東京国際大学教授となるが、１９９０年には東久留米市長に当選している。
80　稲葉三千男『現代マスコミ論』（青木書店、12頁、１９７６）参照。
81　稲葉三千男「現代マス・コミ労働の特質」北川隆吉ほか編『講座　現代日本のマス・コミュニケーション　4　マス・メディアの構造とマス・コミ労働者』（青木書店、２０７頁、１９７３）参照。
82　稲葉三千男『現代マスコミ論』（青木書店、43―44頁、１９７６）参照。
83　稲葉三千男『現代マスコミ論』（青木書店、45―46頁、１９７６）参照。
84　稲葉三千男『現代マスコミ論』（青木書店、46頁、１９７６）参照。
85　稲葉三千男『現代マスコミ論』（青木書店、46頁、１９７６）参照。
86　稲葉三千男『現代マスコミ論』（青木書店、61頁、１９７６）参照。
87　稲葉三千男『現代マスコミ論』（青木書店、62頁、１９７６）参照。
88　稲葉三千男『現代マスコミ論』（青木書店、63―64頁、１９７６）参照。

89　稲葉三千男『現代マスコミ論』（青木書店、68頁、1976）参照。

90　南博「序論—パーソナル芸術・マス化芸術・マス芸術—」南博他編『講座 現代芸術Ⅳ マス・コミのなかの芸術』（勁草書房、15—16頁、1961）参照。

91　稲葉三千男『現代マスコミ論』（青木書店、70頁、1976）参照。

92　南博「序論—パーソナル芸術・マス化芸術・マス芸術—」南博他編『講座 現代芸術Ⅳ マス・コミのなかの芸術』（勁草書房、20—21頁、1961）参照。

93　稲葉三千男『現代マスコミ論』（青木書店、71—73頁、1976）参照。

94　稲葉三千男『現代マスコミ論』（青木書店、74頁、1976）参照。

95　Riley,J.W. and Riley, M.W.(1959) 'Mass Communication and the Social System' in Merton, R.K. (ed), Sociology Today - Problems and Prospects, New York: Basic Books. p. 537—578. を基に訳した、ライリー・J・M・著、宇賀博訳「マス・コミュニケーションと社会体系」『新聞研究』1961年5、8、9月号（日本新聞協会、1961）を参照している。

96　稲葉三千男『現代マスコミ論』（青木書店、75—76頁、1976）参照。

97　高木教典（1931〜2015）は、1956年に東京大学経済学部を卒業後、東京大学新聞研究所研究生となり、1961年に新聞研究所助手、1965年に助教授、1981年に教授に昇任し、1988年に新聞研究所所長に就任すると、社会情報研究所への改組に尽力する。その後、名誉教授となり東京大学を定年退官後は、関西大学に移り、新設された総合情報学部の学部長に就任している。高木は稲葉三千男と同様に、「作り手」や「送り手」の経歴はないものの、郵政省の「有線テレビジョン放送懇談会」会長に就任しており、門下からは水越伸を輩出するなど、テレビメディア現場にも精通する研究者であった。

98　高木教典「マス・メディアの構造と生産過程」北川隆吉ほか編『講座　現代日本のマス・コミュニケーション　4　マス・メディアの構造とマス・コミ労働者』（青木書店、33頁、1973）参照。

99　ライリー・J・M・著、宇賀博訳「マス・コミュニケーションと社会体系」『新聞研究』１９６１年9月号（日本新聞協会、29―30頁、１９６１）など。（ご夫婦であったライリー＝ライリーの論文は、ラットガーズ大学社会学部長の立場で１９５９年に執筆され、日本では１９６１年に翻訳されて、雑誌『新聞研究』の中で連載された文献である。）

100　高木教典「マス・メディアの構造と生産過程」北川隆吉ほか編『講座　現代日本のマス・コミュニケーション　４　マス・メディアの構造とマス・コミ労働者』（青木書店、35頁、１９７３）参照。

101　高木教典「マス・メディアの構造と生産過程」北川隆吉ほか編『講座　現代日本のマス・コミュニケーション　４　マス・メディアの構造とマス・コミ労働者』（青木書店、36頁、１９７３）参照。

102　高木教典「マス・メディアの構造と生産過程」北川隆吉ほか編『講座　現代日本のマス・コミュニケーション　４　マス・メディアの構造とマス・コミ労働者』（青木書店、37頁、１９７３）参照。

103　それぞれ、後藤和彦が所属した日本放送協会総合放送文化研究所・放送学研究室編集『放送学研究28　日本のテレビ編成』（日本放送出版協会、１９７６）、稲葉三千男『現代マスコミ論』（青木書店、１９７６）、井上宏『テレビの社会学』（世界思想社、１９７７）である。井上はその後、１９８７年に『テレビ文化の社会学』（世界思想社）を出版しているが、前著と主張に大きな変化は見られない。

104　藤田真文「テレビ40年―不惑の検証　未完のプロジェクト《放送学》テレビ実践活動に規範を与える政策科学を―」『総合ジャーナリズム研究』30巻1号（東京社、34頁、１９９３）参照。

105　中野収「テレビ論のはたしてきたこと」『ＡＵＲＡ』１５７号「特集 テレビ50年の通信簿」（フジテレビ編成制作局調査部、22―23頁、２００３）参照。

106　藤竹暁『テレビの理論』（岩崎放送出版社、65―66頁、１９６９）参照。

107　井上宏『現代テレビ放送論―〈送り手〉の思想―』（世界思想社、15―16頁、１９７５）参照。

108　井上宏『現代テレビ放送論―〈送り手〉の思想―』（世界思想社、7頁、１９７５）参照。

109　後藤和彦「編成における決定―一事例の問題発見的考察―」『放送学研究』18号（日本放送出版協会、47頁、

1968）参照。

第2章　「送り手」と「作り手」を分けてみると

これまでのテレビ研究では、社会学でマス・コミュニケーションの情報の流れを検証する際に使われる「送り手・通信内容・受け手」という枠組みが、そのまま広く援用されてきました。例えば、テレビ研究者の岸田功は「送り手とメッセージの関係論が伝達過程研究であり、受け手とメッセージの関係論が受容過程研究である[1]」と定義して、メッセージである番組を中心に、「送り手・受け手」という二元論でメディアを捉えていますが、基本的には、この枠組みがテレビ研究の中で幅広く使われてきたようです。

ところが、「送り手・受け手」という、広くマス・コミュニケーションに適用されてきた二元論による枠組みを、テレビ研究の中で個々の具体的な事例に当てはめてみると、正しい検証が難しくなるケースが少なからず見受けられます。例えば、メディア内部で発生した不祥事の原因を分析する際には、ほとんどのケースが「視聴率至上主義」へ帰結してしまう、雑な検証に終わりがちです。これは、従来の「送り手・受け手」による枠組みでは対処しきれない典型例であり、特にテレビ番組の制作過程を考察していく際には、新たな研究視座の採用が必要となってくると考えられます。

そこで、この問題の解決方法として、新たに「送り手」から「作り手」を分離する枠組みの、テレビ研究への導入を提示することになりました。少し話は逸れますが、私が大学院の博士課程で「英語論文作成」の授業を受けていた際に、指導教官であったイギリス人の社会学者から、この「作り手」と「送り手」を分けた枠組みについて説明したところ、初めて聞く概念だと驚かれ、「作り手」の訳語にどのような単語を使うか慎重に検討して頂きました。結局、「送り手＝sender」、「受け手＝receiver」は従来の訳語をそのまま使いましたが、「作り手」は迷った挙句、授業で英語圏から来ている留学生とディスカッションした上で、「creator」とやや凡庸な訳語を使うことに落ち着きました。ですので、この「作り手」を「送り手」から分離するという概念は、テレビの実務者にとってはごく普通のことに思えるかもしれませんが、アカデミズムの中では世界的にも斬新な試みと言えるものなのかもしれません。実際に、この「作り手」の視点をテレビ研究の方法論に加える、言わば「松井英光式」の枠組みを採り入れることによって、例えば「視聴率」の二面性も見えてきますし、メディア現場と乖離しない検証が可能になると考えられます。

一方で、１９６０年代にも岡部慶三が「放送学」構想を展開した際に、従来のマス・コミュニケーションの枠組みを修正した上で、放送研究に適用させることの必要性について明言しておりますので、少し長くなりますが重要な指摘なので再び引用したいと思います。

対象をどのレベルで分析するかということによって、有効な分析図式や分析に役立つ key concept というものは、それ相応に変わってくる。（中略）基本的にはそれぞれのレベルで独自の分析図式（理論モデル）や、そこに組み入れられるべき固有の要素（したがって固有の key concept）というものがある。（中略）

同じように、マス・コミュニケーションの分析図式と、放送研究において問題の所在を教えるような分析図式との間にも、それなりの差異を無視することはできない。たとえば免許事業である放送の場合には、他のマス・コミュニケーションと比べて政府の役割は一層大きな意味をもっている。放送をめぐる多くの問題は、国の放送政策もしくは放送行政との関連において一層的確に理解できる場合がしばしばであり、したがって放送研究の手掛りを教える分析図式というものは、マス・コミュニケーション一般の図式とは異なり、政府という一項をそのなかに加えることがおそらく必要不可欠となってくる。

したがって、こうした分析レベルの混同は、研究にとって明らかにマイナスであることが少なくない。放送を研究しようという場合、コミュニケーション論のモデルを適用したところで、具体的には一体どういう問題を分析の焦点に据えてよいのか、はっきりしないだろうし、それによってひいては重要な問題を見逃すことにもなり兼ねない。あるいはマス・コミ論の常套的な論理を適用したところで、放送の個々の具体的な事実を説明し、もしくは理解するための理論としては、密度が粗大に過ぎるという場合もたびたび生ずるだろう。つまり、マス・コミュニケーションというレベルでは有効な考え方や terminology〔筆者注：専門用語の意味〕も、放送の問題を論ずる場合には必ずしも適当だとはかぎらない。もっと放送の具体的な現実に即した言葉を使って、もっと的確に問題を解析していくことも、時には必要なはずである[2]。

ここで岡部は、マス・コミュニケーションを検証する際の枠組みを、テレビ研究にそのまま適用する方法論に異議を唱えており、同時に「政府」という新たな要素を加えたモデルの採用を提案しています。この岡部の主張は、非常に頷ける部分があり、特に研究枠組みの設定に関してマス・コミュニケーションと放送を分離して考えることの必要性は、私も以前より痛感していた部分でした。しかし、当時のＮＨＫを中心とする放送メディアを対象とした岡部の研究と、現在の民放を中心とするテレビ研究では対象が異なっており、新たに加える要素として、「政府」を「作り手」に置き換えて考えていくことになります。

ここからは、「作り手」を「送り手」から独立させて、「送り手・作り手・受け手」の三元論となるテレビ研究の枠組みを、岡部の指摘する「分析レベルの混同」の解決策として提示していきます。その際に、独自の組織モデルとなる「制作独立型モデル」と「編成主導型モデル」を使って、番組制作過程における「作り手」と「送り手」の関係性を具体的に検証したいと思います。実際に、テレビ番組の制作過程の変遷を俯瞰すると、旧来の「制作独立型モデル」から「作り手」の自律性を失わせる「編成主導型モデル」へ移行する状況が想定され、そこからは「送り手」を中心とした「編成主導体制」の浸透が、制作現場の力関係を変容させる実態が伺えるのです。つまり、「送り手」と「作り手」を分けた視座をテレビ研究に適用すると同時に、「制作独立型モデル」と「編成主導型モデル」の類型モデルを基本形としてメディア現場を分析する方法論により、現状の問題点と改善策を丁寧に指摘していくことが可能になると考えられます。

1 テレビ研究の「送り手」と「作り手」の境界線決め

まず、その際に「送り手」と「作り手」の対象を具体的にイメージするためにも、新たな枠組みとなる「作り手」を、従来の「送り手」と明確に区別する境界線の設定が不可欠となります。以前からテレビ研究で「作り手」という表現自体は使われていますが、「送り手」の定義に決定的な解釈がない中で、双方が混同された状態にあり、具体的な対象範囲や違いを明記した、用語の共通概念は全くと言って良いほど確立されていません。

しかし、メディア現場の中で「送り手」と「作り手」は、仕事の役割や「視聴率」に対する考え方のみならず、ライフスタイルまでもが全く異なっていることは間違いありません。例えば、テレビ局でも編成や営業部門などに所属する「送り手」のスタッフは、終わりかけのラッシュアワーに通勤電車に乗り、遅くても朝10時にはネクタイをして出勤し、18時の定時から場合によっては数時間残業して帰宅するといった日常生活です。基本的に、土日はお休みであり、ごく普通のサラリーマンと同じ規則的な生活スタイルと言えます。

ところが、ある日突然に番組制作現場や報道など「作り手」の部署に人事異動になると、この生活はガラッと一変します。私も20代はバラエティー番組の制作現場におりましたが、『笑っていいとも！』の始まる頃に目覚め、14時くらいに夏場は短パン・Tシャツでガラガラの電車に座って出勤して、テレビ業界ではテッペンと呼ばれる24時くらいまで番組収録の準備をした後に朝方くらいまで飲んでタクシーで帰宅するという毎日でした。これに、番組収録や編集などが重なれば、徹夜勤務になることもありましたが、当時は残業時間も青天井に付けられましたので、非制作現場の同期と比べても給料は多かったです。もちろん、仕事内容もデスクワークが中心となる非制作現場とは違って、クリエイティブ性が要求され、「視聴率」に対する考え方も、会社の利益を気にするというよりは、いかに自分たちの好きなものを作って多くの人たちに見てもらいたいかという、自然発生的な、半ば自己顕示欲に近いものであったと思います。

そこで、このメディア内部の実態を正しくテレビ研究に反映させるためには、「送り手」と「作り手」を分けた枠組みの導入が不可欠となります。まずは、双方の統一した共通概念の設定が必要となりますが、その方法論として、実際にテレビ局内部の組織図に当てはめて、「送り手」と「作り手」の定義の境界線を具体的に明示していきます。

テレビの「送り手」の範囲とは

まず、テレビの「送り手」の明確な定義ですが、メディア環境が複雑になる中、実際には非常に困難な作業であると思います。しかし、ここで敢えて簡潔に定義するとしたら、「番組制作現場に直接従事しないテレビメディア内部で労働するスタッフ」になると思います。従来のテレビ研究では、明確に「送り手」と「作り手」を分離して定義する文献は見られませんし、前章で確認した先行研究の「送り手」を定義した例を見ても、多様な解釈が存在します。その後も、「送り手」の定義を統一する解釈は見られませんが、この部分を曖昧にしたままで、テレビ研究を続けていけば、各種ある「送り手」論が結び付くことなく、分断されたままの状況に留まると考えられます。

そこで、2005年以降現在まで民放キー局の各社で採用されている「裁量労働制」システムを、「作り手」と「送り手」を分離する際の概念的な枠組みとして援用し、双方の対象範囲を明示したいと思います。この「裁量労働制」は、労働基準法第38条に明記された制度として、「専門業務型裁量労働制」と「企画業務型裁量労働制」があり、その対象業務は「業務の性質上その遂行の方法を大幅に当該業務に従事する労働者の裁量にゆだねる必要があるため当該業務の遂行の手段及び時間配分の決定等に関し具体的な指示をすることが困難なものとして省令で定める業務[3]」と規定されています。具体的には、「①新商品・新技術の研究開発、人文科学・自然科学の研究業務、②情報処理システムの分析・設計の業務、③新聞・出版の記事の取材・編集、放送番組制作のための取材・編集の業務、④デザイナーの業務、⑤放送番組・映画等のプロデューサー・ディレクターの業務、⑥コピーライター、公認会計士、弁護士、一級建築士、不動産鑑定士、弁理士、システムコンサルタント、インテリアコーディネーター、証券アナリスト、二級建築士、木造建築士、大学における教授研究の各業務[4]」などの、厚生労働大臣が指定する業務が対象範囲です。

更に詳しく見ていくと、この中で実際にテレビ局の組織に該当するのは、「③新聞若しくは出版の事業における記事の取材若しくは編集の業務又は放送法第2条第4項に規定する放送番組（中略）の制作のための取材若しくは編集の業務」・「④衣服、室内装飾、工業製品、広告等の新たなデザインの考案の業務」・「⑤放送番組、映画等の制作事業におけるプロデューサー又はディレクターの業務」となります。つまり、番組制作現場に直接従事する部署が「裁量労働制」に該当すると認定されており、一定時間以上は残業時間が加算されない労務システムで管理される制度が、テレビ局内部で適用される状況です。

一方で、この「裁量労働制」をテレビ局の経営サイドは、実質的に残業時間が圧倒的に多くなる制作現場の人件費を抑える目的もあって採用している部分があります。加えて、適用部署の拡大の際には、裁量労働制の適用条件として「事業場の過半数労働組合又は過半数代表者との労使協定を締結することにより導入することができる」と規定されており、労使交渉の場で議論が活性化する傾向にもあるようです。

このように、様々な思惑があって採用された制度ではありますが、「作り手」と「送り手」の境界線をテレビ局の組織の中で明確に設定する際には、この「裁量労働制」を効果的な指標として援用することが可能であると考えられます。そこで、「送り手」と「作り手」を分離して定義する際の物差しとして、まずは「送り手」を、民放キー局の「裁量労働制職場の適用から除外されている部署のスタッフ」と定義したいと思います。

また、その際に照合するテレビ局の業務組織図ですが、民放キー局は基本的に類似性の高い組織構造となっており、どのキー局も取締役会・代表取締役・常務会などの「経営組織」の傘下に報道局・営業局などの各部局が設置されています。一方で、民放キー局の組織図の目立った違いとしては、「制作局」が「編成局」から独立した組織構成を、日本テレビ、TBS、テレビ東京の三局が採用しており、組織上では「作り手」の所属する「制作局」が、「送り手」の中枢である「編成局」から独立した形態になっております。その他、日本テレビに「情報カルチャー局」、TBSとフジテレビに「情報制作局」が設置されており、ワイドショーなどの情報系番組の制作に特化した担当部署として存在します。ちなみに、1990年代から報道部門を重視していたテレビ朝日は、2003年にワイドショーを制作する「情報局」が「報道局」に吸収されて「報道情報局」となり、その翌年「報道局」と名称変更して現在に至っております。また、映画収益による放送外収入が他局より圧倒的に多いフジテレビに「映画事業局」、アニメ番組の比率が高いテレビ東京には「アニメ局」が設置されているなど、テレビ局内部の力の入れ所の違いが、組織図からも垣間見られます。その他の「送り手」の組織については、名称や分類上の細かな相違はありますが、根本的な違いがはっきりしたものは確認できません[5]。

では、ここで具体的に2015年7月1日現在のフジテレビの組織図を見てみると、社長直轄の「番組審議室」や「秘書室」以外の部局は並列に置かれており、「編成制作局・報道局・情報制作局・スポーツ局・広報局・技術局・美術制作局・国際局・営業局・ネットワーク局・総務局・人事局・経理局・経営企画局・映画事業局・事業局・ライツ開発局・デジタルコンテンツ局・グループ事業推進局・情報システム局」の20組織が存在しています[6]。この中で、明らかに「番組制作現場に直接従事しない」組織であり、「非裁量労働制」に該当する部署として想定されるのは、「広報局・国際局・営業局・ネットワーク局・総務局・人事局・経理局・経営企画局・ライツ開発局・グループ事業推進局・情報システム局」の11組織であり、他の9部局には「送り手」と「作り手」が混在しているものと判断されます。

例えば、「編成制作局」は「作り手」と「送り手」が混在する、複数の部署を包括する複雑な組織で、「編成部・編成業務センター・知財調整部・著作権部・調査部・ドラマ制作センター・バラエティ制作センター・アナウンス室」の8個の下部組織により成り立っています。この中で、「ドラマ制作センター・バラエティ制作センター・アナウンス室」は「裁量労働制」が適用される部署と想定されますが、他の「編成部・編成業務センター・知財調整部・著作権部・調査部」の5組織は「番組制作現場に直接従事しない」組織であり、「非裁量労働制」職場に該当すると考えられるため、そこで働くスタッフを「送り手」と定義します。そして、その他の組織の中で、「報道局・情報制作局・スポーツ局・技術局・美術制作局」は基本的に「番組制作現場に直接従事する」組織であり、「裁量労働制」が適用される、「作り手」が所属する部署と推察されます。しかし、それぞれに「報道業務部・スポーツ業務部・技術業務部」などの、主に予算立案や管理業務に従事する「非裁量労働制」の部署があると想定され、この部分のスタッフが「送り手」と定義されます。また、残りの「映画事業局・事業局・デジタルコンテンツ局」は「現場に直接従事する事もあるが、必ずしも番組に直接関与しない」ためグレーゾーンと言えます。基本的に、民放キー局の「裁量労働制」の適用範囲については公開されておらず、各局で適用に違いがあるものの、以前は「非裁量労働制」職場に分類されていたグレーゾーンの組織も、部分的に「裁量労働制」が適用される部署に変更される傾向にあるようです。

テレビの「作り手」の範囲とは

次に、テレビの「作り手」の定義を確定することも、「送り手」のケースと同様に困難ですが、「送り手」とは対照的に「番組制作現場に直接従事するテレビメディア内部で労働するスタッフ」とします。その上で、具体的な「作り手」の対象範囲については、現在民放キー局で「裁量労働制」が導入されている部署のスタッフが当てはまることになります。

一方、従来のテレビ研究で、明確に「作り手」の概念を「送り手」と分けて定義する先行研究は、私が調べた限りでは見受けられません。しかし、古くはテレビ放送が開始される以前の１９４０年代後半の時点で、社会学者のハロルド・ラスウェルが「送り手」と「作り手」を分離する研究枠組みに近いイメージを、次のように示しておりました。

> 通信の統制機関と処理機関、および社会構成とのあいだに明確な区別をする必要がある。（中略）書籍類の印刷人と配達人、メッセンジャー、保線工夫、電報配達人、ラジオ技師その他の放送技術者などの役割はこれに類するものである。このように、通信を操作伝達する人たちは、そこに語られている事柄の内容に影響を与える人、つまり編集主筆、検閲官、プロパガンディストなどと対照的な立場にある。したがって、言論関係の専門家を一個の統一体として取り上げる場合、あやつり手（支配者）と取り扱い手とを区別して考察しなければならない。第一のグループは、その独特の方法で通信の内容を改変しているが、第二のグループはこのような改変には関与していないのである[7]。

ここでラスウェルは、社会学の立場からコミュニケーション過程を論じる際に、「取り扱い手・第二グループ」が通信内容へ関与することを否定した上で、「あやつり手・第一グループ」と分けて考察する必要性を主張します。この考え方は、私がイメージする「作り手」と「送り手」を分けた視座に通ずるものもありますが、やはり、現代のテレビで編成部門を中心とする「送り手」は、制作現場の「作り手」に大きな影響力を持ち、番組内容へも深く介在しており、１９４０年代の状況とは単純比較の難しい根本的な違いがあります。

また、前項でも触れましたが、１９６１年に南博が、パーソナル芸術がマス化していく過程で、その役割を拡大させる「プロデューサー」を「送り手・伝え手」として、「作り手」とは別カテゴリーに分類した興味深い論考を展開していました[8]。おそらく、南は「プロデューサー」を「送り手」として論じることにより、間接的に「作り手」の存在を別に意識させることで、「作り手」と「送り手」を分けて考察したように思えますが、双方の定義について詳しく語られることはありませんでした。

　このように、「送り手」を一括りにせず、別の概念と分けて考えようとする試案は、少数ですが過去にもありました。しかし、これらが大きな流れになることはなく、何度も言うようですが、従来のテレビ研究では「送り手・受け手」のみを想定した、マス・コミュニケーションに使われる二元論の枠組みが、疑いの余地も無く援用され、使われ続けてきました。ところが、テレビ特有のキーワードである「視聴率」や「編成主導体制」を検証する際には、このマス・コミュニケーションの一般モデルを適用しても全く実態が見えてこないといった致命的な問題が発生しており、テレビ現場の実情と乖離した安易な「視聴率至上主義」批判に行きついてしまう、粗雑な検証を生む原因になっていると考えられます。そこで、この本では「作り手」の視座を新たに取り入れて、「送り手・作り手・受け手」の三元論となる、テレビメディアの現状に即した枠組み作りを標榜しているのですが、ここからは、肝心の「作り手」の定義について明示していきたいと思います。

　まずは、「送り手」の定義と同様に、「作り手」の共通概念を具体的にテレビ局の組織図と照らし合わせて、明確に「作り手」の対象範囲を限定していきたいと思います。そのために、再度2015年7月現在のフジテレビの組織図を参照しますが、実際に「裁量労働制」が採用されていると想定されるのは、「編成制作局・報道局・情報制作局・スポーツ局・技術局・美術制作局」の管理部門以外の部署であり、例外的に「映画事業局・事業局・デジタルコンテンツ局」の一部も含まれるでしょう。その詳細は、前項で「送り手」について言及した際にも触れましたので割愛しますが、この「裁量労働制」の職場で、「番組制作現場に直接従事する」スタッフを「作り手」の対象範囲とします[9]。

　一方、「作り手」の大部分は、テレビ局社員以外の外部プロダクションに所属するスタッフが占めており、どの民放キー局でも社員スタッフ数では、「送り手」が「作り手」を大幅に上回っています。特に、報道、スポーツ以外のバラエティー番組やドラマの制作現場では、テレビ局の社員はプロデューサーとディレクターが1つの番組を1名か2名で担当するケースもあり、大多数の制作スタッフが外部制作会社の「作り手」で、カメラマンやデザイナーなどの技術職や美術職も外注化が一般化する傾向にあります。

また、直接の制作スタッフである「作り手」以外にも、「構成作家」や「出演者」も含んだ広い範囲の「作り手」を、「広義の作り手」として定義できますが、共に、大手マス・コミ企業に所属していないため、調査自体が困難であり先行研究も少ない状況です。しかし、個々の「広義の作り手」は番組制作過程で重要な役割を担っており、今後は「送り手」との関係性などについても、深い検証が必要であると考えられます。

2　「送り手」と「作り手」の関係をモデル化すると

この本の中では、再々の確認となりますが「送り手」と「作り手」を分離した視座を新たに採用しております。そうすることにより、「編成主導体制」の浸透で「視聴率」が番組制作過程に及ぼす影響の強まる中で、「作り手」が「自律性」を喪失していく実態の究明など、メディア現場の抱える重い問題に肉迫できると考えます。実際に、１９６０年代から徐々に高視聴率獲得に向けた制作現場への締め付けは強まってきており、更に１９８０年代から「編成主導体制」が一部の民放キー局で採用されて以来、メディア内部で「作り手」と「送り手」のパワーバランスが不均衡となり、組織形態が大きく変容しています。このテレビ局の組織は極めて複雑ですが、この本の中で「送り手」と「作り手」の関係性が変化していく状況を精査した上で、その内部構造をモデル化していきたいと思います。

このモデル化の試みに関連して、１９６０年代に岡部慶三が放送学構想を提案した際も、マス・コミュニケーション研究の方法論を援用した、当時の放送研究の法則性を重視する研究姿勢に対して、次のように異議を唱えていたようです。

今日のマス・コミ研究の大勢はnomothetic（法則定立的）な方向に傾いていると言うことができよう。それはアメリカの心理学や社会学に多くを負っている機能論の領域では、とくにいちじるしい傾向だといってよい。つまり、マス・コミュニケーション現象を類概念によって一般化し、窮極的にはそれについての或る種の法則性を認識しようとするものである。しかし、人文科学や社会科学の領域では、法則科学という点に関するかぎり、いくら背伸びをしたところで学問の段階としては自然科学に遠く及ばない。そこでは、自然科学にみられるようなあの見事な法則的知識を見出すことは非常に困難であり、せいぜい類型の設定というところでおわるのが大方の実情である[10]。

簡単に言いますと、岡部の主張は、マス・コミ研究に自然科学のようなオームの法則やパスカルの法則といった誰もが知っている普遍的なものを求めるのは無理があり、せいぜい簡単なモデル設定が関の山であるといった所でしょう。その代案として、岡部は社会学者のロバート・マートンが提唱した「中範囲の理論」の適用を提言します。この「中範囲の理論」は、かなり難解ですので原文は注釈に落としますが[11]、手短に言いますと、「高い普遍性を持つグランドセオリー的な法則性を求めるのではなく、経験的に観察された個々の特殊な事例をベースにして、より現実に即した小さな仮説を立てていこう」とする考え方です。私自身も、「中範囲の理論」について書かれた岡部の論考を読んだ際に、「これだ」と感銘を受けた覚えがありますので、少し難しい文章ですが引用したいと思います。

周知のように、マートンは社会学的理論について中範囲の理論(Theory of Middle Range)ということを述べているが、放送学の理論といえどもこの点に関して例外ではない。(中略)

現在、社会学においては特殊な部分的現象についての経験的な観察とその理論化がさかんに進められているが、これらの特殊研究相互の関係は必ずしも明瞭ではない。だからといってあらゆる経験的観察を正しく位置づけるための理論を一気に求めようとすると、少数の原理からの演繹によって万事を説明する包括的な哲学体系を考察するのと同じことになり、不毛な概念の遊戯に陥る危険性がある。(中略)このような考え方は時期尚早で現実離れした信念に過ぎず、現在の段階では理論化の準備作業としての特殊的、個別的な研究や分析がむしろ必要というべきだ。社会科学は自然科学に比べてまだまだ低位の水準にあるのだから、理論を求めるにしても自然科学にみられる理論体系を範とすることは不適当である。したがって、日常の調査分析における作業仮設よりは多少一般性をもつが、しかし思弁哲学に近い包括的な理論体系よりははるかに特殊的かつ具体的な理論、すなわち中範囲の理論というものを考えなければならない[12]。

この「中範囲の理論」は、私自身が制作現場で得た、ある種の特殊な経験を理論化していく上で、非常に参考になる考え方であり、テレビ研究をメディア現場と乖離しないものにする絶好の方法論だと思われます。確かに、岡部の指摘するように、テレビ研究の中で古くから法則性を重視した体系化の試みも数多く行われてきましたが、どれも一般的な理論として幅広くは定着していません。この状況を打破するためにも、ここからは「中範囲の理論」を援用して、「経験的観察から得た情報に基づいた小さな作業仮設」モデルを、せめて岡部の揶揄する「せいぜいの類型の設定」という形にまでは辿り着けるように、理論構築していこうと考えております。

そこで、まずは「送り手」と「作り手」の関係性を一般化して分類するに当たり、民放キー局及び準キー局に適用範囲を限定した、二つの類型モデルを設定しました。具体的に説明しますと、第一の組織モデルは、番組制作現場で「作り手」が、編成部門を中心とする「送り手」から独立しており、それぞれが「受け手」からフィードバックされる「視聴率」に対応する「制作独立型モデル」です（図①）。これは、初期のテレビ局の組織形態に見られる典型的な類型モデルであり、少なくともＴＢＳが「視聴率」のトップ局として君臨していた１９７０年代までは主流となるものでした。

その後、１９８０年代にフジテレビの編成局が制作部門を組織的に統合して「視聴率」の覇権を奪いますが、更に１９９０年代の日本テレビが視聴率獲得を至上命令とするトップダウンの組織として、実質的に「送り手」が「作り手」を吸収する形で一体化した「編成主導型モデル」（図②）を完成させます。結果的に、この「視聴率」がトップとなっていったテレビ局の組織改革により、「制作独立型モデル」から「編成主導型モデル」へ変化するのですが、具体的な状況については、第3章以降で詳しく見ていきたいと思います。

いずれにしても、この「制作独立型モデル」と「編成主導型モデル」は、番組制作過程における「送り手」と「作り手」の関係性に、一定の法則を見出すための類型モデルであり、現状では全く認知されていない「松井英光式の理論モデル」です。加えて、これらのモデル設定は、「視聴率」を重視する民放キー局と準キー局を対象とする限定的なもので、ＮＨ

Kや BS放送などを含むテレビメディア全体を対象としたものではありません。しかし、民放キー局と準キー局で起きている組織形態の変化を、番組制作過程における「視聴率」の影響などから分析することで、編成部門を中心とした「送り手」の肥大化により、「作り手」の「自律性」が喪失していったことの因果関係について、普遍性を持って検証することができると考えます。そのため、この対象範囲を限定した設定でも、メディアを語る上で効果的な類型モデルとして、将来的には広くテレビ研究へ貢献できると想定しております。この後の章から、「制作独立型モデル」と「編成主導型モデル」の内部構造を、実際に個々の番組制作過程の「送り手」と「作り手」の関係性に照らし合わせて精査し、編成主導体制が段階的に浸透する状況を、双方の枠組みから考察していくことになります。

【図①】

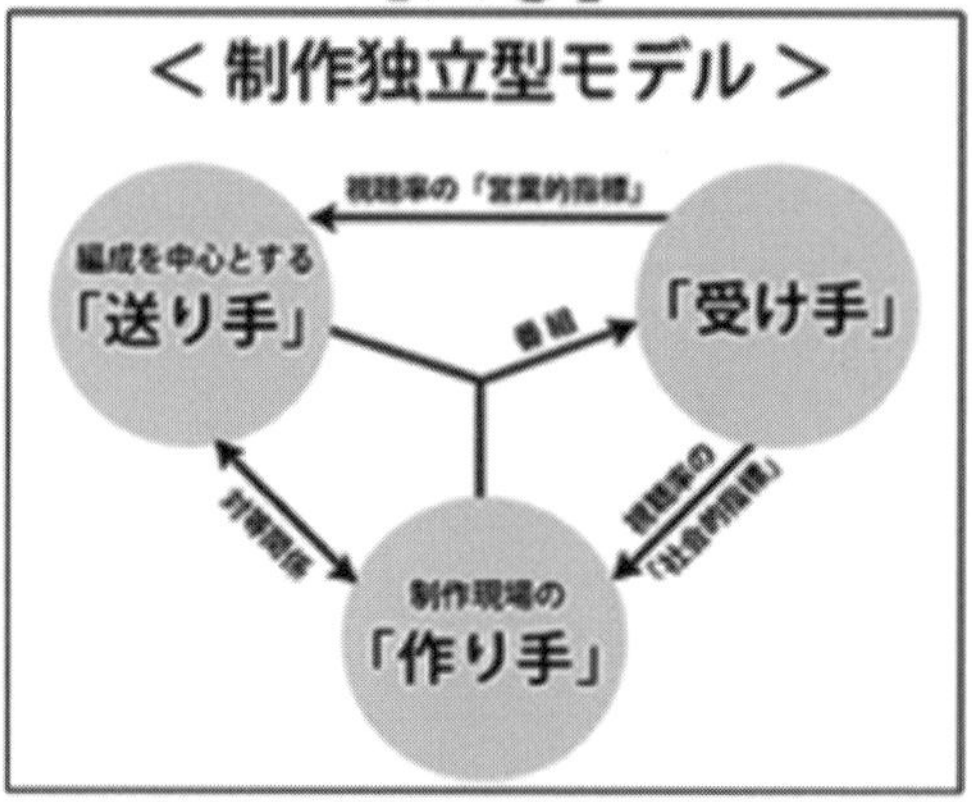

【図②】

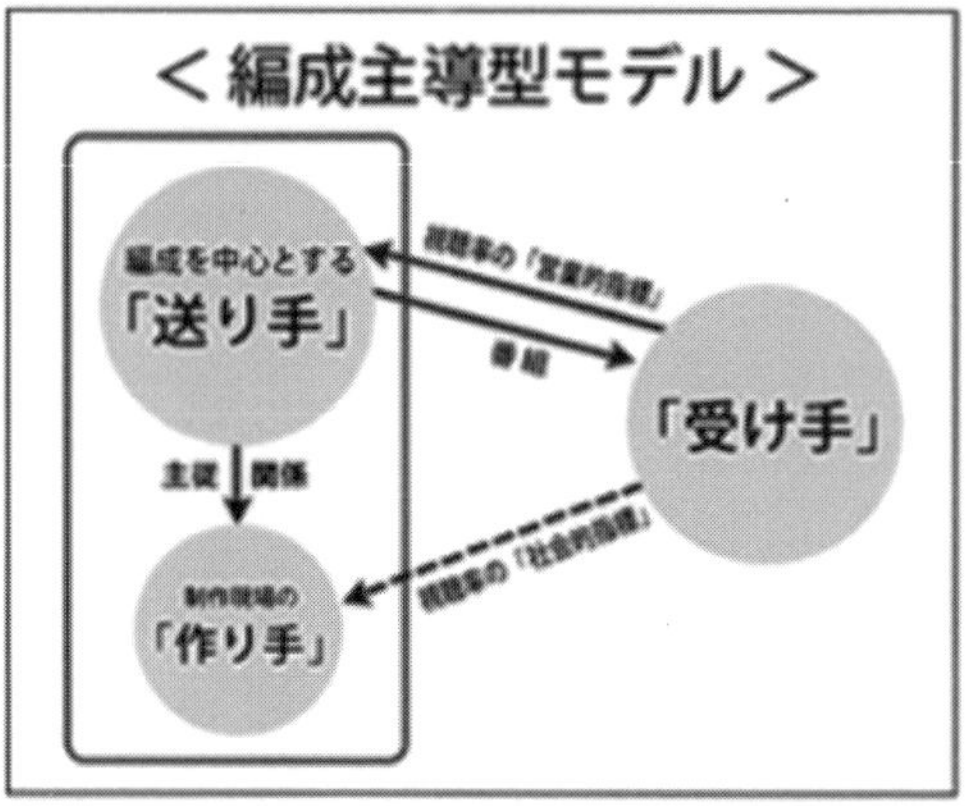

「制作独立型モデル」の中での「送り手」と「作り手」

まず、「図①」は制作現場の「作り手」が、編成部門を中心とする「送り手」から独立して対等関係となるモデルになっていますが、この「制作独立型モデル」内部で、それぞれのファクター間にある関係性を個別に見ていきましょう。最初に、「受け手」から「作り手」に向けたベクトルですが、「受け手」を代行する数値である「視聴率」が、放送効果の「社会的指標」として、制作現場の「作り手」に到達する経路となっています。

これは、「作り手」のモチベーションが最も高くなる部分であり、２００３年の修士論文を執筆した際に行ったアンケート調査でも、「作り手」へ「高視聴率獲得の一番の目的」を問う質問に対して、「多くの人にみてもらいたい」という、自然発生的な欲望とも言える選択肢が圧倒的多数を占めておりました[13]。この結果を見ますと、「作り手」は「視聴率」を番組の支持率を示す「社会的指標」として捉えており、制作過程で影響を受けている状況が伺えます。私の制作現場を経験した実感で言いますと、舞台とは異なり、目に見えなくて捉えようのないテレビの「受け手」像を代弁する唯一の科学的数値として、「視聴率」は機能していたように思えます。そして、高視聴率を獲得することにより「作り手」は番組に対するある種の手ごたえを感じ、番組制作への意欲が増していくのです。更に、複雑な要素も加味されて、一般的に「作り手」は最大限の努力を払い、収録や編集の際に様々な演出方法を駆使して、「受け手」を代行する「視聴率」の上昇を試みることになります。

次に「受け手」から「送り手」へのベクトルですが、これは「営業的指標」としての「視聴率」を意味し、「ＧＲＰ（Gross Rating Point・延べ視聴率）」と呼ばれるスポットＣＭを取引する際に使われる「広告効果の指標」となって、「送り手」に到達します。例えば、このＧＲＰ制度では、視聴率が20％の番組にスポットＣＭを10本放送すると、「20％×10本＝２００ＧＲＰ」となり、10％の番組で10本ならば、「10％×10本＝１００ＧＲＰ」と換算されます。つまり、この制度による営業取引を単純計算すると、「視聴率」が倍増すれば収入も倍増する図式となり、放送時間の制約があるテレビ営業のシステムの中で、時間の価値を増やして最大限の収入を得るためには「視聴率」を上げていくことが不可欠となります。

そんな背景もあり、民放キー局の「送り手」は、「視聴率」の「営業的指標」の部分をとても重視するのです。そして、「送り手」内部で営業部門からの視聴率獲得の強い要請を受けて、制作現場との中間緩衝材的な調整業務となる「トラフィック機能」を担当する編成部門が、「作り手」に向けて各種の調整事項を遂行していきます。

この「送り手」から「作り手」へのベクトルの多様な作用の中で、最も重要なものが番組の「編成権」です。この「編成権」により、「送り手」の中心である編成部門が、「視聴率」の結果を考慮した上で、「作り手」の制作する番組の存続を決定します。更に、「編成」は新番組の発注や移動などの枠管理を担当し、全体予算を勘案した上で番組制作費も配分する大きな権力を持っています。また、テレビ局の社員である「作り手」に関しては、「送り手」が「人事権」も掌握しており、状況により「作り手」から「送り手」への配置転換となる人事異動が行われます。そのため、先ほども引用しました２００３年の修士論文のアンケート調査では、「作り手」への「視聴率獲得に向けてのプレッシャー」の要因として、「送り手・編成」から受けるという回答が突出しておりました[14]。

しかし、この「制作独立型」モデルの内部でも、逆方向の「作り手」から「送り手」へのベクトルは、「作り手」が発案する番組企画の提出が基本線であり、「送り手」から「作り手」への受発注関係の固定化は見られません。つまり、制作現場の「作り手」は、「視聴率」を意識しながらも、自らの価値観や独創性を十分に保った上で、番組制作へ従事することが出来ていました。この、「送り手」と「作り手」が完全な受発注関係ではなく、あくまでも対等であることが、「制作独立型モデル」のポイントとなる部分です。

一方で、番組企画の放送決定の最終判断は「制作独立型モデル」の組織でも、「編成権」を持つ「送り手」が掌握していますが、後藤和彦は番組の「放送決定」と、次の段階になる「制作過程」における、「作り手」の自律性に触れて次のように指摘します。

すべて言語系による〝編成〟行為であったものが、この制作表現において、表現形態をまったく異にする〝番組〟として具現化されるのである。（中略）そこには、観念を具体的番組という異なったレベルの感性的表現に結実させるという、表現論の領域が存在するのである。問題はそれだけではない。放送における制作行為は、他の多くの芸術表現とは異なって、制作主体の自立性が成立するだけではなく、主体の労働対象の方も自立性を確立しうるような行為なのである。（中略）制作主体と対立して、自立性を主張し、自己表出の領域を成立させようとするのである。制作者はもちろん、自らの制作意図の表現のために、人を選び、場を選び、音を選び、カットを選び、レンズを選ぶわけであるが、そのそれぞれの中で、制作主体とその労働対象との間の、たえ間ない対立のダイナミックなプロセスが成立している。

いいかえれば、制作プロセスにおける個人ディレクターまでで、〝編成〟のシステムが閉じて完結しているのではなく、あくまでこのシステムは末端においてオープンであり、広くいえば社会に、人間に、そして狭くいっても、労働対象になりうる芸術家と称される人びとに、開かれているのである15。

つまり、後藤は企画段階までは番組企画書による「言語系」の紙ベースのものが、放送決定後に制作現場では「映像系」の表現領域が生まれる実態を注視して、「作り手」の「送り手」からの独立性を説明します。実際に、「制作独立型モデル」の番組制作過程では、「送り手」が通した「言語系」の企画書とは異なる内容に、「映像系」で変化していくケースも普通にあり、「作り手」の試行錯誤により高視聴率となっていく番組も多い状況です。

また、この「制作独立型モデル」の組織で、「送り手」と「作り手」が対等関係にあることを説明する上で重要となる、番組企画の放送が決定されていく過程を概観していきたいと思います。一般的には、まず制作部門の「作り手」が自発的に書いた企画書を、部内でCPと呼ばれる「チーフプロデューサー」に提出し、その後の「制作会議」で選ばれた番組企画書が編成部門に託されます。既にこの時点で、「制作独立型モデル」の組織では、基本的に放送化が内定している場合が多く、「編成会議」で番組放送枠などの大枠を決定した上で、最終的に経営サイドの「常務会」の承認で確定となります。

この一連の過程で、「編成会議」の前段階として営業部門と販売計画などの複雑な調整事項があり、制作現場の創作した企画の放送実現のために、「制作独立型モデル」では編成部門がトラフィック機能の部分を駆使して、水面下の調整を重ねていきます。この編成部門の尽力により、制作現場の「作り手」が創作活動に集中できる環境が整備され、「視聴率」獲得に向けて、多様性のある番組が網羅された編成状況が作られていくことになります。

このように、「作り手」が「送り手」から独立して存在する「制作独立型モデル」の内部では、番組制作過程で「視聴率」を巡り、両者のパワーバランスが複雑な様相を呈しております。しかし、このモデルが正常に機能して、双方が対等な立場で従事することができれば、「作り手」が「送り手」から独立した番組制作過程の中で、「受け手」へ向けたベクトルとして、多様性の高い番組が放送される可能性が高くなるでしょう。つまり、テレビメディア内部で、制作現場の表現した い内容が盛り込まれた企画を、「送り手」は「視聴率」に最大限考慮した上で放送枠を決定しますが、その後、制作過程で「作り手」が制約なく自由に従事することで、「受け手」に対しては一本化されたベクトルとして、多様な番組群の安定供給が実行されるのです。この過程では、「視聴率」の持つ「商業的指標」の側面のみならず、「社会的指標」としての部分が機能しており、視聴率獲得を大前提とする「編成」から「作り手」の「自律性」が保たれることで、番組画一化の阻止が可能になり、「受け手」に対する多様な「放送文化の享受」に貢献することにも繋がっていくと想定されます。

この「制作独立型モデル」は、第４章で詳しく検証しますが、１９７０年代のＴＢＳが典型例と言えるでしょう。実際に、当時のＴＢＳは多種多様な高視聴率番組を「制作独立型モデル」の組織体制で、編成部門から「自律性」を確保して制作していたようです。しかし、民放キー局の組織形態には複数の組織モデルが混在しており、現在は「編成主導型モデル」が主流となり、「制作独立型モデル」は徐々に衰退傾向にあると考えられます。

「編成主導型モデル」の中での「送り手」と「作り手」

続きまして、「図②」の「送り手」が「作り手」を吸収した「編成主導型モデル」内部における、双方の関係性について確認していきます。まず、「受け手」から「送り手」の一部となってしまった「作り手」へのベクトルですが、「視聴率」として「制作独立型モデル」では双方に直接的に到達していたものが、「編成」を中心とする「送り手」に一本化して吸収される形になります。以前の「制作独立型モデル」では、「視聴率」の持つ「営業的指標」と「社会的指標」の役割を、それぞれに分けて「送り手」と「作り手」が対応していましたが、「編成主導型モデル」では、組織上は「送り手」の中枢である「編成」が一括して「営業的指標」としての「視聴率」を受け入れる形に変化します。

一方で、個々の「作り手」には、「制作独立型モデル」と同様に、放送効果の「社会的指標」として「視聴率」が到達する経路となるベクトルも残ってはいます。しかし、「作り手」と一体型の組織に移行することで、「送り手」は番組企画の放送決定後も制作過程で直接的に影響力を行使できるようになり、結果として「視聴率」の「営業的指標」の側面が優先され、「社会的指標」部分の制作現場への反映が難しくなる傾向になってきております。

実際に、まず「編成主導型モデル」は、1980年代にフジテレビの編成局が組織面で制作局を吸収し、「送り手」を拡大させて成立したものと想定されます。その後、1990年代の日本テレビでは、1980年代のフジテレビの組織と比べますと、編成部門への中央集権体制を強化させており、ここで「編成主導型モデル」が本格化したと言えるでしょう。この辺りの状況は、第4章以降で詳しく検証しますが、1990年代の日本テレビで組織的な変更に加えて、実質的にも「作り手」が「送り手」に半ば吸収された「編成主導体制」が完成したと考えられます。この組織形態では、「作り手」にも視聴率獲得を最優先することが共通認識として課せられ、編成部門の「送り手」と制作現場の「作り手」の受発注関係が固定化していきます。この「送り手」と「作り手」の関係性が半ば主従関係となる部分が、「編成主導型モデル」のポイントと言えます。そして、「送り手」と「作り手」間のベクトルが一方向となり、徐々に番組企画は編成部門から制作現場への発注という形が定着していったようです。

結果として、「作り手」が自らの価値観や独創性を放棄して、高視聴率獲得のスキルに特化した「視聴率職人」に変容する傾向が進む中で、制作意欲の減退を招き、「視聴率」のプレッシャーが日常的な不満となるケースを生み出していると推察されます。

こうした「編成主導型モデル」の内部では、視聴率データの分析により「視聴率」の獲得できない番組ジャンルや「作り手」は淘汰されて、限られた人気タレントを各テレビ局が起用し、類似番組の横行を助長する傾向になりがちです。そして、「編成主導体制」が浸透する中で、「送り手」から「受け手」へのベクトルとなる番組は多様性に欠ける傾向となり、視聴者に「どのチャンネルを見ても同じ」と非難される状況を招いています。

この「送り手」と「作り手」が受発注関係となった「編成主導型モデル」における、一般的な番組企画の決定過程がどのようなものなのか、見ていきたいと思います。まず、編成部門からの企画募集に応じて、テレビ局内外から企画書が制作部門の「チーフプロデューサー」に集約され、その後「制作会議」で選択された企画書が編成部門の担当者に提出されます。ここまでの過程で、「制作独立型モデル」との決定的な違いとして、企画が「編成」からの発注という部分があります。一方で、編成部門に直接持ち込まれる「完全パッケージ番組」型の企画が増えており、制作部門から提出された企画と競合となることで、「編成主導型モデル」では企画の放送決定過程を変容させています。その後、編成主導により営業局などの代表が集まる「編成会議」で企画の放送化が内定し、社長や取締役がメンバーとなる経営機関の「常務会」で承認されて放送開始が決定となります。

この放送決定過程の中で、以前の「制作独立型モデル」では、制作現場の内部で最終的に選ばれて提出された企画が基本的には採用され、編成部門は営業局を中心とする他部署を調整して、放送枠が決定されていました。しかし、「編成主導型モデル」では、「編成」が他局の枠状況などを検討した上で、高視聴率が計算される番組ジャンルを大枠で設定して、制作現場や外部制作会社に企画募集する形態が一般化します。実際に、制作会社が編成部門に持ち込んだ企画が採用されるケースも増えており、制作部門の「作り手」は番組の危機管理を主要業務とする、番組内容に大きく介在しない「チェックプロデューサー」と呼ばれるポジションになる傾向です。そして、企画の放送決定後も、編成担当者が制作過程に「編成プロデューサー」として参加するなど、制作現場への直接的な介入も可能となり、「作り手」と「送り手」の境界線が曖昧になってきていると言えるでしょう。

やはり、「作り手」が編成を中心とする「送り手」に吸収された組織では、「視聴率」の「営業的指標」の部分が重視されることになります。結果として、「作り手」を吸収した「送り手」から「受け手」へ供給される番組は、「視聴率」を確保するための手法が最優先されるため、番組内容の多様性を確保することが難しくなる傾向にあります。同時に、「

編成」の肥大化により制作現場の「作り手」の主体性は弱められ、「送り手」の意向が、企画書という「言語レベル」に留まらず、「編成プロデューサー」という番組に直接関与できるポジションから、「映像レベル」までに及ぶようになってきています。つまり、「送り手」による「作り手」への介入が、企画段階のみならず制作過程にも伸びており、「作り手」の「自律性」が制約されて、番組内容の画一化が生じる状況を招いていると言えるでしょう。

このように、番組の企画段階から制作過程までを「視聴率」の影響などに着目して、「制作独立型」と「編成主導型」に類型モデル化することにより、「送り手」と「作り手」の間に一定の関係性を見いだし、経験的な事実も踏まえて考察していきたいと思います。次章以降は、時代別にメディア内部で「視聴率」の覇権を掌握した民放キー局の組織形態に焦点を当てて、「制作独立型モデル」から「編成主導型モデル」へ移行した主要因や影響を、テレビの歴史や個々の番組を精査することにより突きとめて、ここで設定した理論モデルの妥当性を検証していきます。そして、現在の「視聴率」が番組制作過程への影響を強くする「編成主導型モデル」の席巻するメディア状況の中で、果たして「作り手」の「自律性」と、「受け手」に向けた番組の多様性が確保できるのか、その可能性も探っていきたいと思います。最終的には「テレビはもっと面白くなる」と胸を張って言えるような、「送り手」と「作り手」の関係性を再構築する、具体的な組織モデルを提示しようと考えます。

【註】

1 岸田功「〝放送〟を学ぶ基礎 受けての関心によって多様なアプローチが…」総合ジャーナリズム研究所編『総合ジャーナリズム研究 121号』(東京社、29頁、1987)参照。

2 岡部慶三「科学としての放送研究(3)—放送研究と「放送学」—」『放送学研究』7号(日本放送出版協会、14—15頁、1964)参照。

3 労働基準法・第38条の3、第1項参照。

4　労働基準法施行規則・第24条の2、第2項参照。

5　日本テレビ、ＴＢＳ、テレビ朝日、テレビ東京、フジテレビのホームページ、会社情報・組織図、
<http://www.ntv.co.jp/info/organization/>、
<http://www.tbsholdings.co.jp/information/soshikizu.html>
<http://company.tv-asahi.co.jp/contents/corp/formation.html>、２０１５年７月１日閲覧。
<http://www.tv-tokyo.co.jp/kaisha/company/organization.html>
<http://www.fujitv.co.jp/company/info/soshiki.html>、２０１５年７月１日閲覧。

6　フジテレビ「会社情報・組織図」、フジテレビホームページ、
<http://www.fujitv.co.jp/company/info/soshiki.html>、２０１５年７月１日閲覧。

7　ラスウェル・Ｄ・Ｈ・「社会におけるコミュニケーションの構造と機能」シュラム・Ｗ編、学習院大学社会学研究室訳『新版マス・コミュニケーション　マス・メディアの総合的研究』（東京創元社、71—72頁、１９６８）参照。

8　南博「序論—パーソナル芸術・マス化芸術・マス芸術—」南博他編『講座 現代芸術Ⅳ マス・コミのなかの芸術』（勁草書房、15—21頁、１９６１）参照。

9　フジテレビ「会社情報・組織図」、フジテレビホームページ、
<http://www.fujitv.co.jp/company/info/soshiki.html>、２０１５年７月１日閲覧。

10　岡部慶三「科学としての放送研究（３）—放送研究と「放送学」—」『放送学研究』７号、（日本放送出版協会、17頁、１９６４）参照。

11　マートン・ロバート著、森東吾・森好夫・金沢実・中島竜太郎訳『社会理論と社会構造』（みすず書房、３頁、１９６１）参照。マートンによると「中範囲の理論とは、日々繰返される調査などで豊富に展開されている、小さな作業仮設と、経験的に観察される社会的行動の、非常に多くの統一性をできれば導出しうるような主要な概念的図式を内容とする包括的思弁とを媒介する理論である」と説明されている。

12　岡部慶三「科学としての放送研究（1）―いわゆる「放送学」理論の性格について―」『放送学研究』1号（日本放送出版協会、13頁、1961）参照。

13　松井英光「メディアを規定する視聴率を巡るテレビの作り手研究～放送デジタル化における新評価基準とメディアの行方まで～」（東京大学大学院修士論文、2004）第5章参照。「作り手」223サンプルを対象とするアンケート調査で、「視聴率獲得の一番の目的は何ですか」の設問に対して、107サンプルが「多くの人に見てもらいたい」を選択し、トップであった。一方で、「番組継続」（46サンプル・第2位）、「プロ意識」（43サンプル・第3位）など、番組を存続させるための「生存視聴率」を守る意識や、「作り手」特有の職人気質も認識できる。調査が実施された2003年は、日本テレビが覇権を掌握していた「編成主導型モデル」の時期に分類されているが、「制作独立型モデル」も混在しており、有効なデータとして活用した。

14　松井英光「メディアを規定する視聴率を巡るテレビの作り手研究～放送デジタル化における新評価基準とメディアの行方まで～」（東京大学大学院修士論文、2004）第5章参照。「作り手」223サンプルを対象とするアンケート調査で、「視聴率獲得はどこから最もプレッシャーを感じますか」の設問に対して、116サンプルが「テレビ局・編成部」を選択し、トップであった。一方で、「自分自身」（33サンプル・第2位）、「視聴者」（13サンプル・第4位）などを回答する「作り手」が「ドキュメンタリー」や「ワイドショー」の担当者に多かった。

15　後藤和彦『放送編成・制作論』（岩崎放送出版社、34―36頁、1967）参照。

第３章　テレビの歴史①　1953～1962

「第一期 視聴率のない時代・黎明期型モデル」

前章では、従来のテレビ研究で使われてきた「送り手・受け手」の二元論の問題点を指摘し、この本の理論的な枠組みとして、新たに「送り手」から「作り手」を分離する視座の採用を提言しました。加えて、テレビ局の組織形態を、「作り手」が「送り手」から「自律性」を確保した「制作独立型モデル」と、「作り手」が「送り手」に吸収された「編成主導型モデル」に分けた、民放キー局と準キー局に限定する類型モデルも設定しています。ここまでは、この本の中の「理論パート」であり、ロジックを筋道立ててじっくりと説明したため、少し難しかったかもしれませんが、皆さんが卒業論文などを書く際にはフォーマットとしても役立ちますし、その際は大いに参考にして頂ければ幸いです。

さて、この第3章からは、「視聴率」や「編成主導体制」がテレビメディアの中で重要なシステムとなっていく過程などに焦点を当てた、「テレビの歴史」を中心に考察する「実践パート」に入ります。ここでは、第2章で定めた理論モデルを使って検証していきますが、この基軸となる概念の正当性に関しても、合わせて確認したいと思っております。

具体的には、「視聴率の覇権」を握ったテレビ局別の区分を用いて、時代ごとに高視聴率番組を精査し、その中で、番組制作過程の細部まで比較検証します。実際に、1963年のビデオリサーチによる「機械式視聴率調査」の開始以降、一定の周期で「視聴率」がトップとなるテレビ局が交代しており、それぞれの局で、番組制作体制も変化しているようです。手短に言えば、その時代ごとに編成部門の制作現場に対する組織構造や、「送り手」と「作り手」の関係性が、「編成主導体制」の形成により、「制作独立型モデル」から「編成主導型モデル」へ移ってきており、ここがテレビ史における最大の転換点になったと考えられます。この「視聴率」がトップとなったテレビ局の組織体制の違いを基軸として、「送り手」と「作り手」の関係性の変化や、それに付随する「視聴率」の番組制作過程への影響の推移を、第3章から第8章にかけて考察していきます。

その中で、1962年12月のビデオリサーチによる「機械式視聴率調査」開始以前は、「視聴率」に対して「作り手」が極めて自由で牧歌的な時期であったと推察されます。この第3章では、テレビ放送が始まる1953年から1962年までの「視聴率のない時代」を、「第一期・黎明期型モデル」として検証します。

１「科学的調査のない時代から・視聴率の歴史①」

まずは、テレビメディアが誕生した直後から、アナログ地上波放送と共に進化してきた、日本のテレビ史を語る際に欠かすことのできない重要な役割を担う、「視聴率」の歴史を考察します。やはり、現在まで「視聴率」は「受け手」の支持を代弁する数値として、制作される番組に大きな影響力を及ぼす「テレビメディア内部のレギュレーション」的な機能を持っており、そのルールが変更されるたびに、「送り手」や「作り手」が敏感に対応することで、メディア自体が変化してきたと言えるでしょう。ここからは、「視聴率」がテレビメディアを広告媒体として成立させるために必要であった、科学的根拠を持つ客観的データとして誕生していく背景や、「送り手」と「作り手」に大きな影響を及ぼすシステムとして成立するまでの流れを、時代別に検証しますが、この第3章では、「機械式視聴率調査」が始まるまでの、言わば「視聴率前史」を見ていきたいと思います。

メディア誕生の翌年からあった精度の低い「視聴率」

一般的に、日本の視聴率調査の誕生としては、既にテレビ放送開始翌年の１９５４年の時点で、ＮＨＫと電通が京浜地区で行っていたとされております[1]。しかし、当時は「受け入れ率」と呼ばれており、「視聴率」という言葉が最初に使われたのは、１９５５年に日本テレビの人気番組『二人でお茶を』で視聴者アンケートを実施した際で、視聴者に普及するのは１９７０年代に入ってからであるといった指摘もあります[2]。つまり、「第一期」は「視聴率」という言葉自体が定着しておらず、影響力は極めて弱かったと言えるでしょう。

逆に、当時は「新橋駅前の街頭テレビに2万人の群集が押し寄せた」、「人気番組の時間帯には、銭湯から客が消えていた」という新聞報道が、現在の「高視聴率獲得」を代弁しており、開局直後の日本テレビも「街頭テレビ日報」を作るなど、独自のマーケティングリサーチが展開されていました[3]。しかし、１９５３年にＮＨＫがテレビ放送を開始した時の契約世帯は僅か866世帯しかなく、大卒初任給が約1万円の時代に、テレビ受像機の値段が約20万円前後と高価であり、一部でテレビの普及が疑問視されていたようです。実際に、放送開始2年後の1955年のNHK調査でも、受信契約数は約16万5千世帯、1日平均1時間55分の視聴時間と、テレビは一般家庭に定着したとは言えず、「視聴率」に対する意識や需要も極めて希薄なものでした[4]。

具体的に、NHKによる初期の視聴率調査は、年2回、個人を対象に「パルス方式」で行われていたようです。その背景として、GHQの日本民主化政策の意向を強く受けており、放送法44条2項で「公衆の要望を知るため、定期的に、科学的な世論調査を行い、且つ、その結果を公表しなければならない」と明記され、戦前の「上から流す番組」を改めて「民意に沿った番組」を実現するための視聴率調査であったとも言われています[5]。

一方、電通の視聴率調査は、東京23区内の300世帯を対象として、2・5・8・11月の年4回の実施でした。この調査は、「世帯型」商品が主流であったスポンサーが提供するCMの「広告効果測定」を主要目的としており、「民意に沿った番組」の実現のために、調査対象を「個人」に設定したNHKとは対照的に、「送り手」主導により「世帯」を対象に行われていました。この初期段階の調査対象の違いが、現在まで続いており、結果的に、その後の視聴率システム形成に強く影響しています[6]。しかし、この調査方法の相違は認知されていなかったようで、1955年3月に、同じ調査期間であった双方のデータに大きな違いが生じ、新聞で「どちらの視聴率が正しいのか」と、大きく報道されています[7]。

その後、1959年に一大イベントとなった「皇太子ご成婚」の影響などにより、テレビが急速に一般家庭に普及する中で、同年にはラジオの広告費を抜き、翌1960年には普及率が45%に達します。こうしたテレビの媒体価値の高騰に連れて、スポンサーサイドからは、正確な費用対効果測定へのニーズが高まり、1960年代には、電通、萬年社、トンプソン社などの広告会社の他に、中央調査社といった第三者機関も視聴率調査に参入していました。しかし、当時の「視聴率」の不定期で粗雑な調査方法に対して、主要スポンサーであった花王石鹸の宣伝部長から、次のような不満が述べられます。

放送局は商業放送である限り、当然スポンサーに自己のサーキュレーション（実際に見られている数字）を、定期的に発表すべきである。だから、調査作業そのものは、他の機関に委託しようとも、放送局はその調査結果をスポンサーに発表する義務があると私は思っている。（中略）

視聴というものは、元来流れているものである。その流れを電通調査は月に一回、ＭＭＲは毎月とはいいながら、これもある限定された一週間だけをとりあげて、調査するのだから、その時の特別の事情が影響して、果たして平常の流れと見てよいかどうか。一週間の記録がくりかえし記録されてこそ、一週間の平均値が、ノーマルな傾向として見られるのだと思う。（中略）

テレビの視聴率調査は、世帯単位と並行して個人単位の調査も必要だといわねばならない。そしてこれを実施する時は、全国同時に、同一時点で、同一方式の調査を実施してほしい[8]。

当時の調査では、毎日のデータが算出できなかった状況が厳しく批判されていますが、スポンサーサイドから１９６０年代前半の時点で、既に「個人視聴率」も見据えた本格的な費用対効果測定の要望があった実情が分かります。

大変革となった科学的な「視聴率」調査の誕生

そこで、当時の日本テレビ社長の正力松太郎（しょうりきまつたろう）がスポンサーの意向に対応するため、１９６０年６月に日本進出を計画していたアメリカのＡＣニールセン社（以後、ニールセン）と視聴率調査契約を結び、その後、１９６１年４月には本格的な「機械式視聴率調査」が開始されることになりました。このニールセンは、１９２３年にラジオ技師であったニールセン卿によりシカゴで設立され、当初は主に小売店の在庫調査を請け負う会社でしたが、１９３６年に機械式ラジオ聴取率自動調査システムの「オーディメーター」を開発し、１９５０年にはテレビの視聴率調査への運用にも成功します。現在も「正確さこそがすべての基礎」を社是に、全世界に支店網を形成していますが、ニールセン卿は「テレビ視聴率調査の父」

と言われ、調査に対しても強い信念を持ち、三大ネットワークの経営者とも親交が深く、彼らと共にテレビの黄金期を築き上げていったと評価される人物でした[9]。しかし、ニールセンによる視聴率データの契約料金は年間約６０００万円で、当時の調査料金は電通が1回20万円、安い会社で1回５０００円程度の中で、破格な金額であったため、費用対効果を疑う声もあり、ＴＢＳ調査部の久保田了平は次のように述べています。

さきごろアメリカのニールセン調査会社の社長が来日し、民放各社に対して同調査社のテレビジョン・インデックスを利用するように働きかけてきた。これに対して、ＮＴＶ、ＹＴＶがニールセン調査社と長期契約をかわし、年間六千万円という巨額の契約金を巡って、放送関係者の間にも一種のニールセン旋風がまき起こったことは確かである。ニールセン調査社がアメリカの調査機関の中で有力な地位をしめていることは事実であるが、アメリカには、ニールセン調査社のほかにも各種の調査機関があり、また日本の放送界にも中央調査社、電通、各放送局調査部など、それぞれに放送調査を実施しており、それらの調査がたすけあって広告媒体としての電波メディアの価値をたしかめているわけで、ニールセン調査社の日本進出がそれほど特筆大書されるべきことかどうか、放送調査の立場からみた場合、疑問の余地がある。（中略）

絶対的な値というより、推測値という形で利用するのであるから、従来のデータによる視聴率でもそれほどかけはなれた数値ではなかろう。経費とにらみ合わせて利用価値を考えると、一概にニールセンによる必要はないように思われる[10]。

この指摘の背景には、日本テレビ社長である正力松太郎の主導によりニールセン導入が決定されたことに対する、ＴＢＳから牽制の意味を含むものであった側面も考慮されます。実際に、当初ニールセンと契約を締結したのは、日本テレビ、読売テレビ、博報堂で、電通、ＴＢＳや、開局直後のフジテレビ、ＮＥＴは契約しませんでした。

しかし、ニールセンの導入により、正確な視聴データをスポンサーに提出することが可能となり、その後は、「視聴率」

が「営業的指標」として機能することになりました。以前の調査体制では、放送日や時間帯により「視聴率」が測定されないケースもある粗雑なデータでしたが、全ての番組の「視聴率」が機械式で自動測定されるシステムに進化したニールセンの導入は、テレビメディアに多大な影響を及ぼしていきます。

一方で、同時期には電通の吉田秀雄社長が、国産による日本独自の機械式視聴率調査システムの開発に尽力していました。その際に、理論的な根拠として統計学の権威であった林知己夫を招き、技術的には東芝の協力で「ビデオ・メーター」の開発に成功しており、１９６２年９月に、民放18社と電通、東芝の20社出資による調査会社「ビデオ・リサーチ」（以後、ビデオリサーチ）が誕生します[11]。こうして、日本のテレビ受像機の普及が１０００万台を越え、ＮＨＫが終日放送となった１９６２年の、12月に東京23区の２４６世帯を対象にしたビデオリサーチの調査が開始され、ニールセンとビデオリサーチの二社体制による本格的な「機械式視聴率調査」の時代に突入することになりました[12]。

２「毎日の視聴率がない時代に・番組制作過程の歴史①」

一方で、毎日の科学的な「視聴率」が出てこない、言わば「テレビ黎明期」の支柱となったのは、ハード面での「街頭テレビ」と、ソフト面の「力道山のプロレス」であったと言われています。しかし、１９６０年代に入ると、プロレス中継以外にも、後のヒット番組の原型が見られるようになり、ＮＨＫ『朝の連続テレビ小説』、『夢であいましょう』（１９６３年、14・1％）、日本テレビ『シャボン玉ホリデー』（１９６３年、27・3％）などの、テレビメディア独自の「娯楽番組」と呼ばれるものが、いくつか誕生しました。そして、１９６２年にはテレビ受像機の低価格化もあって、普及率が50％を越えており、まさに、この「第一期」の終了年までに、テレビが徐々に一般家庭へ浸透していきました。

では、１９５３年のＮＨＫと日本テレビの開局から、本格的な「視聴率」がない中で、テレビの「送り手」と「作り手」が試行錯誤を重ね、漸くメディアとして定着する１９６２年まで９年間の、全体的な編成状況や番組制作過程を精査していきたいと思います。

「送り手」の試行錯誤による「ゴールデンタイム」の確立

まず、テレビ放送が開始されて以降、「第一期」の終了する60年代前半までには、夜間の19時から22時までの「ゴールデンタイム」が、機械式調査の導入以前で精度の低い「視聴率」データを基にしていますが、数値の高くなる時間帯として「受け手」に定着していきました。この「ゴールデンタイム」は、既にテレビメディアが普及していたアメリカでは「プライムタイム」と呼ばれ、在宅率が高い時間帯に人気番組を集中させて、高視聴率帯となっておりましたが、日本でも当初から、編成部門がバラエティーやドラマ、プロレス、プロ野球中継などのキラーコンテンツを、この時間帯へ集中的に投入して、高視聴率番組を量産します。そのため、この「視聴率の山」を形成していたゴールデンタイムのテレビ経験が視聴者にパターン化され、「18時のニュースから19時台には子供ターゲットのアニメ、又はファミリー向けのクイズに流れて、20時台にはバラエティーが中心となり、21時台からはドラマに移って、プロ野球シーズンはナイター中継が見られる」といった、「同質的な視聴形態が長年にわたり定着した」と、一部で指摘されています[13]。

しかし、60年代初頭までの「朝」と「昼」の時間帯には、当時の「視聴者ニーズ」に合った番組ソフトが開発されておらず、特に民放では低視聴率ゾーンになっていました。ただし、テレビメディア全体で見ると、1961年にNHKが「連続テレビ小説」の第一作目となる『娘と私』を開始して、「視聴率」が常に20%を超える高視聴率の帯番組となっており、「朝帯」の「視聴者ニーズ」が先行して開拓されていたようです[14]。当時の民放キー局は、同時間帯に15分前後の「幼児・主婦向け番組」のブロック編成をしていますが、軒並み低視聴率となっており、「朝帯」はNHKの寡占状態と言える状況でした。

一方、「昼帯」は1953年のテレビ放送開始当初から、日本テレビが12時に番組をスタートさせており、13時30分から18時30分までは放送休止でしたが、正午からの「アフタヌーンアワー」は、「視聴率」が期待される時間帯として、放送枠が確保されていました。しかし、民放は「昼帯」で当初は主に「女性向け教養・知識番組」を放送していたため、朝の時間帯と同様に「視聴者ニーズ」の把握に失敗しており、結果として双方共に「不毛の時間帯」と揶揄されていたようです[15]。

「作り手」にとって「古き良き時代」・黎明期の制作現場

では、ここからは「第一期」の代表的な番組を個々に見ていくことにしますが、複数の調査機関で高視聴率を獲得していたのが、ＮＨＫの「公開型視聴者参加番組」、プロレス、ボクシング、野球などの「スポーツ中継番組」、そして「外画」と呼ばれた「外国製テレビ映画」の３ジャンルでした。その中でも特に、テレビ放送開始直後から力道山のプロレス中継は、電通の調査で「視聴率」70％を越えており、その他の人気番組も50％以上となるものが多数ありました。しかし、１９５８年には既に人気の分散が生じており、「視聴率」40％以上の番組が、電通調査では１９５８年１月が30本、５月が20本、中央調査社の６月調査でも12本と、高視聴率の「お化け番組」が減る傾向が伺えます[16]。

また、「第一期」の高視聴率番組の傾向を分析しますと、クイズとヒューマンドキュメンタリーの要素を合体させた『私の秘密』や、テレビの特性を生かした『ジェスチャー』など、ＮＨＫの「公開番組」が圧倒的に強く、中央調査社の「視聴率トップ」を連続して獲得していました。これらの番組は共にアメリカのオリジナル企画であり、家庭向きソフトとして開局当初から人気を博していましたが、特に『私の秘密』は１９５３年の年末にスタートした『紅白歌合戦』と並び、ラジオ時代から続くＮＨＫの代表的な人気番組でした。

そして、「プロレス中継」も受像機が街頭テレビから家庭用テレビに移った後も、人気を確保しますが、力道山のプロレスはテレビ受像機がまだ世間に流通していない時代から、街頭テレビに2万人以上の群集を集めるなど、テレビメディアの普及に大いに貢献したと断言できるでしょう。実際に、電通による視聴率調査でも常に50％以上を獲得していましたが、番組を演出していたのはテレビ局の「作り手」よりも、出演者である「力道山」が代行していたように思われます。

当時の状況について、社会学者の吉見俊哉はプロレスを単なるスポーツではなく「アメリカ的なものに対する日本人の屈折した気分と自身の鮮やかな演技を反響させることで大成功を勝ちとった」と分析しますが[17]、力道山が「ナショナルな象徴劇」を演じることにより、「第一期」は驚異的な「視聴率」を継続させました。

当時の「作り手」の力量として、テレビ中継の経験不足に加えて、アナウンスやカメラ技術も未熟なものであったと考えられます。この状況について吉見は、プロ野球などの広範囲をカバーするスポーツ中継は難しかったが、狭い範囲を躍動する「プロレス中継」ならば、テレビ画面に全過程を収録することが可能であったと指摘します[18]。その後、様々な「スポーツ中継」を経験していく中で、「作り手」も単純にスポーツを俯瞰で撮影するのではなく、選手や観客のアップを挿入するカメラワークやカット割りの技術を磨き、臨場感溢れるアナウンスを用いるなど、テレビ独自のスポーツ番組の演出方法が徐々に開発されました。結果として、「プロ野球中継」が「第一期」から既にキラーコンテンツとしての地位を確立するなど、特に日本テレビでは、開局当初よりプロレスを中心とした「スポーツ中継」が、高視聴率を獲得していたようです。

一方、1955年開局の後発局であったKRT（現TBS、1960年に改称）は、対抗手段として「ドラマ」を重点的に制作しており、1956年に『東芝日曜劇場』（1979年、42・6％）をスタートさせ、1958年には単発ドラマ『私は貝になりたい』が、文部省芸術祭で芸術祭賞を受賞しました。この番組の演出を担当した岡本愛彦は、新たなテレビドラマの手法を模索する中で、「視聴率」獲得よりも社会的評価を重視しており、重厚なストーリーを展開する、当時の民放では異例の作品となりました。また、『私は貝になりたい』の後半は生放送でしたが、前半は録画で放送され、VTR実用化の先駆けとなり、これらの実績からも、テレビドラマ史に残る名作として高く評価されています[19]。

もう一つ、「第一期」の代表的な高視聴率の番組ジャンルとして、「外画」と呼ばれた「外国製テレビ映画」があります。この背景には、1956年に五社協定で映画会社の専属俳優のテレビ出演を制約し、同時に劇場映画のテレビへの提供中止も決定されたことがあり、代替コンテンツとしてハリウッド製の「外画」が大量に輸入され、その多くが高視聴率を獲得しました。具体的には、『スーパーマン』（KRT）や『ベン・ケーシー』（TBS）、『ララミー牧場』（NET）が50％以上を記録しましたが、『パパは何でも知っている』（日本テレビ）や『名犬リンチンチン』（日本テレビ）などのホームドラマが高視聴率となる傾向があり、これらの「外画」により、視聴者がアメリカのライフスタイルへ憧憬の念を抱くようになっていったようです。結果として、この「外画」に加えて、アメリカの番組フォーマットをコピーした「公開番組」、「プロレス」、「プロ野球」も合わせて、この時期の高視聴率番組により、「アメリカ文化」が日本の家庭に流れ込んで行くことにもなりました[20]。

一方で、「第一期」は「視聴率」の制作現場の「作り手」に対する影響力が、極めて弱いものであったと推察されます。実際に、「機械式視聴率調査」の導入以前は、毎日の定期的なデータは計測されず、単発番組の全てはカバーできない状況であり、レギュラー番組でも日々の「視聴率」の推移を見ていくことは不可能でした。そのため、番組の存続を決定する上で、当時は番組の一社提供が基本形態で、スポンサー企業の意向が重視されていましたが、精度の低い「視聴率」が決定的な要因にはならなかったようです。

この状況について、「第一期」にフジテレビで勤務していた、ばばこういちは「かつては一社提供が共同提供やスポットＣＭに変わることで良質の番組ができるかも知れないと夢見ていた」と、スポンサーによる番組制作過程への影響力を示唆する一方で、当時の制作現場の自由な雰囲気について、次のように回想しております。

　テレビの現場を志した人々は、もともと視聴率を気にするようなことはありませんでした。現場の人間は、テレビというメディアを通して何かを表現したい、何かを人々に伝えたい、この社会の矛盾を追及したいといった素朴な思いでこの世界に入ってきたのが大部分でした。（中略）

　かつてのテレビ現場は、何か新しいことを、何か感動的なことを、何かすこぶる面白いことを表現してみようという空気で一杯でした。結果として大当たりしたものもあれば、質は良いものだったけれど視聴率は取れなかった番組もありました。しかも、テレビ界には多くの創造的な人材が集まり、暇さえあれば映像論や番組論やジャーナリズムのあり方について語り合う光景が現場で見られていました[21]。

このコメントから、当時の「作り手」が、「視聴率を口にすることをはばかる」風潮の支配する制作現場で、先行する映像メディアに追いつき追い越すために、「視聴率」よりも「社会的評価」に重点を置き、切磋琢磨していた様子が伺えます。つまり、「第一期」の制作現場では、「送り手」からの営業的な制約がある中でも、自らの価値観を「視聴率」より優先して従事する、「作り手」の「自律性」が確保されていた状況が読み取れるのです。

一方、「第一期」の編成部門の「送り手」は、放送枠管理はしていたものの、営業部門からのスポンサー要請を、制作現場に伝えて調整する「トラフィック機能」が主な役割であり、「作り手」に対する影響力も、現在と比べると極めて弱かったと推察されます。実際に、1957年に日本テレビの公募一期生として入社し、直後に編成部編成課に配属された福田陽一郎は、当時の業務内容について次のように述べています。

> 最初に配属されたのは、第一希望の制作ではなく、「編成部編成課」という部署だった。未だ組織図も出来ていない文字通りの創成期で、何をする部署だったのかも分からない。一応、課長以下六、七人の課員が居た。（中略）
>
> 現在［筆者注：2008年］、編成局なるセクションは放送局の中でもいちばん力を持っているらしいが、当時は番組編成しようにも番組の数が知れている。スタジオ使用表を毎日作成し、各スタジオの扉に貼り付けるのも仕事だったが、スタジオは四つしかないから作業がすぐに終わってしまう[22]。

今では「送り手」の中枢として君臨する編成部門も、「第一期」の時点では、業務内容が極めて軽いものであった実態が伺えます。この翌年に、福田は制作現場へ人事異動となり、『木島則夫ハプニングショー』や『すばらしい世界旅行』などのヒット番組を担当しましたが、「第一期」の番組企画の放送が決まるまでの状況を、次のように振り返ります。

> 当時［筆者注：1958年頃］のテレビ番組は、アメリカで放送されている番組の模倣、悪く言えばパクリが多かった。（中略）
>
> 難しい企画書もなく、十分くらいの会話で番組が出来、これで視聴率が取れるか、なんて営業も編成も悩まなかった。

うまく行かない箇所は後から訂正していけばいい。新しい番組を作るのが第一、と〝いい時代〟だった[23]。

実際に、福田はアメリカで人気を博していた商品の値段を当てる「買い物ゲーム」の公開番組も担当していたようですが、編成部門や「視聴率」の制約から自由に、草創期特有の雰囲気を謳歌する、当時の「作り手」の実情についても、次のように回想します。

制作部には、潰れかけた映画会社、例えば新東宝のプロデューサー、帝劇の舞台スタッフなどなど色々な人が集まっていた。よく言えばバラエティーに富み、悪く言えば寄せ集めである。音楽番組にはバンドマン上がりの人が多かったらしい。活気だけはあったから、狭い局内はいつも騒然とし、夜になれば反省会と称してそこで酒を酌み交わすのは当たり前で、誰も文句を言う人間は居なかった[24]。

テレビ局を辞めてもう三十年以上も経つから大きなことは言えないが、あの頃はなにか楽しみながら番組を制作していたような気がする。余裕と活気があったような気もする。俳優たちもそうだったのではないか[25]。

当時の制作現場の自由で流動的な環境と、「作り手」の人材の多様性が肯定的に伝わってきますが、福田自身も1972年に日本テレビを退社後、舞台演出家に転身しており、木の実ナナ主演でロングラン公演となった、『ショーガール』などを手掛けています。

しかし、アカデミズムサイドからは、京都大学人文科学研究所員であった加藤秀俊が[26]、「視聴率」のメディアに対する原理的な部分を捉えた上で、当時の「作り手」の「視聴率」を軽視した制作方針に対して否定的な見解を示しており、現在の「視聴率至上主義」批判とは対照的な考え方で、とても興味深いので、少し長くなりますが引用したいと思います。

視聴覚のマス・コミュニケーションとなると、競争は絶対であって、いささかも緩和策は用意されていない。ひとりの人間が持っているのは一日二十四時間という有限の時間枠であり、この時間枠をどう使うかで、競争はいわば決定性をあたえられてしまうのだ。たとえば、A、B、C、D、Eという五つのテレビ局が並立しているばあい、特定時間における視聴者は、この五つのうちの一局の放送をみているだけだ。仮に視聴者がAをみているとすれば、B、C、D、Eはこの視聴者に何ら意味通達をなしえないのである。（中略）

視聴率がマーケットの占有率と深くかかわり合うわけだから、視聴率をあげるということは、商業放送に関するかぎり至上命令ともいえる。

だが、視聴率の高さを、じっさいは至上命令として希求している制作者が、あからさまにそれを語らないというのは、考えてみるとじつに面白い事実である。番組制作者たちは、視聴率なるものが営業政策と完全に密着していることを熟知しているがゆえに、かえって視聴率を口にすることをはばかる。そして、口では、逆に視聴率を問題とせず、「良心」とか「文化」とか「教養」とか、要するに道徳の尺度に自分の目標をおく。視聴率は低くても世道人心に益するところある番組をつくりたい、といったようなことを制作者たちはつねに言っているのである。（中略）

編成のほうは、ひろい意味での放送の文化的機能を一義的に考えて番組を見ているのに、営業部はまず視聴率とか人気とかを考える。やりたいんだが、営業がやかましくて、といったことを口にするプロデューサーにわたしはしばしば会うが、彼らは、じつは放送局の機能内部にある文化的原則と、視聴率原則の板ばさみになっているのだ。（中略）

わたしは、むしろ逆に、視聴率の高さを希求してやまないのは、芸術家であり、あるいはジャーナリストであるところの制作者、すなわち脚本家であり、プロデューサーであるはずだ、と考える。なぜか、それは、もし制作者が、ひとりの責任ある表現者であるとするなら、自ら表現するものを、一人でも多くの人に知ってほしい、と思うのが当然だからである。ひとは見てくれなくてもいい（視聴率は低くてもいい）というようなセリフは、大いに芸術家的、かつ良心的なようにもみえるけれど、もし、じぶんに何らかの主張があり、表現したいことがあるなら、百人より千人の人に、千人より一万人の人に、その主張を訴えるのがあたりまえではないか、いや義務ではないか。（中略）

放送は、大衆的表現のメディアなので、同人雑誌とはちがう。良心ある放送人とは、より多くの大衆に、何かを表現しようという意欲をもった人間であるはずなのだ。

　であるから、わたしは、視聴率を営業からの強制と考え、できるだけそれに抵抗しようとしている制作者を、ある意味でオカシイと思う。自信ある、そして主張のある制作者なら、本当はより多くのマスに自分をたたきつけることを念頭するはずだからである。視聴率の高さ、ということは、営業からの強制ではなく、良心に基づいた自発的目標であって当然なのだ[27]。


　ここで加藤は、「第一期」の「作り手」が「視聴率」を重視しない姿勢を逃避であると批判し、むしろ「作り手」は自発的に高視聴率の獲得を目標にするべきだと主張します。更に、加藤は「視聴率は暗黙の前提として放送の倫理学にくみ入れられているだけであって、公然たる宣言ではない」としながらも、「高視聴率を狙うこと、それは悪ではない。悪ではないが、その狙いをつける主体が営業であるのはあきらかに悪だ[28]」と、結論づけました。つまり、加藤は「視聴率」の「営業的指標」としての側面と、大衆の動向を可視化する装置としての「社会的指標」の部分を、１９６０年代前半の時点で既に分けて評価していたと考えられます。その後、加藤の指摘した「第一期」の「作り手」の「視聴率」に対する姿勢や、編成を中心とする「送り手」との関係性も、１９８０年代以降に「編成主導体制」の確立により大きく変化しており、実際には、違った形で浸透していくことになりました。しかし、加藤の「第一期」のメディア状況を捉えた指摘は見事であり、制作現場の「作り手」は当然のこと、営業以外の編成部門の「送り手」にも、「視聴率」の影響力が強いものではなかった実態の問題点を指摘することで、逆に「視聴率」のメディア全体に波及するシステムとしての重要性や意義の正しい方途を示していたような気がします。

　この当時、「視聴率」が編成部門の絶対的な価値基準として浸透していなかった事実について、「第一期」のＴＢＳ編成部で従事していた田原茂行は、根拠となる全体的なメディア状況も合わせて、次のように証言しています。

このころ［筆者注：１９６1年］はまだ、平均視聴率だけに左右されるスポット収入よりも、番組提供による収入が基本的なものと考えられ、平均視聴率の差がそのまま局の収入の差とは考えられていなかった。そして各局の個々の番組群を見れば、それぞれの個性があった。

日本テレビはプロレスと野球の局といわれていたが、『光子の窓』や『シャボン玉ホリデー』の系列、社会派ドラマの元祖『ダイヤル１１０番』やドキュメンタリーの『ノンフィクション劇場』の系列、そして『アベック歌合戦』や『底抜け脱線ゲーム』の系列があった。昭和40年の『ノンフィクション劇場』の南ベトナムの〝生首映像〟は内外に衝撃を与えた。

フジテレビは、『鉄人28号』に『鉄腕アトム』が加わり、『スター千一夜』『ミュージックフェア』があり、『三匹の侍』『男は太郎』があった。

ＮＥＴは、外国テレビ映画と外注の『特別機動捜査隊』や『鉄道公安26号』が視聴率を稼いでいたが、この当時の社会的テーマに直接ふれるドラマ『判決』を自社でつくっていた[29]。

ここで田原は、当時の民放キー局の特徴について、具体的な番組名を挙げて説明していますが、一方で「実際に番組の中身をつくる制作と報道のスタッフも、ほとんど試行錯誤の連続の段階にあった」と、「第一期」の「作り手」の実情を、編成の「送り手」目線から明かしています。これらの指摘から総合的に判断しても、テレビメディア草創期の「第一期」は、番組制作過程に編成部門の「送り手」が大きく介入することなく、制作現場の創造性が尊重され、「作り手」も「視聴率」からの「自律性」を確保しており、技術的な制約の中でも、ある程度の「番組の多様性」が確保されていた時期であったと考えられます。

【註】

1　藤平芳紀『視聴率の謎にせまる　デジタル放送時代を迎えて』（ニュートンプレス、37―38頁、１９９９）などを参照。

2　ビデオ・リサーチ編『視聴率の正体』（廣松書店、46頁、１９８３）参照。なお、この著作の巻末資料にある「１９６３〜１９８２年間視聴率ベスト20」に記載されている番組視聴率の数値を、この本の中で多数引用している。

3　日本テレビ放送網社史編纂室編『大衆とともに25年 沿革史』（日本テレビ放送網、70頁、１９７８）によると、１９５４年２月に力道山のプロレス５試合の視聴者数に関して、店頭サービス用テレビで１５０万人、家庭用で17万人、街頭テレビで30万人を見込んであおり、５日間で約１０００万人の視聴者と計算している。

4　吉見俊哉「テレビが家にやって来た―テレビの空間　テレビの時間―」『思想』２００３年第12号「テレビジョン再考」（岩波書店、30―33頁、２００３）参照。

5　林知己夫「視聴率調査の論理と倫理〜機械による個人視聴率をめぐって〜」『ＡＵＲＡ』１０６号（フジテレビ編成局調査部、11頁、１９９４）参照。この調査方法は、東京・横浜地区で無作為に選んだ15歳以上の個人を対象として１１００人に面接を実施して、前日に視聴した番組を１週間にわたり質問して想起させる「パルス方式」と呼ばれる形式であった。この方法により、ＮＨＫでは春と秋の年２回実施されていたが、１９７１年に現在の５分刻みの時間目盛を使用した「日記式配布法」に変更されるまで継続されている。大掛かりな準備と厳密な標本調査が設定された調査であり、林は当時の「調査の規範」であり、「日本人の読み書き能力調査」に次ぐ画期的な試みであったと評価している。

6　藤平芳紀『視聴率の謎にせまる　デジタル放送時代を迎えて』（ニュートンプレス、37―38頁、１９９９）参照。この調査方法は、前日に調査票を対象世帯に配り、翌日に回収する「配布回収法」と呼ばれており、対象番組を一部でも見れば「部分視聴」、全部見ると「完全視聴」と定義され、半分以上を見ると「視聴」とするＮＨＫとは対照的であった。

7　藤平芳紀『視聴率'98』（大空社、１２９―１３０頁、１９９９）参照。

8　山形弥之助「視聴率の調査に幅を 量的調査は必要だが、十分ではない」『ＴＢＳ調査情報』１９６１年８月、32号「特集《視聴率カルテ》」、（東京放送調査部、７―９頁、１９６１）参照。

9　笹川巌「ピープルメーターをめぐる近年の事情と論点」『調査情報』１９９３年２月号（ＴＢＳ編成考査部、64頁、

1993）参照。

10　久保田了平「放送調査とはどういうものか N調査機関ニールセンの効用とその限界」『調査情報』1960年8月号（TBS編成考査部、53―56頁、1960）参照。

11　ビデオリサーチ「視聴率調査の歴史」、ビデオリサーチホームページ、<http://www.videor.co.jp/>、2015年4月15日閲覧。2015年4月現在、日本のビデオリサーチは社員数413名で、総売上高は199億円。

12　藤平芳紀「視聴率のナゾ　テレビ放送と視聴率調査のあゆみ①」『GALAC』2003年3月号（放送批評懇談会、45頁、2003）参照。

13　吉見俊哉「テレビが家にやって来た―テレビの空間　テレビの時間―」『思想』2003年第12号「テレビジョン再考」（岩波書店、40頁、2003）参照。

14　伊豫田康弘・上滝徹也・田村穣生・野田慶人・煤孫勇夫『テレビ史ハンドブック』（自由国民社、102頁、1996）によると、番組のアイデアは、「新聞小説・ラジオ小説」のテレビ化であったと指摘されている。朝の忙しい視聴者を想定し、「ながら視聴」に対応するためナレーションや効果音を多用し、画面に時計文字を挿入するなど、演出に「朝」用の工夫が施されていた。

15　ビデオ・リサーチ編『視聴率20年』（ビデオ・リサーチ、100―101頁、1982）参照。

16　「最近のテレビ番組視聴率とラジオ番組聴取状況―MMRをめぐって―」『調査情報』1958年9月上旬号（ラジオ東京調査部、2―4頁、1958）参照。

17　吉見俊哉「テレビが家にやって来た―テレビの空間　テレビの時間―」『思想』2003年第12号「テレビジョン再考」（岩波書店、28頁、2003）参照。

18　吉見俊哉「テレビが家にやって来た―テレビの空間　テレビの時間―」『思想』2003年第12号「テレビジョン再考」（岩波書店、28頁、2003）参照。

19　伊豫田康弘・上滝徹也・田村穣生・野田慶人・煤孫勇夫『テレビ史ハンドブック』（自由国民社、26頁、1996）参照。

20　松井英光「ＴＶ外交〜トーキョーはアジアのハリウッドになれるか？ブラウン管を通しての国際ＰＲ外交〜」（慶應義塾大学法学部政治学科卒業論文、23―41頁、１９８９）参照。
21　ばばこういち『視聴率競争―その表と裏―』（岩波書店、10―11頁、１９９６）参照。
22　福田陽一郎『渥美清の肘突き―人生ほど素敵なショーはない』（岩波新書、68頁、２００８）参照。
23　福田陽一郎『渥美清の肘突き―人生ほど素敵なショーはない』（岩波新書、76―77頁、２００８）参照。
24　福田陽一郎『渥美清の肘突き―人生ほど素敵なショーはない』（岩波新書、72頁、２００８）参照。
25　福田陽一郎『渥美清の肘突き―人生ほど素敵なショーはない』（岩波新書、１３５頁、２００８）参照。
26　加藤秀俊（１９３０〜）は、１９５３年に一橋大学を卒業後、京都大学人文科学研究所助手に就任。その後、ハーバード大学やシカゴ大学に留学して、デビッド・リースマンに師事した国際派で、１９５９年にはスタンフォード大学コミュニケーション研究所研究員となり、ウィルバー・シュラムと共同研究を行っている。帰国後の１９６９年に京都大学助教授となり、１９７４年に学習院大学教授に就任する。加藤は、テレビの制作現場にも精通する社会学者であり、日本衛星放送非常勤役員や日本育英会会長なども歴任している。
27　加藤秀俊「視聴率の本質は何か 制作者側にほしいマスへの訴求意欲」『調査情報』１９６１年８月、32号「特集《視聴率カルテ》」（東京放送調査部、３―６頁、１９６１）参照。
28　加藤秀俊「視聴率の本質は何か 制作者側にほしいマスへの訴求意欲」『調査情報』１９６１年８月、32号「特集《視聴率カルテ》」（東京放送調査部、６頁、１９６１）参照。
29　田原茂行『テレビの内側で』（草思社、１４８頁、１９９５）参照

第４章　テレビの歴史②　１９６３～１９８１

「第二期 TBS・制作独立型モデル」

この「制作独立型モデル」と名付けた「第二期」への移行には、「機械式視聴率調査」の導入が大きく影響しております。実際には、1962年12月3日にビデオリサーチが「機械式世帯視聴率」調査を既に開始していますが、実質的な運用開始年度となったのは、最初にテレビ局別の年間視聴率ランキングが発表された1963年であり、「第二期」の初年に設定しました。以後1981年まで、ゴールデンタイム（19時〜22時）の年間視聴率が19年間連続第一位で、1970年から調査が始められたプライムタイム（19時〜23時）では、76、77年の日本テレビ以外はトップとなり、全日帯（6時〜24時）も期間中に、10年間は首位に君臨していた民放キー局がTBSです[1]。当時のTBSはホームドラマが平均的に30％以上の「視聴率」を獲得しており、加えて、『JNNニュースコープ』などの人気報道番組を放送するなど、「ドラマのTBS」と同時に「報道のTBS」と呼ばれる、バランスのとれた番組編成をやってのけておりました。

全体的にも、家庭にテレビが本格的に定着する中で、国産ドラマや、バラエティー、クイズ、音楽番組、ワイドショーといった番組ジャンルがほぼ完成しており、朝・昼・ゴールデン帯に人気番組を配置する「編成の基本形」が形成される重要な時期となりました。しかし、編成部門を中心とする「送り手」から、「作り手」への介入は強いものではなく、制作現場が組織的にも独立する中で「自律性」を保てており、「視聴率」からのプレッシャーも弱かったと推測されます。この第4章では、実質的にビデオリサーチによる「機械式視聴率調査」の始まった1963年から1981年までの、TBSが「視聴率」の覇権を握り、数々のエポックメイキングな人気番組を量産して、一部で「テレビの黄金時代」とも評された時代を、「第二期・制作独立型モデル」として検証していきます。

1 「機械式調査の導入と更なる進化・視聴率の歴史②」

この「第二期」は当初から、ビデオリサーチとニールセンの2社により、毎日の番組視聴データが調査対象者の記憶に影響されず、自動的に一分単位の「視聴率」を算出する「機械式調査」が始まっていました。更に、一週間分のデータが金曜日に集計されて契約社に報告するシステムも構築され、「視聴率」は「第一期」と比較しますと格段の技術的進歩に成功します。この変化により、「視聴率」が出てくる金曜日が、制作現場の「作り手」からは「魔の金曜日」として恐れられ、編成部門を中心とする「送り手」からのプレッシャーも、以前よりは増したようです。一方で、営業サイドはテレビ視聴の科学的な調査方法の導入により、合理的なセールスが可能となり、編成部門を含めた「送り手」に対しても、当然のことですが「視聴率」の重要性が大いに高まりました。

このビデオリサーチによる「機械式視聴率調査」は、１９６２年12月に関東地区で開始されましたが、63年には関西、64年名古屋、68年北部九州と調査エリアを徐々に拡大しております。その後も、「視聴率」はテレビメディアの進化に合わせて、調査方法の技術的改良で対応する形で追随していたようです。例えば、１９７０年にビデオリサーチが「ビデオ・メータ２号機」の実用化により、急増していたＵＨＦチャンネルの調査が可能となり、関東、関西、名古屋、北部九州地区のＵＨＦ局に対応し、１９７２年には、「ビデオ・メータ３号機」の開発で、全国のＶＨＦ、ＵＨＦ混在地域の視聴率調査が始まっています[2]。

また、従来は一週間分の番組の「視聴率」が判明するのは、その週の金曜日でしたが、１９７５年に、テレビの総広告費が新聞を上回り、スポンサーから、より迅速なデータの提出が求められるようになりました。すると、この動向に対応するため、１９７５年にニールセンが専用電話回線を使用してデータを集計する「ＳＩＡ（Storage Instantaneous Audiometer）」システムを実用化させ、ビデオリサーチも１９７７年に一般電話回線に接続したオンライン系の「ミノル・メータ」を完成させ、関東地区で運用を始めております[3]。この両社が競い合って開発したシステムにより、従来の「オフライン系メーター」では毎週金曜日に集計されていた「視聴率」が、翌日の午前9時には配信可能となり、ほぼ現在と同じ時系列でデータが届くシステムに改善されました。

結果的に、この視聴率調査の技術革新により、「視聴率分計表」など新たな視聴データの作成が可能となり、後々には、制作現場の「作り手」に対する「視聴率」の影響力も飛躍的に増していくこととなります。当時の状況について、「第二期」の初期にＴＢＳ編成部で「視聴率」と対峙してきた田原茂行は、次のように述べております。

視聴率には制作者も興味があったが、当初は視聴率調査データの報告が出されるのに二週間かかる時期が二年半はつづいた。それが五日になり、三日の時期が長くつづき、関東地区でオンラインで速報が出るようになるのは昭和五十二年になってからのことである。

私が視聴率競争の直接の当事者だった昭和四十年前後まで、関係者はまず自分の判断で番組を評価する必要があった。データの結果だけが判断材料ではなく、管理職も制作者自身も、結果の後追いばかりではない時期があった[4]。


確かに、ビデオリサーチで「視聴率」が番組放送日の翌日に報告されるようになったのは「第二期」の後半であり、それまでは放送直後に視聴率データを分析することも物理的に難しく、小数点以下の厳密な競争もない中で、編成部門の「送り手」も「視聴率」に対する意識が今より希薄になったと考えられます。結果として、「第二期」は長い間「視聴率」のデータ収集に時間を要したため、制作現場の「作り手」への影響も及びにくくなり、「送り手」は複合的な要素から広い目線で番組の存続などを判断していたようです。

この「第二期」までの「視聴率」は、「日記式」から「機械式」、更に「オフライン式」から「オンライン式」への技術改革を、まずは関東地区で始めて、徐々に対応地域を拡大して全国各地に普及させました。更に、視聴率調査の技術的進化に呼応する形で、編成部門の「送り手」が変化した「視聴率」を精査して対応する図式で、「受け手」への循環を発生させるシステムが、「第二期」では緩やかに始まっていたと推察されます。

2　「フロンティアの消滅・マクロ編成による放送適合枠の拡大」

一方、テレビ放送開始以降の全体的な「受け手」の視聴傾向を見ますと、「第一期」までに、多くの視聴者を集めた「視聴率の山」となる時間帯として、19時以降の「ゴールデンアワー」、更に、「第二期」前半には、朝の「モーニングアワー」と昼の「アフタヌーンアワー」が形成されています。これにより、1日の中で朝、昼、夜の特定時間に「視聴率」が上昇する、現在と同じ形となる「三つの山」の時間帯が完成しました。その背景には、編成部門の「送り手」が中心となって、「視聴率」獲得が見込まれていなかった朝や昼の時間帯に、新たなジャンルの番組をぶつけた「カウンター編成」の成果があり、結果として放送適合枠の拡大に成功したと言えるでしょう。当時の、「三つの山」の時間帯が形成されたことによる「受け手」への影響について、吉見俊哉は次のように述べています。

60年代以降、日本のテレビ放送は「モーニングアワー」「アフタヌーンアワー」「ゴールデンアワー」という性質の異なる三つのナショナルな時間帯から構成されるようになり、これらの前後はどちらかというと性質のはっきりしない周縁的な時間帯となっていった。

重要なのは、このような三つの時間帯の創出を通じ、午後七時なり、午前八時なり、午後一時なりといった時刻の意味がテレビとの関係で経験されるようになり、またそのことを通じて社会的な集合の形成が再編されていったことである[5]。

ここで吉見は、社会学者らしい難しい表現を使っていますが、要するに「視聴率」のピークとなる「三つの山」の時間帯の完成により、日本人の「生活時間」を大きく変化させており、テレビが従来のメディアにはなかった、人々のライフスタイルの「時間軸」として、全国一律の国民的な「時間割」の役割を果たすようになったことが評価されています。

その後、この「視聴率」を軽く睨みながらの編成戦略により、１９７０年代半ばまでには、深夜放送の開発による放送適合枠の拡大を最後に「全日放送」を完成させており、「放送時間拡大に関しては、フロンティアは消滅してしまった[6]」と、一部で指摘されました。これらの、編成部門が主導した、「視聴率」獲得が可能な時間帯の拡大を目的とする全体的な編成戦略は、現在の「編成主導体制」で目先の数字を上げていこうとする「視聴率至上主義」と批判されるものとは、本質的に別次元の文脈で議論されるべき問題であると考えられます。そこで、開局直後から民放キー局が半ば一体となって、新ジャンルの番組を戦略的に編成することにより、新たな視聴者層の開拓に成功して、放送適合枠を拡大するに至った歴史を「マクロな編成」として、ここから捉えていこうと思います。

「ワイドショー」ベルト編成による「朝」の時間帯確立

まずは、「三つの山」の時間帯の中で、「朝」の時間帯「モーニングアワー」が、1964年に「ワイドショー」形式の番組開発により、「視聴率」の低迷する状況を解消しております。この背景として、1961年にNHKが「連続テレビ小説」を開始して以来、高視聴率を続けており、低視聴率にあえいでいた民放とは対照的な状況でしたが、メディア全体としては、「朝」の時間帯の「視聴者ニーズ」は開拓されていました。

その中で、1964年4月にNET（現テレビ朝日）の、ワイドショーの原点となった『木島則夫モーニング・ショー』が、月曜日から金曜日までのベルト番組として、8時半から1時間の「スタジオ生放送」としてスタートします。この番組が始まる契機として、当時の日本ヴィックスのピーターソン社長が「日本で生放送のベルト番組を始めたい」という意向を示しており、これに対して、NET編成局企画課長の「送り手」であった浅田孝彦が、具体的な企画案を打診して成立したのが、『木島則夫モーニング・ショー』でした。ちなみに、浅田は陸軍航空士官学校を卒業した元パイロットであり、婦人雑誌などの編集者を経てNETに入社した異色の経歴を持つ人物でしたが、この日本初となる「ワイドショー」が誕生した当時の経緯について、次のように述べています。

「あるアメリカ系のスポンサーが、月曜から金曜までの毎朝一時間、婦人向けの帯番組をやりたがっている。いろんな要素のはいったワイド番組で、先方は相当はっきりしたイメージを持っているらしい。その意向もくんだうえで、NETとしても、これならやれるという企画を考えてみたらどうだ」

そんな話が、亡くなられた高野副社長から、編成局の企画部へおりてきたのは、番組がスタートする昭和三十九年四月一日の十カ月もまえのことであった。

「そんな夢のような話を、本気でおっしゃってるんですか」
「企画なんていうものは、初めは夢みたいなもんだよ。それを具現化するのが、君の仕事じゃないか」（中略）
週に五時間といえば、当時のテレビとしては大番組である。それだけのスタッフを集めることは、いまある番組を制作していくだけでも足りないといわれている中で、はたして可能だろうか。スタジオが毎日確保できるだろうか。ましてや、早朝の番組である。どれだけの制作予算をさいてもらえるのか、などを考えると、できる可能性はない。
できないとわかりながらも、これは私が今までにいちばんやりたかった番組であった[7]。

当時のＮＥＴは１９５９年に開局した後発局であり、制作体制が整っていないことに対する懸念が大きかったようです。その中で、浅田が担当していた教養番組の「視聴率」が低く、スポンサーがつかない状況であり、「制作費さえかければ、視聴率の上がるものができる」と考える中で、「テレビは本来同時性という機能を持ちながらも、スポンサーにしばられて、番組編成に機動性が失われている」という不満も併せ持っていたのです。そこで、浅田は「もしこの週五時間の番組が実現すれば、これらの二つの問題は、幾分なりとも解決できる」と思い描いて、新たな番組の企画趣旨を次のように構想しました。

テレビ番組の本質とは何なのか。やがて生活は豊かになり、大衆は娯楽やレジャーをたやすく手に入れ、満喫する時代がくるであろう。そういう時代になっても、視聴者に番組のチャンネルを入れさせるだけの魅力のあるものは何であろうか。そこに残るものこそ、テレビの本質をふまえた番組ではないだろうか。
それは、作られたドラマでもなければ、映画でもない。もっとつきつめれば、フィルムで取材されたニュースでもないはずだ。
どうせやるからには、これがテレビだ、という番組を作ることだ。新しいものは、古い殻の中からは生まれてこない[8]

こうして、浅田はアメリカのNBCで放送されていた2時間のワイド帯番組『TODAY』をモチーフに、当時の早朝の時間帯を分析した上で日本流にアレンジした企画書を作り、スポンサーも快諾して『木島則夫モーニング・ショー』が成立しています。結果として、浅田の予言通りに、娯楽が多様化する現代にも残る、日本のテレビメディア特有の「ワイドショー」という番組ジャンルを創り出すことになりました。

現実的に、当時の同時間帯は「民放の火山灰地」と揶揄される低視聴率ゾーンで、『木島則夫モーニング・ショー』開始以前の同枠も1％台でしたが、番組スタート直後の「視聴率」も伸びておらず、当時の苦しい状況について、浅田は次のように回想しています。

やがて、第一週目の視聴率が出た。これまで1％台の時間帯であったとはいえ、これだけの努力をして生み出した番組である。正直に言って最低5％はほしかった。にもかかわらず、出された結果は、一日（水）3・0％、二日（木）1・9％、三日（金）1・9％というみじめな数字であった。NHKの『うたのえほん』だけが、『あかつき』〔筆者注：NHK連続テレビ小説枠の番組〕の30％近い視聴率を受けついで独走していた[9]。

しかし、その後の「視聴率」は、放送開始の1か月後に5％台、3か月後には8％台となり、更に、その年の年末から翌年3月までの月間平均視聴率が9％台から15％台に急上昇しており、朝の時間帯に『木島則夫モーニング・ショー』が定着します。

一方、『木島則夫モーニング・ショー』放送開始前年の同時間帯の総視聴率は20・2％であり、浅田も当初は「朝八時半からの一時間は、主婦にとって忙しい時間である。この時間にテレビを見られる主婦の絶対数は、どんな番組を放送しても増えないだろう。テレビが主婦の生活時間まで変える力を持っていようとは、とうてい考えられなかった」と、当時の主婦層の取り込みに限界を感じていたようです。ところが、その一年後には同時間帯の総視聴率が35・5％に急上昇しており、浅田は「この数字は、明らかに生活革命が行われたことを示していた」と意識を改め、「視聴率は、20％以上にあげられる。私の心には猛然とファイトが湧いてきた。テレビの威力をあらためて思い知らされたのである[10]」と、「視聴率」の上昇によって、制作マインドを鼓舞された様子を吐露します。

実際に、当時の民放キー局が放送していたドラマは映画と外画が主流であり、報道番組の多くが「ニュース映画の延長」と言われた中で、浅田はテレビ特有の新しいジャンルとなる画期的な番組を目指していました。具体的には、「これぞテレビ」という番組を手探りする中で、「テレビの同時性」に着目して、台本を作らない番組構成で、ハプニング続出の「スタジオ生中継」をウリにした演出方法を模索します。また、司会者にＮＨＫのアナウンサーであった木島則夫を起用し、視聴者と同じ目線に立ち「人間的な感情を自分の言葉で伝えること」を重視して、喜怒哀楽をストレートに伝えて「泣きの木島」と呼ばれ、人気を博しますが、これらの形がその後の「ワイドショー」の原型となっていくのでした[11]。

その後、編成の「送り手」から番組のプロデューサーとして制作現場の「作り手」に転身した浅田は、「モーニングショーは視聴者が育てた番組である」と明言して、その根拠となる「視聴率」を強く意識した制作方針を貫きますが、一方で次のようにも述べています。

視聴率は正直で、おもしろければ上がり、つまらなければ下がる。数字が上がっているところを研究し、視聴者に喜んでもらうことを目指した。つまり、私の夢をスタッフが映像にし、視聴者が育てあげたのが、この番組なのである。

といって、私は妥協した覚えはない。

視聴率が上がっても、これはやめたほうがいいというものは切り捨てた。ひとつは「人探し・ご対面」[12]。

ここで、浅田は「視聴率」の重要性を充分に認識した上で、他局で高視聴率を獲得していても、番組の志向に合わない内容の企画はやらないというポリシーを明示しており、目先の「視聴率」獲得よりも制作方針を優先させる、「作り手」としての「自律性」が保持されていた状況を証言します。更に、浅田は後年に『木島則夫モーニング・ショー』の制作現場の様子を振り返り、「視聴率」に対する自らの見解について、次のように答えました。

「視聴率」が高かったということは喜ばしいことであり、会社の収益も上がって評価も高まることに違いはない。これが資本主義の大原則でもある。正直なところ、それだけたくさんの人に自分が作った番組が見てもらえたということでもあり、私も「視聴率」を上げるために頑張ってきた。

しかし、そこに出された数字を、裏番組との対比でもあり、鵜呑みにして信じ込んでいた訳ではない。その中で、私がこれだけは信じられると毎日チェックしていたのが、一分刻みの「視聴率」の上下である。モーニングショーというワイド番組を担当していたからでもあるが、その推移を放送された番組進行表と照合する事で、視聴者に喜ばれる内容を知る何よりもの参考になった。「視聴率」を上げるには、その欲求に応ずればよかったので、『木島則夫モーニング・ショー』は、視聴者が育て上げてくれた番組となった[13]。

やはり、浅田は編成部門の「送り手」出身らしく、緻密に「視聴率」を分析しており、1960年代の「作り手」としては異例の、数字へのこだわりが垣間見られます。結果的には、浅田が執着した「視聴率」を確保して番組が定着すると同時に、「ワイドショー」という日本特有の新しいテレビジャンルを確立することに成功しました。

そして、この『木島則夫モーニング・ショー』に他局も追随し、翌1965年には、平日の帯番組としてNHK『スタジオ102』、フジテレビ『奥さまスタジオ・小川宏ショー』が始まり、「ワイドショー」形式の番組が朝の時間帯に増えていきます。その後、徐々にニュースショー的な『木島則夫モーニング・ショー』は、娯楽色の強い『奥さまスタジオ・小川宏ショー』に主婦層の「視聴率」を奪われ、1968年3月に番組が終了しており、「ワイドショー」は再編期を迎えます[14]。その後、1971年にTBSが3時間ワイド番組『モーニングジャンボ』を始め、放送時間に若干の違いはあるものの、平日の「朝」帯に主婦向け「ワイドショー」が民放各局に並列する状況になりました。結果として、「第二期」中盤には、民放キー局の「朝」帯にも視聴習慣が浸透しており、不毛と呼ばれていた時間帯が「視聴率」を安定して獲得できる「モーニングアワー」の時間帯に変化しています。

こうして、NETの「送り手」による『木島則夫モーニング・ショー』の帯番組による「カウンター編成」に民放他局の「送り手」が追随して、NHKの独占していた平日朝帯の勢力図を大きく変えました。結果的に、『木島則夫モーニング・ショー』が、当時の同時間帯には定着していなかった「若い主婦層」を中心とした新たな視聴者層を開拓することで、全体的な「朝」帯の「視聴率」を飛躍的に上昇させて、メディア自体の「モーニングアワー」の時間帯開発に貢献するエポックメイキングな番組となりました。

「ワイドショー～昼メロ」編成による「昼」の時間帯確立

次に、「昼」の正午から1時半くらいにかけての「アフタヌーンアワー」の時間帯が、「第二期」の前半から、民放キー局の編成部門の「送り手」が半ば一丸となって、新たな視聴者層の開拓に成功しています。その背景として、開局当初より同時間帯に番組を休止することなく、「女性向け教養番組」を中心に放送していたものの、「視聴者ニーズ」を捉えきれず、「朝」の時間帯と同様に「不毛の時間帯」と指摘される低視聴率となっていました。

この状況の中で、まず「昼」の時間帯の「視聴者ニーズ」を開拓したのが、「第一期」後半に１９６０年のフジテレビ『日日の背信』による、「昼メロ」ドラマの「カウンター編成」でした。この「昼メロ」の番組内容は、「不倫」をテーマとした作品が主流でしたが、BGMを効果的に活用して、ラブシーンでクローズアップの手法を取り入れるなど、当時の最新の演出方法が駆使されていました。また、主演女優の池内淳子は、「よろめき女優」としてスターダムにのし上がっていきますが、メイン視聴者層である主婦たちに今後のストーリー展開案をアンケート調査するなど、新たな視聴者層の獲得に向けた配慮が垣間見られます。そして、民放他局もこの番組に追随する形で、同時間帯に「昼メロ」ドラマの編成を始めており、13時台に主婦層を中心に新たな視聴習慣が定着していきました[15]。

この動向に対して、NETが１９６４年に朝の時間帯で放送を始めた『木島則夫モーニング・ショー』の高視聴率獲得に続く「二匹目のどじょう」を狙って、翌1965年に『ただいま正午・アフタヌーンショー』を、12時台の「ワイドショー」として始めました。当初は、司会にNHK出身の榎本猛を起用したものの「視聴率」が伸びず、1966年に司会者を落語家の桂小金治に替えて『桂小金治アフタヌーンショー』に番組をリニューアルします。すると、喜怒哀楽をストレートに表現する「怒りの小金治」に人気が集まり、『桂小金治アフタヌーンショー』は常に「視聴率」が10%を越える人気番組となりました。この成功により、1968年には日本テレビが青島幸男の『お昼のワイドショー』、フジテレビは前田武彦の司会で、コント55号がレギュラー出演したバラエティー色の強い『お昼のゴールデンショー』をスタートさせ、民放キー局ではTBSの『ベルトクイズQ&Q』以外は全て、12時台が「ワイドショー」編成に変わります。また、同年にはフジテレビで『3時のあなた』が始まり、「視聴率の谷間」と揶揄された15時台にも高峰三枝子など大物女優を起用した「ワイドショー」が進出して、12時台の「アフタヌーンアワー」のみならず、広く午後の時間帯が「ワイド編成」に変わり、家電製品の普及などにより、生活に余裕のできた主婦層を中心に、テレビ視聴の「時間帯」を拡大させたと指摘されています[16]。

一方で、1965年以降は13時台の「昼メロ」ドラマが再び、高視聴率を獲得しますが、これも12時台の「ワイドショー」の視聴者層を、そのまま吸収する編成戦略が功を奏したものと考えられます。その中で、特に1965年のフジテレビ『愛染かつら』は、古典的なメロドラマ演出により、主役の長内美那子が「新昼メロ女王」と呼ばれて人気を博し、最終回には「視聴率」が38・5%を記録するなど、第二次「昼メロブーム」を確立しました[17]。その後、フジテレビの13時台は「奥様劇場」というサブタイトルの「昼メロ」番組枠として編成され、ヒットドラマを量産しますが、特に1966年『月よりの使者』、1967年『異母姉妹』は、共に最高視聴率が30%を超える人気シリーズとなっています[18]。こうして、民放でも「第二期」の中盤までに「昼帯」が「F2・F3」をメイン視聴者層とする「視聴率」の計算できる時間帯となり、12時台の「ワイドショー」から、13時台の「昼メロ」ドラマへの編成が定着する中で、主婦層の視聴習慣が深く浸透していきました。

結果として、「朝」と「昼」の時間帯が、共に編成部門を中心とした「送り手」の主導により、既に形成されていた「ファミリー層」をターゲットとする「ゴールデン」帯とは異なる、「主婦層」を中心とする「セグメント編成」で視聴パターンを掘り起こすことで、「新しい時間帯」の開発に成功しております。こうして、一日の中で「視聴率」が高くなる時間帯として、朝の「モーニングアワー」、昼の「アフタヌーンアワー」、夜の「ゴールデンアワー」といった「三つの山」の時間帯を形成することで、そこに人気番組を配置する現在とほぼ同じスタイルの「編成の基本形」が「第二期」に完成しました。

「深夜帯」編成による「新しい時間帯」の開発完了

更に、この「三つの山」の時間帯の完成に続いて、１９７０年代から「送り手」が「新しい時間帯」の開発を目指して、編成戦略を駆使したのが「深夜帯」でした。当時は、１日が24時間という時間的な制約の中で、就寝時間へ近付く「深夜帯」はＨＵＴ（総視聴率）も徐々に下がる傾向にあり、午前０時前後には放送が終了していました。しかし、若年層を中心とするライフスタイルの変化により、夜型人間が増え始める中で、最後まで本格的な視聴者層の開拓が出来ていなかった「深夜帯」にも、手が付けられることになります。

まず、「第一期」終盤の１９６１年３月に、ＴＢＳが土曜の23時15分から翌０時40分までの放送枠で始めた『週末名画劇場』が、テレビメディア初の深夜放送であったとされています[19]。つまり、ビデオリサーチが「機械式視聴率調査」を始める以前より、編成部門を中心とする「送り手」主導で、「深夜帯」開発のトライアルが敢行されていたのです。

その後、「第二期」に入ると、１９６５年に日本テレビが『11ＰＭ』を23時台のベルト番組として開始しており、これが本格的な「深夜番組」の誕生となります。この『11ＰＭ』は放送作家の大橋巨泉が司会に抜擢され、帰宅後のサラリーマンをメインターゲットに、ゴルフ・釣りなどの各種レジャー情報や、ヌードも放送するお色気路線で「男性向けワイドショー」として、深夜の時間帯に新たな視聴者層の開発に成功したようです[20]。この『11ＰＭ』に対抗して、１９７１年にはＮＥＴが同時間帯に『23時ショー』をスタートさせ、深夜番組の「お色気路線」で追随しますが、「低俗番組批判」の対象にもなりました。

しかし、これらの番組が高視聴率を獲得することになり、他局もフジテレビが「プロ野球ニュース」をスタートさせるなど、続々と民放が「深夜番組」に本格的に参入していきます。こうして、「第二期」には「深夜枠」が、ある程度の「視聴率」の獲得が計算できる時間帯に変化しており、1970年代半ばまでには「放送時間拡大に関しては、フロンティアは消滅してしまった[21]」と評価され、「送り手」による編成戦略が成功しております。

その後も、詳しくは第5章で触れますが、「第三期」に昼の「アフタヌーンアワー」は、フジテレビの編成部門の「送り手」が中心となって、「若年層は存在しない」と想定されていた固定観念を破り、新たな視聴者層を開拓して、若者の生活習慣を一部で変化させています。今後は、「視聴率」を新たに上げていく方法論として、まさに「歴史に学べ」ですが、常に変化して多様化する視聴者層を見直し、現状では在宅率が低いゾーンの「潜在視聴者層」を開発する番組を編成していくことが必要になってくると想定されます。

そうすることにより、現状の「編成主導体制」の利点を生かした効果的な「カウンター編成」がメディア全体を活性化させていくことと思われます。結果として、従来の番組枠でターゲットとなっていた視聴者層に固執しない柔軟な編成方針が、番組の多様性確保にも繋がり、「若者のテレビ離れ」の現状を打破する対策としても効果的だと考えられるのです。やはり、現状で「この時間帯はおじさん、おばさんしかテレビを見ていないので、数字が取れるから、そこをターゲットに番組を作ろう」という、「視聴率」に捉われた前例主義が、「若者のテレビ離れ」を促進させているのではないでしょうか。そのようなテレビ環境の中で、目先の数字を取ることばかりを考えてしまうと、番組のマンネリ化が進みますし、「送り手」が「カウンター編成」により、何か刺激的なことを起こすことで、テレビメディア全体にワクワク感が生まれてくるものと思われるのです。

少し話が逸れてしまいましたが、結果的に、「第二期」中盤までには、「送り手」が中心となって、「視聴率」の取れていなかった時間帯に、新たな視聴者層を開拓する新ジャンルの番組を編成することで、放送適合枠を拡大していくことに成功しました。このような、「編成主導体制」が確立する以前の編成部門による、放送適合時間枠の「フロンティアを消滅」させていった歴史は、メディア全体の発展を考慮した「マクロの編成」の賜物であり、現在のマーケティング理論に基づいた「視聴率至上主義」が横行する「ミクロの編成」とは別物として、肯定的な評価ができるものと結論づけられます。

３　「テレビの黄金時代と呼ばれ・番組制作過程の変遷②」

さて、ここからは「第二期」の個々の番組を、その最高視聴率と共に概観していきたいと思いますが、この時期は「テレビの黄金時代」と一部で高く評価されており、エポックメイキングな番組を各局が量産しています。まず、２０１９年までのビデオリサーチ「全局最高視聴率ベスト10」を参照しますと、「第二期」の番組が、歴代トップに君臨する１９６３年12月31日、ＮＨＫ『第14回ＮＨＫ紅白歌合戦』（81・４％）を含めて７番組入り、「全局最高視聴率ベスト50」[22]内にも、39番組がランクインしております。また、このデータからは、「第一期」のキラーコンテンツであった、「プロレス」、「ボクシング」、「歌番組」が、引き続き高視聴率を獲得していた状況も確認されます。

例えば、「プロレス」は「第二期」の前半に「視聴率」が特に高く、力道山の他界した年の１９６３年５月24日に放送された、日本テレビ『プロレス　力道山×デストロイヤー』（64・０％）は歴代４位であり、その年のレギュラー番組の中でもトップでした。更に、力道山の死後も、１９６０年代の「プロレス」は、64年（44・２％、年間レギュラー番組第２位）、65年（51・２％、同１位）、66年（41・９％、同５位）、67年（36・９％、同４位）、68年（36・４％、同２位）、69年（36・６％、同３位）と、高視聴率をキープしています[23]。しかし、１９７０年以降は「年間レギュラー番組トップ20」から消えており、この原因として、プロレス人気の凋落と共に、土曜日20時の同じ放送枠で、詳細は後述するＴＢＳ『８時だョ！全員集合』が、裏番組として高視聴率を獲得した影響が考えられます。

次に、「ボクシング」では、ファイティング原田が「第二期」の「高視聴率男」であり、１９６６年５月31日『世界バンタム級タイトルマッチ　ファイティング原田×エデル・ジョフレ』（63・７％、歴代５位）を筆頭に、65年11月30日（60・４％、歴代８位）、67年７月４日（57・０％、歴代13位）など、「歴代トップ25」に６番組がランクインしており、いずれも50％を超える高視聴率でした。この背景として、力道山の死後にファイティング原田の世界タイトルマッチへ、「国民のナショナリズム」を刺激するイベントが移っていったという側面も考えられ、同じ傾向として、日本の戦後最大のスポーツイベントとなった東京五輪の、1964年10月23日、NHK『東京オリンピック　女子バレー・日本×ソ連』（66・8%）が歴代2位を記録しています[24]。

そして、「歌番組」は現在も国民的番組の地位を保っている『NHK紅白歌合戦』が、「第二期」中は最低でも1969年の69・7%で、その他は全回70%以上を獲得しており、80%以上を3回も叩き出すなど、驚異的な高視聴率を記録し続けました。また、この時期は「歌謡曲の全盛期」と一部で指摘されており、人気音楽番組が数多く誕生しています。その中で、1968年にスタートしたフジテレビ『夜のヒットスタジオ』（42・2%、1969年・年間レギュラー番組第1位）は、緻密な「カット割り」に固執しながらも、生放送特有のハプニング的なバラエティー感覚の演出方法により、常に高視聴率を獲得していました。

その他の「第二期」の「歌番組」としては、ものまね番組の先駆けとなった、NET『スターものまね大合戦』（34・1%、1972年・年間レギュラー番組第4位）、萩本欽一の司会で著名人とその家族が出演した、フジテレビ『オールスター家族対抗歌合戦』（28・0%、1976年同15位）、後に『ザ・トップテン』から『速報！歌の大辞テン』へと続く、日本テレビ『紅白歌のベストテン』（28・3%、1973年同12位）、タレントスカウト番組として多数のスターを輩出した、日本テレビ『スター誕生！』（21・4%、1973年）などが代表的です[25]。そして、「第二期」後半の1978年に、当時としては画期的な本格的ランキング番組のTBS『ザ・ベストテン』（41・9%、1981年・年間レギュラー番組第2位）が始まりますが、番組制作過程などは後ほど詳しく見ていきたいと思います。

その後は、音楽シーンの多様化などにより大ヒット曲の出現が難しくなりますが、「第二期」は歌謡曲全盛期の時代を背景に、「歌番組」は高視聴率を獲得できるジャンルとして、ほぼ毎日どこかの局でレギュラー番組が放送されていました。その中で、歌のカット割りや美術セットに固執する「作り手」が育っていき、「日本歌謡大賞」が民放キー局持ち回りで放送されるなど、幅広く「歌番組」が活用されていたようです。

「ドラマのTBS」確立と各サブジャンルの完成

まず、「第二期」のTBSで、局イメージと「視聴率」の両面を支えたジャンルが、「ドラマ」であったと言えます。当時は「ホームドラマ」全盛期であり、1970年には「ドラマ」の放送時間が1日総計で約9時間に上り、番組ジャンル別でもトップとなっています[26]。この「ホームドラマ」の草分けとなったのが、江利チエミが庶民的な嫁役を演じて人気を博した『咲子さんちょっと』(37・7%、1963年・年間レギュラー番組第18位)で、当時のTBSは「お茶の間ドラマ」路線で高視聴率のホームドラマを量産していました。それらは、『七人の孫』(33・3%、1965年同14位)、『ただいま11人』(38・4%、1965年同6位)に継承され、その後は、共にシリーズ化されて「長寿ドラマ」となる、京塚昌子主演の『肝っ玉かあさん』(36・4%、1969年同4位)、森光子主演の『時間ですよ』(36・2%、1970年同5位)、更に、水前寺清子・山岡久乃の『ありがとう』(56・3%、1972年同1位)で、TBSの「ホームドラマ」全盛期を確立します。この種の大家族的な「ホームドラマ」はTBSの「お家芸」と呼ばれ、その後も『渡る世間は鬼ばかり』により、高視聴率の長寿番組として2011年までシリーズが続きましたが、現在はスペシャルドラマとして放送されています。

この当時、「ホームドラマ」以外でもTBSのドラマは他局を圧倒しており、60年代後半は「勧善懲悪」もので『ザ・ガードマン』(40・5%、1967年同2位)、「特撮ヒーロー」もので『ウルトラマン』(42・8%、1967年同1位)、一連の山口百恵主演による「赤いシリーズ」で『赤い激流』(37・2%、1977年同3位)、3年連続でレギュラー番組の視聴率トップに君臨した「時代劇」の『水戸黄門』(43・7%、1979年同1位)、シリーズ化されて「学園ドラマ」の金字塔と言われる『3年B組金八先生』(39・9%、1980年同3位)など、各ドラマのサブジャンルで万遍なく強力な番組が君臨していました[27]。

更に、単発ドラマでも1977年8月29日に民放初の3時間ドラマとなった『海は甦える』(28・5%)、翌年の第二弾となった『風が燃えた』(34・4%)が高視聴率を獲得しており、「長時間スペシャルドラマ」を定着させる契機となりました[28]。特に、『海は甦える』は「ドラマのTBS」の地位を確立したと一部で言われる作品ですが、企画段階から制作会社のテレビマンユニオン主導による成立過程も、次のように高く評価されています。

この番組の放送史的意義は、それまでの常識を破る一挙三時間という画期的な編成という点だけではなく、テレビ局の下請け的地位に甘んじてきた番組制作会社が、自主企画・制作、セールスしてテレビ局に持ち込んだ番組であること、日立製作所が企業イメージ・アップを狙って単独提供したことにもある。とくにこの番組の成功（ニールセン調べで29・3％の視聴率を記録）は、番組制作会社の実力をアピールし、テレビ局の番組活動における番組制作会社の比重を高める効果をもたらした[29]。

このテレビマンユニオンは、元々ＴＢＳの社員が独立して立ち上げた、制作会社の草分け的な存在ですが、オリジナル企画の『海は甦える』を、一社提供枠のスキームで質の高い番組として成立させ、全体的な制作会社の地位向上にも繋がったと言えるでしょう。

一方、「第二期」のＴＢＳ以外の局によるエポックメイキングなドラマとしては、まず、ＮＨＫが１９６３年に『花の生涯』（32・３％）を「大河ドラマ」枠で始めており、翌１９６４年には『赤穂浪士』（53・０％、１９６４年・年間レギュラー番組第1位）が高視聴率を獲得し、現在まで人気シリーズが継続されています。また、ＮＥＴ（現テレビ朝日）は、１０００万円懸賞小説を番組化して「シリアスメロドラマ」と呼ばれた『氷点』（42・７％、１９６６年同4位）を22時台に編成して、新たな視聴者層の開拓に成功しました。その後も、ＮＥＴでは22時台に人気ドラマを編成しており、１９７７年に『土曜ワイド劇場』（初回、16・５％）を21時からレギュラー番組の「2時間ドラマ」としてスタートさせています。こうして、１９７０年代後半には、単発ドラマの大型化が始まり、「推理ミステリー」を中心に、２時間ドラマ枠が民放各局に広がっていったようです[30]。

その他、日本テレビでは１９７２年にスタートして、石原裕次郎と若手俳優を中心とする群像劇「刑事ドラマ」の『太陽にほえろ！』（40・0％、1979年同率4位）、水谷豊主演の「学園ドラマ」で『熱中時代』（40・0％、1979年同率4位）が高視聴率を記録しました。一方、フジテレビは「第二期」のドラマは全般的に低調でしたが、その中で、「ニュー時代劇」と呼ばれた『木枯らし紋次郎』（32・5％、1972年同7位）、山崎豊子の原作で大学病院の裏側を扱った「医療ドラマ」の『白い巨塔』（31・4％、1979年同15位）が異彩を放ちました[31]。この『白い巨塔』は、ドラマ制作現場の効率化による分業体制が進行して、劇中音楽もオリジナル音源ではなく、従来の音楽家が作ってきた楽曲を各場面にあてこむ選曲家が担当する時代に突入する中で、渡辺岳夫が音楽監督として毎回のスタジオ録音で新譜を挿入しており、タイトルバックの回診シーンなどのBGMが高く評価されています[32]。

このように、「第二期」にはドラマのサブジャンルがほぼ完成しておりますが、対照的に、大量に輸入されて「第一期」には高視聴率を獲得したハリウッド製の「外画」が、徐々に消滅していきました。実際に、1963年のTBS『ベンケーシー』（50・6％、1963年同2位）を最後に、年間レギュラー番組の視聴率トップ10に入る「外画」は無くなります。一方で、1972年には劇場用洋画の番組枠が民放キー局の21時台に並ぶようになり、1973年のTBS『猿の惑星』（37・1％）、1981年の日本テレビ『JAWS・ジョーズ』（37・7％）などが高視聴率を獲得しており、これらハリウッド製の劇場版映画が、「外画」に代わり「ロードショー番組」として人気を博しました。

では、ここから「第一期」より変貌を遂げた「第二期」のドラマの制作現場における、「送り手」と「作り手」の関係や、「視聴率」の影響について検証していきたいと思います。まず、1958年の関西テレビ開局時に入社して、人気ドラマ『どてらい男』などを担当した山像信夫が、当時の制作過程の状況について、次のように回想しています。

1970年代から既に「視聴率」に関して、テレビ局間の競争がゴールデン帯では激化しており、『どてらい男』（1975年・18・8％、関西では31・2％）も日曜日21時枠で、裏番組にTBSの高視聴率番組『東芝日曜劇場』があったため、それに競合しない層を狙って企画した番組であった。担当プロデューサーとして、社会性の強い「文芸作品」を制作したかった面もあったが、結果として裏番組のターゲットを外して、50歳以上の高齢者層を狙った「こてこての根性モノ」のドラマを制作することとなった。

この背景には「やるからには当たるものをやろう」という、『どてらい男』の脚本を書いた花登筐の影響もあった。当時の花登は、NHK連続テレビ小説『鮎のうた』を担当するなど、「浪速ど根性」路線で高視聴率を取り続けた成功体験があり、自らの創作意欲を犠牲にしてまでも「割り切って数字を獲りにいく」スタイルの脚本家として成功していた。そのため、花登は「視聴率」からずっとプレッシャーを受けていたようだが、私に対しては「ドラマをやるならば心の方に行け」と、対照的に自らの表現したい内容を制作する姿勢を勧めてくれていた。

やはり、当時のTBSは「視聴率」をあまり意識せず、ドラマの本質で勝負しており、私自身もそこに対抗する気持ちは強かったし、編成からの数字のプレッシャーも当時はまだそこまで強くはなかったと思う[33]。

その後、1978年に関西テレビを退社した山像は制作会社ロマン舎を立ち上げて、ドラマを手掛ける一方で、舞台制作にも進出して、妻で女優の野川由美子を主演に起用した自主公演を毎年上演するなど、「作り手」として精力的な活動を続けますが、自らの「視聴率観」について、次のように明示します。

『どてらい男』は常に高視聴率を維持していたためか、「視聴率」に対してプレッシャーは感じなかった。いくら高視聴率を獲っていたとはいえ、「てごたえのない気持ち悪い数字」で、舞台演出での「観客の生きた反応」に比べ、喜びも怖さも感じなかった[34]。

これらの証言から、「第二期」の時点で既に視聴ターゲット層を意識して、「視聴率」を計算して取りにいく脚本家が実在したようですが、ドラマ制作現場の「作り手」に関しては、現在と比較すると「視聴率」の影響が強く及んでいなかった様子が伺えます。

この「第二期」の「視聴率」に対するドラマの「作り手」の考え方は、民放他局も似た部分があり、日本テレビでドラマ制作を担当した後、１９７２年に退社して、ミュージカル『ショーガール』などを演出した福田陽一郎は、次のように当時の状況を回想します。

私も「テレビ論」の原稿を書いた事があるが、当時からテレビは「テレビドラマ」が主流とは考えていなかった。強いて言うなら「テレビは円である」というのが持論だった。色々なジャンル、報道・ドキュメント・スポーツ・ドラマ・音楽ショー・バラエティが、比率は異なっても、円になる編成が、視聴者には必要と思っていた。

視聴率もこの頃［筆者注：１９６７年］から、スポンサーが経済的効率を優先に考え出したのだろうが、初めは局員の間でも、

「誰か知り合いにいるか、視聴率の機械が付けられた家庭が？」
「誰もいないぞ、何台あるんだ、この機械は」
「関東一帯で三百から四百台だってさ」
「なんだよ、そんなものか」

といった会話が飛び交っていた。現在［筆者注：２００８年］、視聴率の数字がテレビ局で神格化され絶対視されていることを思うと、まさに今昔の感がある。とはいえ、私たちの時代でも、その両方の経験をしているからわかるが、高視聴率を取れば肩で風切って歩けるし、その反対だと肩身が狭い、という状態は確かにあった。テレビが「ＣＭ・タレントメディア」になった今の現実では、数字の意味はさらに絶大だろう。その代わりに、誰も「テレビ論」などは書かなくなったし、必要とされなくなった[35]。

この福田の「視聴率観」からは、「第二期」の「作り手」が「視聴率」の影響を、ある程度は受けていた状況が読み取れますが、現在と比較すると、その度合いは明らかに希薄であり、どの民放キー局も編成を中心とする「送り手」からのプレッシャーが相対的に弱かったと考えられます。しかし、徐々に「視聴率」が番組制作過程への影響力を強くしていき、

その後は、「作り手」がテレビメディアの全体像について考える余裕も無くなっていく様子が感じられます。

「数字は後からついてくる」・王道を行くバラエティー

この当時は、紙媒体から「娯楽メディア」と指摘され、テレビの王道的ジャンルであった「バラエティー」番組ですが、「第二期」には「テレビの娯楽性を拡張させた」と評価されるエポックメイキングな番組が多数あり、その中で「作り手」による独自の演出方法が数多く誕生しています。まず、「第一期」晩年の1961年に始まった、日本テレビ『シャボン玉ホリデー』（1963年、27・3％）が、歌やダンスとコントを組み合わせて演出された、後世に残る「音楽バラエティー」番組として成立しており、高視聴率を獲得します。この番組を手掛けた井原高忠プロデューサーは、学生時代に進駐軍で演奏するバンドマンでしたが、日本テレビの新卒採用第一期として入社し、その後は渡米してNBCの番組制作に参加するなど、アメリカのテレビメディア事情にも精通する「作り手」でした。当時の状況について、井原は「今みたいに視聴率、視聴率って騒ぎがなかった。視聴率なんて気にする人がいなくて、少なくとも話題性があると許された」と回想する一方で、アメリカの制作現場と比較して、次のように述べています。

アメリカの場合は、放送局は文字通り放送するだけで、番組は外部のプロダクションで作る。こうなると、プロダクションてのは、シビアなものですよ。まず、才能のない人は呼んでこない。（中略）だから、ほんとに戦争ですね。日本では視聴率の良し悪しで得意顔で上むいたり、はずかしくて下むいたりするけれども、それはいわば、精神的なものであって、成績が悪いからといって首になる話じゃない。せいぜい配置転換ぐらいのもんだからね。当然、覚悟のほども違いますな[36]。

ここでも、「第二期」の時点で「視聴率」が「作り手」に及ぼす過大な影響力が否定されており、むしろ井原は、低視聴率を取っても「不向きな人が淘汰されない」、緩いシステムに浸かっていた日本の制作現場の状況を憂いていました。

そして、１９７５年まではＴＢＳ系列であった朝日放送の『てなもんや三度笠』（１９６６年、42・9％、関西は64・8％）が、「第一期」最終年の１９６２年に「大阪発の公開コメディー」として始まり、１９６８年まで続き、平均視聴率26・6％（関西は37・5％）を記録します。この『てなもんや三度笠』は、ラジオ番組出身の澤田隆治が演出を担当しましたが、ミスが許されない公開生放送であり、入念なリハーサルを必要とする、完成度の高い番組であったと評価されています。実際に、澤田は新たな「テレビ的表現」を模索する中で、「多いカット数」、「流行語作り（財津一郎のチョーダイッ、キビシーッなど）」、「冒頭での生ＣＭ処理（前田のクラッカー）」などの「高視聴率」に直結する演出方法を導入しましたが、当時の状況について次のように回想します。

ビデオで見ると、ＮＨＫ『お笑い三人組』が三十分で60カットくらい。ところが『てなもんや』は倍の１２０カットある。それだけ細かく刻んでセリフセリフをアップでとらえると、非常にテンポがいい。役者も喜ぶしね。『てなもんや』はドラマじゃなくてギャグなんだから、カット割りとアップを重ねて、テレビの絵作りをする。しかし、それにはキッチリとリハーサルし、すべての段取りを決めておかないと。（中略）

ハッキリいってテレビというのは昔はキツかった。今は便利になったし予算もある。だが、作り手のエネルギーは初期の方が大きく、情熱や志があったと思う。最近は同じバラエティーでも勉強不足でアイデア不足。もっと考えたら、と思いますね。（中略）

テレビは所詮は『絵』で、画面にエネルギーが満ちあふれているかどうか。ヒットさせるには、そのエネルギーを大きくするしかない。（中略）

クリエーターが立ち止まったら、ヒットなんか出ませんよ。チャレンジを続けるしかない。最近は頭のいいヤツがテレビ局に入るようだが、実践しない官僚タイプがプロデューサーとしてさまざまな人や会社をコントロールするだけという例が、増えてきているのではないか。理屈や調査ではエネルギーに満ちた番組はできない[37]

ここで澤田は、暗に、現在の編成主導体制の中で「視聴率」に拘泥してエリート集団化する制作現場を批判しており、その克服方法を「作り手」のチャレンジによる「エネルギーの最大化」と主張しました。更に、10年後のインタビューで澤田は、改めて「視聴率」について、制作現場の「作り手」としての見解を、次のように述べています。

番組を楽しみながら作れるようになったのは『てなもんや三度笠』からです。関東、関西ともに高視聴率でしたから。裏番組の担当者は大変だったと思います。でも、実は僕も大変だった。視聴率１００％男と言われて、以後、他局の強い時間帯しかやらされないことになった。（中略）テレビはもう10％が精いっぱいというのはうそで、平均的に同じようなものばかりつくっているからです。違うもの、とんでもなく面白いものをつくれば見ますよ。（中略）映画を見習って、テレビも見せる努力をしなくてはいけない。視聴率を取れているいい番組を、ベスト20でなく別の物差しで測って、こんなに見られているという発表をするシステムをつくってほしい。それがクリエーターを励まし、テレビを救うことになるのではないでしょうか[38]。

このコメントから、澤田が初期の「視聴率男」として、「視聴率」に対する悲喜こもごも複雑な印象を持っていた様子が伺えます。やはり、他の「第二期」の「作り手」と比較しても、澤田の「視聴率」に対する意識は高く、制作現場で「作り手」の励みになるプラスの部分を強調すると同時に、数字を上げるためのポリシーも明示していました。

この澤田による演出の方法論が、当時は朝日放送と系列局であったTBSで１９６９年に開始された『8時だョ！全員集合』（１９７３年、50・5％、）にも継承されているようにも思えます。具体的には、『8時だョ！全員集合』の番組構成が、冒頭のコント直後に、ゲストの歌を入れる複雑な作りになっており、『てなもんや三度笠』と同様に綿密なリハーサルが不可欠な、徹底的に計算された演出による公開生放送で放送されていました。

そもそも、『8時だョ!全員集合』の開始当時は、裏番組の日本テレビ『プロレス中継』が高視聴率であり、枠状況の厳しい土曜20時枠に「カウンター編成」されたものでした。それ以来、PTAから常に批判を受けながらも、「ちょっとだけよ」、「カラスの勝手でしょ」など数々の流行語を生み出し、子供を中心に広いファミリー層へ定着しました[39]。また、美術セットも、大掛かりで斬新なものでしたが、美術担当としてバラエティー番組初の伊藤熹朔賞を受賞したTBSの山田満郎は、次のように当時の様子について述べています。

> セットを作る作業は多忙を極めたが、「TBSの美術に不可能はない」をモットーに台本作りから参加して、制作からのどんな注文もだいたい引き受けた。中には、本物の車を家の二階に突っ込ませるという、リスクを伴う大変なものもあったが、リハーサルを重ねて本番もなんとか乗り切れたし、大きな反響もあった。
> ただ、「視聴率」は意識せず、後から付いてきたものであり、劇場や公会堂に来ている観客が笑うかどうかを一番気にしていた。目の前のお客さんが笑わなければ、テレビの前の視聴者も笑わないと思ったからである[40]。

ここで山田は、「視聴率」よりも収録現場の生の反応を重視する姿勢を証言していますが、当時のTBSの「作り手」には「視聴率は後からついてきた」という意識が共通して見受けられます。結果的に、『8時だョ!全員集合』はレギュラー番組の年間最高視聴率を4回も獲得して、「お化け番組」と呼ばれるなど、「第二期」のTBSが制作したエポックメイキングな番組の代表格となりました。

加えて、「第二期」のTBSは個性的な司会者を起用した「クイズ」番組も人気があり、大橋巨泉の『お笑い頭の体操』(30・9%、1971年・年間レギュラー番組10位)、大橋巨泉の『クイズダービー』(40・8%、1979年同3位)、久米宏の『ぴったしカン・カン』(37・6%、1979年同8位)、関口宏の『クイズ100人に聞きました』(30・7%、1979年同17位)などが、常に高視聴率を獲得していました[41]。

更に、「歌番組」では1978年に『ザ・ベストテン』(41・9%、1981年・年間レギュラー番組第2位)が始まっており、黒柳徹子と久米宏が司会の生放送として、人気番組になります。この『ザ・ベストテン』は、スタジオ生出演が難しいケースでも、情報性を加味して、ランクインしていれば番組内で紹介することに拘り、地方からゲストを生中継で放送するなど、当時としては画期的な手法が駆使されていました。その演出方針の根幹について、当時の担当者は、以前の「歌番組」には無い、順位に固執する「ランキングの公正さ」を番組の生命線として、「ドキュメンタリー性を重視していた」と証言します[42]。

しかし、当時の中島みゆきや井上陽水などのニューミュージック系の人気歌手は、テレビにほとんど出演しておらず、ベストテンにランクインしても、彼らが出演拒否すれば番組が成立しなくなる危険性も考えられました。番組企画段階からディレクターとして参加し、終了時にはプロデューサーとなる山田修爾は、「日本におけるテレビ音楽史の中で、本格的に曲のランキングによって出演者を決定するスタイルは、TBSの『ザ・ベストテン』が最初だ」と述べ、困難を極めた企画決定過程についても、次のように証言します。

企画会議ではさまざまな企画案が出たが、最終的に、音楽番組のコンセプトで意見が真っ二つに分かれた。

キャスティング方式かランキング形式か……。

前者はおおむねベテランスタッフが主張し、後者は若手社員が後押しした。

私は、ランキング方式支持派だった。キャスティング方式による音楽番組の魅力も認めるが、視聴者の声をストレートに反映させていないと思っていたからだ。(中略)

両派双方がなかなか自説を曲げずに妥協点が見出せないまま時間が過ぎた。その紛糾を収めたのが新しく制作局長に就任した中村紀一氏だった。(中略)

スタッフたちが事情を説明する。それを聞き終えた中村局長は、

「これからは若い世代に任せたほうがいいだろう」

と判断を下した。ツルのひと声だった[43]。

つまり、『ザ・ベストテン』の成立過程で、編成の「送り手」が介在することなく、「作り手」内部の判断により、「第二期」のＴＢＳでは、過去にない斬新な音楽情報番組の企画内容が決定されていたのです。その後、『ザ・ベストテン』は長年に及ぶ高視聴率番組となりますが、山田は番組の成功した原因について、次のように分析します。

『ザ・ベストテン』が高い視聴率を保ち、12年間にわたって継続できた理由を、私が整理できるようになったのは、番組開始から5～6年経った時だ。

私なりに『ザ・ベストテン』を総括すれば、「三位一体の番組制作」が功を奏した、と考えている。

見る側（視聴者）、出る側（出演者）、作る側（制作者）の三者が、それぞれの立場で「番組を面白くしよう」と情熱を傾けた結果、それが相乗効果となって人気番組に成長させた[44]。

この発言からも、番組開始後も編成部門の「送り手」が介在せず、制作現場が「受け手」の意をくみ、出演者を含めた広義の「作り手」が切磋琢磨して基本構造を築いていった様子が伺えます。試行錯誤の末に、先例のない「歌番組」として、『ザ・ベストテン』が高視聴率を獲得し、日本初の本格的な音楽ランキング番組が定着したのです。

一方、ＴＢＳ以外の民放キー局では、日本テレビのバラエティー番組が、少し違ったスタイルで気を吐いていたようです。具体的には、『8時だョ！全員集合』が始まった１９６９年に、『ＮＨＫ大河ドラマ』と同じ日曜20時の放送枠で、野球拳などのお色気路線がＰＴＡから問題視された『コント55号の裏番組をブッ飛ばせ！』（33・8％、１９６９年同6位）、前衛的なコントが人気を博した『巨泉×前武ゲバゲバ90分！』（26・2％）などをスタートさせています。その他にも、日本テレビは「第一期」に大宅壮一から「一億総白痴化」と批判された『何でもやりまショー』の流れをくむ「視聴者参加にについて次のように語ります。

型バラエティー」がお家芸となり、娯楽色の強い高視聴率番組を量産しました。その中で、『コント55号の裏番組をブッ飛ばせ!』、林家三平の『歌って踊って大合戦』(31・0%、1965年同18位)などを担当して、低迷する放送枠をテコ入れする「ピンチの時の救済者」と呼ばれた、日本テレビの細野邦彦プロデューサーは、当時のバラエティー番組の状況について次のように語ります。

ヒット作を何本も作る僕のことを「テレビ界の商売人」っていう人がいるけど、趣味でやっていたんじゃないからね。視聴率を取る番組作りが仕事だから。そういう揶揄はヒット作を作れない人がするんだろうな。

あるいは『裏番組をブッ飛ばせ!』で野球拳をやって女の子が服を脱ぐなんてことをやってたことに対して、いわゆる良識派の人たちから「低俗だ」と批判された。だけど、そういう人たちは何が良識で、何が低俗なのか示しもしないで言ってきたわけだ。報道番組があって、ドラマがあって、その中で僕は正直望んでいたわけではなかったけど、娯楽番組担当になったわけだから、多くの人に楽しんでもらえる番組を届けることに邁進するのが務めなんだ。そういう意味では、「低俗」批判で反省することは一度もなかった。だって、娯楽は、一種の不良性をともなうものだと思う[45]。

実際に、細野は多くの高視聴率番組を生み出しており、それらは放送コードのギリギリの所で勝負する、ある種の「ゲリラ精神」から企画されたものが多く、「低俗番組リスト」の常連として批判されながらも、後に「テレビ娯楽のひとつの形を示した」と評価されました。更に、細野は当時と現在の制作現場を比較して、このような指摘を投げ掛けます。

テレビ局の人間っていうのは、サラリーマンなんです。そんな中でヒット作を作るというのは本当に難しい。ホームランを打つときもあれば三振もある。悲しいことに、一度三振したときにつぶされちゃう。だからホームランバッターがなかなか出てこない。

テレビ局も管理体制がしっかりしてきたがため、お役所的になってきてしまった。それでどれも横並びで面白い番組がなくなっちゃったよ。タレント中心の番組ばかりになってしまった。

企画に関しても説明がうまくいかないと通りにくい時代になっている。有名タレントの誰々が出るという説明のほうがイメージしやすくて企画が通りやすいから、どこの局を見ても同じようなタレントが出てる番組ばかり。視聴率に関してもタレントでもってる番組ばかりで、演出家・プロデューサーの力で成り立っている番組がなくなった。

それとテレビ局が制作費をどんどん削減の方向に向かっていて、文化的な人間を育てようという気概がなく安っぽい人間ばかり生み出している。そういう意味でテレビ文化そのものが崩壊してきているね。むかしは不良番組であっても、ひとつのカルチャーだったわけで、カッコいい番組が多かったよ。粋な人間も減ったなあ[46]。

ここで細野は、企画本位で「作り手」が斬新な番組に挑戦していた時代を肯定的に振り返りますが、この主張は単にノスタルジーに耽っているだけではなく、現在の「編成主導体制」の中で、テレビメディアが抱えている大きな問題を言い当てているような気がします。

続きまして、「第二期」のフジテレビのバラエティー番組では、『万国びっくりショー』（35・0％、1967年同12位）、萩本欽一の『欽ちゃんのドンとやってみよう！』（31・1％、1976年同8位）など、日本テレビと同様に、視聴者参加型の番組が人気を博しました[47]。その中で、1959年の開局初日から放送され、有名人のインタビュー形式で、人気番組となった『スター千一夜』（45・9％、1966年同2位・ゲスト王貞治夫妻）が、芸能情報を扱う朝のワイドショーの出現により、差別化が難しくなり「視聴率」が低迷して、「第二期」最終年の1981年に終了します。結果的に、この長寿番組の打ち切りが、「第三期」のフジテレビ躍進に大きく貢献することにもなりますが、詳細は後ほどじっくりと見ていきます。

一方、NET（現テレビ朝日）は、「第二期」を代表するバラエティー番組として、1976年に『欽ちゃんのどこまでやるの！』（42・0％、1983年）を始めており、お笑い番組に一般視聴者や女優を出演させ、後の「ドキュメントバラエティ」の発端となる演出方法を取り入れて、高視聴率を獲得しました。この番組のプロデューサーでテレビ朝日の皇達也（すめらぎたつや）は、当時の制作現場の様子について、次のように回想します。

萩本が浅草で修行をしている時代から目をつけており、長いスパンで戦略的なキャスティングを行ったが、彼は時代の空気を読む天才であった。番組開始当時の萩本は、「コント55号」から独立して、既に人気テレビタレントとなっていたが、スタジオ収録であっても生の感覚を大事にしており、ADに本番前の秒読みすらさせなかった。やはり、芸人として舞台の感性が、テレビに活躍の場を移してからも、萩本に深く残っていた。

演出的には、コントの合間にブリッジで素人に近かった女優の真屋順子などを交えた「夫婦コーナー」を入れたが、ここが「視聴率」を取るので、徐々に番組のメインとなっていった。茶の間のシーンに「テレビ受像機」を入れ込んだ演出はテレビ業界初の試みであったが、そこにコントを入れたのが好評で、裏番組でドラマを放送していたTBSの久世光彦プロデューサーが番組連動の話を持ちかけてきた。少し考えたが、こちらの方が「視聴率」が良かったので、もちろん断った。

やはり、「視聴率」の高い番組が良い番組であり、「作り手」はそこの部分で言い訳をしてはいけない。しかし、だからといって「パクリ」などは禁じ手であり、もっと言えば、『欽ちゃんのどこまでやるの！』もそうであるが、私は他人の作った番組は一度も担当したことがなく、すべて自分が創った企画を通して放送してきた[48]。

この皇の主張は、「第二期」のTBSの「作り手」とは対照的に「視聴率」を強く意識したものでしたが、人気タレントに頼りながらも、根幹部分はオリジナル企画で勝負する、「作り手」としての矜持が明示されています。

その他の番組ジャンルでは、１９６３年に初の国産テレビアニメーション番組となった、フジテレビ『鉄腕アトム』（40・3％、１９６４年・年間レギュラー番組６位）が始まっており、「アニメ」の基礎を作りました。その後も、ＴＢＳ

『オバケのQ太郎』（36・7％、1966年同9位）、野球スポ根アニメの日本テレビ『巨人の星』（36・7％、1970年同4位）、日曜名作アニメ劇場枠のフジテレビ『フランダースの犬』（30・1％、1975年同10位）、1969年のスタート以来現在も続くフジテレビの国民的アニメ『サザエさん』（39・2％、1978年同2位）などが、「第二期」の代表的なアニメ番組です[49]。

一方で、「報道番組」としては、初代キャスターに田英夫（でんひでお）を共同通信社から迎えて「民放初の本格的スタジオニュース番組」と評価された、TBSの『JNNニュースコープ』（24・8％、1979年）が「第二期」の民放では唯一の高視聴率ニュース番組となり、「報道のTBS」を象徴していました。また、NHKも1974年にはバラエティーやドラマの時間帯であった21時台に、磯村尚徳（いそむらひさのり）をキャスターに起用した『ニュースセンター9時』（26・2％、1974年）をスタートさせて、「NC9」と呼ばれる人気番組となりました。この『ニュースセンター9時』は、国際ニュースなどの難しい内容でも分かりやすく映像化して放送するなど、「斬新な手法と親しみやすさ」で主婦層を新たなニュースの視聴者層として開拓することに成功しており、一部で「報道番組のショー化」と揶揄されましたが、「第三期」以降の民放のプライム帯のニュース編成にも少なからず影響を与えています[50]。

「志、放送文化、個性、対話、魂、自由」をキーワードに

このように、「第二期」は「ドラマ」、「報道」、「バラエティー」の全ジャンルでバランス良く高視聴率を獲得していたTBSが、他局を圧倒する「視聴率トップ局」として君臨しておりました。しかし、当時のTBSの「送り手」の「視聴率」に対する意識は現在と比較すると弱く、堅い内容の番組と娯楽性を重視したバラエティー番組が万遍なく編成されていたようです。やはり、「第二期」のTBSでは、「視聴率」を精査して特定の視聴者層に絞る「ターゲット編成」は採用されておらず、ファミリー層を中心とした「お茶の間ターゲット」程度の、大雑把な編成戦略しか見受けられません。実際に、「第二期」のTBS編成部で「視聴率」と向き合っていた田原茂行は、当時の状況を次のように述べています。

この時期［筆者注：１９６３年］にＴＢＳの決めた対策は、社内制作力と外部の制作力の開発を重ねながら、番組制作の規模を大きく変えていく総合的な計画であった。現場では若い演出者が育てられ、編成表に盛り込めないほど豊富な企画が生まれた。そしてＴＢＳが視聴率首位を獲得し、これを長く保持する体制が生まれた。この体制は、トップの指示だけで生まれたものではなく、若いミドルマネージメントを軸とする、トップと現場の一体感によって支えられたものだった。（中略）

ＮＨＫの受信契約は、昭和三十七年末の１２００万台から、昭和三十八年末には１５００万台に伸びた。日本テレビは、野球とプロレスと多数の公開番組で高視聴率をとり、フジテレビを含む三社が競り合った時期もあったが、結局ＴＢＳは他社を引き離し、二十年にわたるＴＢＳ首位独走の時代になる。

この時期［筆者注：１９６３年］の各局のテレビ編成には、熱いつむじ風のようなエネルギーが渦巻いていたが、それは必ずしも視聴率競争のためばかりではなかった。編成も制作も、テレビで何がどこまでやれるのかをお手本なしに手探りで探す必要があった[51]。

ここで田原は、「第二期」初頭のＴＢＳでは、編成部門の「送り手」が経営者と制作現場の間に入って、制作方針の大枠は設定するものの、「作り手」を細かく制約しない関係性であった状況を示唆します。更に、田原は当時の時代背景を説明すると同時に、「第二期」の「送り手」と「作り手」の双方に「視聴率」の影響が深く及んでいなかった実態を証言しました。

加えて、根本的なＴＢＳの局風土として、「最大の放送局より、最良の放送局たれ」とする信条があり、この姿勢は「第三期」以降も続いており、「何でもやって20％取るよりは、ウチらしさで18％取ればいい[52]」と編成部長が明言します。この姿勢は制作現場にも十分に伝わっており、番組出演者から、ＴＢＳは「伝統的に〝作り手〟の〝見せたいもの〟への比重を重視していた」と指摘されます[53]。また、１９８７年にＴＢＳとフジテレビの間に生じた「視聴質論争」の際には、ＴＢ

Sの幹部が「視聴率だけを追うのではなく、ドラマもバラエティーも〝質〟を追求していく事が何よりも重要[54]」と、公言していました。

少なくとも、1990年代までのTBSは、民放キー局の中でも比較的に視聴率競争に関心が低いテレビ局であったと認識され、「視聴率」獲得に向けて有利な組織体制と想定される「編成主導体制」を導入せず、「志、放送文化、個性、対話、魂、自由」をキーワードに、「数字以外の価値も重視してきた[55]」と一部で評価されます。しかし、「第二期」以降のTBSは、栄光の60、70年代に固執することで組織が硬直化していき、競争意識が希薄なまま、長期にわたる低迷期に陥ってしまった部分も否定できません。

いずれにせよ、「第二期」のTBSの「作り手」が編成部門の「送り手」から独立して、自由な制作体制を確保できていたことは明らかなようです。やはり、制作現場のプライオリティーは「自らの表現したいもの」であり、「視聴率」に対して、編成部門の「送り手」も「ファミリー層」の獲得を意識してはいたものの、制作現場に深く介入していなかったと考えられます。実際に、「第二期」のTBSで「作り手」として、ドラマを中心に多数のヒット番組を生み出した今野勉は、当時の制作ポリシーについて次のように証言します。

「視聴率」を気にして番組を撮ったことはない。例えば、『七人の刑事』を制作した際も、当時のテレビドラマでは異端とされた手法ではあったが、まず学生たちが番組を見るようになり、新しい視聴者層が後から付いてきた。この姿勢は、TBSを退社してテレビマンユニオンで制作会社の立場として番組を撮る際にも変わらず、『遠くへ行きたい』を制作した時は、旅をどう表現すれば良いか熟考して同録スタイルを採用したが、結果的に、この手法が数字に繋がった。

また、民放初の3時間ドラマとなった『海は甦える』は「日本の近代化に伴う家族像」を捉えることがテーマであり、正直に言って、当初は「視聴率」が獲れるとは思っていなかった。主役の山本権兵衛を人間として、どう面白く描けるかで苦心したし、人間に対する興味を最優先させたが、革命的な30％に近い視聴率が獲れて、以後、テレビメディアに3時間ドラマが定着した。もちろん、演出面での対策として、ワンカットの長さの設定などの計算もしたが、それは3時間を「見てもらいたい」ための工夫であり、「視聴率を獲りたい」とは違う。つまり、「何をどうやって見せたいか」が最も重要になる[56]。

ここで今野は、テレビ局社員と制作会社の双方の立場で変わらない、「視聴率」を過度に意識せず、「作り手」の演出手法を最優先する信念を主張しますが、この制作姿勢が「第二期」のTBSでは、代表的な「作り手」の考え方であったと認識されます。

このように、「第二期」のTBSは制作現場の「作り手」が、編成部門を中心とする「送り手」から「自律性」を保てており、典型的な「制作独立型モデル」に該当していたと考えられます。加えて、「第二期」の民放キー局は概ね「制作独立型モデル」の組織体制であったと推察されますが、その中で、TBSがドラマやバラエティーから報道までを網羅した総合的な制作力で、他局を凌駕していたと言えるでしょう。

やはり、当時は「編成主導体制」を採用するテレビ局は皆無であり、視聴ターゲットを明確に設定せず、結果として「視聴率が後からついてくる」という「作り手」の姿勢が、守られていたようです。しかし、その後は「第三期」のフジテレビが導入して、「第四期」の日本テレビにより完成する「編成主導型モデル」の時代になると、根本的な部分から制作現場が変化を迫られていくことになります。

【註】

1　小池正春『実録　視聴率戦争!』(宝島社新書、71―72頁、2001)参照。この本によると、全日帯の年間視聴率で残りの9年間の内、日本テレビに4年間、フジテレビに2年間、NET(現テレビ朝日)に3年間、首位の座を奪取されている。

2　ビデオリサーチ「視聴率調査の歴史」、ビデオリサーチホームページ、<http://www.videor.co.jp/>、２０１５年４月15日閲覧。
3　ビデオリサーチ「視聴率調査の歴史」、ビデオリサーチホームページ、<http://www.videor.co.jp/>、２０１５年４月15日閲覧。
4　田原茂行『テレビの内側で』（草思社、26頁、１９９５）参照。
5　吉見俊哉「テレビが家にやって来た—テレビの空間　テレビの時間—」『思想』２００３年第12号「テレビジョン再考」（岩波書店、41頁、２００３）参照。
6　日本放送協会総合放送文化研究所・放送学研究室編集『放送学研究28　日本のテレビ編成』（日本放送出版協会、２７５頁、１９７６）参照。
7　浅田孝彦『ワイド・ショーの原点』（新泉社、９—10頁、１９８７）参照。
8　浅田孝彦『ワイド・ショーの原点』（新泉社、14頁、１９８７）参照。
9　浅田孝彦『ワイド・ショーの原点』（新泉社、１２１頁、１９８７）参照。
10　浅田孝彦『ワイド・ショーの原点』（新泉社、１８７—１８８頁、１９８７）参照。
11　伊豫田康弘・上滝徹也・田村穣生・野田慶人・煤孫勇夫『テレビ史ハンドブック』（自由国民社、44頁、１９９６）参照。
12　浅田孝彦「〝生〟の力を結実させた初めての番組」『ＧＡＬＡＣ』２００３年４月号「特集　テレビの〝突破者〟たち！」（放送批評懇談会、35頁、２００３）参照。
13　浅田孝彦（テレビ朝日社友、エッセイスト、元テレビ朝日『木島則夫モーニング・ショー』プロデューサー）談、２００５年６月18日、東京・永福町にて対面インタビューによる聞き取り調査。
14　ビデオ・リサーチ編『視聴率20年』（ビデオ・リサーチ、94—96頁、１９８２）参照。
15　伊豫田康弘・上滝徹也・田村穣生・野田慶人・煤孫勇夫『テレビ史ハンドブック』（自由国民社、33頁、１９９６）参照。
16　ビデオ・リサーチ編『視聴率20年』（ビデオ・リサーチ、１０２—１０７頁、１９８２）参照。

17　伊豫田康弘・上滝徹也・田村穣生・野田慶人・煤孫勇夫『テレビ史ハンドブック』（自由国民社、49頁、１９９６）参照。
18　ビデオ・リサーチ編『視聴率20年』（ビデオ・リサーチ、１０１頁、１９８２）参照。
19　私的昭和テレビ大全集「マルマン深夜劇場（１９６２）」、私的昭和テレビ大全集ブログ、２０１４年4月27日配信 <goinkyo.blog2.fc2.com/blog-entry-878.html>、２０１５年6月29日閲覧。番組開始当初の『週末名画劇場』は、編成主導で深夜枠開発のため放送されていたが、翌１９６２年にはスポンサーが付き、『マルマン深夜劇場』となり、営業面で「深夜番組」は放送直後から、需給関係が成立していた。
20　伊豫田康弘・上滝徹也・田村穣生・野田慶人・煤孫勇夫『テレビ史ハンドブック』（自由国民社、33頁、１９９６）によると、１９６０年に、深夜帯ではないが、日曜22時45分枠でフジテレビ『ピンク・ムード・ショー』が乳房も露出した、日本初の「お色気路線番組」を放送した。しかし、視聴者から抗議が殺到し、4回目には放送を自粛している。
21　日本放送協会総合放送文化研究所・放送学研究室編集『放送学研究28　日本のテレビ編成』（日本放送出版協会、２７５頁、１９７６）参照。
22　ビデオリサーチ「全局高世帯視聴率番組50」、ビデオリサーチホームページ、<http://www.videor.co.jp/>、２０１９年2月20日閲覧。
15分以上の番組を対象とし、五輪・ワールドカップサッカー・大相撲は大会ごとに1本、プロ野球公式戦は局別に１本、日本シリーズは年毎に1本、紅白歌合戦・レコード大賞は最高視聴率を1本のみを、それぞれ選出している。
23　ビデオ・リサーチ編『視聴率20年』（ビデオ・リサーチ、１１０―１１３頁、１９８２）参照。「第二期」以前の年間視聴率順位なども、この文献より引用している。
24　ビデオリサーチ「全局高世帯視聴率番組50」、ビデオリサーチホームページ、<http://www.videor.co.jp/>、２０１５年10月20日閲覧。
25　ビデオ・リサーチ編『視聴率20年』（ビデオ・リサーチ、１３８―１３９頁、１９８２）参照。
26　ビデオ・リサーチ編『視聴率20年』（ビデオ・リサーチ、１４６―１４７頁、１９８２）参照。

27　ビデオ・リサーチ編『視聴率20年』（ビデオ・リサーチ、111―118頁、1982）参照。
28　ビデオ・リサーチ編『視聴率20年』（ビデオ・リサーチ、117頁、1982）参照。
29　伊豫田康弘・上滝徹也・田村穣生・野田慶人・煤孫勇夫『テレビ史ハンドブック』（自由国民社、95―96頁、1996）参照。
30　ビデオ・リサーチ編『視聴率20年』（ビデオ・リサーチ、119頁、1982）参照。
31　ビデオ・リサーチ編『視聴率20年』（ビデオ・リサーチ、114―118頁、1982）参照。
32　加藤義彦、鈴木啓介、濱田高志『作曲家・渡辺岳夫の肖像 ハイジ、ガンダムの音楽を作った男』（ブルース・インターアクションズ、117―118頁、2010）参照。
33　山像信夫（演出家・逢坂勉、元関西テレビプロデューサー）談、2004年10月7日、東京・神楽坂にて対面インタビューによる聞き取り調査。
34　山像信夫（演出家・逢坂勉、元関西テレビプロデューサー）談、2004年10月7日、東京・神楽坂にて対面インタビューによる聞き取り調査。
35　福田陽一郎『渥美清の肘突き―人生ほど素敵なショーはない』（岩波新書、137頁、2008）参照。
36　井原高忠『元祖テレビ屋大奮戦！』（文藝春秋、234―235頁、1983）参照。
37　澤田隆治「上方喜劇を超え全国区へ」『GALAC』2003年4月号「特集　テレビの〝突破者〟たち」（放送批評懇談会、14―16頁、2003）参照。
38　澤田隆治「面白い番組をつくれば、いまでも視聴率40％は取れる」ビデオリサーチ・編『視聴率50の物語 テレビの歴史を創った50人が語る50の物語』（小学館、25―26頁、2013）参照。
39　ビデオ・リサーチ編『視聴率20年』（ビデオ・リサーチ、113―119頁、1982）参照。
40　2012年6月22日、「第6回みんなでテレビを見る会・8時だョ！全員集合～笑いを支えたテレビ美術～」、山田満郎コメント参照。

41　ビデオ・リサーチ編『視聴率20年』（ビデオ・リサーチ、１１４頁、１１８頁、１９８２）参照。
42　弟子丸千一郎「時代の鏡となる番組をつくる！」『ＧＡＬＡＣ』２００３年４月号「特集　テレビの〝突破者〟たち」（放送批評懇談会、21―22頁、２００３）参照。
43　山田修爾『ザ・ベストテン』（新潮文庫、19―21頁、２００８）参照。山田によると、番組打ち切りの状況も、視聴率が低下した時期に、当時の原田俊明編成部長から「ベストテンまだ続けるか？お前に任せるから考えて答えをくれ」と打診されており、制作サイドの判断で番組存続の最終決定を一任されていた状況が証言されている。
44　山田修爾『ザ・ベストテン』（新潮文庫、39―40頁、２００８）参照。
45　細野邦彦「不良番組であってもカルチャーだった」『ＧＡＬＡＣ』２００３年４月号「特集　テレビの〝突破者〟たち」（放送批評懇談会、28―29頁、２００３）参照。
46　細野邦彦「不良番組であってもカルチャーだった」『ＧＡＬＡＣ』２００３年４月号「特集　テレビの〝突破者〟たち」（放送批評懇談会、29頁、２００３）参照。
47　ビデオ・リサーチ編『視聴率20年』（ビデオ・リサーチ、１１０―１１６頁、１９８２）参照。
48　皇達也（テレビ朝日元取締役・『欽ちゃんのどこまでやるの！』プロデューサー）談、２００４年10月24日、東京・桜新町にて対面インタビューによる聞き取り調査。
49　ビデオ・リサーチ編『視聴率20年』（ビデオ・リサーチ、１１０―１１７頁、１９８２）参照。
50　伊豫田康弘・上滝徹也・田村穣生・野田慶人・煤孫勇夫『テレビ史ハンドブック』（自由国民社、80頁、１９９６）参照。
51　田原茂行『テレビの内側で』（草思社、25―26頁、１９９５）参照。
52　小池正春『実録　視聴率戦争！』（宝島社新書、17頁、２００１）参照。ＴＢＳ編成局林純之介編成部長コメントを引用。
53　筑紫哲也「自我作古　視聴率についてお訊ねへのお答」『週刊金曜日』１９９６年５月24日号（金曜日、62頁、１９９６）参照。
54　石沢治信「90年視聴率競争、フジテレビまたも独走」『創』１９９１年１月号（創出版、35頁、１９９１）参照。豊原隆太郎・当時ＴＢＳ番組宣伝部長のコメントを引用。

55　小池正春『実録　視聴率戦争！』（宝島社新書、81頁、２００１）参照。

56　２０１３年５月24日、「第14回みんなでテレビを見る会・テレビは時間である～萩元晴彦のドキュメンタリー～」、今野勉コメント参照。

第5章　テレビの歴史③　1982〜1993

「第三期　フジテレビ・初期編成主導型モデル」

「第二期」に「視聴率」の覇権を19年間という長きにわたって掌握してきた「TBS」に代わり、以後、12年間連続してトップの座に君臨したのが「フジテレビ」でした。この「第三期」中は、フジテレビが「ゴールデン・プライム・全日」の全部門がトップである「視聴率三冠王」の地位を守っており、他局を圧倒しています。

一方、放送時間枠の拡大に関して、「フロンティアを消滅させた」と指摘される1980年代以降は、「送り手」の中心となる編成部門が、「視聴率」獲得を「作り手」に最優先事項として背負わせる組織となる「編成主導体制」を段階的に浸透させていきます。その際、最初にテレビ局の組織改革を断行して、「編成主導体制」を始めたのが「第三期」のフジテレビでした。この新たな組織モデルの導入により、編成部門の「送り手」が若年層向けに特化した番組の制作を「作り手」に指示して、『オレたちひょうきん族』などの人気バラエティー番組や、一連の「トレンディードラマ」が高視聴率を獲得するのでした。

この第5章では、フジテレビが「楽しくなければテレビじゃない」というステーションメッセージを掲げて「視聴率三冠王」を獲得し続けていた、1982年から1993年までを、「第三期・初期編成主導型モデル」として検証していきたいと思います。

1 「一人一台の時代に対応した結果として・視聴率の歴史③」

まず、「視聴率」の動向ですが、「第二期」には「機械式調査」で毎日のデータが自動的に算出され、「営業的指標」としての役割が十分に機能する状況になっていました。すると、「第三期」ではスポンサーサイドから、複数のテレビ受像機を持つ世帯の増加に対応するため、より細かいデータが求められるようになり、家庭内で2台目以降の「サブテレビ」の視聴状況の測定が要請されます。この動向に対して、まずニールセンが1975年に、ビデオリサーチも1983年に、1世帯で3台までのテレビ受像機を対象とした視聴率調査を始めています[1]。この、「受け手」のメディア環境の変化や、それに対応した視聴率調査方法の進化による、テレビメディア全体への影響ついて、雑誌AERAの学芸部の記者であった隈元信一は次のように指摘します。

個人視聴化が進んで、最も影響を受けたのが、歌番組だ。音楽そのものが多様化して、大ヒット曲が出なくなったこともあって、凋落ぶりが著しい。（中略）

代わって、今や「報道の時代」。時代劇も復調し、20％台に。フジテレビ幹部は、個人視聴化に対応する視聴率調査方法の変化も一因、と言う。三台目のテレビまで対象を広げたため、お年寄りの好みが数字に反映するようになった、と言うのだ。同じ論理で言えば、二台目は若者。だから80年代はフジテレビ流の軽チャー路線が当たった、ということになる2。

実際に、家庭内の「サブテレビ」の視聴率測定が始まった「第三期」に、フジテレビが2台目のテレビ受像機を使うメイン視聴者層と目される「若者層」をターゲットに設定して数字を伸ばしましたが、隈元は、「家族視聴よりも一人一台期にマッチ」させた番組作りが効果的であったと結論づけます。つまり、１９８０年代にフジテレビが編成部門の主導による、「若年層」重視の番組制作方針で「視聴率三冠王」を獲得したことは、いちはやく速やかに視聴率調査のレギュレーション変更に対応できた賜物であり、「視聴率」がメディア全体に大きな影響を与えるシステムとして機能する実態が指摘されていました。

2 「村上七郎による組織イノベーション・大編成局」

この背景には、当時のフジテレビ編成担当専務であった村上七郎の主導による、実質的に編成局の中に制作局を吸収して、「大編成局」と呼ばれる組織体制を作り上げた、「編成主導体制」のスタートとなる一大改革がありました。

しかし、１９８０年代初頭にフジテレビの組織改革を主導した村上の功績は、テレビ研究の中で、「編成主導体制」自体が議論されることもない中、十分に周知されていない状況と言えます。まず、１９１９年生まれの村上の経歴を紹介しますと、予備士官として終戦を迎え、1947年に東京大学法学部を卒業、同年に共同通信社に入社した後に、1954年に開局したばかりのニッポン放送に転職しています[3]。ここで村上は、報道部を経て編成局で「婦人専門局」の方針を打ち出して、後発局であったニッポン放送を短期間で「聴取率トップ」のラジオ局に押し上げました。その後、村上はニッポン放送が中心となってテレビ免許を申請したフジテレビへ、予備免許が交付された1957年に転出しますが、翌1958年には初代編成部長に就任して「婦人と子供層」を視聴ターゲットに絞り、『スター千一夜』や『少年探偵団』、国産初のテレビアニメとなる『鉄腕アトム』などの多数のヒット番組を放送し、ゴールデン帯で高視聴率を獲得しました。

しかし、1970年代に入るとフジテレビの経営陣は、制作局を廃止して新しく外部に制作会社の「フジポニー」、「ワイドプロモーション」、「フジプロダクション」、「新制作」を設立する「制作分離」を断行して、全てのドラマやバラエティー番組を外注化する組織体制への移行を図ります。当時のフジテレビの経営判断を村上は、次のように明確に批判しています。

> 経営者が勝手に競争の原理を持ち込んだのだから、現場が面喰うのは当然のことである。特に昨日まで仲間付き合いをしていた編成と制作が、まったく他人行儀な発注者と受注者という立場になり、きわめて気まずい関係になった。「河田町三階」というフジ独特のムードは消え去ったのだ。私も何度か感じたことであるが、制作の人間は元来気難しい所がある。職場が暗くて笑い声の出ないような状況からは、良い番組は絶対に出てこない。視聴率も次第に逃げてゆく。制作陣が能力をフルに発揮できるかどうかは、環境に大きく左右されるのだ[4]。

この「河田町三階」というのは、当時のフジテレビが編成と制作のスタッフを、河田町にあった旧社屋の三階にまとめて収容していた状況を指していますが、村上は、経営者により強行された制作部門の分離により、この「大部屋主義」が解消された悪影響を指摘しています。実際に、村上は制作部門の切り離しに反対意見を申し出ますが、経営トップの鹿内信隆（しかないのぶたか）に却下され、1975年に系列局のテレビ新広島に副社長として出向することになりました。その後、フジテレビは制作部門の外注化により「作り手」の士気が低下して、全体的に「視聴率」が著しく下がり、１９８０年にはテレビ朝日に月間視聴率で抜かれる状況に陥っており、打開策として、鹿内は村上に再び編成部門を指揮する立場でフジテレビへの復帰を要請します。この打診に対して村上は、左のように受諾条件を明示した上で、１９８０年5月にフジテレビ編成担当専務として復帰することになりました。

　編成の現場を離れてから、十年も経っているし、また最近では番組の決定は、社長まで出席して決めていると聞いています。私がやるのなら、番組企画、制作費など、すべてに口を挟まないでほしい。それにしても首位奪回には、二、三年はかかる5。

実際に、村上の主導により、フジテレビは制作局から分離していた制作プロダクションを社内に戻して一元化しており、１９８０年6月のフジテレビ社員に復帰した「作り手」をスタジオに集めた最初の合同会議の冒頭挨拶で、村上は、次のように「送り手」の中枢としての基本方針を声高に宣言します。

　以前の河田町の三階といえば、机の上こそ乱雑だったがみんな明るくて、大声でわめく者やゲラゲラ笑う者がいて、賑やかな職場だった。元気のよい制作の人たちが大勢帰ってきたこの際、皆で明るい活気のある職場作りをして、笑い声の中で楽しいヒット番組を作っていこうではないか。（中略）
　これまでは、カンリ、カンリと管理体制の強化ばかりが先行して、テレビの仕事であるショービジネスの一面を忘れてしまっていたようである。これだけの会社であるから、予算管理の必要なことはもちろんであるが、単にギューギューと締めつけることばかりやっていては、意欲のある番組は決して出てくるものではない。番組はクリエイティブな意欲あふれるものがほしい。そのためには、それに相応しい職場作りが必要である。最後に制作費のことだが、私が全責任をとるから、一人でクヨクヨしないで、私の所に話に来てほしい。とにかく皆で明るく元気にやろう6。

こうして、フジテレビは編成局が制作部門を統合した「大編成局」と呼ばれる組織となり、ドラマ担当「第一制作部」、バラエティー担当「第二制作部」、ワイドショー担当「第三制作部」の「作り手」と、編成の「送り手」が「河田町三階」に集結することになりました。この「河田町三階」を、元フジテレビ社員で筑紫女学園大学教授の吉野嘉高は、「社員間のコミュニケーションはスムーズに、意思決定は迅速にできる」空間で、「フジテレビ村の寄合所・黄金期を支えた大部屋」と評価して、当時の状況を次のように述べます。

私は、「3時のあなた」などのワイドショー番組をしていた時、この大部屋で過ごした。「第三制作部」所属だった私のデスクは「大部屋」の入口近くにあり、部屋の中心部には編成部、その向こうにはバラエティー番組や歌番組を制作していた「第二制作部」を見渡すことができた。

部屋全体は活気に包まれ、「ひょうきん族」や「笑っていいとも!」などの大ヒットバラエティー番組を作るスタッフたちと同じ空気を吸っているという気持ちが、私にとっては活力源になっていた。時代を切り拓き、社会に新しいメッセージを発信していくのはまさにこの場所である、という誇りや高揚感は、当時社員の多くが味わっていたものであろう[7]。

この証言からも、当時のフジテレビは「大部屋」の共同体としての仲間意識が強く、「送り手」と「作り手」に受発注の関係性は見受けられません。その後は、旧来の「制作独立体制」に代わる「編成主導体制」を採用した組織改革を、村上の主導により、急速に推進していくことになりました。後に村上は、後発のラジオ局であったニッポン放送の聴取率を一年間でトップに押し上げた時の経験則から、実際にテレビ局へ編成部門が主導する形の組織モデルを導入した経緯について、次のように語っています。

開局当時のニッポン放送は、聴取率を気にして、ガツガツしていた。先行するＮＨＫやＫＲＴ（現ＴＢＳラジオ）に勝つために、まず「編成主導」で定時放送をやめて、毎時の頭の15分にニュース以外の番組を置くクウォーター編成をとった。そして、「婦人放送」をキャッチコピーにして、人気のあったスポーツ中継や、経済市況を編成から外して、台所にいる主婦を狙った。これらを一気に実現するには「編成主導体制」による組織が最も適しており、１９８０年代初頭の困窮していたフジテレビにも導入してみた[8]。

実際に、不振を極めていたフジテレビに「編成主導体制」が即時に導入され、結果として、村上の復帰から僅か二年で、ゴールデン帯、プライム帯、全日帯の年間視聴率がトップとなる「視聴率三冠王」を獲得することになりました。更に、フジテレビは「視聴率三冠王」や「楽しくなければテレビじゃない」という文言を、自社のＰＲスポットＣＭなどで巧みに使い、視聴者に「フジテレビの番組は高視聴率であり、面白い」というイメージを定着させる戦略に成功します。この、自局の高視聴率獲得を「受け手」に喧伝する姿勢について、「第三期」にフジテレビの「作り手」の一員であった吉田正樹は、次のように捉えていたようです。

> ＴＢＳなど創成期の先輩たちは、視聴率ばかり追いかけていてはいけないという、呪縛めいた思いがあったそうなのですが、フジテレビは「視聴率がよくて何が悪い！」と言い切ったように感じます。自分たちの仕事に、視聴率とセットで誇りを持てたのが当時のフジテレビなのだと思います。テレビがやっと自分を肯定できる時代がやってきた。
>
> 　つくり手側が上から目線で、思想や哲学でかくあるべしというテレビジョンではなく、視聴者が見たいというものを形にしていく。フジテレビはそこを明確に打ち出し、その指標として視聴率がある。視聴率を追い求めるわけではなく、視聴者が面白いと思うものを作れば結果として視聴率がついてくる、という。要するに、「つくり手も楽しめよ！」という考え方だったと思います[9]。

ここで吉田は、「第二期」以前の「作り手」と、「第三期」のフジテレビの「視聴率」に対する意識の相違を指摘すると同時に、当時の「送り手」から「作り手」に向けた編成方針が、制作現場の「自律性」を制約するものでは無かった状況を、肯定的に評価しています。この「視聴率」よりも、「作り手」の面白いと思うものを優先させるフジテレビの姿勢は広く社内に浸透していたようで、吉野喜高も次のように指摘します。


「視聴者に楽しんでもらう」にはどうすればいいのか？

「そのためにはまず自分たちが楽しまなければならない」

それがフジテレビの答えである。

「自分たち」とは制作者や出演者などのことで、テレビの番組を作る側の人たちが楽しんでいれば、自然にその楽しさが視聴者にも伝わるという考え方である。そんな楽観的見通しの上で、多くの番組は成立していた。

この考え方は、「楽しさ」の基準がテレビ側と視聴者側で一致していれば、通用する。１９８０年代は、フジテレビ側が感じた楽しさが視聴者にも共感され、受け入れられていたため、問題はなかった[10]。


やはり、私自身も１９８０年代初頭のバブル期は学生時代でしたが、フジテレビのともすれば「内輪受け」的な番組に、食い入って見ていた覚えがあり、当時は「作り手」の「自分たちの楽しさ」が、テレビを見る際の基準になっていたような気がします。

一方で、この時期は、テレビ受信機の低価格化と子供部屋を持つ家庭の増加により、複数のテレビ受像機を持つ世帯が増えており、「第二期」までの「ファミリー視聴」中心であった視聴形態が、「第三期」には「パーソナル視聴」へ変化の兆しが見られます。先ほども少し触れましたが、この動向へ迅速に対応して、２台目のテレビ受像機を持つメイン層となっていた「若年層」にターゲットを絞って成功したのが、フジテレビの編成方針であったと推察されます。実際に、１９７０年代までは「母と子のフジテレビ」のキャッチフレーズに象徴されるように、女性と子供を中心としたファミリー層をターゲットとしていましたが、１９８１年9月にステーション・キャンペーンを「楽しくなければテレビじゃない」という、若者向けのキャッチコピーに変更しています。こうして、フジテレビは編成主導により明確に「ヤングターゲット」の「お笑いバラエティー路線」を公言して、「若年層」向けに特化した番組編成へ、迅速に移行していくことになりました。結果的に、いちはやく「編成主導体制」を導入したフジテレビの「軽チャー路線」などの「快楽主義」が、１９８０年代の時代の空気とも合致して、「第三期」の躍進に繋がったと考えられます。

3「楽しくなければテレビじゃない・番組制作過程の変遷③」

では、ここから「第三期」のフジテレビを中心とする個々の人気番組を詳しく見ていきたいと思いますが、この時期は視聴者による番組選択の多様化が進んでおり、高視聴率番組でも、30％を超える番組が大幅に減少しています。実際に、ビデオリサーチの２０１9年までの「全局歴代高視聴率番組ベスト50」を参照すると、「第二期」は39番組がランクインしていますが、「第三期」は7番組に激減する中で、最高視聴率となったのは、ＮＨＫ『おしん』（62・9％、歴代6位）でした。他のランクインした高視聴率番組も、85年の『澪つくし』（55・3％、歴代19位）など、ＮＨＫの「朝の連続テレビ小説」に5番組が集中しており、残る番組も82年の『台風18号関連ニュース』（50・０％、歴代44位）、88年大河ドラマの『武田信玄』（49・2％、歴代50位）と、ＮＨＫが独占しています[11]。

一方、フジテレビの「視聴率」は、１９８2年から急上昇しており、村上による「編成主導体制」の効果が短期間で結実したようです。ここで、「第三期」直前の１９８１年の「年間レギュラー番組視聴率ベスト20」を参照しますと、ＴＢＳが『8時だヨ！全員集合』（47・6％）の第1位を筆頭に、『ザ・ベストテン』（41・9％）、『水戸黄門』（39・０％）とベスト3を独占する中で、合計で9番組がランクインしていました。しかし、フジテレビは『ドクタースランプ』（36・9％）の第6位が最高で、全体でも4番組の中で3番組は「アニメ」でした[12]。この状況を打破するために、「第三期」直前の１９８１年10月改編では、村上による「編成主導体制」の下で、ゴールデンタイムの32番組中で20番組を変える、異常に高い改編率で改革をスピーディーに断行します。その際の、新番組の中には、人気番組であった『スター千一夜』を編成主導で終了させて開始した『なるほど！ザ・ワールド』や、『オレたちひょうきん族』、『うる星やつら』、『北の国から』など、「第三期」の中核となる、フジテレビ黄金期を支えた高視聴率番組が多く含まれていました。

「アパッチ主義」による「新感覚の笑い」のバラエティー

まず、ターゲットを「若年層」に特化させ、「面白い」というキーワードに固執したフジテレビの「視聴率三冠王」を支える原動力になったのは、「バラエティー」番組でした。特に、１９８０年に『ＴＨＥ ＭＡＮＺＡＩ』で漫才ブームを起こし、この番組で人気を得たツービート、紳助・竜介などの若手芸人を集めて始めた『オレたちひょうきん族』（１９８５年、26・４％）が中核となって、フジテレビを牽引していきます。この番組は、土曜20時枠でＴＢＳ『８時だョ！全員集合』の裏番組として始まりましたが、ドリフターズによる「作りこんだ笑い」に対して、『オレたちひょうきん族』はアドリブ性の高い「新感覚の笑い」で高視聴率を獲得しました。結果として、１９８５年に「第二期」のＴＢＳを代表する人気番組であった『８時だョ！全員集合』の「視聴率」が下がり、打ち切りとなりますが、当時の状況をＴＢＳ編成部副部長であった田原茂行は次のように分析します。

昭和56年10月から始まった『オレたちひょうきん族』は、ＴＢＳのドリフターズの『８時だョ！全員集合』の時間に挑戦し、〝稽古と計算〟によってつくられるＴＢＳの笑いに対抗して、本来ならＮＧになるところを全部ＯＫにして、ドリフターズの完成度とまったく違った、ひたすら壊す楽しさを追求したゲリラ的な新しさに徹した。塗りたくった頬紅、電飾のミリタリールック、網タイツにブーツ、足立区後援会寄贈というマントの異様な扮装をこらしたタケシとさんまの『オレたちひょうきん族』の破壊力は、15年つづいた『８時だョ！全員集合』に幕を降ろさせた[13]。

まさに、この『8時だョ！全員集合』の終了は「第三期」を象徴する出来事となりました。一方で、『オレたちひょうきん族』の担当プロデューサーのフジテレビ横澤彪（よこざわたけし）は、当時の漫才ブームに便乗して、既に１９８０年にはB&Bを司会に起用したお笑いバラエティー『笑ってる場合ですよ！』を、お昼12時台のベルト番組としてスタートさせていました。これは、村上による「編成主導体制」の中で、「若年層」ターゲットの番組強化の一環として、当時は苦戦していた昼帯に、敢えてバラエティー番組を「カウンター編成」したものであり、新宿のスタジオアルタから公開生放送されていました。その後、同じ放送形態で１９８２年にはタモリを司会に起用した『笑っていいとも！』（１９９３年、26・2％）にリニューアルされ、昼12時スタートの月曜から金曜までの帯番組として、２０１４年まで続くテレビ史に残る長寿の高視聴率バラエティー番組となります。

しかし、当時は「若者は昼間にテレビをみていない」と考えられており、多くのテレビ関係者から「無謀な編成」と揶揄される中で、フジテレビは「カウンター編成」を「編成主導体制」で迅速に断行して、「昼帯」に潜在的に存在する「若年層」の開拓に成功します。まさに、『笑っていいとも！』がお昼の時間帯の視聴者構成自体を変えることになりましたが、更に、フジテレビは12時台に定着した「若年層」の視聴者を、13時以降の「昼帯」にも広げていきます。具体的には、13時からの30分枠で、１９８４年に小堺一機を起用したトークバラエティー番組『いただきます』（１９９０年、15・1％）をスタートしており、続く13時30分からは系列局の東海テレビ制作の新タイプの「メロドラマ」枠へ続く昼帯の番組編成で、14時までの「若年層」確保に成功しました。特に、１９８８年の『華の嵐』は「若年層」向けの演出方法を採り入れて、「F１」層の開拓に成功しており、久々に「昼メロ」のヒット番組となります[14]。

少し「第三期」のバラエティー番組から話が逸れてしまいましたが、ここで本論に戻りますと、『笑っていいとも！』や『オレたちひょうきん族』が制作された背景について、担当プロデューサーの横澤は、次のように語っています。

『笑っていいとも！』を立ち上げるにあたり、フジテレビは当時の12時台の視聴率が惨憺たるもので、この枠で数字は獲れなくて当たり前という意識が自分の中にあった。なので、「視聴率」に対するプレッシャーはほとんど無く、むしろ「お笑い」を誰もやっていない時間帯に放送してみたいという気持ちの方が強かった。裏番組に『8時だョ！全員集合』があった『オレたちひょうきん族』もそうであるが、もともとの枠が、いわゆる「死枠」であり、低視聴率であったため、かえってラッキーであった。

実際にやってみると、『オレたちひょうきん族』は忙しい芸人たちのスケジュールが取れないので「スタジオは遊び場」ということにして、彼らを集める方法を思いついた。それで、リハーサルをする時間もないため、アドリブが多くなり、「感覚的な軽薄短小な笑い」とも指摘されたが、これがテレビ的な「新しい笑い」になったと思う。まさに、従来の落語や漫才といった時間をかけて磨く「職人芸」を解体して、さりげなく自然に即興でできる「テレビ芸」が出来ていった。

やはり、双方の番組共に、最初から数字を意識して獲りにいったのではなく、例えば『オレたちひょうきん族』は『8時だョ！全員集合』を抜いた時に話題になり、作っている方からは、結果的に「視聴率」が後からついてきた感が強かった。それよりも、「人がやっていないものをやる」という「アパッチ主義」、いわば正規軍でなくても面白がれるような自由裁量が編成担当専務であった村上七郎さんに引っ張られた「村上イズム」として当時のフジテレビには残っていた。これは、後の日本テレビのような「視聴率至上主義」的な考え方とは馴染まない別物の制作スタイルであった[15]。

ここで横澤は、「若年層」に特化した編成方針により放送枠が決定された『笑っていいとも！』や『オレたちひょうきん族』が、当初から高視聴率を計算したマーケティング的な編成戦略から生まれたものではなく、「作り手」が自身の感性を自由に追い求めた結果として出来上がったものであり、「送り手」も制作現場の自由度を容認していたことを証言しています。この二つのバラエティー番組の躍進が「第三期」のフジテレビを象徴しており、共に、感覚的な「新しい笑い」を基本に成立した番組であったと言えるでしょう。まさに、編成の「送り手」による「若年層」に特化したバラエティー番組というざっくりしたリクエストに対して、「作り手」が自由に面白がって作り出した「軽薄短小な笑い」で具現化させて、結果的に高視聴率を獲得していたと考えられます。

やはり、この時期のフジテレビには、目先の視聴率獲得のために、他局のヒット番組を模倣する手法は見受けられず、多数の高視聴率番組を支えた演出方針として、「今までにない番組を創る」という基本姿勢があったようです。結果として、この自由闊達な雰囲気が局イメージも上昇させたようですが、「第三期」にフジテレビに入社した吉野嘉高も「80年代のフジテレビは、既存の番組作りの手法を〝ぶち壊し〟ながら、新たなエンターテインメントの地平を切り拓いてきた[16]」と、高く評価しています。この番組制作に対する基本姿勢は「作り手」の隅々に伝わっており、「第三期」に『笑っていいとも！』や『オレたちひょうきん族』のＡＤを担当した吉田正樹も、「結果として番組は大成功していた。１９８０年代のフジテレビは、現場の末端にいるだけでも幸せな時代だった[17]」として、制作現場の活気に満ちた状況を、次のように証言します。

『ひょうきん族』を作っていたのは、佐藤義和さん、三宅恵介さん、萩野繁さん、山縣慎司さん、永峰明さんからなる五人のひょうきんディレクターズでした。団塊の世代にあたる彼らのエネルギーは凄まじく、眼前に立ち塞がっていた『8時だョ！全員集合』をはじめ、それまであったバラエティーの手法を次々とぶち壊していったのです。ひょうきんディレクターズは皆30代の若さでしたから、ディレクターとしては最も脂がのっていました。（中略）
『ひょうきん族』が放送された１９８１年から89年は、日本経済がバブルに向かってまっしぐらに走り抜けた熱狂の時代。好きなことをやれる時代に好きなことをやって完全燃焼できたひょうきんディレクターズは、今思えば幸福でしたし、端から見ていても格好が良かった。
彼らを間近に見て伝わってきたのは、どんなにふざけた番組を作っていても、自分を恥じる気持ちは微塵もないという、揺るぎのない自信です。「自分たちは電波芸者ではないし、作っている番組は決して電気紙芝居ではない。意味のあるものを作っているんだ」という、過剰なまでの自己肯定[18]。

『笑っていいとも！』は、全面的に横澤さんのカラーで作られていたのです。横澤さんのカラーとは、簡単に言うと「文化的な要素」のこと。横澤さんはたいへん開明的な人で、自分が手掛ける番組には常に文化的なテイストを盛り込もうとしていました19。

やはり、この横澤が担当した双方の番組の違った制作現場の状況からも、「第三期」のフジテレビの「作り手」が編成部門の「送り手」から自由に好きなことをやって「視聴率」を取っており、制作現場の内部でも個々の「自律性」が保てていた様子が伺えます。結果として、個性的なディレクター陣の才能を制約することなく、横澤がうまく使っていくことで、従来のバラエティーの文法には無かった新たな演出方法で、革命的な凄まじいパワーの番組を作りだしたと言えるでしょう。

その他にも、当時はまだ珍しかった海外取材による新しいタイプの情報バラエティー番組の『なるほど！ザ・ワールド』（1983年、36・4％）が、フジテレビ躍進の実質的な原動力となったと指摘される大型クイズ番組となり、高視聴率を獲得しました。この、「ドキュメント的な海外映像を採り入れることで、クイズ番組の新機軸を打ち出した」と高く評価される、『なるほど！ザ・ワールド』の担当プロデューサーであった、フジテレビの王東順は、次のように企画を立ち上げた際の背景を回想します。

とにかく今までにないクイズをやりたい。知識、常識の盲点を探し出すクイズで、早押しクイズではなく、話の内容自体がおもしろく、じっくり見せるものにしたかった。ある意味クイズの常識を打ち破りたかった。（中略）個人で海外旅行をするのが一般的でない時代に、海外情報をタレントや局アナが現地でリポートしながらクイズにするというのは、初めての試みだろう。（中略）

ヒット番組を真似するのも考えられない。これも直近の視聴率ほしさからだろう。私にとってよかったことは、フジテレビのバラエティー制作に、横澤彪さんがいたことだ。先輩である横澤さんのつくりだした『オレたちひょうきん族』『笑っていいとも！』などのお笑い番組を間近に見てきて、同じことをしていては、横澤さんに追いつけないと思った。だからこそ、全く別の観点から、誰も試みないようなバラエティーの企画を練り上げた。人と同じことをやってもトップには立てない[20]。

やはり王も、明確に「第三期」のフジテレビの「作り手」に浸透していた、「新たな観点から番組を創作する」という基本姿勢を強調しています。実際に『なるほど！ザ・ワールド』は、ＥＮＧ（小型カメラ）取材による海外映像クイズ、体験型のリポーター像など、いくつもの新しい手法を開発して、海外取材ＶＴＲによるクイズ形式を完成させました。まさに、その後の海外情報バラエティー番組の基礎を構築したとも言えますが、実際に『なるほど！ザ・ワールド』の海外ロケ部分の制作を担当していた、制作会社オン・エアーの石戸康雄社長は、次のように当時の状況について語ります。

キャッチーなものに心掛けて、イベント性を重視して、1分間の映像に８００万円もの制作費をかけることもあった。その反面、海外ロケで当時はＥＮＧ取材の技術スタッフが、カメラマン、音声、ＶＥ（ビデオエンジニア）、照明と4人体制であったものを2人に減らして制作費を抑えたりもした。

また、より多くの人にみてもらうために、アンテナを世界に張り巡らせ、海外コーディネーターのいない時代であったため、世界8ヶ国に専任担当者を置いたりもした。現地の商社マンの奥様や、海外青年協力隊の方などにもお世話になったが、その中から海外コーディネーターを本業として始める人がでてきて、それが番組独自のネットワークとなっていった。

やはり、多くの国の情報を扱う中で時差もあるため、しばしば会議は数時間に及ぶ長いものとなった。改編期などの特番では、「番組祭り」の核となり、数字も常に30％を超えていた時は手応えもあった。でも、数字を最初から狙ったわけではなく、「視聴率」が結果として後からついてきた[21]。

ここで石戸は、海外情報をふんだんに盛り込んだ新機軸のバラエティー番組を、一から立ち上げて、人気番組に成長させていく過程について証言しますが、「視聴率」に対する意識も「第二期」の「作り手」に近いもので、現在と比べて弱かったことも読み取れます。

一方で、『なるほど!ザ・ワールド』は、旭化成の一社提供枠としてフジテレビの開局以来続く長寿番組であった『スター千一夜』を、「編成主導」で半ば強引に終了させて、その代わりとなる新番組として始まったという複雑な経緯がありました。この時、編成担当専務として旭化成と交渉の矢面に立った村上七郎は、次のように振り返ります。

『スター千一夜』は開局当日から22年間も旭化成さんに提供してもらった、フジテレビにとって重い番組であり、打ち切りの際にも丁寧な作業をする必要があった。番組開始当初、当時は五社協定もあり、なかなかテレビではお目にかかれなかった映画スターが見られるとあって、「視聴率」が30%を超えることも度々ある人気番組だった。

しかし、ワイドショーの台頭により、大物芸能人の記者会見などが朝から放送されるようになると、番組独自のウリがなくなってしまい、「視聴率」も徐々に下がっていってしまった。加えて、放送枠が19時45分から20時までの15分枠で、しかも月曜日から金曜日までの帯番組だったため、そこが「視聴率」の谷間となることで、ゴールデン帯の流れが寸断されてしまい、番組編成上の大きな問題となっていた。

そこで、旭化成さんに番組を終了させるお願いに伺うことになったのだが、最終的に先方から、代わりとなる新番組のイメージとして「今までにないワールドワイドな番組」を要請され、王プロデューサーから提案のあった『なるほど!ザ・ワールド』を、火曜22時から代わりとなる一社提供枠で編成することになった。

結果として、ゴールデンタイムの編成上のボトルネックが解消され、全体的な流れもよくなり、『なるほど!ザ・ワールド』も高視聴率で、内容的にも旭化成さんに満足して頂けた。しかし、過去にも未来にも「視聴率」をこれほど気にかけた番組はなかった[22]。

この証言から、『なるほど!ザ・ワールド』がフジテレビにとって、まさに社運を賭けて始めた肝いりの番組であったと考えられます。しかし、編成部門の「送り手」から制作現場の「作り手」への「視聴率」に対する過度な圧力はなかったようで、王や石戸たちは目先の数字にこだわるよりも、長期的な展望に立って、新しい演出、制作方法を創り出していくことにこだわり、結果として「視聴率」も徐々に上昇していきました[23]。

一方、ゴールデンタイム以外でも、フジテレビは「若年層」をターゲットとした新たなスタイルの企画で、社会現象となる人気バラエティー番組が幾つか生まれています。その代表格が、1983年にスタートした深夜番組で、素人の女子大生「オールナイターズ」が出演して「女子大生ブーム」を巻き起こした『オールナイトフジ』（1991年、5・8％）、その2年後の1985年に始まり、夕方に女子高生を出演させた「おニャン子クラブ」が人気アイドルとなった『夕やけニャンニャン』（1985年）の2番組です。私自身も、この時期は大学生活を謳歌しておりましたが、同世代の素人出演者たちに親近感を持ち、従来の芸能人とは違った「どこかにいそうな、手の届きそうなアイドル」が番組専属の出演者として出ている番組を、食い入って見ていた覚えがあります。更に、「おニャン子クラブ」のメンバーがソロデビューして人気歌手となり、これらの番組の司会で人気を博したタレントをゴールデン帯に抜擢した『とんねるずのみなさんのおかげです』（1993年、29・1％）が高視聴率を獲得するなど、社会現象にもなった番組が、有機的に活用されました。

その後も、「第三期」のフジテレビは、深夜帯を新たな目的を持った編成枠として「第二のゴールデンタイム・JOCX—TV2」と命名するなど、「送り手」主導による意図的な時間帯開発に着手しています。実際に、ターゲットを細分化した新たな番組作りを念頭に置く「斬新な実験的番組」を戦略的に編成しており、その中で高視聴率を獲得した番組がゴールデン帯に昇格するシステムを定着させていきました[24]。具体的には、この「第二のゴールデンタイム・JOCX—TV2」枠から、『世にも奇妙な物語』（1991年、25・7％、1989年10月スタートの深夜枠でのタイトルは『奇妙な出来事』）や、『やっぱり猫が好き』（1996年、15・6％、1988年10月深夜枠でスタート）などが深夜番組からゴールデン帯に昇格しており、「深夜の実験枠」を機能させています。また、ゴールデン帯へ昇格しなかった深夜番組の中にも、『カノッサの屈辱』（1991年、6・7％）などの個性的な番組が誕生しており、その中で構成作家の小山薫堂や田中経一ディレクターなどの「作り手」を輩出する、若手制作者の育成の場にもなっていました。その後、『カノッサの屈辱』と、ほぼ同じ制作スタッフで制作した『料理の鉄人』（1995年、23・2％）が高視聴率を獲得しており、海外にフォーマット販売されるヒット番組となります。当時のフジテレビの深夜編成について、20代後半で三代目の「深夜の編成部長」に就任して『カノッサの屈辱』や『奇妙な出来事』を立ち上げた石原隆は、次のように述べています。

初代も二代目も、本当の編成部長に呼ばれて「一年間やってもらうから勝手にメンバー集めていいよ」っていわれて、一年分の予算をもらうわけです。これで深夜の編成部長が誕生する。

いや、本当に信じられないぐらい勝手にやらせてもらえる。最初は、いくら自由にやらせるといっても規制はあるだろうな、めんどうくさい仕事だろうなと思っていたんですが。

一年分の予算をもらって、一本だけ使ってあと一年間放送しなくてもいいし、まんべんなく使ってもいいわけで、それじゃ一日で終わったらあと仕事ないしなあ〜なんて思ったり、そのくらい自由にまかせてくれる[25]。

ここで石原は、若手が自由裁量で深夜編成を取り仕切っていた状況を証言しますが、TBS編成部の田原茂行も、次のようにフジテレビの縛りのない組織体制を裏付けています。

『ミュージックフェア』を長年つくりつづけてきた石田弘は、「深夜で何かアパッチなことをやれ」と指示され、『オールナイトフジ』をつくった。

ディレクター石川順一の弁。「深夜の編成を任されたときに部長から言われたことは、視聴率はとらなくていい。好きなものをつくれ、でした。気をつけたのは、今までの番組のマネをしないこと、若いスタッフの奇抜な発想をつぶさないことだけでしたね」[26]。

実際に、石川は初代「深夜の編成部長」でしたが、「視聴率」よりも若い「作り手」の感性に任せて、「話題性と新しい芽」を重視する方針で、「深夜の編成戦略」を機能させていた様子が伺えます。このフジテレビによる深夜帯を活用したバラエティー番組強化策が「第三期」中盤から機能しており、まさに、「作り手」の育成面を重視した長期的な視野に立つ「深夜の編成戦略」が功を奏したと言えるでしょう。

一方、「第三期」の他局のバラエティー番組では、１９８５年に始まった日本テレビの『天才・たけしの元気が出るテレビ!!』（１９９３年、22・９％）が、一般視聴者を起用した企画コーナーで人気を博して、後に「日本テレビのお家芸」と言われる「ドキュメントバラエティー」の基本形を構築しています。また、テレビ朝日では、「第二期」から引き続き、『欽ちゃんのどこまでやるの！』（１９８３年、42・０％）が高視聴率を維持します。対照的に、ＴＢＳの「第三期」のバラエティー番組は長期低迷傾向となりましたが、１９８９年に深夜番組でアマチュアミュージシャンの登竜門となった『平成名物ＴＶ三宅裕司のいかすバンド天国』（１９９１年、３・９％）がスタートしており、多数の人気バンドを輩出しました。

実際に、「第三期」はバンドブームなど音楽シーンの多様化が目立ってきており、音楽業界自体もレコードからＣＤに変わる中で、なかなか「大ヒット曲」が生まれない状況に陥っていました。この影響が、「音楽番組」に顕著に表れており、１９８９年にＮＨＫ『紅白歌合戦』の「視聴率」が47・０％で初めて50％を下回り、１９７７年には50・８％で歴代35位を記録したＴＢＳ『日本レコード大賞』も、同年には14・０％に下落します[27]。

更に、同年９月には、12年間続いていたＴＢＳ『ザ・ベストテン』が終了しており、まさに「音楽番組」が「冬の時代」に突入しました。翌１９９０年には、『夜のヒットスタジオ』も打ち切りとなり、民放のゴールデンタイムに「音楽番組」は、１９８６年にスタートしたテレビ朝日『ＭＵＳＩＣ ＳＴＡＴＩＯＮ』（１９９９年、26・５％）のみになりますが、放送開始当初から番組を担当していた、テレビ朝日の山本たかおプロデューサーは、「冬の時代」を乗り切った理由について、以下のように説明します。

初回の『ＭＵＳＩＣ ＳＴＡＴＩＯＮ』の「視聴率」は８・８％で、以後も６％台に落ち込むなど、最初から成功した訳ではなかった。当時の音楽番組はアイドルから演歌まで全ジャンルを網羅していたが、『ＭＵＳＩＣ ＳＴＡＴＩＯ

N』では、まず演歌をやめる決断をして、敢えてターゲットを絞り、狭い層から深く音楽ファン向けに特化させた。

しかし、当時は演歌を見る「M3・F3」層の同時間帯の割合が視聴率全体の40％を超え、一方で、番組が新たにターゲットとした20歳以下の「C・T」層は15％程度であり、反対意見もあった。確かに、「C・T」層への特化は「視聴率」的には損であるが、制作サイドは音楽番組としての姿勢を見せたかった。

結果として、「T」層は全番組中のトップクラスになり、その後、「F1、F2」層にまでターゲットが広がり、一部の音楽ファンから番組全体の人気が広がっていった。1980年代に他局の音楽番組は「視聴率」が20％以上あり、個人試聴の増加によりオールターゲットが厳しくなるに連れて数字を下げていき、打ち切りとなったが、『MUSIC STATION』は元々の数字が低かったので残ることができたとも言える[28]。

ここで山本は、番組開始直後の「作り手」主導による方向転換の背景を語り、『MUSIC STATION』が音楽番組の「冬の時代」に生き残れた原因として、音楽シーンの絞り込みを挙げております。この証言からも、「第三期」はフジテレビだけでなくテレビ朝日でも、「視聴率」を重視する判断よりも、制作現場の「作り手」の演出方針が優先されていた実態が分かります。

また、「第一期」に驚異的な高視聴率を獲得した「プロレス」中継が、「第三期」は不振となり、1988年にゴールデン帯から撤退しています。この当時、テレビ朝日のプロレス中継を担当した北野和典は、「視聴率」を下げた理由について、次のように分析します。

プロレスの歴史は、草創期の「力道山対白人」の構図から、70年代のジャイアント馬場の「見世物的なアメリカンプロレス」を経て、80年代のテレビ朝日はアントニオ猪木の「K-1」に近い、ガチンコに見える「ストロングスタイル」がウリであった。

そこで、「視聴率」を獲得するためには、面白いマッチメイキングが必要で、試合前から「因縁のカード」を演出するのに苦心していた。当時の担当プロデューサーは、元々『川口浩探検隊シリーズ』の企画者であり、プロレスをスポーツショーとして「視聴率」を上げる演出方法を使い、当初は成功していた。しかし、段々エスカレートしていき、ついにジャニーズのタレントをリング上に登場させて、本来のプロレスファンの反感を買い、結果的に数字を下げて、ゴールデンタイムからの撤退を余儀なくされた29。

まさに、目先の「視聴率」獲得のために「作り手」が本質から逸れた演出方法を選択した結果として、「第三期」のスポーツ番組が多様化する中で、「プロレス」中継が衰退したと言えるでしょう。その後も、「プロレス」中継は深夜帯に枠移動して、更に「視聴率」が低下しており、「第一期」にナショナリズムを煽動するスポーツとして人気を博していた部分が、現在はワールドカップのサッカー中継などに取って代わられています。

そして、「プロレス」と同様に視聴者のナショナリズム高揚を背景に、「第一期」はファイティング原田、「第二期」に具志堅用高が「視聴率男」となり、高視聴率を獲得していた「ボクシング」中継にも変化が見られます。具体的には、「第三期」の「ボクシング」中継の中で、１９９０年2月11日の日本テレビ『世界ヘビー級タイトル戦　マイク・タイソン×ジェームス・ダグラス』（38・３％）はタイソンが初黒星を記録した試合となったこともあって、数字が突出していますが、日本人が出場した試合では一度も30％以上を獲得しておりません。このように、「第二期」で既に衰退していた「外画」を含めて、「第一期」のキラーコンテンツであった「音楽番組」、「プロレス」、「ボクシング」のジャンルは全て、「若年層」にターゲットを絞った「第三期」のフジテレビの潮流に対抗できなくなり、「視聴率」が著しく低下して、番組枠を縮小させていきました。

若者に徹底的に媚びた「トレンディードラマ」の躍進

続きまして、「第三期」の「ドラマ」を概観しますと、バラエティーやスポーツ番組とは違った傾向が見受けられます。

この「第三期」の中で、毎年の年間視聴率がトップとなる番組は、大多数がNHK「連続テレビ小説」の「朝ドラ」であり、「大河ドラマ」と並び、「第一期」、「第二期」からの高視聴率を持続していました。まず、「朝ドラ」では『おしん』（1983年、62・9％）が「第三期」全体の最高視聴率番組となっており、その後も、『澪つくし』（1985年、55・3％）、『ノンちゃんの夢』（1988年、50・6％）、『はね駒』（1986年、49・7％）など高視聴率となるシリーズを続けて放送します。そして、「大河ドラマ」を見ても、年間平均視聴率39・7％が大河ドラマ史上第1位の『独眼竜政宗』（1987年、47・8％）、『武田信玄』（1988年、49・2％）、『春日局』（1989年、39・2％）と高視聴率番組を連発していました[30]。これらは、フジテレビとは対照的に「F3・M3」層が中心となる「高齢者層」をメインターゲットとしており、放送時間枠が平日の早朝と、日曜20時で、共に「若者層」の在宅率の低い時間帯でした。

一方で、民放の「ドラマ」は、「第三期」前半の1988年までは「ドラマのTBS」が依然として高視聴率をキープします。具体的には、家庭内暴力や非行を扱い、変容する家族像を描写した『積木くずし』（1983年、45・3％）、『不良少女とよばれて』（1984年、27・9％）、思春期を描いた新感覚の明るいホームドラマ『毎度おさわがせします』（1985年、26・2％）、不倫をテーマとした『金曜日の妻たちへ』（1985年、23・8％）、バブル期の男女を描いて若年層に遡及した『男女7人夏物語』（1986年、31・7％）、『男女7人秋物語』（1987年、36・6％）などが、「ドラマ」の「視聴率」の上位を占めていました[31]。しかし、その後のTBSは、『男女7人夏物語』と『男女7人秋物語』で開拓した「若者向け恋愛ドラマ」路線を継承しなかったため、後の民放ドラマの「視聴率」動向に影響が及ぶ結果となります。

実際に、1988年から「ドラマのTBS」に追いつくために、フジテレビはTBSが撤退した「若者向け恋愛ドラマ」を始めており、編成部門がターゲットとする「若者層」の視聴者を獲得して、急速に「ドラマ」の「視聴率」が上昇します。結果として、1980年代後半の「2時間ドラマ」全盛の時期に、若者の「ドラマ離れ」が進む中で、フジテレビが「トレンディードラマ」という新たな路線を開拓して、若者層をドラマに戻すことに成功しました。当時としては最年少の29歳でドラマのプロデューサーとなり、一連の若者向けドラマを担当したフジテレビの大多亮は、当初の「トレンディードラマ」の制作現場について次のように回想していますので、少し長くなりますが引用します。

「君の瞳をタイホする！」の第一回が放送されたのは1月3日［筆者註：１９８８年］だった。前の年の忘年会で「一生に一度でいいから20％を取ってみたい」なんて言っていたのを覚えている。それくらいドラマの視聴率が取れない時代だったのだ。（中略）

しかも、プレビュー後の第一制作の若手の反応がいまいちで不安はさらに増した。ところが、初回でいきなり18％という数字が出て、これはいける！と出演者もスタッフもみんな一気にノッたのだ。

何しろ、人に楽しんで見てもらうためだけにこのドラマを作ったのだから。

ドラマとは、テーマとは、という小難しいところからドラマを作っていくだけじゃ今の時代はだめなんだ。極端な話、中身なんてなくてもいいから、とにかく若い人に興味を持って見てもらえる面白いドラマを作ろう。そういうふうにドラマを変えていかなければ、そのうちドラマなんて誰も見なくなるぞ。そんな気持ちがこのドラマを作っている僕の中には確実にあった。

案の定、中身が全くないじゃないか、と多くの批判も受けたけど、僕はドラマを通して言いたいことなんて何もなかった。ただ多くの人に見てほしかった。

ＴＢＳの「おんなは一生懸命」というドラマの職人たちが作った名作を裏に回して、「君の瞳をタイホする！」は、平均17・4％、最終回はついに〝一生に一度取ってみたかった〟20％を超える21・4％という高視聴率をマークした。トレンディドラマが最初の大きな一歩を踏み出したのである[32]。

ここで大多は、当時の主流であった重厚なドラマ作りを拒み、若年層にターゲットを絞った軽いタッチのドラマ制作を模索した経緯と、その背後にあった危機感を吐露します。この１９８８年に放送された『君の瞳をタイホする！』（21・4％）で、「トレンディードラマ」の基本的なシステムが出来上がっており、一連の若者向けドラマの起点となるエポックメイキングな番組として評価されています。実際に、当時のＴＢＳのドラマは、大御所と呼ばれる脚本家や俳優を起用した重厚な番組が多く、全体的にも「若年層」向けのドラマは非常に少ない中で、フジテレビの『君の瞳をタイホする！』が「トレンディードラマ」の嚆矢となったのでした。

その後、1989年にフジテレビは『教師びんびん物語』（31・0％）、『君の瞳に恋してる！』（23・6％）、『愛しあってるかい！』（26・6％）などをヒットさせて、同年にレギュラードラマ枠の「視聴率」が、開局以来初めてTBSを上回ります。翌1990年にも『すてきな片想い』（26・0％）で若者向け路線は継承され、1991年に純愛を描いた『101回目のプロポーズ』（36・7％）、『東京ラブストーリー』（32・3％）では、物欲的な「トレンディードラマ」に純愛路線を加味して「若者恋愛ドラマ」のサブジャンルを確立したと評価されました。これは、視聴ターゲットを「若年層」に特化したフジテレビの番組編成が、「バラエティー」のみならず、「ドラマ」にまで浸透したことを意味しており、若者の間で「家でドラマを見ることなんてダサいと言われた時代」を変えて、「若者たちをテレビにクギづけにし、ドラマ史上、大きな分岐点となった」と、指摘されています[33]。更に、「第三期」中盤以降のドラマも、フジテレビのお家芸となった「トレンディードラマ」路線で、1992年『愛という名のもとに』（32・6％）、1993年『ひとつ屋根の下』（37・8％）などが、高視聴率を獲得しました。当時の、若者の「ドラマ離れ」を乗り越えた方法論について、「トレンディードラマ」を取り仕切っていた大多は次のように述べています。


ドラマというジャンルでは他局に遅れをとっていたフジテレビは、役者や脚本家という財産さえ持っていなかった。だから、僕みたいな若いのが一から作るしかなかった。

トレンディードラマとはズバリ、『若いスタッフと、若い脚本家と、若い役者が若い人に向かって制作したドラマ』のことである。そうして作られたドラマが若い人に受け入れられたとき、フジテレビのドラマは大きく動き出した。それはドラマ界における大きな変革であり、僕が「君の瞳をタイホする！」を作っているときにものすごい高揚感を感じたのは、その革命の真只中にいたからだろう[34]。

ここで、自ら生み出した「トレンディードラマ」の定義や成立過程が、「若い人」をキーワードに分析されています。具体的に、大多は成功のポイントとして、「ロケ地、衣装、音楽」の３点を挙げ、「20代の女性にターゲットを絞り、恋愛やファッション、音楽などの情報も入れた」と説明しますが、更に、「高視聴率の快感が、プロデューサーの仕事の快感の９割を占める」と公言する一方で、自らの制作哲学について次のように語ります。

徹底的にお客さんに媚びたってことですね。まずお客さんありきって発想。それまでは、まず創り手ありきだったんですよ。大御所の脚本家がいて、創り手が世間に何を言いたいかということをベースにつくってた。それが硬直化してたわけです。そこから、まずお客さんが何を観たいかを考えるって発想に、転換をしていった。ある意味、視聴者がメッセンジャーでもある。それがトレンディードラマだったんです[35]。

ここで大多は、「作り手」の見せたいものよりも、「受け手」の見たいものを優先させた制作ポリシーを強調しますが、この言葉からも「視聴率」獲得への強い執着心が感じられます。しかし、一方で大多は「ドラマ作りが青春だった」と述べており、「トレンディードラマ」の３作目となる『君が嘘をついた』の制作現場について、「あんなふうに楽しくドラマを作れたのは、後にも先にもこの作品だけ。それからはある種、視聴率を取るというゲームに巻き込まれていくことになるのだ[36]」と、「作り手」が自身の価値観よりも、「視聴率」を最優先せざるを得ない状況になっていったことを示唆します。

この大多の制作姿勢は、「第三期」の「作り手」が、「視聴率」から強いプレッシャーを受けることなく、「自分たちが面白い」と思うものを作っていた、横澤や王などのバラエティー番組担当者たちとは、明らかに違うものでした。確かに、大多も「人がやっていないものをやる」という、「第三期」のフジテレビの「作り手」に共通する制作ポリシーは持っていましたが、「視聴率」を最初から狙って取りに行く姿勢は、バラエティー番組担当者の「まず自分たちが楽しむ」、「数字は後からついてくる」といった考え方とは、根本的な隔たりがあります。この相違の背景として、「第三期」の「編成主導体制」の中で、大多は制作主導でドラマを作ることに固執していたという、意外な事実があり、当時のフジテレビのドラマ制作体制について、次のように回想しています。

そもそも当時のフジテレビのドラマは編成部主導で作られていた。編成の前田和也さんや亀山千広さんが企画した作品を、東宝や共同テレビといった外部の制作会社が作るというのが主流で（ブームとなった業界ドラマもこのパターン）、第一制作が作るものにヒット作はほとんどなかった。

そんななか、このままではいけないという危機感を最も切実に感じていたのが山田良明プロデューサーだった。「な・ま・い・き盛り」、「キスより簡単」、「おヒマなら来てよネ！」などの若者ドラマを成功させていた山田さんは、若い女性がドラマを見ないということを強く感じていて、彼女たちが楽しんで見られるドラマを作ることがヒットにつながると考えていた。

その山田さんが88年1月から月曜9時枠を担当することになり、「一緒に作らないか」と僕に声をかけてくれたのだった[37]。

ここで、「第三期」のフジテレビで「編成主導体制」がドラマにも深く浸透していたことが証言されていますが、当時のドラマのキャスティングも編成主導で行われており、従来の制作主導によるドラマの制作過程とは明らかに異なるものでした。具体的には、企画内容を決定する前から、編成部門が芸能プロダクションと交渉して長期契約を結び、ジャニーズ事務所などの人気タレントを、放送枠のみを決めて数年前から確保するスタイルになっていました。このキャスティング形式の変化により、ドラマの「作り手」が企画内容よりも、「視聴率」の上乗せが期待できる「数字を持っている」人気俳優の起用を優先するケースが増えていったようです。

この状況の中で、「編成主導体制」が主流であったフジテレビのドラマ制作現場で、制作主導の大多たちが放送枠を確保するためには、高視聴率を続けていくことが、社内的にも不可欠であったと考えられます。実際に、大多は「トレンディードラマ」のキャスティングに関しても編成主導とは一線を画して、独自のオーディションで決定しており、制作主導でプロデュース業務を遂行していました。具体的に、大多は編成主導のキャスティングについて、「キャスティングが平板な似たようなものになったり、出演者の発言力が大きくなって、プロデューサーが自由にキャストや主題歌を選べなくなったりという面も出てきた」と批判しており、次のように制作主導のプロデューサーの役目について述べています。

いろいろなものを総合的にまとめあげるのはプロデューサーの仕事なのである。ドラマでいえば、キャスト、脚本、主題歌などがひとつにパッケージされて、初めて大ヒットに結びつく。役者のことだけ見ても、もう誰と誰を組み合わせるかだけではダメで、３番手、４番手くらいまでの役者のパッケージ感が必要。それに加えて、どんな脚本家で、どんな主題歌でという総合的なプロデュースが要求される[38]。

この発言通り、大多は自ら、鈴木保奈美、江口洋介、和久井映見などの若手俳優をオーディションで発掘して育成し、野島伸司や坂元裕二などの無名の若い脚本家を成長させ、小田和正、ＣＨＡＧＥ＆ＡＳＫＡなどが歌う番組主題歌も大ヒットしていました。まさに、大多が制作主導で「キャスト、脚本、主題歌」の総合的なプロデュースに成功して、「トレンディードラマ」がフジテレビのキラーコンテンツとして君臨していたと言えます。

結果として、大多は編成部門の要望する「若年層」をターゲットとする高視聴率ドラマの制作に成功しますが、一方で編成部の亀山も『季節はずれの海岸物語』（１９８９年、21・4％）、『踊る大捜査線』（１９９７年、23・1％）などのヒット番組を連発しており、双方が同じ「月９」の放送枠で競合しながらも、フジテレビの「編成主導体制」によるドラマ制作システムが機能していました。やはり、この編成主導と制作主導のドラマ制作体制が併存していた状況からも、「第三期」のフジテレビの「編成主導体制」は、制作現場に対して絶対的な権限を行使する、官僚的なシステムではなかったと判断されます。

一方、「第三期」中盤以降の「ドラマのＴＢＳ」も、お家芸の「ホームドラマ」路線で『渡る世間は鬼ばかり』（１９９１年、

27・2％）、「冬彦さんブーム」を作った『ずっとあなたが好きだった』（1992年、34・1％）、「教師と生徒の愛」という禁断のテーマを描いた『高校教師』（1993年、33・0％）など、30％を超える高視聴率ドラマを生み出しています。結果として、「第三期」のTBSは社会的問題を題材にした、ファミリー層を中心とする「オールターゲット」のドラマで、「若年層」に特化するフジテレビに対抗しており、両局による「ドラマ二強」時代となりました。

その他のストーリー系の番組ジャンルの中で、「第三期」のフジテレビ独走の原因となった「陰の立役者」と指摘されるのが、19時台に編成された「アニメ」番組です。以前より、「アニメ」はフジテレビの得意ジャンルでしたが、「第三期」の「アニメ」の「高視聴率ベスト10」にフジテレビの5番組がランクインしています。特に、「第三期」直前の1981年にスタートした『ドクタースランプ』（36・9％、1981年・年間レギュラー番組第6位）は「高視聴率番組群のペースメーカー的な役割を担当して、視聴率トップ局への突破口となった[39]」と、フジテレビ調査部長が分析するなど、ゴールデンタイムの始まる19時から高視聴率を確保することで、全体的な「視聴率」アップへ貢献していたと言えます。

その後、この「ペースメーカー」的な役割を担う「アニメ」は、1990年にスタートして長寿番組となる『ちびまる子ちゃん』（1990年、39・9％）に継承されたと指摘されますが、その他にも、『サザエさん』（1990年、36・4％）、『タッチ』（1985年、31・9％）、『ゲゲゲの鬼太郎』（1986年、29・6％）など、高視聴率の「アニメ」がフジテレビには数多くありました。すると、当時のTBSの「送り手」からは「フジテレビの視聴率は確かに好調であるが、19時台を中心としたアニメーションの視聴率が同局の視聴率を押し上げているのであって、番組としては子供に偏ったものであり、TBSほどの多様性はない[40]」と指摘されるなど、その後の「視聴質論争」の原因にもなっています。

『ニュースステーション』による「ニュースの商品化」

また、以前は「視聴率」が期待されておらず、民放では周縁的な枠で放送されていた「報道番組」にも、フジテレビではありませんが、テレビ朝日による大きな変動が「第三期」に起こっています。具体的には、まず１９８５年10月にテレビ朝日が22時から平日のベルト編成で、久米宏をメインキャスターに起用した『ニュースステーション』（１９８８年、30・９％）を開始しており、その後は、22時以降に民放でも大型報道番組が並ぶ状況になっていきます。この、民放キー局の「報道志向」の兆しは、既に「第二期」から始まっており、１９７０年から80年までの10年間に、民放の「報道番組」の総放送時間が40％も増える中で、全番組に対するシェアが10％を超えました[41]。更に、「第三期」には『ニュースステーション』で「報道番組」が民放でも「プライム」帯に進出する一方で、夕方のニュース枠も放送時間が拡大されるなど、「報道志向」に拍車がかかります。この動向は、新たな「視聴者層」を開拓する「送り手」の編成戦略に端を発したものでしたが、本格的な報道番組が民放で始まったことにより、「第一期」から紙媒体が「テレビは単なる娯楽メディアである」と揶揄していたメディア状況を大きく変えることになりました。

　実際に、『ニュースステーション』開始直前のテレビ朝日の夜帯のニュース番組は、23時から15分枠で『ニュースファイナル』、その後10分枠で『ＡＮＮスポーツニュース』という短い時間枠でしか放送されていませんでした。この背景からも、「第三期」に民放初の本格的なプライム帯の「報道番組」となった『ニュースステーション』の開始は、大胆なカウンター編成であったと言えますが、当時のメディア状況について、テレビ朝日編成局長として「送り手」の中心的人物であった小田久榮門（おだきゅうえもん）は、次のように回想します。

> テレビドラマというものが登場してきた当初、それらを手がけたのは、映画会社の助監督のような人たちで、テレビドラマは「電気紙芝居」などと揶揄されたものである。（中略）そうしたなかで、ＴＢＳの東芝日曜劇場などは、映画とは違うテレビドラマとしての独自の評価がなされるようになり、やがて、１９７０年代にはテレビドラマは全盛時代を迎える。
>
> 　その一方で、テレビニュースは、情報性において、何の進歩も示さなかった。こうやっていればよいという定型化されたものから、一歩も脱却できずにいたのである。

ニュース番組はスポンサーもつきにくい。そのくせ金だけは食う。海外に特派員を大勢派遣して通信社などから情報を買うという、そういう状態が80年代まで続いた。

私は元々、ニュース、情報番組志向を持っていたので、このままではいけないと考えていた。ただ原稿を読んで、申し訳程度の映像をくっつけているというのでは、テレビというせっかくの宝が持ち腐れになってしまう。そんなことではテレビはただの箱ではないかと思ったのである。

そうしたことが、『ニュースステーション』という番組を思いつく要因であった。

それまでは、プライムタイム、ゴールデンアワーのなかで、ニュースはＮＨＫだけがやっていて、他局ではニュースは三の次、四の次といった扱いに過ぎなかった。定時のニュースはＮＨＫ、民放はその前五分程度を流すだけだったのだ[42]。

ここで小田は、自らがプライムタイムにカウンター編成した『ニュースステーション』が、脆弱であった民放の「報道番組」を進化させ、テレビメディアの報道機関としての社会的機能を果たした意義を力説しています。一方で、この番組の発端は、制作会社の「オフィス・トゥ・ワン」が作成した「わかりやすい報道」をベースにした企画書を、電通副社長の梅垣哲朗がテレビ朝日副社長に転出した際に持ち込んだ経緯があったとも言われます。その背景には、「親会社、電通の意向」、「22時台に準キー局の朝日放送制作番組が多かったテレビ朝日のキー局としての意地」、「ナショナルスポンサーの確保」などの諸問題があり、それらの複合的な要素がうまく作用して、テレビ朝日の22時台の編成改革が『ニュースステーション』のベルト編成という形になって実現したと、一部で指摘されています[43]。

このように、『ニュースステーション』はテレビ朝日の報道現場から生まれた企画ではありませんでしたが、「送り手」内部で編成や営業の思惑が複雑に絡む中で、電通の買い切り枠として、営業的な部分をクリアにした上で、１９８５年にスタートしました。既に、前年の１９８４年にＴＢＳが『ＪＮＮニュースコープ』の18時台を枠拡大して、19時20分まで延長していましたが、実質的には『ニュースステーション』が民放初の本格的なプライムタイムの「大型報道番組」になったと評価されます[44]。

しかし、『ニュースステーション』のスタート当初は、週平均の「視聴率」が10％に届かず、小田の期待を大きく裏切りました。この原因として、『ニュースステーション』がテレビ朝日の「社運を賭けた番組」であったため、看板番組の『欽ちゃんのどこまでやるの！』やワイドショーから、エース級の「作り手」を集めた制作体制となっており、ニュース素材にBGMを使い、スタジオ部分にもバラエティー番組の要素を取り入れた演出になっていました。結果として、番組コンセプトが曖昧になり、「報道番組」としての本質的な部分が疎かになった部分があったようです。実際に、小田も初回の放送を見た感想として、「私は愕然とした。まるで旅番組かグルメ番組である。それもまったくサマになっていない」と、痛烈に批判していますが、編成担当として『ニュースステーション』の立ち上げから従事していた、テレビ朝日の岡田亮は次のように当時の状況を振り返ります。

番組開始以前から、22時台にニュースというカウンター編成に勝算はあった。しかし、当初、「作り手」がどこか視聴者の意識を読み違えて、ワイドショーのような番組作りをしていたため「視聴率」が獲れなかった。その状態から、グループインタビューなどによりリサーチを重ねて、視聴者ニーズは「もっとちゃんとしたニュースが見たい」ということだったことに気付き、迅速に方向修正させて成功した[45]。

やはり、番組開始当初から編成部門による細かな指示が現場の「作り手」に送られており、結果として「視聴率」も上昇していくことになりますが、「送り手」の制作現場への影響力の強さが伺えます。具体的には、『ニュースステーション』開始以前の22時台の視聴者層を綿密に分析した上で、サラリーマンを中心とする「M2・M3」層をメインターゲットに、彼らの配偶者である「F2・F3」層を「随伴視聴」として狙う編成計画が練られていたようです。実際に、プロ野球ナイター速報を他局より早い時間帯の番組開始直後の22時15分から放送するなど、構成面の工夫により「M2・F2」層は獲得できていたものの、「M3・F3」層が振るわず、低視聴率の原因となっておりました。

そこで、更に大規模なグループインタビュー調査を実施して、その結果を基にＣＭフォーマットの変更や、サブキャスターの役割の明確化など、より「わかりやすいニュース」として成立させるための柔軟な対応策を、早急に実行したようです。

その後、放送開始翌年の１９８６年2月にフィリピン政変が起こり、安藤優子をリポーターに起用した現地密着取材により「視聴率」が急上昇して、この辺りから常時10％以上をキープするようになりました。更に、番組開始３年後には平均視聴率が15％程度になるなど、『ニュースステーション』の人気が定着していきます[46]。この「視聴率」を上げるきっかけとなった「フィリピン政変」のレポートで、ギャラクシー賞個人奨励賞を受賞した安藤優子は、初期の『ニュースステーション』の状況について次のように述べています。

　最初に私が視聴率を意識したのはテレビ朝日で『ニュースステーション』をやっている時です。それ以前の報道番組をやっていた時は、視聴率度外視で、それが指針になるとかいうより、報道番組はその外側にいる……という認識だったんです。
　『ニュースステーション』の初回は確か９％台。苦戦が続きました。初めて視聴率がはね上がったのが、86年のフィリピンで、いわゆる〝ピープルズ・パワー〟が爆発した無血革命、マルコスの亡命のニュースです。ちょうど現地にいて、独裁者で、長年のリーダーでもあったマルコスが国を追われていく様子をフィリピンから生中継したわけです。その時に、視聴率は20％近くになったのです。（中略）
　１か月後ぐらいに日本に帰ったら、空港に迎えに来た人に「大変なことになっているよ。賞ももらえるそうだ」と言われて、ああそうなんだ、と。世の中のリアルタイムで起きていることをきちんと見たいと、人々は思っているんだということを確信しました。そして視聴率というものは、そういう人々の思いを裏付けてくれたんだと。だから、以来、視聴率というものをすごく大事にしてきました[47]。

当時の報道現場では珍しかった、女性レポーターの草分け的存在の安藤は、当初から『ニュースステーション』が「視聴率」を強く意識した番組であり、その時の体験が自身の「視聴率観」の形成にも強く影響していると証言します。やはり、『ニュースステーション』は従来の報道番組には見られなかった、「視聴率」を上げていくための手法がいくつも取り入れられており、特に局アナの小宮悦子を抜擢した「女性キャスター」の起用は、その後の民放のニュース制作現場に広がっていきました[48]。

一方で、『ニュースステーション』以前の報道番組には「視聴率」と一線を画した「ジャーナリズム精神」を優先する気風が強く残っており、テレビ朝日ニューヨーク支局長であった増田信二は、報道現場の意識の変化について次のように指摘しています。

入社当初の報道部は、一種、治外法権的な、視聴率からの足かせのない、聖域化された部署であった。これは、テレビ局が開局した当初、報道のノウハウがなく、視聴率競争よりも新聞社が行っていたスクープ合戦という価値観を踏襲していたためでもあっただろう。我々は、この形を崩しにかかったいわば「テレビ報道の第二世代」であり、旧態依然とした「スクープ合戦」をやめて、映像化が容易な季節の花や行事などをニュース番組のトップ項目に配置するなど、「テレビ的な報道」に演出方法を変えていった。

その後、１９７４年のＮＨＫ『ニュースセンター９時』がプライム帯で高視聴率を獲得した頃から、民放の報道番組も少し「視聴率」を意識し始めるが、まだ「報道第二世代」は、編成部門からの圧力もほとんどない中で、数字に対しての意識は脆弱であった。

この背景として、他の番組ジャンルより制作費がかかる報道番組を、放送免許基準の側面もあって外せない中で、低視聴率でも維持していくために、系列キー局ごとにテレビ朝日ではＡＮＮ基金と呼ばれる「報道基金」のシステムを作り、営業理論では回収できない部分を、系列局に一種の「上納金」として負担させる方法論で成立させてきた。ところが、『ニュースステーション』以降は民放キー局が、報道番組に対しても高視聴率を求めるようになり、同時に、視聴者からもニュースに対する高い社会的ニーズが生まれて、「視聴率」の獲得に向けた下地が作られていった[49]。

まさに、増田の指摘する報道番組に対する意識改革が、1985年にテレビ朝日が社運を賭けて始めた『ニュースステーション』により、編成や営業の「送り手」主導でプライムタイムの帯番組として実現したと言えます。更に、増田は『ニュースステーション』の成功した原因と、その後の報道現場への影響を、次のように分析します。

従来は「ニュースの価値」を、社会的重要度で決定していたが、それを、『ニュースステーション』は「視聴者の興味をそそるもの」に変えた。つまり、以前の報道現場に欠けていた「視聴率」に対する意識を強化して、美術セットも常駐型の高価なセットを作り、「ニュースショー」的な演出方法を駆使した番組が『ニュースステーション』であったと言える。そうすることで、当時はビジネスとしての成立が困難であった「報道番組」が、「視聴率」獲得も可能なソフトとなり、「ニュースの商品化」に成功した。

しかし一方で、『ニュースステーション』成功の裏側で、以前ならば、報道部門のエース級の人材が記者として取材に行っていたものが、ニュースを加工してパッケージ化する方に回ったため、結果として肝心なテレビ報道の取材力が低下してしまった[50]。

このように、増田は『ニュースステーション』が報道現場の「視聴率」に対する意識を変えたことによる、取材現場の「作り手」への弊害を明言しています。実際に、『ニュースステーション』は、以前から局制作の意識が強かった「報道番組」に制作会社の「オフィス・トゥー・ワン」を本格的に参入させた異例の制作体制により、徹底的に視聴者ニーズを追求した「加工品のニュース番組」を成立させました。その後、この編成と営業の「送り手」主導で始められた『ニュースステーション』の成功により、民放のプライムタイムに「報道の時代」が本格的に到来することになり、22時台にテレビでニュースを見る新たな視聴者層を生み出し、同時間帯の番組編成を変えていきます。

具体的には、ＴＢＳが１９８７年10月に、朝のワイドショー『モーニングＥｙｅ』の人気キャスターであった森本毅郎を起用した『ＪＮＮニュース22プライムタイム』を同時間帯にぶつけて、「夜10時の報道戦争」として注目を集めます。しかし、結果として『ニューステーション』の人気に影響はなく、「視聴率」も『ニュース22プライムタイム』を圧倒したため、ＴＢＳは１９８９年10月にニュース枠を22時台から23時台に枠移動させ、『筑紫哲也ＮＥＷＳ23』（１９９５年、17・２％）として再スタートすることになりました。当時の、民放キー局による「報道番組」の視聴率競争に対して、自らも当事者であったキャスターの筑紫哲也は次のように、述べています。


視聴者の側からテレビの側に向かって送られるデータに視聴率がある。

これをどのくらい気にするかとよく聞かれるのだが、私は、テレビに関わるプロとして１％でも高い視聴率をとこだわる姿勢は正しいと思う。だが、そう思いつつ、視聴率は気にし過ぎてもダメだと思っている。

視聴率は、思ったより高ければボーナスのようにスタッフの励みになるからいいが、分刻みの細かいデータに一喜一憂しても仕方がない。

私が気にするのは番組の「生存視聴率」。つまり、これを下回ると番組が打ち切られるかもしれないという下限の視聴率である。幸い『ＮＥＷＳ23』は平均９％台で、生存視聴率はキープしている状態だ。この状態が維持できれば、何をやってもいいし、小手先で数字を上げるような企画をやる必要もないと思う。（中略）

10人に１人が見れば、生存視聴率は十分維持できるのである。これまで通り「利口」な視聴者を信頼しながら、「見てくれる」ニュースより「見せたい」ニュースにこだわり続けたいと、私は考えている[51]。


この「生存視聴率」という考え方は筑紫独特のもので、とても興味深い「視聴率観」です。一方、小田は『ニュースステーション』の制作現場の状況について、「視聴率がドーンと上がり始めると、スタッフは自然、廊下の真ん中を歩くようになる。いわゆる肩で風を切って歩くようになった[52]」と指摘しており、『ＮＥＷＳ23』とは全く異なる志向性であったと考えられます。この影響は双方の番組作りにも如実に現れており、「いかにわかりやすく伝えるか・中学生にもわかるニュース」を標榜して、「視聴者の見たいニュース」を優先する『ニュースステーション』と、「生存視聴率」以外の数字を意識せず、「作り手」の「見せたいニュース」に拘る『筑紫哲也NEWS23』は本質的な部分で違いがありました。

しかし、TBSの「送り手」が枠移動により撤退を決断したことで、庶民的な久米宏による『ニュースステーション』とインテリ志向の『筑紫哲也NEWS23』に、視聴者の嗜好性の分散を物理的に可能としました。つまり、一部しか時間帯を重複させないTBSの編成戦略により、双方の番組が「視聴率」を確保した上で、民放キー局の看板ニュース番組を共存させることに成功したのです。その後も『ニュースステーション』は、1992年の年間平均視聴率が17・3%を記録するなど、安定した人気を維持しており、「視聴率」を本格的に意識した民放初の大型報道番組として、「ニュースもお金になる」というイメージを「送り手」に植え付ける、「第三期」のエポックメイキングな番組になりました。

一方、18時台を中心とする民放の「夕方ニュース」も、『ニュースステーション』誕生とほぼ同時期より、番組編成に変化が見られます。同じテレビニュースでも、「高齢者層」が多い22時のプライムタイムで放送する報道番組と比べて、興味のあるテーマをザッピング視聴する「主婦層」を中心とする、幅広い視聴者層をターゲットとする「夕方ニュース」は、様々な内容を「広く浅く」取り扱う、平易な番組作りが要求されたようです。

具体的には、まず1984年10月に、TBSが『JNNニュースコープ』（1979年、24・8%）を18時半から19時20分までのゴールデン帯を含む時間帯に、民放が初進出する「大型ニュース番組」としてリニューアルさせ、アンカーマン制を採用するなど、従来の新聞型ニュースからの脱却を図りました。同じ時期に、フジテレビも18時から一時間枠で『FNNスーパータイム』（1993年、24・8%）を始めており、逸見政孝をキャスターに起用して、「キャスターが自分の言葉でニュースを伝える」形式のテレビ的なニュース番組を手掛けて、高視聴率となります[53]。一方、プライムタイムの『ニュースステーション』の成功に便乗して、「報道のテレビ朝日」の局イメージを浸透させたい意向があったテレビ朝日では、キャスターに女優の星野知子を起用した『ニュースシャトル』を、1987年10月に19時20分から20時までの

「ゴールデンタイム」にスタートさせています。

しかし、民放キー局の編成戦略により、「夕方ニュース」を拡大してゴールデン帯への定着を目論んだ「報道番組」は、19時台のファミリー視聴向けのバラエティーやアニメ番組、そして、19時定時開始の『ＮＨＫニュース』などの人気番組を凌駕できず、「視聴率」が低迷しました。加えて、ナイター中継や2時間スペシャルなどの特番編成により、毎回の19時定時スタートが難しい状況で視聴習慣がつかず、ＴＢＳ『ＪＮＮニュースコープ』は１９８７年9月、テレビ朝日『ニュースシャトル』も１９８９年3月に「ゴールデンタイム」から撤退しており、19時台の新たなニュース視聴者層の開拓は失敗に終わります。

「作り手」の創造力を重視したアンチ管理体制の中で

それでは、ここから「第三期」をまとめていきたいと思いますが、一言で表しますと、「編成主導体制」をいちはやく導入して、視聴者層を「若年層」に絞り込んだターゲットセグメント化に成功した「フジテレビの時代」でした。その中で、「第三期」の「作り手」たちは、「第一期」、「第二期」と比べると、「視聴率」に対する意識の変化が見受けられます。具体的には、「第三期」に視聴率調査のオンライン化が完了して、以前とは異なり、オンエア翌日に「視聴率」が出てくるようになったため、高視聴率獲得へ向けての意識が以前より強くなりました。実際に、一部の「作り手」からは、「昔は翌週の朝にならないと数字は分かりませんでしたから、素直に評価を受け止めて次の作品に生かそうと思ったものです。ところが、翌日に出るようになってからは、番組が荒れ、放送文化のレベルが下がったように思いますね。そうしないと生きてゆけなくなった[54]」と、視聴率調査システムの変化が、制作現場へ及ぼした影響が指摘されています。

しかし、何といっても最大の転換点となったのは、フジテレビが１９８０年に編成担当の専務であった村上七郎の指揮により、制作部門を編成部門に統合させて、「編成主導体制」へ組織体制を移行したことでした。この組織改革により、全体的な局イメージを「送り手」がデザインした上で、個々の番組は制作現場に一任する社内体制に変わります。

実際に、「第三期」のフジテレビの全体的な編成戦略は、視聴者区分で「T、F1、M1」層を対象とする若年層を強く意識していましたが、1997年の「機械式個人視聴率」調査の導入以前であり、精度の低い日記式システムが基礎データとなっていたので、緻密な「視聴率」の分析を基にしたものではなかったようです。また、村上による最初の社内改革が、「社内の廊下に大きく張り出されていた視聴率のグラフを取り払っていった[55]」という逸話に象徴されるように、フジテレビの「編成主導体制」は、制作現場にデータ主義を取り入れることを排除して、「作り手」の感覚を重視するものでした。つまり、「第三期」の時点では、編成部門の「送り手」が若者層に特化した視聴ターゲットを設定したものの、「作り手」の「自律性」を、それ以上に制約するシステムではありませんでした。

この村上による「編成主導体制」の理念が端的に現れているのが、前出の「カンリ、カンリと管理体制の強化ばかりが先行して、単にギューギューと締めつけることばかりやっていては、意欲のある番組は決して出てくるものではない。番組はクリエイティブな意欲あふれるものがほしい」と、「作り手」をスタジオに集めて、「送り手」の想いを述べた冒頭挨拶でした。更に、村上の下、40代前半で編成局長に就任した、後にフジテレビ社長となる日枝久が、次のように当時の編成戦略の基本方針を具体的に述べています。

独創性で話題作り――人まねだけは歯を食いしばってもしたくないこと。長年の『クイズグランプリ』と『スター千一夜』の十五分枠の構造改革をやること。全員参加で〝ア・クォーター・モア〟視聴率10パーセントを12・5パーセントにする努力をしよう。良い番組は見られる番組、楽しくなければテレビじゃない。事件事故が起こったときは困難を乗りこえて特番を組む[56]。

このフジテレビの編成改革に対して、当時のライバル局であったTBS編成部の田原茂行は、「これらの方針は、フジテレビが長年解決できなかった難題の解決に正面から挑戦しようとするものであった[57]」と、高く評価しました。その後、これらの編成方針を、バラエティー番組では横澤彪が「既存の演芸を解体した新しい笑いであるひょうきん族[58]」、ドラマの大多亮は「ロケ地、衣装、音楽の設定などで徹底的にお客さんに媚びたトレンディードラマ[59]」で、具現化していきます。更に、フジテレビの「送り手」が、これらの「作り手」の創り出した多数の高視聴率番組を、「楽しくなければテレビじゃない」や「視聴率三冠王」などのキャッチコピーを駆使して、若年層を中心とする視聴者へ効果的に訴求させたのでした。この当時の状況について、出向先から本社に戻り、フジテレビの制作現場を引っ張っていた横澤彪は、次のように回想します。

局に戻って最初に聞いた言葉は〝モノをつくるのは感性だ〟ということでした。感性が番組づくりの中心に据えられたということは、年功序列の悪弊が排除されたということ。若手がのびのびと仕事をできる環境ができあがったわけですよ。

なんといっても大きかったのは、プロダクション時代の出向社員でもない、プロパー社員までを、簡単な試験で入社させたことですよ。彼らは自分が社員になれるなんて夢にも思ってなかった。まさに青天の霹靂。年齢的にも若く、現在でも現場を取り仕切っているディレクターたちなんですが、当然、彼らは意気に感じて燃えましたよ。

ぼくは彼らのことを〝ポツダム社員〟と呼んでるんですが、他局との決定的な違いは、他局にポツダム社員の年齢層がないこと。いまのフジテレビをつくったのは、意気に感じたポツダム社員だとわたしは思ってます[60]。

実際に、この「ポツダム社員」の中から、三宅恵介や荻野繁、佐藤義和らの高視聴率番組を量産する「作り手」が数多く誕生しています。また、当時の制作現場の状況について、フジテレビの「作り手」は、「それまでは制作費の枠が決まっていて、１０００万円かかるところを８００万円であげたらよくやったといわれていた。しかし、大部屋に移ってから、金はかかってもいいから良いものをつくれ、そして管理職は口を出すな、若い者に自由にやらせろという空気をつくった[61]」と、「大編成局」の大部屋の中で、「送り手」から番組予算や「視聴率」で強く縛られることなく、「作り手」の創造性を優先させて、「現場に任す」基本方針が貫かれていた状況を証言します。

こうして、テレビメディアが「第二期」に安定的な普及に成功して、TBSを頂点に民放全体が、平均的なファミリー層をターゲットとする緩やかな競争を展開していた中で、「第三期」のフジテレビが改革的に若年層ターゲットという方針を掲げて「送り手」主導で差別化を図り、常に「何か新しい娯楽」を提供する局イメージにより「視聴率」の覇権を手中にしたのでした。まさに、民放他局が自身の特色を明確に出せない中で、「若年層」に特化した番組制作方針を、自局の「作り手」へ強力に浸透させた「編成主導体制」の勝利と言えます。一方で、「作り手」自体は比較的に「視聴率」に縛られることなく、「送り手」の設定したコンセプトの実現に向けて、従来の常識を破っていく姿勢を保ち、番組制作に臨んでいたようです。その結果として、フジテレビは多数の高視聴率番組を連発して、長年にわたり「視聴率三冠王」の座に君臨することになりました。

ここは大切なポイントなので、再度確認します。このフジテレビの村上七郎による、テレビメディア初の試みとなる「編成主導体制」の導入により、制作部門が編成部門に統合された「大編成局」が出現し、組織としては編成方針に基づいた機能性の高い中央集権的な番組制作体制へと変化しました。結果として、「楽しくなければテレビじゃない」というキャンペーンの基に、若年層ターゲットのバラエティー重視路線が制作現場に浸透していきますが、個々の番組に取り組む「作り手」の「自律性」は充分に確保されておりました。つまり、この村上の構築した「第三期」の組織は、当初想定された官僚的な「編成主導体制」ではなく、「第四期」以降の「編成主導型モデル」とは本質的に別物の、「初期編成主導型モデル」であったと考えられます。その後も、村上のラジオ時代の経験を背景に導入された「編成主導体制」自体は、現在もテレビ局の組織システムとして継承されており、その先見性はテレビ史の中で再評価されるべき偉大な功績であったと断言できます。

しかし、この「第三期」の制作現場で「作り手」の「自律性」が保てていた組織体制も、次の「第四期」に移行する際に日本テレビとの二局間の激しい視聴率戦争の渦中で徐々に変容していくことになりました。実際に、現在の民放キー局に見られる「編成主導体制」は、村上による「初期編成主導型モデル」とは、制作現場の「作り手」と編成の「送り手」の関係性を見ても明確な違いがありますが、その詳細は次の章から詳しく考察していきたいと思います。

【註】

1　ビデオリサーチ「視聴率調査の歴史」、ビデオリサーチホームページ、<http://www.videor.co.jp/>、２０１５年4月15日閲覧。
2　隈元信一「転機迎えたテレビ視聴率」『ＡＥＲＡ』１９９０年6月19日号（朝日新聞社、39頁、１９９０）参照。
3　村上七郎『ロングランマスコミ漂流50年の軌跡』（扶桑社、２８０頁、２００５）参照。
4　村上七郎『ロングランマスコミ漂流50年の軌跡』（扶桑社、２７６—２７７頁、２００５）参照。
5　村上七郎『ロングランマスコミ漂流50年の軌跡』（扶桑社、１６０頁、２００５）参照。
6　村上七郎『ロングランマスコミ漂流50年の軌跡』（扶桑社、１６４—１６６頁、２００５）参照。
7　吉野嘉高『フジテレビはなぜ凋落したのか』（新潮社、72頁、２０１６）参照。
8　村上七郎（関西テレビ放送・名誉顧問、元フジテレビ専務取締役）談、２００４年10月21日、東京・銀座にて対面インタビューによる聞き取り調査。
9　吉田正樹「テレビは共有知。文化的バックグラウンドを支える」ビデオリサーチ・編『視聴率50の物語　テレビの歴史を創った50人が語る50の物語』（小学館、１７７—１７８頁、２０１３）参照
10　吉野嘉高『フジテレビはなぜ凋落したのか』（新潮社、41—42頁、２０１６）参照。
11　ビデオリサーチ「全局高世帯視聴率番組50」、ビデオリサーチホームページ、<https://www.videor.co.jp/tvrating/past_tvrating/top50/index.html>、２０１９年4月1日閲覧。
12　ビデオ・リサーチ編『視聴率20年』（ビデオ・リサーチ、１１９頁、１９８２）参照。
13　田原茂行『テレビの内側で』（草思社、46—47頁、１９９５）参照。
14　伊豫田康弘・上滝徹也・田村穣生・野田慶人・煤孫勇夫『テレビ史ハンドブック』（自由国民社、１４３頁、

1996）参照。この東海テレビの「昼ドラマ枠」が、その後も「若年層」に定着しており、2002年は横山めぐみの『真珠婦人』（9・8％）、2004年には大河内奈々子・小沢真珠の『牡丹と薔薇』（13・8％）が人気番組となるなど、「送り手」の編成戦略が継続的に成功している。

15　横澤彪（吉本興業専務取締役、元フジテレビプロデューサー）談、2004年12月11日、東京・赤坂にて対面インタビューによる聞き取り調査。

16　吉野嘉高『フジテレビはなぜ凋落したのか』（新潮社、60頁、2016）参照。

17　吉田正樹『怒る企画術！』（ベスト新書、33頁、2010）参照。

18　吉田正樹『人生で大切なことは全部フジテレビで学んだ〜「笑う犬」プロデューサーの履歴書〜』（キネマ旬報社、55—56頁、2010）

19　吉田正樹『人生で大切なことは全部フジテレビで学んだ〜「笑う犬」プロデューサーの履歴書〜』（キネマ旬報社、32頁、2010）

20　王東順「今までにない番組をつくる喜び」『GALAC』2003年4月号「特集　テレビの突破者たち！」（放送批評懇談会、24—25頁、2003）参照。

21　石戸康雄（オン・エアー社長）談、2013年10月20日、東京・本郷にて対面インタビューによる聞き取り調査。

22　村上七郎（関西テレビ放送・名誉顧問、元フジテレビ専務取締役）談、2004年10月21日、東京・銀座にて対面インタビューによる聞き取り調査。

23　初回から、視聴率は9・9％、14・8％、10・6％と芳しくなかったが、7回目で「ネッシー」を扱って19・7％を取ると、9回目には20％を超えて、以後は20％台以上で定着している。

24　石沢治信「90年視聴率戦争、フジテレビまたも独走」『創』1991年1月号（創出版、36—37頁、1991）参照。

25　オフィス・マツナガ『なぜフジテレビだけが伸びたのか 独自の宣伝戦略・番組づくりにみる「アピール・テクニック」の秘密』（こう書房、116—117頁、1990）参照。

26　田原茂行『テレビの内側で』（草思社、48頁、1995）参照。
27　ビデオリサーチ「全局高世帯視聴率番組50」、ビデオリサーチホームページ、<https://www.videor.co.jp/tvrating/past_tvrating/top50/index.html>、2019年4月1日閲覧。
28　山本たかお（テレビ朝日・編成制作局音楽番組担当ゼネラルプロデューサー）談、2014年6月19日、東京・吉祥寺にて対面インタビューによる聞き取り調査。
29　北野和典（C・A・L・プロデューサー、元テレビ朝日・プロレス担当ディレクター）談、2004年9月7日、東京・新橋にて対面インタビューによる聞き取り調査。
30　ビデオリサーチ「全局高世帯視聴率番組50」、ビデオリサーチホームページ、<https://www.videor.co.jp/tvrating/past_tvrating/top50/index.html>、2019年4月1日閲覧。
31　伊豫田康弘・上滝徹也・田村穣生・野田慶人・煤孫勇夫『テレビ史ハンドブック』（自由国民社、121頁、136頁、1996）参照。
32　大多亮『ヒットマン　テレビで夢を売る男』（角川書店、19—20頁、1996）参照。
33　大多亮「8年半ぶりの現場復帰　低い数字じゃカッコつかない」伊藤愛子『視聴率の戦士』（ぴあ、162頁、2003）参照。
34　大多亮『ヒットマン　テレビで夢を売る男』（角川書店、21頁、1996）参照。
35　大多亮「8年半ぶりの現場復帰　低い数字じゃカッコつかない」伊藤愛子『視聴率の戦士』（ぴあ、169頁、2003）参照。
36　大多亮『ヒットマン　テレビで夢を売る男』（角川書店、27頁、1996）参照。
37　大多亮『ヒットマン　テレビで夢を売る男』（角川書店、12—13頁、1996）参照。
38　大多亮『ヒットマン　テレビで夢を売る男』（角川書店、213頁、1996）参照。
39　石沢治信「90年視聴率戦争、フジテレビまたも独走」『創』1991年1月号（創出版、37頁、1991）参照。当時フジテレビ調査部長・広瀬英明のコメントを引用。
40　藤平芳紀「視聴率のナゾ　テレビ放送と視聴率調査のあゆみ②　1980年代〝量から質へ〟」『GALAC』2003年4月号（放送批評懇談会、45頁、2003）参照。
41　ビデオ・リサーチ編『視聴率20年』（ビデオ・リサーチ、120―121頁、1982）参照。
42　小田久榮門『テレビ戦争勝組の掟　仕掛人のメディア構造改革論』（角川書店、16―17頁、2001）参照。
43　藤平芳紀「視聴率のナゾ　ニュースステーション誕生余話」『GALAC』2003年11月号、（放送批評懇談会、45頁、2003）参照。
44　伊豫田康弘・上滝徹也・田村穣生・野田慶人・煤孫勇夫『テレビ史ハンドブック』（自由国民社、130―131頁、1996）参照。
45　岡田亮（テレビ朝日・人事局課長、元編成制作局編成担当）談、2005年9月6日、東京・六本木にて対面インタビューによる聞き取り調査。
46　藤平芳紀「視聴率のナゾ　ニュースステーション誕生余話」『GALAC』2003年11月号、（放送批評懇談会、44頁、2003）参照。
47　安藤優子「視聴者の共感度合いが現れるのが視聴率」ビデオリサーチ・編『視聴率50の物語　テレビの歴史を創った50人が語る50の物語』（小学館、171―173頁、2013）参照
48　1984年フジテレビ『スーパータイム』幸田シャーミン、日本テレビ『NNNライブオンネットワーク』井田由美など、この時期に、田丸美寿々、三雲孝江ら「女性キャスター」が相次いでニュース番組に進出している。
49　増田信二（デジタル・キャスト・インターナショナル社長テレビ朝日・元報道局ニューヨーク支局長、記者）談、2004年10月20日、東京・原宿にて対面インタビューによる聞き取り調査。
50　増田信二（デジタル・キャスト・インターナショナル社長テレビ朝日・元報道局ニューヨーク支局長、記者）談、2004年10月20日、東京・原宿にて対面インタビューによる聞き取り調査。

51　筑紫哲也「やっかいなのは〝利口馬鹿〟な人びと」『GALAC』2001年5月号、（放送批評懇談会、17頁、2001）参照。
52　小田久榮門『テレビ戦争勝組の掟　仕掛人のメディア構造改革論』（角川書店、34―35頁、2001）参照。
53　伊豫田康弘・上滝徹也・田村穣生・野田慶人・煤孫勇夫『テレビ史ハンドブック』（自由国民社、124頁、1996）参照。
54　小池正春『実録　視聴率戦争！』（宝島社新書、20頁、2001）参照。制作会社カノックス副社長雨笠明男コメントを引用。
55　村上七郎（関西テレビ放送・名誉顧問、元フジテレビ専務取締役）談、2004年10月21日、東京・銀座にて対面インタビューによる聞き取り調査。
56　田原茂行『テレビの内側で』（草思社、47頁、1995）参照。
57　田原茂行『テレビの内側で』（草思社、48頁、1995）参照。
58　横澤彪「芸の解体こそ新しい笑い」『GALAC』2003年4月号「特集　テレビの突破者たち！」（放送批評懇談会、17頁、2003）参照。
59　大多亮『ヒットマン　テレビで夢を売る男』（角川書店、10―11頁、1996）参照。
60　オフィス・マツナガ『なぜフジテレビだけが伸びたのか 独自の宣伝戦略・番組づくりにみる「アピール・テクニック」の秘密』（こう書房、61―62頁、1990）参照。
61　オフィス・マツナガ『なぜフジテレビだけが伸びたのか 独自の宣伝戦略・番組づくりにみる「アピール・テクニック」の秘密』（こう書房、49―50頁、1990）参照。

第6章　テレビの歴史④　1994〜2003

「第四期　日本テレビ・編成主導型モデル」

「第三期」の12年間に及ぶフジテレビの「視聴率三冠王」の時代を終わらせたのは日本テレビで、その後、２００３年まで10年間にわたり「視聴率三冠王」を続けています。この、フジテレビから日本テレビへと覇権が移る際には、１９９４年のぎりぎり大晦日までに及ぶ、空前の視聴率競争が展開されていたようです。

実際に、「視聴率」が逆転する前年の１９９３年には年間視聴率のゴールデン帯とプライム帯はフジテレビがトップでしたが、全日帯は日本テレビと同率にまで拮抗する状況となっておりました。そして、翌１９９４年には、上半期の時点では日本テレビが全区分でリードしていましたが、フジテレビが追い上げていき、12月の時点でゴールデン帯とプライム帯の差がほぼなくなります。そのため、両局が共にプライム帯にあった低視聴率番組を休止させて、代わりに高視聴率番組をスペシャル番組にして拡大する編成戦略をとったため、12月の特番の本数が日本テレビ30本、フジテレビ27本という、「送り手」主導による異例の「特番編成」になりました。しかし、12月最終週直前の段階でも勝負はつかず、ゴールデン帯は0・01%フジテレビが上回り、プライム帯は0・08%日本テレビが上回る僅差となっており、1日分の「視聴率」により順位が入れ替わる状況で大晦日を迎えます。最終的には、日本テレビが12月31日に五時間以上に及ぶ生放送の『ダウンタウンの裏番組をぶっ飛ばせ!! 94大晦日スペシャル』の投入により、『紅白歌合戦』の裏番組で15・3%を取り、同時間帯が6・3%に終わったフジテレビに大差をつけました。しかし、『ダウンタウンの裏番組をぶっ飛ばせ!! 94大晦日スペシャル』は、延々と「野球拳」を流す番組構成で、じゃんけんに負けて一枚ずつ服を脱いでいく女性のヌードシーンを再三にわたり放送しており、この掟破りに近い過激な内容に「視聴率至上主義」の批判が集中します。それでも結果として、この番組が民放の大晦日としては異例の高視聴率を獲得したおかげで、ゴールデン帯とプライム帯がフジテレビと同率となり、更に全日帯を制した日本テレビが「年間視聴率三冠王」を奪取して、12年間に及ぶフジテレビの時代が終了しました[1]。

確かに、この大晦日の特番による逆転劇にはインパクトはありましたが、長年「視聴率三冠王」であったフジテレビを日本テレビが抜いた背景には、それ以上に数年間に及ぶ綿密な組織改革があったようです。その基本的な構造は、フジテレビが導入して成功した「編成主導体制」を模倣したものでしたが、「第三期」までとは対照的に、マーケティング理論に基づいた手法も取り入れた、個々の番組の「視聴率」獲得に特化した「ミクロの編成」が実行されていました。この

第６章では、日本テレビが「視聴率」の覇権を取り続けた１９９４年から２００３年までを「第四期・編成主導型モデル」と定め、フジテレビの「初期編成主導型モデル」との違いにも着目して、詳しく見ていきます。

１　「機械式個人視聴率の導入とデータ主義・視聴率の歴史④」

まず、「第四期」の「視聴率」の動きですが、１９９０年代後半に「機械式個人視聴率」調査をスタートさせており、その後の「送り手」と「作り手」の関係性を大きく変える契機となりました。実際に、機械式調査の導入以前の「個人視聴率」は、精度の低い日記式調査であり、「送り手」が営業取引の指標や、番組の存続を判断する際のデータとして使うことは、皆無に近い状況でした。しかし、「機械式個人視聴率」調査の導入以降は、「Ｆ１・Ｍ１」に分類された若年層視聴者の獲得を、スポンサーサイドが番組へ要請するケースが増えており、結果として、「編成主導体制」が浸透する中で、「送り手」が「作り手」に番組の視聴者層にも及ぶ細かい指示を出す傾向となっていきます。この側面からも、「機械式個人視聴率」調査の導入は単なる「営業的指標」のルール変更に終わらず、メディア内部の組織全体にも関わる大きな分岐点になったと言えます。つまり、「機械式個人視聴率」が導入されたことで、編成部門が制作現場へ番組を発注する際にも、その裏付けとなる細かいデータを活用した具体的な指示が可能となり、「送り手」の「作り手」に対する発言力が目に見えて強くなったと考えらます。

また、「機械式個人視聴率」の導入に当たり、新たに開発された「ピープルメーター」のシステムや正確性を巡って、長期間に及ぶ議論がテレビメディア全体を巻き込んで繰り広げられており、現在までの「視聴率」を巡るテレビ史の中で、最も長い期間に及ぶ論争へ発展しています。その背景には、先行してニールセンのピープルメーターによる「機械式個人視聴率」の運用を開始したアメリカで、導入直後に子供番組の「視聴率」が10％以上も低下して、約3億ドルの損失が出るなど、調査精度の問題による混乱が表面化していたこともあり、論議が長期間に及ぶ状況になったようです。更に、根本的な問題として、広告の費用対効果を求めて、細分化する視聴ターゲットに対応する細かな個人視聴データを要求するスポンサーサイドと、コストもかかり欠陥も多かった当時のピープルメーターの導入には否定的であったテレビ局サイドの思惑の違いがありました。

結果的には、これらの導入を巡る双方の見解がまとまらない中で、スポンサーサイドの主導により、1994年11月からニールセンによる「機械式個人視聴率」調査が強行的に始まりました。この開始前日には、民放連と主協（日本広告主協会）の間で、「新しく測定される、機械式個人視聴率データは広告取引の指標とはせず、検証データとしてのみ使用」する、従来の「世帯視聴率を広告取引のメジャー」にしたままの体制の維持で合意をしますが、日本テレビはニールセンとの契約終了を決定しており、追随するテレビ局も続出したようです[2]。

一方、ビデオリサーチも1995年3月に関東地区の300世帯を対象にピープルメーターによる実験調査を開始しており、この動きによりテレビ局の「送り手」サイドにも「機械式個人視聴率」の本格的な運用への機運が高まります。そして、1997年3月にビデオリサーチが、関東地区の600世帯で「機械式個人視聴率」調査を開始して、更に、2001年4月に関西地区、2005年4月には中京地区へ調査エリアを拡大していきました。

これにより、「世帯視聴率」と同様に「機械式個人視聴率」も二社体制になりましたが、新たに調査コスト面での問題が生じ、以前は年間約6000万円であったものが、約1億5000万円に高騰します。その後、民放キー局は二社からデータを購入することを回避して、ニールセンの解約が相次ぎ、2000年3月でニールセンが日本から撤退して、「視聴率」の調査体制が、現在のビデオリサーチ一社独占市場に突入する結果となりました[3]。

このような経緯で現在の「視聴率」の調査体制が確立していますが、ここで「機械式個人視聴率」調査の導入による、その後のテレビメディアに対する具体的な影響を見ていきたいと思います。まず、「視聴率」の「営業的指標」としての側面ですが、導入直前に広告主サイドと「個人視聴率を当面の間は、営業的指標としない」と合意しましたが、売り上げ面での影響は明確に出ていたようです。具体的には、日本テレビがフジテレビの「視聴率」を1994年に上回り、以後2003年まで「視聴率三冠王」を継続させましたが、年間営業売上でフジテレビを抜くことはありませんでした。これは、日本テレビがプライムタイムに、プロ野球巨人戦中継など高齢者対象の高視聴率番組が多い編成状況であったことが主要因と考えられます。一方で、フジテレビは多くのスポンサーが購買力の高さを評価する、個人視聴率区分で20歳から34歳までの男性「M1」と、女性「F1」をターゲットとする若年層対象の高視聴率番組が多く、その優位性が大きく影響したようです。特に、当時のテレビ業界には「F1神話」があると言われ、各民放局のプライムタイムで営業要請により、スポンサーの好む若い女性層を狙った番組が比較的多く編成されました。

そして、「視聴率」の「社会的指標」の側面による制作現場への影響ですが、さすがに、一部で危惧されていた時代劇などの高齢者を対象とした番組が、即座に番組編成表から消滅する事態は起こりませんでした。しかし、２０００年代以降は、民放のプライムタイムにレギュラー番組の時代劇枠が消え、プロ野球巨人戦の放送枠も激減する中で、双方はBSのキラーコンテンツに移行しており、これは「世帯視聴率」の低下と共に、「個人視聴率」の影響が主要因であったと考えられます。

一方で、以前は子供がメイン視聴者層であると想定され、高視聴率を獲得していても営業面で苦戦していたアニメ番組の一部が、より正確な「機械式個人視聴率」調査の導入により、大多数の母親が該当する「F1・F2」層でも高視聴率となり、「親子随伴視聴」が認知されて、番組の営業的価値が上昇しています。この状況に、「作り手」も即座に対応しており、『仮面ライダー』シリーズなどの戦隊系子供番組のヒーローに若い人気俳優が起用され、ストーリーも大人が見ても楽しめる内容に変化しています。ここからも、「機械式個人視聴率」調査導入の制作現場への影響が伺えますが、「視聴率至上主義」を批判する評論家で、元フジテレビの「作り手」であった、ばばこういちは次のように主張します。

私は個人視聴率の導入に賛成なのです。それは、この新しい視聴率調査がさまざまな問題を解決して定着すれば、ふつう企画変更が問題になる例えば3％くらいの個人視聴率の番組にも、その特定された視聴者を対象に番組提供の広告主が登場する可能性があるだろうと考えるからです。

例えば、真面目なドキュメンタリー番組が個人視聴率で3％取ったとしましょう。その層が知的好奇心の強い中年の主婦層だとした場合、明らかにその層に商品を販売したいと考えている広告主は、

3％という数字でも番組提供をするだろうと思うのです。

この広告主は、15％の世帯視聴率を取りながらその内同じ知的好奇心の強い主婦層が1・5％しかいない番組より、個人視聴率3％の真面目なドキュメンタリー番組の方が、広告の投資効率が高いと判断するはずだからです。

このことは、テレビ現場の制作者にもプラスをもたらします。これまで世帯視聴率でどう頑張っても3％しか取れなかった番組では、番組制作者はいつも局内で企画変更に怯えていなければなりませんでした。しかし、機械式個人視聴率が導入されれば、たとえ3％でも堂々と誇りを持って番組を作り、しかも広告主は絶対に降りないということになるのです。

個人視聴率導入は、広告主に視聴者の質を知ることにつながり、制作者には番組の質を向上させることにつながるメリットがあると私には思えます[4]。


ここで、ばばは特定の視聴者層を対象にするスポンサーに向けて、「機械式個人視聴率」の導入により「視聴者の質」を計る手段を提示することになり、制作現場の「作り手」が従来の「世帯視聴率」の縛りから脱却して、多様性の高い番組作りが望める可能性を指摘していました。実際には、スポンサーやテレビ局の営業サイドが「F1」指向の番組を編成部門に要望するケースが増えており、この状況について、1990年代後半も「視聴率三冠王」を続けていた、日本テレビの石津顕編成副部長は以下のように語っています。


F1番組は本当に価値が高いか。メディアからの情報が一番濃くなるのは言葉のキャッチボールしている時だという仮説を持っています。お母さんと子どもが一緒に番組を視る。商品広告を見て会話が行われる。

世帯視聴率の価値をしっかり共有して、我々作り手もそうだし、売る方もそうだし、多分、それが指標として最も厳然たるものになるだろうし、取りに行くと同時に守っていかなくてはならない。

個人視聴率は世帯の標本サンプルとして見るようになっていますから、いろいろな意味で世帯視聴率を守っていくのが我々編成の仕事かなと思います[5]。

やはり、石津は「視聴率トップ局」の編成担当として、「個人視聴率よりも世帯視聴率」を重視する姿勢を強調した様子が伺えます。しかし、その後は「個人視聴率」の影響により、「送り手」サイドも対応策が変化しており、２０００年代前半に「視聴率三冠王」をフジテレビに奪還された当時の日本テレビ田中晃編成部長は「世帯視聴率に加えて、個人視聴率をどう取っていくかが地上波の強さに繋がると同時に、収益性にも直結する[6]」と、個人視聴率の「送り手」への影響を明言します。確かに「機械式個人視聴率」は、「世帯視聴率」と同様に、量的調査であることに変わりはありませんが、正確に年代や性別による毎日のデータが算出され、番組の視聴傾向を「送り手」が探し当てることを可能にしました。そして、この分析結果を基に個人視聴率の「分計視聴率表」を作成することで、制作現場の具体的な番組作りにフィードバックさせるケースも顕在化しており、その影響が「編成主導体制」を確立させた、１９９０年代の日本テレビの「作り手」にも強く見られます。

一方で、「機械式個人視聴率」の導入がテレビの広告取引の曖昧さを改善させた反面、現在までに明確な問題点も生じています。例えば、若年層の調査サンプル数の減少により、誤差の拡大が目立ってきており、個人視聴率は世帯視聴率より基本的には数値が低いため、ほとんどが誤差の範囲内となるケースも出ています。これは、Ｃ（男女4～12歳）、Ｔ（男女13～19歳）、Ｍ１（男20～34歳）、Ｍ２（男35～49歳）、Ｍ３（男50歳以上）、Ｆ１（女20～34歳）、Ｆ２（女35～49歳）、Ｆ３（女50歳以上）と全8区分で構成される、現在の年齢区分に原因があります。今後も高齢化で「Ｍ３・Ｆ３」層の増加と、少子化による「Ｃ・Ｔ」層の減少が予想され、年齢区分の再検討が必要になってくると考えられます。

また、スポンサーサイドには高齢化が進む現在も「Ｆ１・Ｍ１」志向が根強く残っているようですが、その区分自体にも常に新しい世代が入ってきており、それぞれが独自の生活スタイルを取り入れ、絶えず状況が変化しているものと推察されます。その中で、多くの「作り手」に若年層向けの番組を制作することに対する優越感が今も残り、対照的に編成の「送り手」は、全体的な視聴者の高齢化で膨張した「Ｆ３・Ｍ３」層をターゲットに、「世帯視聴率」を重視した番組企画を偏重する傾向にあります。しかし、画一的に年齢区分のイメージだけで数字を捉えると、「送り手」と「作り手」の双方ともに、各サンプル区分への対応が将来的には難しくなってくるでしょう。やはり、「世帯視聴率」の影響により若年層向けの番組が減少する中で、制作現場の「自律性」を保つためには、各年齢層のステレオタイプではない新たな兆候を敏感に捉えていく独自の姿勢が必要になってくると考えられます。そうすることで、「作り手」主導による新企画の開発が可能となり、結果として、番組の多様性確保にも繋がっていくことが望まれます。

2 「フォーマット改革プロジェクト・編成によるデータ主義の徹底」

続いて、日本テレビの組織体制ですが、「第三期」に成功したフジテレビを模倣して、「編成主導体制」に移行する組織改革を断行しますが、更に、「視聴率」の獲得に特化した、編成部門の「送り手」を中心とする中央集権的な体制を構築していきました。この「第四期」直前の状況について、１９９２年に博報堂のコピーライターから日本テレビに転出して、広報局に配属されていた岩崎達也は次のように述べています。

> 会社の意識改革と組織の刷新が不可欠であると考えた経営陣は、１９８８年から91年にかけて、次々と業務改善に着手する。（中略）
> 91年にはさらに大がかりな組織再編が行われた。この年の組織再編では、はじめて番組戦略の主導権を、編成部が持つことと定め、視聴率をとるための戦略の要として機能させることにしたのだ。（中略）
> それまでの日本テレビは営業の力が強く、視聴率が悪くても、昔から続く長年のスポンサーの一社提供番組を流したりしていた。しかし、編成機能を強化し、編成部主導にすることで、日本テレビは明確な戦略や判断を打ち出せるようになっていった[7]。

実際に、この岩崎の指摘する組織再編による「編成主導体制」の導入が、「第四期」の日本テレビ躍進の原動力として機能することになります。特に、フジテレビを抜いて「第四期」の初年度となった１９９４年の4月改編では、日曜日の19時台に一社提供による二本の30分番組が低視聴率となっていた放送枠を、編成主導によりファミリーターゲットの『投稿！特ホウ王国』に一本化して1時間番組枠に変更することで改善させました。更に、高視聴率を獲得していた『マジカル頭脳パワー!!』を、ナイター中継の多かった土曜日から木曜日に枠移動するなど、日本テレビは局全体で50％を超える異例の改編率で大胆な編成改革に着手しており、その年の「視聴率三冠王」獲得に貢献しています[8]。

また、同時期に「編成主導体制」の中で日本テレビは目玉企画となる、「作り手」が中心の「クイズプロジェクト」と、「送り手」が中心の「フォーマット改革プロジェクト」という、二つの画期的なプロジェクトチームを発足させました。双方共に、徹底的にフジテレビを分析することにより高視聴率を獲っていこうとする、マーケティング的な要素の強いプロジェクトでしたが、「クイズプロジェクト」からは、後に日本テレビの制作現場の要となる、小杉善信、渡辺弘、五味一男、吉川圭三らが育っており、その詳細については後ほど精査します。一方、「フォーマット改革プロジェクト」は編成部の高田真治が中心となっており、決して目立ちはしませんでしたが、「第四期」の日本テレビの躍進を語る上で欠かせない重要なタスクチームであったと言えるでしょう。この13人の「送り手」からなる「フォーマット改革プロジェクト」のメンバーの一人であった岩崎達也は、「既成概念に縛られていたタイムテーブル（番組表）にメスを入れる」ために作られたという、チームの内情について、次のように回想します。

日本テレビのフォーマット改革とは、いわば、理想のタイムテーブルをつくり出すために、番組全体のあり方から個々の番組のつくり、ＣＭのタイミングで入れるかに至るまで、あらゆるものを最適な形に整え直すプロジェクトだった。（中略）

フォーマット改革プロジェクトは、究極的には「視聴率」「収入」「局のイメージ」の向上という大目標があった。（中略）この３つの目標を達成するために、私たちは何をしたのか。

それは、なんともアナログな手作業だった。自分の目と耳を使って、日本テレビのタイムテーブルとフジテレビのそれと比較し、1分1秒ごとに分析することにしたのだ。まさに、「フジテレビを丸裸にせよ」という意気込みだった[9]。

この岩崎の言葉通り、「フォーマット改革プロジェクト」のメンバーたちは、フジテレビと日本テレビの全放送をまるまる録画してチェックした上で、方眼紙に手書きで視聴率分析票を作成するという独自の「1秒ごとのマーケティング」により、当時の「フジテレビの強さと日本テレビの弱さ」の因果関係を分析しました。岩崎自身も初めて経験したと語る「辛い地道で泥臭い」作業により、「どのタイミングで視聴率が上がったのか、あるいは下がったのかという視聴率の流れ」を把握した上で、「フォーマット改革プロジェクト」は具体的な戦術を制作現場にいくつも提示しています。例えば、クイズ番組で「答えはＣＭの後で」と引っ張る「ＣＭまたぎ」や、番組の定時スタートを早めて58分からにする「フライングスタート」など、現在も使われている手法があり、細かいものでは超高速で流すエンディングのスタッフロールも、「フォーマット改革プロジェクト」が考案したものでした。その他にも、数々の「視聴率」獲得に向けた綿密な戦術が生まれていますが、根底には「マーケティング」の意識がプロジェクトチームに強くあったようで、岩崎は制作現場にも及ぶ全社的な意識改革を迫っていった状況について、次のように証言しています。

テレビ局の営業収入は最大でも24時間という、限られた売り場でいかに効率よく売るかにかかっている。それゆえテレビ局は敏感に時代の流れに対応し、「今の視聴者が求めている番組」で応えなくてはならない。

これまで、テレビの世界では長い間、個々の制作者の感性や業界の慣例などによって番組が企画され、制作されることが多かった。もちろん、だからこそ画期的な番組も生まれた面もある。そこに毎分視聴率や個人視聴率などといった確かな指標を組み込み、細かな分析を提案したのがフォーマット改革プロジェクトである。つまり、テレビの世界にマーケティングの手法を持ち込んだのだ。（中略）

マーケティングという科学的なデータをもとにして視聴者のニーズを番組に反映させ、「売れるタイムテーブル」をつくろうとしたのがフォーマット改革の原点であり、その後の日本テレビの基本軸となる「視聴者本位主義」である。制作側の感性だけで番組をつくって視聴者を引っ張るのではなく、徹底的に「視聴者の側に立つ」スタンスを取ろうとしたのだ[10]。

実際に、日本テレビは「視聴率至上主義」とほぼ同意語にも取れる「視聴者本位主義」を基本方針に、緻密なマーケッティングデータを分析して制作現場へ効果的に反映させており、「視聴率」獲得を最優先する編成戦略が、徹底的に制作現場の「作り手」にまで浸透していきました。この日本テレビの改革が迅速に実行された背景には、「視聴率至上主義」すら肯定して、「年間を通してグランドスラム（視聴率三冠王）をとる」というビジョンを公言する、１９９２年に日本テレビ社長に就任した氏家齊一郎（うじいえせいいちろう）の存在がありました。この氏家は、東京大学経済学部を卒業後に読売新聞社へ入社し、政治部記者を経て広告局長などを歴任した後に常務になった人物で、ナベツネこと渡邉恒雄とも高校時代からの盟友でしたが、日本テレビのテコ入れのために転出しており、雑誌で作家の林真理子と対談した際にも、次のように自身の「視聴率観」について語っています。

視聴率至上主義という言葉が独り歩きしちゃって、おかしな推論を作っていったと思いますね。だけどね、視聴率を悪者みたいに言いますけど、視聴率って唯一の価値尺度なんですよ。視聴率至上主義だ、視聴率を取りたいために質を落としている、という言い方をしますけど、実際はそんなものじゃなくて、超エロ、超グロの低俗番組では、いま絶対に視聴率とれないんです[11]。

このコメントは、当時の一連のオウム真理教騒動の際の報道姿勢について問われた際のものですが、その事情を差し引いても、氏家の持論として「テレビの社勢は視聴率にかかる」といったものがあったようです。この氏家の「視聴率観」

は部下にもよく伝わっており、当時の萩原敏雄編成局長も、「視聴率競争と事件〔筆者注：オウム真理教騒動〕をからめて議論するのは間違いだ」と断言した上で、次のように自身の見解を述べています。

番組はなんのために作るか、人に見てもらいたくないと思って番組を作るわけがない。当然、なるべくたくさんの人に自分の作ったものを見てほしいというのは当たり前のことなのです。それが悪いと言われたら、何のために番組を作るのか。まして、自分の作った番組がいい番組だ、自信作だと思ったら余計にたくさんの人に見てもらいたいというのは当たり前なのです。

逆に言うと、視聴率で評価されることによってダメな番組は皆、消えてしまうということなのです。これは歴史的事実です。（中略）識者の方々はこの消えていった番組をご覧になっていないのだろうと思います。ちゃんと長く続いて安定的に視聴率を取っているもので悪い番組はない、ということなのです。

では、いい番組、悪い番組とは何か、という問題もあります。抽象的な言い方かもしれませんが、僕はたくさんの人に見てもらおうと努力をしているか、いないかだと思うのです。だから、努力をしている番組は視聴率が取れる。努力をしていない番組は、視聴率が取れていない[12]。

実際に、萩原は「第四期」の日本テレビ躍進のキーマンとして、新聞社出身の氏家が望む基本方針を具体的なテレビの編成戦略として反映させることで、「視聴率三冠王」の獲得に貢献しており、後に社長に就任することになります。このような状況の中で立ち上げられた「フォーマット改革プロジェクト」の一員となった岩崎は、「社長自らが社内外で視聴率について盛んに言及していた影響もあり、社員の間にはいつしか〝日本テレビは視聴率至上主義でいくのだ〟という意識が統一されるようになっていった」として、更に、氏家の考え方が末端の社員にまで広く浸透していく背景について、次のように証言します。

当時、時代の最先端をいくフジテレビには、「楽しくなければテレビじゃない」というキャッチフレーズが表すような独特の楽しさや面白さ、かっこよさがあり、それが番組にも反映されていた。

だが、日本テレビにはそうした基準がなかった。その代わりに重視されたのは、とことんまで「視聴者のニーズに応える」姿勢であり、その指標になるのが視聴率だった。

特に、視聴率にこだわりを見せた萩原編成局長は、当時多く聞かれた「視聴率至上主義が番組をわるくしているのではないか」という批判に対しても、きっぱりと異を唱えていた。（中略）

こうした「視聴率至上主義」は、営業的にも大きな意味があった。それまでは広告の受注数を増やすことが営業の目標とされているようなところがあったが、この一連の改革では、「広告の本数ではなく、ＧＲＰ（延べ視聴率）で勝負をする」という方向性が再確認されたのだ[13]。

この証言からも、「第四期」の日本テレビに「良い番組とは、視聴率の高い番組のことである」といった意識が共有され、社内に「視聴率至上主義」という行動指針が定着していったことが伺えます。一方、当時の時代背景として、「第四期」はバブル崩壊期と重なっており、軽薄短小なバブル期の感覚を残した番組が多かった「フジテレビ」の人気が全体的に下がり、時代の変化へ柔軟に対応した日本テレビに「視聴率」の覇権が移っていった側面も伺えます。結果として、マーケティング的な手法により、多様化する視聴者層を丹念に調べあげ、各ジャンルで万遍なく「視聴率」を獲得していく編成戦略が功を奏した日本テレビが、２００３年まで「年間視聴率三冠王」の地位を、10年連続で獲得することになりました。

3「視聴率分計表を手に・番組制作過程の変遷④」

では、ここから「第四期」の日本テレビを中心とする個別の高視聴率番組について見ていきますが、全体的な視聴者ニーズの多様化が「第三期」よりも更に進行しています。具体的には、「全局歴代高視聴率ベスト50」を参照しても[14]、「サッカーワールドカップ」以外の番組は入っておらず、「第四期」の最終年となった2003年の年間最高視聴率が日本テレビ『金曜ロードショー・千と千尋の神隠し』の46・9%で50%を割り、30%以上の番組も6番組に減りました。当時の状況について、日本テレビの「送り手」の中枢として、編成担当常務に昇進していた萩原敏雄は、「うちは平均視聴率しか考えてない。30%番組より、ともかく平均16%取る考え方です[15]」と明言しており、「お化け番組」よりも堅実にヒット番組を狙う番組制作の基本方針を掲げて、視聴者の志向が多様化する時代に順応させていったようです。

「クイズプロジェクト」からマーケッティング的な番組群

その中で、「第四期」に日本テレビが「視聴率三冠王」であり続けた最大の要因になったと考えられるのは、「第三期」のフジテレビと同様に、バラエティー番組の躍進でした。実際に、フジテレビの亜流と批判される類似番組もいくつかありましたが、当初の日本テレビを牽引したのは、1988年に創設された「クイズプロジェクト」から生まれた数々の高視聴率クイズ番組群であったと言えるでしょう。

しかし、「第四期」直前の日本テレビには、レギュラー枠にクイズ番組が一本もなく、フジテレビ『なるほど!ザ・ワールド』のような改編期に特番の核となるソフトに困窮していました。そこで、何をやっても低視聴率となり、「魔の水曜日」と揶揄されていた水曜日の20時枠に、新しいタイプのクイズ番組の開発を目指して立ち上げられたのが「クイズプロジェクト」でした。この「作り手」改革にも繋がった社内プロジェクトのメンバーに選ばれたのは、小杉善信(『家なき子』CPなど担当、2019年から社長)、五味一男(『マジカル頭脳パワー!!』総合演出など担当)、吉川圭三(『世界まる見え!テレビ特捜部』CPなど担当)、渡辺弘(『THE夜もヒッパレ』CPなど担当)の4人の若手社員でしたが、彼らが「第四期」以降の日本テレビの躍進を支えるキーマンとなっていくことになります。

まず、このプロジェクトにより、小杉プロデューサー、五味総合演出の『クイズ世界はSHOW byショーバイ!!』(1991年、26・9%)が立ち上げられ、海外からの取材VTRクイズをスタジオで解いていくという『なるほど!ザ・ワールド』と同じ構成で、高視聴率番組になります。続いて、1990年10月に渡辺プロデューサー、五味総合演出の『マジカル頭脳パワー!!』（1996年、31・6％）が始まり、特別な知識を必要としない誰もが参加できるゲーム形式のクイズで人気番組となりました。更に、「躍進の転換点」と指摘される1994年4月改編では、視聴者投稿番組ブームの先駆となった『投稿！特ホウ王国』（1995年、30・0％）が、五味の総合演出により始まります。

これらの全ての番組に五味一男が関与しており、独自の調査データや徹底的に個人視聴率を分析するマーケティング的な手法を番組制作に導入して、高視聴率のクイズ番組群を誕生させていきました。実際に、「クイズプロジェクト」の中で五味たちは、当時の人気クイズ番組の約20本を録画して、更に百枚以上の画面を写真に再撮した上で、番組構成、クイズ問題、セット、照明、テロップ、司会者、出演者の役割分担などを詳しく分析して、そこから「五味理論」と呼ばれる独自の演出方法を構築しています[16]。

具体的に、五味は自らの創作意欲を犠牲にしてまでも、視聴率獲得を最優先させる演出方針を公言しており、「研ぎ澄まされたクリエーター」であるよりも、「ごく普通の人間」である「100のレベルの自分」として番組作りに携わった方が「視聴率」を獲得できるといった、「100の自分と200の自分」理論を番組制作の基本方針としました。その他にも、五味は他局が狙わない視聴者層をターゲットにする「隙間理論」や、視聴者に対して親切な番組が高視聴率となる「視聴率は親切率」など、独特のキャッチフレーズを付けて言い表しています[17]。やはり、1987年にCM制作会社から中途採用で日本テレビに入社した五味の経歴が、これらの番組制作の基本姿勢に表れていたようで、自身の「視聴率観」についても、次のように明言します。

> テレビ制作に携わる人間として、本格的に毎分視聴率表の使い方、読み方を定着させたのは、私が最初だといわれている。毎分視聴率表とは、その名の通り1分ごとの視聴率を折れ線グラフで表したものである。
>
> この表からは、バラエティーで言うならば、どのコーナーが受けて、どのコーナーが受けなかったのかが一目瞭然でわかる。（中略）

入社したての時にはこの毎分視聴率表を見て衝撃を受けた記憶がある。

ＣＭの時間帯になると、視聴率は下がってしまっているのだ。私はそれまでいたＣＭの世界だったのか、と考えさせられた。

どんなにいい番組でも、見る人がいなければ意味がない。私が視聴率にこだわる理由はこの１点につきる。だから毎分視聴率をしっかりチェックして、番組のコンセプトや構成を常に検討するようにしたのだ。

私は映画監督や作家と違って、テレビを使って自分自身の考え方などを表現しようと思ったことなど一度もない。私はテレビというサービス業のプロとして幅広い人々に楽しんでもらおうと思っているだけだ。

つまり、それは視聴者の立場になって楽しんでもらうことを考える「やさしさ」を持つことにつながる。だから視聴率を親切率と考えるのだ[18]。

ここで五味は、「視聴率」を最優先して番組制作に携わる「作り手」としての姿勢を、テレビメディアでは「あるべき姿」だと主張しますが、実際に、従来のテレビの制作現場では見られなかった独自の数字に拘った演出方法を駆使して、高視聴率番組を量産しました。この五味の「視聴率観」は、「第一期」の１９５９年に日本テレビに入社して、『アメリカ横断ウルトラクイズ』の「作り手」として活躍し、後に執行役員専務となる佐藤孝吉の次の見解にも、若干の類似性が見受けられます。

僕は、視聴率とは《番組に対するお客様の拍手の大きさだ》と信じて疑わない職人だ。

職人の言葉で語らせてもらう。（中略）

視聴率と番組の問題を、ディレクターの実感で言おう。

逆説で言わせてほしい。

もし視聴率がなかったら、どうなるだろう？テレビは死ぬ。すぐ死ぬと僕は断言する。

《競争》のないところに、《進歩》はない。

視聴率がなくなったら、制作者の独りよがりな番組、面白くない番組が、毎日、放送される。

競争がない世界で、真っ先に失われるのは、なんだ？

そう〝サービス〟だ。

視聴率は、テレビを活性化させる生命の源だ、と僕は信じる。

確かに、テレビはもっと大人の鑑賞に堪えるテレビにならなければならない。僕も、微力ながら努力していきたいと思う。けど、視聴率を諸悪の根源のように言うのはやめていただきたい[19]。


やはり、佐藤も「視聴率」獲得の意義に関して、「作り手」の拠り所とする「社会的指標」の目線から、肯定的な意向を示しており、五味と同様に強い拘りが感じられます。

一方、「第三期」のフジテレビ『なるほど！ザ・ワールド』の海外ロケ部分を担当し、その後、五味が演出した『クイズ世界はＳＨＯＷ ｂｙ ショーバイ!!』にも参加した制作会社オン・エアーの石戸康雄は、双方の番組の違いについて、次のように指摘しています。


印象として、『クイズ世界はＳＨＯＷ ｂｙ ショーバイ!!』の開始当初は、まだ明確に何がなんでも「視聴率」を取りにいくといったスタンスではなく、フジテレビを独立直後の逸見政孝さんが司会であり、まじめさと新鮮さが特長の番組であった。

しかし、途中からは編成の高田さんや調査部の稲葉さんが制作会議に参加するようになり、番組フォーマットにも口を挟むようになってきた。そこで、初めて「視聴率分計表」も持ち込まれたが、その後は、制作会議に「Ｆ１、Ｆ２」などのターゲット論まで入ってくるようになっていった。この状況になると、「視聴率」を最初から狙うのではなく後からついてきた『なるほど！ザ・ワールド』とは、制作手法が根本的に違ってきた[20]。

ここで石戸は、双方の番組の違いを「視聴率」に対する姿勢から説明しますが、五味の番組にマーケティング的な手法が導入される経緯について、編成部門を中心とする「送り手」が深く関与していたことを示唆しています。この石戸の指摘は、「フォーマット改革プロジェクト」の制作現場への直接的な働きかけを裏付けるものであり、編成部門の「送り手」が介在することにより、「第三期」には見られなかった高視聴率獲得に特化した番組制作体制が、「第四期」の「作り手」に浸透していった状況を雄弁に物語っています。

また、石戸は佐藤孝吉が演出した『アメリカ横断ウルトラクイズ』の制作にも携わっており、『クイズ世界はSHOW by ショーバイ!!』と比較して、次のように述べます。

佐藤さんの作った『アメリカ横断ウルトラクイズ』と五味さんの『クイズ世界はSHOW by ショーバイ!!』では、「視聴率」を取りに行く意志の強さは共通していたが、その方法論や番組制作に対する基本的な姿勢が違っていた。双方共に日本テレビの制作であったのに、根本的な部分で全く異質なものだった。五味さんは機械的に数字を取りに行っており、佐藤さんも「視聴率」を取るために綿密な事前準備はしていたが、「作り手」として自らが面白いと思うものを追求するという姿勢があり、スタッフ全体としても何か「志」を持って制作にあたっていたように思う[21]。

双方の番組の放送時期には大きな隔たりがあり、日本テレビ局内の組織体制も変化していましたが、同じ高視聴率を取る目的であっても、佐藤と五味の番組制作ポリシーには大きな違いがあったのは確かで、佐藤自身も次のように証言します。

同じ日本テレビの「作り手」であっても、五味君と私では番組制作の方法論が全く違っていた。でも、五味君より私の方が「視聴率」を取っているという自負はあった。

実家が商売人だった事もあり、「視聴率」が取れた時は、自分に客がついてくれたという、ある種、舞台役者と同じ感覚で嬉しいが、逆も真なりで取れないときは落ちこんだ。

やはり、「視聴率」というものは、決してTBSの人たちが言うような「後からついてくる」数字ではなく、「必死に取りにいくもの」であり、実際に自分が編集した番組の1分ごとのカットを覚えていたため、結果が出ると自分の足りない部分が如実にわかり、「作り手」としての葛藤が起こる[22]。

ここで佐藤は、以前の「作り手」と自身の「視聴率観」の相違について明言しますが、「視聴率」を「必死に取りにいく」姿勢は共通していた五味とも、演出の方法論が明らかに異なっていたようです。実際に、五味は従来の「作り手」にはない新しい演出方法を導入しており、佐藤が使わなかった「字幕テロップ」の活用や、「フォーマット改革プロジェクト」の提案する「ＣＭまたぎ」などの「視聴率」獲得に向けた手法を取り入れていました。

その中で、まず「字幕テロップ」に関してですが、「第四期」以前は、場所や出演者などの情報紹介や、吹き替えの無い「外画」や映画の日本語字幕、そして、音声の聞き取りにくい場合にコメントフォローとして主に使われるものでした。この状況を変えたのが、リモコン普及によるザッピング対策として意識的に字幕テロップを活用した、五味の総合演出による、１９９０年の日本テレビ『マジカル頭脳パワー‼』（１９９６年、31・６％）であったと、多方面から指摘されています。

この番組は、先ほども触れましたが、日本テレビの「クイズプロジェクト」により誕生した番組で、高度な知識を必要としない、瞬間的な頭脳の回転を要求される「ゲーム」的なクイズ番組として高視聴率を獲得しました。その中で、板東英二の司会で、普通のクイズ番組よりも多い10人程度のゲスト回答者がいたため、撮影されていない出演者の面白い発言や、出演者同士が同時に発言するケースが多く、それらを放送で使うため、発言にテロップを挿入した結果として、この編集方法が誕生したようです。その後、このテロップによるコメントフォローが、ゲストの珍回答や、板東英二の「突っ込み」の部分にも意識的に挿入されるようになり、視聴者の聴覚だけでなく視覚にも訴えかける手法で、会話の「オチ」が強調されるなど、テロップ自体が当時の他の番組には見られなかった、新たな演出手法となりました。この「視聴率」の獲得にも大きく貢献した、テロップの活用の意義について、五味は次のように述べています。

「テレビの画面をテロップだらけにしたA級戦犯は五味だ」などという批判が、今でもしょっちゅう私のところに飛んでくる。

確かに「テロップが煩わしい」と感じる向きがあることは私も承知している。

しかし、私にはそれは、字幕スーパーの入った洋画を見て、一部の帰国子女の人たちが「意訳された字幕スーパーが入っているのは邪魔だ」と言っているのと同じだと思う。

つまり、一部の声をもって「テロップがなくなることを望む人が多い」などと一般化するのはどうかと思う。(中略)

実際に調査をしてみても、今では大半の人は、むしろテレビ画面にテロップが入ることに違和感を持っていない。

事実、『行列のできる法律相談所』や『伊東家の食卓』など、高視聴率といわれるバラエティー番組にはテロップを多用している番組がかなり多い。

テロップを使うのは、多くの視聴者が求めていることをしているまでだ。何も私の趣味でやっているわけではない。

これは視聴者の立場に立ったわかりやすさ、つまり「やさしさ」だと思っている[23]。

ここでも五味は、自身の「視聴率観」に基づいた見解を明示しますが、「作り手」サイドからも批判的な意見があり、実際に、同じ日本テレビでも明石家さんまの出演するバラエティー番組には、コメントフォローのテロップは基本的に使われていません。これは、自らの「笑い」に自信のある明石家さんまが、担当番組の「作り手」にコメントフォローを制限している側面もありますが、テロップを使用しなくても「充分に成立する笑い」の水準であれば、「作り手」が敢えて加工する必要はないと考えられます。しかし、五味が担当するバラエティー番組にはコメントフォローがないと成立しない「笑い」が明らかに含まれており、素人芸に近い水準の出演者を「テロップで加工する笑い」が横行することで、プロの芸人の育成が阻害されるといった懸念もあります。一方で、この「第四期」から始まったコメントフォローのテロップに、幼少の頃から慣れた世代のテレビ視聴の特性について、「第三期」のフジテレビ『オレたちひょうきん族』などのプロデューサーで、晩年に鎌倉女子大学教授に転身していた横澤彪は、次のように指摘しています。

女子大の講義で、1980年9月放送の『THE MANZAI』を学生に見せて、感想を聞くと、「あまりに早口で、何を言っているのか分からない」という意見が多く、仰天してしまった。最近の若者は、「テレビを一生懸命見る」という視聴態度が変質しており、なんとなく番組を見てしまっているのであろう。

最近のお笑い番組として人気のある日本テレビの『エンタの神様』では、芸人のネタにきちんとテロップフォローされている。我々から見れば無駄に思えるスーパー処理も、最近のテレビに慣れた若者たちが相手ならば、もはや不可欠なサービスかもしれない。

しかし、最近の「お笑い」を勉強していない「視聴率職人」と化した「作り手」が作り出す「超現実主義的な演出方法」は、どこか「さもしい笑い」と感じられる[24]。

この『エンタの神様』は五味が総合演出を担当する番組でしたが、横澤は若年層の番組視聴形態の変化を指摘する一方で、コメントフォローテロップのバラエティー番組への安易な活用を批判しています。その後、この手法を「視聴率」獲得のために真似る番組が続出しており、恥ずかしい話ですが、私も情報番組で出演者の全コメントをテロップフォローした苦い経験があり、他にも、オープニングからエンドロールを入れるなど、新しい編集手法にも挑戦しましたが、全く効果が上がらず、その番組は低視聴率のため半年で終了となりました。やはり、これらの「五味演出」を表面的に真似た過度なテロップの挿入は無意味と言え、「視聴率」獲得の目的でテロップが画面に氾濫する「親切過ぎる編集」に対して「視聴者を馬鹿にしている」といった批判もあり、更に、編集作業の長時間化などの「作り手」への物理的なマイナス面も考えられます[25]。しかし、五味の開発したコメントフォローのテロップ使用は、適度な範囲であれば、「受け手」に対して分りやすく番組を伝える一方で、視聴者のザッピングを防止する効果的な手法であり、「第四期」以降も「視聴率」を上げていく編集方法として定着しました。

次に、CM中のザッピング防止対策のために、「親切な予告」として五味が採り入れたものが、番組中の最も面白いシーンでCMをはさみ、CM終了後に再度同じ場面からスタートさせる「CMまたぎ」と呼ばれる編集方法です。この手法は『マジカル頭脳パワー‼』から始まったとされますが、「フォーマット改革プロジェクト」の提案を受けて、当初は基本的にクイズ番組用に用いられたものでした。具体的には、クイズの正答発表の直前でCMをはさみ、CM後は再び出題部分まで巻き戻した上で、正答発表へと編集するもので、以前は、正答発表までを一気に放送してCMに入った後に、次の問題から始める構成であり、視聴者にとって生理的に受け入れ易い流れとなっておりました。しかし、テレビ受像機のリモコンの普及により、視聴形態としてザッピングが定着する中で、CM中も「視聴率」を確保し、他局にチャンネルを変えられた場合でも、CM後に戻す方法として、「CMまたぎ」の手法が急速に広まります。本来、クイズ番組で使われる編集方法でしたが、その後はバラエティー番組に幅広く活用され、この「CMまたぎ」のタイミングが、編集の際の重要な「視聴率」獲得に向けたポイントとなっていきました。

この手法の導入による「受け手」への問題点として、CM入りの直前に放送された「煽り」の映像が繰り返し見せられるため、全体の放送内容が減り、「CMまたぎ」後の内容も粗末な場合には、フラストレーションが溜まる結果となります。更に、「第五期」以降は、ボクシング中継や夕方ニュースにも、この手法は拡大しており、CM前の「親切な予告」の範囲を超えた過剰な「CMまたぎ」により、視聴者の不信感が増していきました。

一方、これらの従来のテレビの「作り手」が考えつかなかった「五味演出」の発想の原点として、CMディレクターからテレビ局に転職した経歴が大きく影響していると思われますが、現在では「作り手」の必須アイテムとなった、毎分視聴率の「分計表」を基に個人視聴率の推移までも詳しく分析する、マーケティング的な手法が次々と開発されていきました。その後、この方法を他局の「作り手」が模倣しており、CMの挿入位置や直前番組の視聴者層を分析する、「視聴率」獲得を目的としたフォーマット研究が一気に制作現場へ定着することになります。こうして、「五味演出」の亜流の編集方法が「作り手」に蔓延し、「個人視聴率」まで網羅する「分計表」をプロデューサーやディレクターが常に持ち歩くという奇異な光景が、民放キー局に常態化しており、制作現場を変容させました。

しかし、五味は自身の主観よりも客観性を重視する方針を制作現場に徹底させた、「視聴率」の獲得に特化する「五味演出」について、次のように肯定的に自説を展開します。


よく誤解されるのですが、毎分視聴率は重要とはいえ、それだけをもとに考えたことは後付けのマーケティングって呼んでます。誰でもできるしパクリになっちゃう。ぼくが言っているのは、先取りのマーケティング。頭の中に１０００万人、２０００万人というユーザーの考えていることをイメージしてインプットしていく。そこに向けてマーケティングしていくのです。１０００万、２０００万の代弁者としてシミュレーションすることが、先取りのマーケティングなのです。（中略）

本人がいいものをつくったなと思っても、視聴者はつまんなかったらあっという間にチャンネルを変えますからね。そんな厳しい視聴者に向けて、見てもらえるものをつくるのは大変な作業が必要で、イージーに視聴率を取れるわけではない。

フライングスタート（番組を他局より数分早く開始する手法）も、ＣＭまたぎ（クライマックスでＣＭを入れることで視聴者の興味をつなぐ手法）も、僕がやったと言われてますが、それは僕の考え方の１０００分の１にも満たないことで、一番大事にしてきたことは、先ほど言った１０００万人を代弁すること。そこが伝わってない気がします。

ぼくの先生は、サイレント・マジョリティーであるところの視聴者なんです。だからよい、悪いと厳しいお言葉をくれるのも視聴者です。厳しいお言葉というのは、意見を局に言ってくるってことじゃないですよ。新聞にしろ雑誌にしろ発信するものは全部、ぼくは「エキセントリック・マイノリティー」と呼んでいます。そういう人たちの意見が、最近はネットにいっぱいあったりしますね。

でもふつうの視聴者はもっと厳しい判断をします。「見ない」という判断です。一方では、見てくれるっていう評価もしてくれる。視聴者が師、先生というのはそういうことなんです。みんな視聴者に迎合するって言葉を使うけれど、ものすごく厳しいですよ。視聴者は何も言葉をかけてくれないし、見ないで終わりですから。本当厳しいですよ[26]。

ここで五味は高視聴率を獲得する方法論として、技術的な個々の編集方法などよりも、視聴者を徹底的に分析したマーケティング的な手法を用いて、「作り手」の主観よりも客観を大切にする、より広い視聴者目線に立った演出方針の重要性を強調します。その基本姿勢には、萩原編成局長や「フォーマット改革プロジェクト」の岩崎達也などの「送り手」と重なる部分が多く、少なからず影響を受けていた可能性が感じられます。一方、この「作り手」のやりたいことを二の次にしてまでも、「視聴率」獲得を最優先する番組制作姿勢に対して批判もあったようですが、五味は次のように明確に反論しています。

「五味さん、自分を否定したりとか、相手の立場に立つ人生は苦しくないですか？何が楽しいんですか？」

これはよくされる質問である。（中略）

私がどこかのメーカーのサラリーマンだったら、間違いなく扱う商品をユーザーの立場で考えるはずだ。つまり、ある程度最大公約数的に受け入れられる商品をつくるためには、消費者のニーズを考えるということは、絶対必要なことだろう。しかし、テレビの世界は違う。「やりたいことをやらないと、自分が生きている意味はないじゃないですか」とクリエーターたちは言う。

しかし、私の日本テレビでの仕事は、いい視聴率をとる番組をつくりスポンサーにＣＭ枠を高く買ってもらい、日本テレビに利益をもたらすことだと認識している[27]。

この「作り手」の作家性を否定して、「視聴者至上主義」の観点に立つ五味の主張は、色々な受け取り方があると思われますが、私は「送り手」主導による「視聴率」獲得に向けた編成戦略が、制作現場の創造性を犠牲にしてまで優先されていた事実を裏付けていると考えます。つまり、「第三期」のフジテレビとは本質的に異なる、「第四期」の日本テレビの「作り手」の基本姿勢を代弁したものであり、この相違はとても重要なポイントですので、もう少し深く掘り下げてみようと思います。

実際に、「第三期」の「作り手」と五味の視聴率観を比較してみますと、当時のフジテレビの中では最も「視聴率」に固執していた、一連のトレンディードラマを担当した大多亮は、「高視聴率の快感がプロデューサーの仕事の９割を占める」と公言する一方で、自らの番組制作の信条については、次のように対照的な意見を述べていました。

何が腹立つといって、「大多さんは自分というものを捨てて、ヒットさせることだけを考えてドラマを作っている。そういうふうに作っていて心から楽しいですか」と言われるほど腹の立つことはない。

それは全然違う。僕は自分を捨ててなんかいなくて、ああしたドラマが好きだからやっているのだ。決して視聴率を取るためだけに作っているわけではない。たとえ目的はそうであっても、自分の好きな世界で視聴率を取りたい[28]。

この「作り手」のアンビバレントな感情は充分理解できる部分でありますが　大多は最終的には自らの感性を重んじて番組制作に従事していたことを明言しており、「視聴率」獲得を最優先させる五味とは異なった「視聴率観」を示しています。やはり、対象を若い女性に特化して、自らも「中身なんてなくてもいい」と語るトレンディードラマの番組作りが、実は大多の創作マインドと合致していたと言うことなのでしょう。ここではっきり言えるのは、大多の「視聴率」を強く意識する部分は五味と似ていますが、番組制作の姿勢には根本的な違いがあったという実情であり、両者を比較する際のポイントになります。

この「第三期」のフジテレビと「第四期」の日本テレビに見られる視聴率観や制作マインドの根本的な相違は、「作り手」のみならず、「送り手」にも深く浸透しており、編成部長に就任していたフジテレビの亀山千広は、次のように述べています。

番組の成功はツボを外さないこと、勘とノリが大事だと思っていますから。視聴者の知りたがっている意欲を満足させる番組の開発は必要ですが、うちは半歩先の新しいものを出しながら、そことの接点を模索したい。作り手の「これがおもしろいだろう」というお仕着せが画面からパワーとして出て来ればいい。マーケティングよりはそれを出せれば[29]。

ここで亀山は、明らかに日本テレビを意識して「マーケティング」という言葉を使って、制作現場への導入を否定しますが、この「作り手」の「勘とノリ」を重視するフジテレビを、五味は「フジテレビは内輪受けに見える」と捉え、「自分たちが楽しんでいては駄目」と非難しています。このように、当時のフジテレビと日本テレビは、組織的に同じ「編成主導体制」を採用しておりましたが、制作現場や編成部門には大きな違いがあり、後で詳しく説明していきますが、この「第三期」から「第四期」の間に起こった変化が、両者を語る上のみならず、大きなテレビ史の中でも重要な転換点になりました。

少し話が「第四期」の個々の高視聴率番組から離れてしまいましたが、ここからは、その他の日本テレビの人気バラエティー番組を紹介していきたいと思います。まずは、日本テレビの「お家芸」と評価される「ドキュメントバラエティー」の手法で、放送コードぎりぎりまで挑戦して高視聴率を獲得した『進め！電波少年』（１９９８年、30・４％）が挙げられます。更に、深夜番組から日曜ゴールデン帯に昇格した『ザ！鉄腕！ＤＡＳＨ!!』（２００４年、25・０％）が人気番組となり、日常で使える「裏ワザ」を紹介する情報バラエティー番組として『伊東家の食卓』（２００１年、28・８％）が大ヒットしました。

また、五味も所属していた「クイズプロジェクト」のメンバーでは、吉川圭三が徹底的に裏番組や他局の編成状況を分析するマーケティング的な手法により、『世界まる見え！テレビ特捜部』（１９９７年、25・７％）、『特命リサーチ２００Ｘ』（１９９９年、25・６％）、『１億人の大質問!?笑ってコラえて！』（１９９４年、24・１％）、『恋のから騒ぎ』（１９９８年、22・０％）などの高視聴率番組を連発させています。

これらの番組の中で、「五味演出」に似た手法が進化して使われており、特に『進め！電波少年』では、スタジオトーク部分をバーチャルスタジオ収録によりCG化して、出演者の顔を大きく歪めて、吹き出し字幕スーパーで会話を表現するなど、映像面での様々な新しい加工が施されていました。そもそも、『進め！電波少年』は松村邦洋の「アポ無し取材」や猿岩石の「ヒッチハイク企画」など、編集で加工が必要な収録素材が多く、テロップが多用される結果になったようですが、その他にも、場面転換時などに「と、その時！」などの字幕スーパーを使った視覚化にも挑戦しており、担当プロデューサーの日本テレビ土屋敏男は、当時の状況について次のように語っています。

あれ〔筆者注：CGによるバーチャルセット〕を使うことによって、新しい感情表現が出来るのではないかと思って採用してみました。

そもそものきっかけは、スタジオ部分を楽に、しかも安くできるので始めたんです。しかし、最初の頃は、年長の人達から、とても見にくいと言われたんですよ。人間の感情は、コンピュータで引っ張ったり、大きくして誇張したりするのではなくて、体全体でするものだと指摘されました。でも、そのうち高校生たちが、この映像についてきてくれたので、周囲の評価も変わっていきました。（中略）

今〔筆者注：2003年〕の高校生たちは、ファミコンのロールプレーイングゲームをたくさんやっていて、スーパーを読むのが速いんですよ。だから、テンポよくスーパー処理してあげると、こちらが意図していることが速く伝わるようなんですね[30]。

実際に、『進め！電波少年』は、ゲーム世代の特性に合わせた絵文字テロップや効果音を多用しており、これらの手法は、視聴ターゲットである若年層に合わせて「親切に加工」したものと言え、「視聴者本位主義」を掲げる「五味演出」と似た部分も見受けられます。しかし、根本的な部分で『進め！電波少年』は「第四期」の日本テレビの中で異色のエッジの効いた番組であり、その根底には、マーケティング的な手法による「クイズプロジェクト」の「作り手」たちとは異なる、次のような土屋の「視聴率観」があったようです。

自分が現場で番組をやってる時は、面白いからいいじゃんという気持ちがあって、だから、番組が終わらなきゃいいぐらいの数字を取っていればいいという意識がどっかにあった。(中略)
テレビ局がいくつもあって、何十時間も放送枠があるなら、数字はさほど取れなくても、ある層がものすごく喜ぶ番組があっていいとか考えるくらいで新しいことに挑戦できる気がするんです。はずすことを怖がっていたら、何かの亜流ばかりになって、それはテレビとしての責任を果たしてないことになるでしょう[31]。

このコメントは2003年に土屋が編成部長を外れた直後のものですが、「第四期」の日本テレビの編成戦略からは明らかに逸脱しており、この制作姿勢が『進め!電波少年』にも貫かれていたようで、土屋は次のようにも語っています。

『進め!電波少年』は、当初3カ月の放送予定だった。そんな身軽さもあって、視聴率はいっさい気にしなかった番組でした。1%でも2%でもいいと思っていた。初回が12%だったのは予想外でしたね。(中略)
ただ、結果としては番組を視聴率に守ってもらった気もします。(中略)もし視聴率がなかったら、上のほうの発言力は強いですからね。そんな人たちが、コレは面白いとかコレやろうとか言うことで決まっていたら『電波少年』シリーズはなかったし、そもそもテレビは発展してこなかったと思います。視聴者のビビッドな反応が数字になるわけですから、組織のなかの判断とは違う評価が出てくるところが面白い[32]。

確かに、『進め!電波少年』は政治家なども対象とした「アポ無し取材」が批判の的となり、海外の危険を伴うロケも多く、テレビ局としてはリスクの高い番組であり、「視聴率」が低ければ、「送り手」にとって早々に打ち切りにしたい番組であったと推察されます。しかし、猿岩石の「ヒッチハイク企画」が社会現象となり、「視聴率」も30%を超える中で、局として番組をやめられなくなり、再三の不祥事で何度も謝罪会見を開きながらも、「視聴率至上主義」を公言する日本テレビの「送り手」が高視聴率を持続している限りは番組を守ることで、自らの編成戦略を貫いたとも言えるでしょう。しかし、両者の「視聴率」を獲得する方法論や制作哲学には根本的な部分で隔たりがあり、土屋は当時の日本テレビの制作現場に浸透していたマーケティング的な手法に対しても次のように面と向かって異を唱えて、「作り手」として明確に反旗を翻していたようです。

見ている人がとっても好きなものを創るんじゃなくて、みんなが嫌いじゃないものを創るってやり方になってきているると思いますね。垣根を下げるやり方っていうのかな。僕とか、もうちょっと昔の人は、そんなやり方を知らない、バカだったんですよ。視聴率取りたいとか言いながら、結局は好きなことやってた。ところがマーケティング理論とか出てきて、ボリュームゾーンはここだから、そこを狙うのがいちばん効率いいという考え方が出てきて。

魚で例えたら、養殖した方が安定して釣れるぜって話になったわけです。それまではみんな船漕いで岩場探して、糸垂らすみたいなことやって、イサキの名人だとか、アジ釣らせりゃいちばんとかやってたのに。漁獲量で争うんだよってことになれば、そりゃあ養殖が強いってことになって。それがここ数年続いて、養殖ばっかりになってきたかなぁとは思いますね。それがある程度一回りして養殖が便利なことはみんなわかったんだから、今度はこれを否定しなきゃいけないと思う。比喩ついでに言うと、養殖ものしか世の中にないとなると、魚って旨くないじゃんって子どもたちが出てくるわけだから。天然もののウナギが旨いんだってことも、見せてあげなきゃいけない。

今のテレビに必要なことは、自己否定のパワーを持つことじゃないかな。それをやっていくのは編成であり、番組を創っている現場の人間だと思いますが[33]。

この魚の例えは、その後のテレビメディアの状況を言い当てていたと言えますが、「漁獲量=世帯視聴率」のために最大公約数的な「養殖もの」の番組ばかり流した結果として、若者の「テレビ離れ」が進んでいった側面も考えられます。まさに、「自己否定のパワー」を今の「作り手」が持って、「天然もの」の創造性に富んだ新しい番組を創っていくことが、今後のメディアとしての課題となってくるでしょう。

この土屋の制作哲学に基づいた先見性あふれる絶妙な指摘は、「送り手」主導により会社ぐるみで進めていた「フォーマット改革プロジェクト」を根本から否定した、日本テレビの現行体制を批判する見解であり、「視聴率」が取れなくなった時点で、大義名分となる後ろ盾を失ってしまうことになります。実際に、土屋は『進め！電波少年』の「視聴率」が下がり、2002年末に打ち切りになった時点で制作現場を離れ、翌年6月に「内心現場に戻されると期待していた」にもかかわらず、コンテンツ事業局に異動になっており、その後は、インターネット動画配信の「第2日本テレビ」の立ち上げにも参加しましたが、地上波の「作り手」からは退き、長らく戻ることはありませんでした。

さて、このような日本テレビのバラエティー番組の隆盛の中で、他局のバラエティー番組では、「第三期」に「視聴率三冠王」の座から滑り落ちて不振に陥ったTBSと同様に、「第四期」のフジテレビはバラエティー番組の「視聴率」が急激に下がっています。その中で、この時期の数少ないヒット番組として、受験問題をクイズ化した『平成教育委員会』（1995年、35・6％）、SMAPがバラエティタレントとしての新境地を開拓した『SMAP×SMAP』（2002年、34・2％）、一流シェフの料理対決を実況中継した『料理の鉄人』（1995年、23・2％）などが挙げられます。しかし、1994年に制作現場から編成部に異動していたフジテレビの吉田正樹は、日本テレビ対策としてヒットプロデューサーを編成部門に集めて、テコ入れを図っていた当時の状況について、「この頃のフジテレビは完全にダッチロール状態でした」として、更に次のように述べています。

日テレとの視聴率競争に敗れたために、フジテレビは今までのやり方を大きく変えました。現場からヒットプロデューサーを引き抜いて編成に集めたのです。1997年には社屋の移転と株式上場が続きましたから、社内の空気が変わったことも背景としてあるでしょう。

ところが、番組編成をテコ入れしても、結果はなかなかついてきません。『電波少年』のようなドキュメンタリー・

バラエティを作ればいいのか。あるいは、日テレで『クイズ！世界はＳＨＯＷ by ショーバイ!!』や『マジカル！頭脳パワー!!』といったヒットバラエティを連発していた五味一男さんのような手法を採り入れたらいいのか……。（中略）

フジテレビで当たっていたバラエティーといえば、１９９３年から始まった『料理の鉄人』です。タレントの魅力に頼らず､企画の面白さや独自性で人気を博していました。それはつまり日テレ流のアプローチです。フジテレビが培ってきた、演者の魅力をコントなどで引き出すバラエティーの伝統を踏まえたものではありません。

編成のオーダーは視聴率を取ってトップに返り咲こうというものですから、今この瞬間、視聴者に受けている日テレ流のアプローチには、確かに説得力があります。１９９７年くらいまでは、僕もそれでいいと思っていました。実際、そういう番組でしか視聴率を取れませんでしたし、80年代的な発想で作った番組は、全て玉砕していましたから[34]。

この吉田のコメントからは、「第三期」の方法論で作った番組が不振となった際に、日本テレビの制作姿勢を真似ることへのためらいが感じられます。一方で、実際に新社屋へ移転して、「第三期」の活気を生み出していた「大部屋」が消滅する中で、トレンディードラマのプロデューサーであった大多亮も編成部に異動になるなど、制作現場で実績のある「作り手」を「送り手」にすることにより、双方が独立して機能していたフジテレビ流の「編成主導体制」にも、「第四期」は若干の変化が見受けられました。

また、その他の民放キー局では、ＴＢＳが『さんまのスーパーからくりＴＶ』（１９９８年、27・０％）、『関口宏の東京フレンドパークⅡ』（２００３年、26・１％）が19時台にファミリーターゲットで高視聴率を獲得しています。以前は、「最大の放送局より最良の放送局たれ」という社風があり、「第二期」から「視聴率」よりも社会的意義が重視されていたＴＢＳも、個人視聴率を分析して『どうぶつ奇想天外！』や『学校へ行こう！』などの人気番組を積極的に枠移動するなど､編成部門を中心とする「送り手」に変化が見られました。この「第四期」の編成部門を中心とするＴＢＳの「送り手」の状況について、メディア評論家の小池正春は次のように指摘します。

TBSが視聴率競争に本格参戦したのは、ここ数年［筆者注：2001年］である。もちろん、それまで何もしなかったわけではないが、いわば、組織的に意識的に数字を〝取りに行き〟始めたのは、伊藤直樹テレビ編成局長のもと、余田光隆編成部部長、貴島誠一郎編成部部長（企画総括）、渡辺香編成部部長（バラエティ担当）など、テレビ編成局編成部の布陣が整ってからである。いずれもついこの前までドラマやバラエティーでヒットを飛ばし続けたTBS内の有名人だ。換言すれば視聴率と格闘してきた、数字の取り方のノウハウを持つ人たちといえばいいか。（中略）

枠移行の狙いは、時間帯により視聴者層（F1～F3、M1～M3）が異なり（個人視聴率で分かる）、番組のターゲットやテイストと合わない為に数字が取れないということがあるからだ。まさに数字を獲得するためのあがきともいえる。（中略）この点は、日本テレビの改革に成功した時の秘訣だった[35]。

このコメントからも「第四期」の終盤になると、日本テレビの「視聴率」獲得に向けた編成戦略が民放他局の「送り手」にも伝播していた様子が感じられますが、その中で、テレビ朝日は不振となっていたバラエティー番組の状況を打破するために、深夜枠で勝負に出ました。具体的には、1997年の10月改編で、テレビ朝日は23時台前半に「ネオバラエティー」枠を新設してバラエティー番組の強化を図っており、他局がバラエティー番組を放送していなかった時間帯に、『ぷっすま』（2004年、16・3％）や『銭形金太郎』（深夜枠、2004年、14・4％）などの人気番組を誕生させます。更に、2002年の4月改編では、「ネオバラ枠」の直後の放送枠で人気のあったベルト番組の『トゥナイトⅡ』（1998年、11・4％）を終了させ、バラエティー番組の「深夜二段積み編成」に変更しました。この「ネオバラ」と呼ばれた新たなバラエティー番組ベルト枠の編成担当であったテレビ朝日の岡田亮は、当時の状況について、次のように証言しています。

当時のテレビ朝日のバラエティー番組には、これといった人気番組がなくて、視聴率的に見ても弱いと指摘されるジャンルであった。全体的にも、22時台に『ニューステーション』という高視聴率の帯ニュース番組があり、エンタテイメント枠がテレビ朝日の番組に少なかった中で、ゴールデン帯で苦戦していたバラエティーの育成の意味もあり、23時台前半にバラエティーのベルト編成を敢行した。同じ時間帯に他局はニュースを編成しており、「ネオバラ」枠はまずまずの「視聴率」を確保でき、深夜のバラエティー番組のベルト編成は効果的な「カウンター編成」となった。
しかし、当初はゴールデン帯に昇格させるつもりで立ち上げた「ネオバラ」枠であったが、高視聴率を獲得する番組でも出演者や制作スタッフに23時台の放送に固執され、なかなか枠移動を実現できず、枠自体に空きが出なくなり停滞してしまった。この状況の中で、「ネオバラ」枠へ多くのオファーが舞い込むようになり企画があふれたので、次の時間帯も思い切って長寿番組を終了させて、新たな視聴者層を狙いにいった[36]。

結果として、この「送り手」主導による「ネオバラ」枠の新設が成功しており、２０００年代以降のテレビ朝日のバラエティー番組が躍進する基礎を構築することになりました。実際に、この時期からテレビ朝日では23時から25時の時間帯を「プライム2」と自主設定する重点枠としており、同時間帯の２００３年の「視聴率」がフジテレビに次いで2位の7・9%となり、ゴールデン帯が低迷する中で「テレビ朝日のゴールデンタイム」と一部で揶揄されます。しかし、その後は深夜枠からゴールデン帯に枠移動した番組が高視聴率を獲得するなど、テレビ朝日の「視聴率」が全体的に上昇しており、この「ネオバラ枠」の「カウンター編成」を断行した編成戦略が重要な転機になったと考えられます。

その後、他局も23時台をバラエティー番組編成で追随しており、現在では「視聴率の計算できる準プライム」枠と認知され、激しい視聴率競争が繰り広げられる時間帯に組み込まれています。結果として、１９６０年代の深夜枠の開始当初は、遅い時間に帰宅したサラリーマンをターゲットに、お色気番組やスポーツニュースなどで視聴習慣を定着させましたが、２０００年代以降は、女性や高年齢者層も含めたオールターゲットの時間帯に変わります。実際に、１９８０年には23時台のＨＵＴ（総視聴率）が28・０%でしたが、２０００年には46・4%に伸びており、番組内容も最終版のニュース枠の拡大や、ゴールデン帯と遜色のない本格的バラエティーの投入など、「深夜帯」に対する重要度が増していきました。

この変化について、「第四期」の途中で第一制作部の「作り手」から編成部の「送り手」に異動していた、フジテレビの大多亮は次のように指摘しています。

今までのフジの深夜番組というのは、若いスタッフが自分たちのやりたいことをやりたいように作っていた。それは深夜における深夜のための深夜番組で、深夜だからこそ面白いというものが多かった。

ここをゴールデンやプライムでこういう番組が作りたいんだというプレゼンの場所にできないだろうか。深夜だからといって企画をマイナーにしない。もちろん深夜だから予算は少ない。ゴールデンのような豪華なキャストやセットは組めないだろう。ただ、番組の〝システム〟を見せることは出来るはずだ。

例えば、今までは深夜で子供やファミリー向けの番組なんて絶対作れなかった。でも、そんなことは気にしない。あくまでもゴールデンに持っていったときに大丈夫かという企画の信憑性と作り手の才能を見たいのだ。（中略）

僕は若いスタッフに「深夜で満足するな」と言う。ゴールデン、プライムで1位を取ることが目標の今、マニアックに楽しもうなんて考えるな。

確かにテレビというのは、若いやつから見ればあまりに巨大なメディアゆえに、大衆に迎合するダサくて、程度の低いものと感じられるかもしれない。でも、テレビ局に入ったからには深夜でカッコつけてるだけじゃしょうがない。ゴールデンで当ててなんぼというのがテレビなのだ[37]。

まさに大多は、「第三期」の「深夜帯」に若手の「作り手」を抜擢して、「視聴率」よりも「話題性とノリ」を重視して自由に作っていた状況にメスを入れて、より現実的なゴールデン帯への登竜門と位置付けた「準ゴールデン枠」とする編成戦略を明示していました。そこには、テレビ朝日の成功による影響も見受けられますが、むしろ、「第四期」の日本テレビの「視聴率」を最優先して「視聴率三冠王」を取り続けていた状況に対する、「送り手」としての焦りが感じられます。

一方で、テレビ東京は独自路線を貫いていたようです。具体的な番組としては、視聴者の家宝を値付けした『開運！

なんでも鑑定団』(1995年、22・3%)や、アイドルグループのモーニング娘。を輩出した『浅草橋ヤング洋品店』(1999年、16・8%)など、「第四期」は個性的なヒット番組を誕生させており、「旅とグルメ」のマイナーなテレビ局のイメージから脱却を図れたようです。この状況を、文化放送からテレビ東京の前身の「東京12チャンネル」に入社し、その後は編成局長も歴任した石光勝は次のように回想します。

テレビ東京について、「あそこはちょっと違うから、結構見るよ」という声をよく耳にします。(中略)『カンブリア宮殿』などの経済情報番組を例にあげる人が多いのですが、それとは関係なく、『開運!なんでも鑑定団』や『田舎に泊まろう!』はもとより、ほかの局より犯人が判りにくいからと『水曜ミステリー9』を推す人もいるし、『たけしの誰でもピカソ』の切り口が変わっているのが面白いと言う人もいる。

いずれにしても、「あそこは違う」という番組編成には、私が育ってきた「番外地」のDNAが潜んでいるような気がして、OBとしては結構うれしいものです[38]。

ここで石光は、後発局として「視聴率」獲得に特化しない個性的な独自路線の番組開発による成果を指摘していますが、その多くが「第四期」に始まっており、日本テレビとは違ったアプローチ方法でヒット番組を生み出していたと言えるでしょう。

続いて、「第四期」の音楽番組ですが、「冬の時代」に突入した「第三期」から復活を遂げており、1994年にはフジテレビでダウンタウンを司会に起用した『HEY!HEY!HEY!MUSIC CHAMP』(1999年、28・5%)がスタートして、久々にゴールデンタイムの音楽番組が誕生しています。更に、1996年には、徳光和夫の司会で情報性を重視した日本テレビ『速報!歌の大辞テン』(2000年、26・8%)、とんねるずの石橋貴明と中居正広を起用してバラエティー性を強めたTBS『うたばん』(2001年、25・0%)も始まりました。こうして、テレビ東京以外の民放キー局にゴールデン帯のレギュラー枠で音楽番組が編成されることになり、「第三期」から唯一続いていたテレビ朝日の『MUSIC STATION』（1999年、26・5％）も、「第四期」に過去最高視聴率を記録します。この背景として、同時期にカラオケボックスが本格的に普及する中で、ドラマ主題歌のタイアップ曲を中心とするメガヒットCDが生まれるなどの好影響があり、その中で音楽番組も試行錯誤の末に復活に成功したと言えるでしょう。

例えば、以前の音楽番組では映像の美しさを優先する「作り手」が、歌詞テロップの使用を「絵が汚れる」と拒否していましたが、カラオケの普及などにより、「第四期」は歌詞が徐々に字幕スーパーで表示されるようになります。当初は、歌詞スーパーを使っていなかった『MUSIC STATION』でも、1992年には導入に踏み切っており、当時の状況を担当プロデューサーであったテレビ朝日の西村裕明は次のように回想します。

カラオケブームが起きて、視聴者が自分の歌いたい曲の練習のために、好きな歌手以外の曲でも番組を見るようになり、パイは広がったが、同時に歌詞スーパーの挿入がマストとなった。映像にこだわるタイプのディレクターは、絵が汚れる上に、視聴者の興味が画面の下の文字情報に移る事を嫌がり苦悩したが、結局は「視聴率」も考慮して、「テレビはサービス業」と割り切って、歌詞スーパーを入れるようになった。カラオケは一過性のブームに終わらず、音楽シーンの中でも普遍的なものとして定着しているので、この傾向は今後も変わらないだろう[39]。

この「歌詞スーパー」を巡る制作現場の葛藤は、テロップを意図的に多用した「五味演出」と導入の経緯に違いはありますが、「視聴率」を取っていくために「視聴者サービス」の一環と割り切った観点は一致しているようにも思えます。

躍進の実質的な原動力となった「朝の情報帯番組」

では、ここからバラエティー・音楽番組以外のジャンルを見ていきたいと思いますが、「第四期」の日本テレビ躍進の潜在的な原動力となったのが、全日帯で圧倒的な高視聴率を獲得していた「朝の情報帯番組」でした。まず、１９７９年の番組開始以来、系列地方局の制作能力を向上させながらも、「視聴率」を取り続けていた『ズームイン‼朝！』（１９９３年、22・8％・１９９６年６月第４週の平均は20・1％）が、２０００年代までの早朝番組の基本形を作り上げています。更に、直前の番組枠として、１９９２年３月から『ジパングあさ６』（１９９４年、16・5％・１９９５年５月第５週の平均は14・7％）が始まっており、日本テレビの早朝６時から８時半の平均視聴率が常に15％以上を記録し、これらの平日の帯番組が放送開始直後から他局を圧倒しました。

この『ズームイン‼朝！』は、「第二期」の１９７９年に、ＮＨＫが30％台の高視聴率を獲得する朝７時から８時半の時間帯にベルト番組としてスタートしましたが、当時の状況について日本テレビの仁科俊介プロデューサーは、次のように証言しています。

お化け視聴率を稼いでいるＮＨＫを叩き潰そうという、誇大妄想ともいえるような目標を立てて、戦略を練った。具体的には、「国民生活白書」を熟読してデータを取った。一般的に首都圏の人たちは何時に起きるのか。何時に支度を終えて、何時に家を出るのか。一方で奥さんは何時に起きて、旦那さんが家を出たあと、何時に何をしているのか徹底的に調べあげた。それで日本人の朝の生活パターンの最大公約数を出してどの時間帯にどの年代がテレビを見るのか数値化して番組の構成を考える基本にした[40]。

ここで仁科は、「第四期」の日本テレビに深く浸透していたマーケティング的な手法によるデータを活かした制作方針を、既に「第二期」の時点で始めていたことを明かしておりますが、実際に、リサーチした視聴者の生活時間に合わせた、細かい番組構成が随所に見られます。具体的には、７時からの30分は「出勤前の男性サラリーマン」を対象とした情報、７時半からの30分は「登校前の子供と母親」が一緒に視聴できる話題、８時からの30分は「主婦向け情報」をターゲットにする細かい時間区分で、一つのコーナーは５分以内に設定するなど、朝の視聴者の多忙な生活時間帯に対応していました。また、生放送の同時性を重視して、全国各地の朝のローカル情報を、軽快なテンポの「スイッチリレー方式」で中継することにより、「ネットワークのスケールメリットを十分に生かした番組」となり、時間帯の視聴者ニーズに合わせて、「早朝情報番組ブームのパイオニアとなった」と評価されます[41]。一方で、この日本テレビ系列局のネットワーク力を最大限に生かした制作体制が、貴重な全国ネットへの発信の場となり、結果として、地方の番組作りのノウハウとなってフィードバックされ、系列局の制作力の強化に繋がったようです[42]。

この『ズームイン!!朝!』が核となり、日本テレビは全日帯の「視聴率」で他局に大差をつけましたが、全体的にも「第四期」の「視聴率三冠王」に大きく貢献したと考えられます。つまり、総視聴率がプライム帯より低い早朝の時間帯で、視聴率20%近くの番組が、週5本のベルト枠で並んだ結果として、他局がプライム帯でドラマなどの高視聴率番組を編成しても、なかなか追いつくのが難しい状況を生み出していたのです。

この日本テレビの強力な早朝の情報番組に対して、当時のフジテレビは『ポンキッキーズ』（1991年、11・7%）などの「幼児番組」を同時間帯に放送していましたが、朝の視聴者層には合わないと判断して、1994年4月に早朝6時から8時までを、「F1」層をターゲットとする『めざましテレビ』（2004年、13・3%）に変えて対抗します。更に、1996年にはTBSも同時間帯に『おはようクジラ』を始めて、テレビ東京以外の民放キー局が「情報番組編成」と化しますが、その後も『ズームイン!!朝!』の優位は変わらず、2001年10月に『ズームイン!!SUPER』（2001年、17・8%）として5時台と6時台が統合され、2011年3月まで続く長寿の人気番組となりました。

一方、同じくテレビ東京以外の民放各局が「ワイドショー編成」であった、午前8時台にも「第四期」に大きな変化がありました。まず、TBSが1995年のオウム取材に関連する不祥事でワイドショーから撤退したため、人気番組であった『モーニングEye』（1993年、19・8%）を終了させて、生活情報番組の『はなまるマーケット』（2002年、11・6%）を始めて、2014年まで続いています。また、1999年4月にフジテレビ『とくダネ!』（2004年、12・6%）がスタートしますが、「F2」層ターゲットの伝統的なワイドショーでありながらも、番組の準備段階より「これまでのワイドショーのやり方はやめよう」という方針で、政治経済などの堅いニュースも「とくだねTIMES」というコーナーを設けて積極的に取り上げました。以前からワイドショーでは、ＮＨＫ「連続テレビ小説」が終了する8時30分に、最も関心度の高い「芸能情報」を投入して、「視聴率」の流入を狙っておりましたが、『とくダネ！』では、日本テレビ『テレビ三面記事ウィークエンダー』をイメージした演出方法で、朝の時間帯に社会ネタを積極的に投入したようです[43]。同時期にはテレビ朝日『スーパーモーニング』も、担当部署であった情報局が報道局と合併して「報道局」となり、ワイドショー未経験の報道スタッフが新たに番組に加わり、時事問題を含む堅いニュースの割合が増えていました。また、政界も２０００年代には「小泉ワイドショー内閣」と呼ばれるなど、話題性豊かな時期となっており、「ワイドショー」も時流に合わせて政治ネタなども積極的に放送して、主婦層の視聴者にも受け入れられていたようです。また、この時期の8時台の特徴として、民放各局が明確に放送内容を差別化させており、横並びの内容的なバランスを保った上で、それぞれに開拓した視聴率層を確保していたと考えられます。当時の状況について、テレビ朝日『スーパーモーニング』でプロデューサーを担当していた紫藤泰之は、次のように語ります。

番組では、「あれこれニュースショー」と銘打っているように、「時事問題」も積極的に扱っており、数字よりもむしろ「脱ワイドショー」が基本コンセプト。かつて、私のディレクター時代に、数字を追いかけて、「オウム」や「サッチー」を取材していた頃は、制作者として忸怩たる思いがあった。

現在、各局ともこの時間帯は、日本テレビは「古くからの芸能路線」、ＴＢＳは「生活情報」、フジテレビは「Ｍ１・Ｆ１も意識したワイドショー」と、うまく住み分けが出来ている。どの視聴者層が見ているのか、個人視聴率を分析して相手となるパイを絞って真面目に制作していけば、「視聴率」は自ずとついてくるだろう[44]。

この指摘からは、個々の番組コーナーに対して視聴状況を精査する手段が「機械式個人視聴率」の導入により整備され、ワイドショーも以前の「横並び」の時代から変化して、それぞれの局ごとに視聴ターゲットを特化させた制作方針が伺えます。そこから、従来の芸能情報に依存したワイドショーから脱却する「情報番組化」の姿勢も見えますが、「視聴率」

を確保する方法論としては、「第四期」の日本テレビが浸透させたマーケティング的な手法が用いられていたようです。

「ドラマ」よりも「巨人戦」が重視された編成戦略

次に、「ドラマ」番組を見ていきたいと思いますが、2003年にはプライム帯でも視聴率3％台のドラマが出てくるなど、番組によって「視聴率」の格差が生じており、全体的にも「第四期」の終盤から「ドラマ離れ」が進行する時期に突入します。その中で、個別の番組ではフジテレビのドラマが好調であり、SMAPの木村拓哉主演で『ロングバケーション』（1996年、36・7％）がレギュラードラマ枠で同年の「視聴率第1位」を獲得し、『ラブジェネレーション』（1997年、31・3％）、『HERO』（2001年、36・8％）など、木村拓哉の主演作品が常に高視聴率となりました。

一方、「ドラマのTBS」も健在で、「第四期」もシリーズ化された『渡る世間は鬼ばかり』（1997年、34・2％）が好調の中で、フジテレビとは別路線の社会的な内容を扱った木村拓哉の主演作品を『東芝日曜劇場』枠で制作しており、身体障害者の恋愛を描いた『ビューティフルライフ』（2000年、41・3％）、航空業界への志願者を増やした『GOOD LUCK!!』（2003年、37・6％）は社会現象にもなりました。

そして、日本テレビも「第四期」が始まった1994年には野島伸司の脚本により、安達祐実が不幸な少女を演じた『家なき子2』（1994年、37・2％）が同年のレギュラードラマ番組の「視聴率第1位」となり、翌1995年にも『金田一少年の事件簿』（1995年、29・9％）、『星の金貨』（1995年、28・1％）が高視聴率を獲得します[45]。しかし、その後はフジテレビやTBSと比較すると、ヒット作が生まれておらず、「第四期」の日本テレビでは「唯一の死角」と指摘され、実際に当時は一週間にレギュラー番組のドラマ枠が二枠しかない状態であり、萩原敏雄常務は次のように述べています。

本当はうちももう一枠（ドラマが）あった方が編成的にも営業的にもバランスがいいんです。ただ、現状では全体の枠数が多すぎるので、うちは増やさなかったんです。そうしたら案の定ドラマ離れが起きたために、逆にうちはダメージが少なくて済んだということです[46]。

このコメントからも、「第四期」の日本テレビはドラマに力を入れていなかった様子が伺えます。基本的に、連続ドラマは1クール・3カ月で終わってしまうため、「視聴率が変動するリスキーなジャンル」と認識され、「送り手」が年間のタイムテーブルを考える際に、安定して「視聴率」を確保できるバラエティー番組をドラマより優先させた側面も考えられます。しかし、萩原も指摘していましたが、営業面や局イメージを考慮しますと、ドラマのヒット作は民放キー局にとって不可欠であり、日本テレビは「視聴率三冠王」獲得のため世帯視聴率を最優先させたために、失った部分も大きかったのではないでしょうか。

一方、テレビ草創期より高視聴率を取り続けていたプロ野球巨人戦中継が、「第四期」の終盤に「視聴率」が急落しますが、全体的には、まだ日本テレビのキラーコンテンツとして「視聴率三冠王」の獲得に貢献しています。具体的には、巨人戦ナイターの年間平均視聴率が、１９８３年の27・1％をピークに徐々に低下する中で、「第四期」最終年の２００３年には年間平均14・３％と過去最低となり、視聴者の「プロ野球離れ」傾向が見られました。これは、スポーツ番組にも、視聴者の多様化が進んでいたことの象徴的な出来事であり、対照的に、大リーグ中継がまずまずの「視聴率」を記録しています[47]。

しかし、日本テレビは上半期の戦術を練っていく上で、確実に高視聴率が計算できる重要ソフトとして、ホームゲームを独占放送する巨人戦を年間計画の一環に組み込んだ編成戦略が「第四期」も機能しており、メディア評論家の小池正春は次のように分析します。

日本テレビの年間を通した闘いは、森型野球（西武ライオンズ）とも呼ばれる。要は堅実な闘い方を言う。１月～

3月までで、ライバル局であるフジテレビを引き離し、ジャイアンツ戦のある4月〜9月で貯金をし、その残高が多ければ、リスキーな改編に挑み、なければ安全策を取って新番組を見送るというものである[48]。

この「森型野球」という言葉は聞き慣れないと思いますが、当時のパ・リーグの覇者であった西武ライオンズの森祇晶（もりまさあき）監督が、前半からバントを多用して点を取り、後半は細かい投手リレーにより手堅く勝利を重ねていく戦術であり、そこに小池は日本テレビの編成戦略を重ね合わせていたようです。しかし、「第四期」の後半には、肝心の巨人戦中継が「視聴率」の下落により、「キラーコンテンツ」から「準キラーコンテンツ」へ地位を下げており、その後は日本テレビの全体的な編成戦略にも大きな影響を与えることになります。

その中で、スポーツ番組自体は日本で開催された2002年の「ワールドカップサッカー」が一大イベントとなり、2002年6月9日のフジテレビ『ワールドカップサッカーグループリーグ・日本×ロシア戦』は視聴率歴代3位の66・1%を記録しており、「第四期」の最高視聴率となりました。また、その前回の日本が初出場したフランス大会でも、1998年6月20日のNHK『ワールドカップサッカーフランス大会予選・日本×クロアチア戦』が60・9%（歴代7位）を獲得するなど、「第四期」中にワールドカップ関連の5番組が50%以上を記録します[49]。これらの「ワールドカップサッカー」中継番組が、「第一期」から「プロレス」や「ボクシング」中継番組が担ってきた、ナショナリズムを高揚させて記録的な高視聴率番組となる、キラーコンテンツの地位を受け継いだと言えるでしょう。

また、「第四期」はTBS「世界陸上」（1997年から）、フジテレビ「ワールドカップバレーボール」、テレビ朝日「世界水泳」など、各民放キー局が「キラーコンテンツ」となるスポーツ番組を独占放送して高視聴率を獲得しており、放送するスポーツ素材も多様化しています。これらのスポーツ番組は、直接担当するスポーツ局の「作り手」よりも、編成部門や営業部門の「送り手」主導で広告会社の電通が関与して放送権獲得が決定されるケースが多く、その後も世界規模のスポーツイベントが年間編成戦略の根幹となっていきました。そのため、演出方法も徐々に「視聴率」を強く意識したものに変化しており、2001年に「世界水泳」を担当したテレビ朝日の三雲薫スポーツセンター長は、次のように回想します。

昔はゴルフの全英オープンに、ゲストで長嶋茂雄を起用するなどキャスティング面で「視聴率」が期待できる効果的な演出をしても、上司から余計であると怒られ、「スポーツ素材をありのままに使って勝負しろ」と言われた。これが、1990年代になって、アメリカの「視聴率」を重視する中継スタイルの影響で、スポーツに対する演出も認められ、速いカット割りやクローズアップの手法が盛んに用いられるようになっていった。

また、1984年のロサンジェルス五輪で、いわゆる「スポーツイベント」がアメリカのテレビ局主導で運営され、日本でも1991年の世界陸上東京大会の際に日本テレビがこの動向に追随した。テレビ朝日の「世界水泳」でもこの流れは引き継がれているが、特に、スポーツイベントを視聴率的にも成功させるには「スターの存在」が不可欠であり、「世界水泳」ではイアン・ソープにその役目を背負ってもらった[50]。

更に、ゴルフの海外中継などを担当していた、テレビ朝日スポーツ局プロデューサーの佐藤耕二も、「第四期」のスポーツ番組の状況について、国際的な見地から語っています。

ヨーロッパのスポーツ中継では、公共放送主導というお国柄もあり、「公平に見せる」といった主旨から、選手のクローズアップは少なく、引きの絵が多い。これは、NHKのスポーツに対する姿勢にも現われており、2004年のアテネオリンピックで、水泳の北島選手が二種目で金メダルを獲った際の実況は、100メートルを民放、200メートルはNHKが担当していたが、NHKのアナウンサーはほとんど煽ることなく、淡々と伝えており、違いが歴然としていた。

しかし、最近ではBBCでもスポーツ中継に対する考え方に変化が見られ、全英オープンでタイガー・ウッズが首位争いを演じていない際でも、インサートで彼の映像を挿入するかどうかで、議論になると聞いている[51]。

ここで佐藤は、「視聴率」獲得に向けた世界的なスポーツ番組の演出方法の変化を、民放と公共放送のスタンスの違いから説明しますが、全体的に「第四期」のスポーツ番組は報道番組の変化と同様に、「視聴率」を意識する傾向になっていったと言えます。特に、「送り手」が主体となって放送が決定されたスポーツイベント中継では、ジャニーズ事務所のタレントを司会やレポーターに起用するなど、「視聴率」対策が駆使され、演出方法の変化が際立っておりました。この傾向は、国民的な広がりを持つスポーツイベント中継が、編成戦略の一環として年間計画に組み込まれたことにより、「編成主導体制」の中で「視聴率」の獲得が、絶対的な命題になっていった影響と考えられます。

「作り手」を平板化・組織重視型「視聴者本位主義」体制

このように、「視聴率」が各番組ジャンルに強く影響を及ぼすようになっていく中で、「第四期」は日本テレビが、「年間視聴率三冠王」を10年間連続で獲得します。そこには、「第三期」の覇者であったフジテレビとは、「作り手」の「視聴率」に対する姿勢に決定的な違いがあり、日本テレビは「視聴者本位主義≒視聴率至上主義」の考え方が、編成部門を中心とした「送り手」のみならず、制作サイドへも広く浸透していたようです。実際に、日本テレビはフジテレビを徹底的に研究して、「編成主導体制」に移行する組織改革を断行して、読売新聞から移ってきた氏家齊一郎社長の「何がなんでもトップを取れ」という号令の下で、「視聴率」の獲得に向けて邁進していきました。そして、萩原敏雄編成担当常務の指揮により、編成部門を中心とする「送り手」のみならず、制作現場のプロデューサーやディレクターの「作り手」にも「視聴率」に対する強力な意識が徹底されます。更に、制作現場では「個人視聴率」まで細かく分析したマーケッティング的な手法が導入され、日本テレビは高視聴率番組を量産しますが、その「作り手」のキーマンたちは、「要は、自分が楽しいんじゃダメ。僕らは所詮、サービス業者であり、数字をとれなきゃダメ」と明言し、フジテレビを「内輪ウケに見える時があり、視聴者サイドに立っていない[52]」と痛烈に批判していました。

確かに、当時のフジテレビは、制作現場の「ノリ」を重視して「視聴率」からも比較的自由に、「作り手」が面白いと思うものを、編成部門の「送り手」が指示する「若年層」に特化させて制作しており、「視聴率」獲得に対する強い意識が「送り手」のみならず、「作り手」にも浸透していた日本テレビとは、根本的な違いがありました。この両者の番組制作体制の違いについて、フジテレビでドラマプロデューサーを担当した後に、「送り手」の中枢である編成制作局長に就任していた山田良明は、次のように簡潔に説明しています。

日本テレビの編成の方が言うには、サッカーに例えると日本テレビはヨーロッパ型（組織）なんだそうです。それでフジテレビは南米型（個人技）。

調査部もありますし、いろんなデータも見ますが、分析したからといってそこから生まれてくる企画なんてないです。結局、誰がこの枠で何をやりたいか、に尽きます。

視聴率を皆に取れなんて無理な話。それでも大多亮君のように取ってくれる人もいます。彼がいるから視聴率を取れなくてもこんなものを作りたいという人たちが枠を持てて実現できる。視聴率を唯一の指標とは思っていないけれども、大切な指標[53]。

ここで山田は、日本テレビのマーケティング的なデータ分析を重視する制作方法を否定しており、「作り手」個人の熱意があれば、「視聴率至上主義」よりも制作現場の意思を優先させる編成方針を明示します。一方で、実際に「第四期」の日本テレビは、緻密な「年間編成戦略」と、それを実現する制作現場の「作り手」の創造力を抑えてまでも「視聴率」獲得を最優先する細かな演出方法が両輪となって、組織体制のモデルとした個性重視型のフジテレビとは対照的な組織重視型の「編成主導体制」により、「日本テレビの時代」を作り上げました。結果として、「第三期」のフジテレビが編成局に制作局を吸収したものの、「作り手」に自由度を残していた「初期編成主導型モデル」から、「第四期」の日本テレビは、編成中心の組織体制のみならず、個々の「作り手」の「自律性」までも制約する「視聴率」獲得に特化した「編成主導型モデル」に変化させていったと言えます。

この「編成主導体制」が制作現場にも浸透していった影響について、「第一期」から一貫して制作の「作り手」として活躍した後に、「第四期」後半の２００２年に執行役員専務に昇格する日本テレビの佐藤孝吉は、次のように回想します。

「編成主導体制」により、番組制作現場に効率化が導入され、美や個性が喪失された。美は、なかなか数字にならないが、効率化は「視聴率」という数字になって現れる。

「作り手」には、エース（A）、ビース（B）、シース（C）という3種類があって、エースは誰も考えないような創造力を持ち、ヒット番組を量産する。ビースは創造力に劣るが、エースの物まねが上手であり、平均的にヒット番組を作る。シースは、どちらの能力にも劣るため、エースやビースの補助要因となって番組を支援する。テレビ局も組織化されていくうちに、時には扱いにくいエースより、多くのビースを抱えることが、恒常的にヒット番組を制作するために重要になっていった。

ただ、当時の編成局長であった萩原は、効率のよい組織を作るだけでなく、「作り手」としても優秀であったし、その両方ができた[54]。

この佐藤の指摘は、日本テレビの「編成主導型モデル」が「作り手」に浸透していく中で、制作現場が平準化していく状況を的確に捉えており、組織体制の変化により、求められる「作り手」像まで変えられていったことを証言しています。

確かに、「第四期」の日本テレビは、萩原敏雄が公言していた「30％番組より、ともかく平均16％を取る考え方」に基づいた、全体的な番組の平均視聴率を確保する制作体制に適したシステム作りを目指して、「作り手」個人の才能に頼らない平準的な組織モデルの構築を実現していたと思われます。やはり、「第四期」の日本テレビは「編成主導体制」を確立していく中で、「送り手」が平板化を宣言することにより、エポックメイキングな30％を超える高視聴率番組を作る可能性を放棄して、制作現場の自由な「創造性」を抑えた、マーケティング的な全体的に安定した「視聴率」を確保する戦略が、「作り手」にも浸透していたようです。

この背景として、佐藤も指摘するように、「第四期」の日本テレビの「送り手」の中枢であった萩原敏雄が人気番組の『特ダネ登場!?』や『元祖どっきりカメラ』などの制作を担当した「作り手」の出身であり、一方で、「第三期」のフジテレビ編成担当専務村上七郎や編成局長の日枝久は、「作り手」の経験を持たない「送り手」であったという違いが大きく影響しています。つまり、「作り手」出身という萩原のキャリアが、制作現場への「編成主導体制」の浸透を容易にしたと考えられるのです。具体的に言いますと、「第三期」のフジテレビの「初期編成主導型モデル」では、編成部門から企画書レベルで「言語系」により指示された内容を、制作の「作り手」がテレビ番組として映像化する際に、「送り手」は傍観するに留まっていたと想定されます。しかし、萩原が「作り手」出身であったため、「第四期」では、「送り手」が「作り手」の制作体制を把握した上で、具体的な指示を出すことが可能となり、個々の番組にも及ぶ「ミクロの編成」を行使して、「作り手」の「自律性」が大幅に制約される結果になったと言えるでしょう。

更に、「作り手」の中心人物の中にも、従来のテレビ局のプロデューサーやディレクターとは違った考え方を持つ、CM制作会社出身の五味一男がおり、同じように広告会社出身の「送り手」であった岩崎達也らが提案する「フォーマット改革」などのマーケティング的な手法の導入に関しても、すんなり賛同して実現できたのでしょう。この「第三期」のフジテレビの野武士集団的な「自分の作りたいものにとことんこだわる」タイプと、「第四期」の日本テレビの「冷静にデータを読み解いて自分を押し殺す」タイプの「作り手」の根本的な違いにより、日本テレビでは新聞社出身であった氏家齊一郎社長が発した「トップを取れ」という企業目標を、「作り手」出身の萩原編成担当常務を経て、スムーズに制作現場で実現されていったと考えられます。

このように、日本テレビが編成主導体制の中で「視聴率」に拘って、戦略的にマーケティング的な番組作りを続けてきた成果について、岩崎達也は次のように自己評価します。

やはり日本テレビのもっとも大きな特徴は「視聴率至上主義」が徹底しているということだろう。

視聴率至上主義を批判する声にも負けず、日本テレビの経営陣はあらゆる会議で「日本テレビは視聴率至上主義でいく」と言い続け、そのための体制を常に整えてきた。

そのDNAは今でも社内に根強く生きている。たとえそれがたった0・1%でも「なぜここで他の番組に負けてしまったのか」と検証を重ね、番組を少しずつ手直しして長く生かしていく術が、制作者の中に根付いているのである。

確かにその姿には、バラエティの黄金時代を築いてきたフジテレビの華やかさはない。トレンディドラマのような都会的なスマートさもないだろう。

だが、日本テレビには「負けても大きく崩れない強さ」がある。最初から突出したヒット番組をつくるのは非常に難しいことだ。だが今、世の中の多くの人に面白いと思ってもらえる番組をつくろうと思えば、やはりマーケティングの視点が必要だろう。多くの視聴者のニーズがどこにあるかを考え、マーケティング資料から分析し、改善を加えていくうちに「鉱脈」が見つかって、ヒットにつながる。それを大きくして番組を育てていくうちに、いつの間にか長寿の人気番組になっていくという流れである。それは、マーケティングにおけるマネジメントの考え方である。（中略）

大胆な発想で一度勝つことはできても、番組を長期的に考えてマネジメントしなければ続けて勝つことはできない[55]。

ここで岩崎は、日本テレビの「送り手」が、腹をくくって「視聴率至上主義」を貫いたことにより、マーケティング的な手法を制作現場に浸透させて、「作り手」の創造性に任せてヒット番組を連発していたフジテレビに、最終的には「編成主導型モデル」の組織の中で、長期レンジに立って打ち勝ったことを誇らしげに主張していました。

その後も、この日本テレビが完成させた「編成主導型モデル」が、以前のTBS「制作独立型モデル」やフジテレビ「初期編成主導型モデル」よりも、効果的に編成戦略をそのままの形で実現できる組織モデルとして認知され、「視聴率」獲得に向けて、民放キー局の組織体制の主流となっていきます。しかし、「第四期」の日本テレビは、高視聴率番組に対する露骨な報奨金制度や[56]、制作部門の人事にまで及んだ、「編成主導体制」によるテレビ局が一体となった「視聴率至上主義」

の姿勢が過度に影響を及ぼした結果として、その後の「視聴率買収事件」を生む温床となったとする批判も否定できません。

【註】

1　石沢治信「誰のための視聴率戦争だったのか 日テレ・フジ、年末年始の必死の攻防戦」『創』1995年3月号（創出版、120―122頁、1995）参照。
2　藤平芳紀「視聴率のナゾ　テレビ放送と視聴率のあゆみ③　1990年代～今日に至る視聴率調査」『GALAC』2003年5月号（放送批評懇談会、45頁、2003）参照。
3　藤平芳紀「視聴率のナゾ　テレビ放送と視聴率のあゆみ③　1990年代～今日に至る視聴率調査」『GALAC』2003年5月号（放送批評懇談会、45頁、2003）参照。
4　ばばこういち『視聴率競争―その表と裏―』（岩波書店、24―25頁、1996）参照。
5　小池正春「三冠の方程式は堅実〝森型野球〟」『新・調査情報』1999年11月、第20号「特集 日テレ式高視聴率の背景をよむ」（東京放送編成考査局、14頁、1999）参照。
6　田中晃「変貌する視聴率戦略～世帯から個人へ」『放送文化』2004年春号（NHK出版、27頁、2004）参照。
7　岩崎達也『日本テレビの「1秒戦略」』（小学館新書、46―47頁、2016）
8　石沢治信「日テレ・フジの三冠王めぐる激闘」『創』1995年2月号（創出版、18―19頁、1995）参照。
9　岩崎達也『日本テレビの「1秒戦略」』（小学館新書、57―58頁、2016）
10　岩崎達也『日本テレビの「1秒戦略」』（小学館新書、84―85頁、2016）
11　林真理子「マリコの言わせてゴメン！45」『週刊朝日』1996年7月26日号（朝日新聞社、48頁、1996）、氏家齊一郎コメント参照。
12　小池正春『実録　視聴率戦争！』（宝島社新書、11―13頁、2001）参照。

13　岩崎達也『日本テレビの「1秒戦略」』（小学館新書、１００―１０1頁、２０１６）

14　ビデオリサーチ「全局高世帯視聴率番組50」、ビデオリサーチホームページ、<http://www.videor.co.jp/>、２０１５年10月20日閲覧。

15　小池正春「地上波制圧!?日本テレビの視聴率哲学」『創』２０００年１・２月号（創出版、39頁、２０００）参照。日本テレビ・萩原敏雄常務取締役編成局長のコメントを引用。

16　五味一男『視聴率男の発想術「エンタの神様」仕掛け人の〝ヒットの法則〟』（宝島社、79―80頁、２００５）参照。

17　五味一男『視聴率男の発想術「エンタの神様」仕掛け人の〝ヒットの法則〟』（宝島社、94―97頁、63―65頁、１３１―１３３頁、２００５）参照。

18　五味一男『視聴率男の発想術「エンタの神様」仕掛け人の〝ヒットの法則〟』（宝島社、65―66頁、２００５）参照。

19　佐藤孝吉『僕がテレビ屋サトーです　名物ディレクター奮戦記「ビートルズ」から「はじめてのおつかい」まで』（文藝春秋、２００―２０３頁、２００７）参照。

20　石戸康雄（オン・エアー社長）談、２００４年10月20日、東京・四谷にて対面インタビューによる聞き取り調査。

21　石戸康雄（オン・エアー社長）談、２０１３年10月20日、東京・本郷にて対面インタビューによる聞き取り調査。

22　佐藤孝吉（元日本テレビ執行役員専務）談、２０１４年７月17日、東京・池袋にて対面インタビューによる聞き取り調査。

23　五味一男『視聴率男の発想術「エンタの神様」仕掛け人の〝ヒットの法則〟』（宝島社、69―70頁、２００５）参照。

24　横澤彪（吉本興業専務取締役、元フジテレビプロデューサー）談、２００４年12月11日、東京・赤坂にて対面インタビューによる聞き取り調査。

25　コメントフォローのテロップが普及する以前は、編集時間が60分のトーク番組で、24時間程度であったが、現在では、平均的に48時間以上もかかっており、「作り手」の残業時間が大幅に増加し、編集プロダクションのスタッフの疲弊も問題となっていた。

26　五味一男「1000万人の代弁者として番組をつくってきた」ビデオリサーチ・編『視聴率50の物語　テレビの歴史を創った50人が語る50の物語』(小学館、186―188頁、2013)参照。
27　五味一男『視聴率男の発想術　「エンタの神様」仕掛け人の〝ヒットの法則〟』(宝島社、169―170頁、2005)参照。
28　大多亮『ヒットマン　テレビで夢を売る男』(角川書店、222頁、1996)参照。
29　小池正春「地上波制圧!?日本テレビの視聴率哲学」『創』2000年1・2月号(創出版、44頁、2000)参照。フジテレビ・亀山千広編成部長のコメントを引用。
30　今村庸一「ファミコン世代の熱い声援をうけて邁進する『電波少年』の冒険」『放送レポート』1995年9月号(メディア総合研究所、17―18頁、1995)参照。
31　土屋敏男『『電波少年』が終わりテレビの意味をとらえなおした』伊藤愛子『視聴率の戦士』(ぴあ、62頁、2003)参照。
32　土屋敏男「日本のテレビコンテンツは世界に通用するんです」ビデオリサーチ・編『視聴率50の物語　テレビの歴史を創った50人が語る50の物語』(小学館、214―215頁、2013)参照。
33　土屋敏男「『電波少年』が終わりテレビの意味をとらえなおした」伊藤愛子『視聴率の戦士』(ぴあ、62頁、2003)参照。
34　吉田正樹『人生で大切なことは全部フジテレビで学んだ～「笑う犬」プロデューサーの履歴書～』(キネマ旬報社、149―150頁、2010)
35　小池正春『実録　視聴率戦争!』(宝島社新書、107―108頁、2001)参照。
36　岡田亮(テレビ朝日・人事局課長、元編成制作局編成担当)談、2005年9月6日、東京・六本木にて対面インタビューによる聞き取り調査。
37　大多亮『ヒットマン　テレビで夢を売る男』(角川書店、165頁、1996)参照。

38　石光勝『テレビ番外地　東京12チャンネルの奇跡』（新潮新書、37頁、2008）参照。
39　西村裕明（テレビ朝日・編成制作局、音楽番組担当CP）談、2004年11月3日、東京・六本木にて対面インタビューによる聞き取り調査。
40　仁科俊介「見て〝得〟したと思う番組」『GALAC』2003年4月号「特集　テレビの〝突破者〟たち」（放送批評懇談会、26頁、2003）参照。
41　伊豫田康弘・上滝徹也・田村穣生・野田慶人・煤孫勇夫『テレビ史ハンドブック』（自由国民社、102頁、1996）参照。
42　仁科俊介「見て〝得〟したと思う番組」『GALAC』2003年4月号「特集　テレビの〝突破者〟たち」（放送批評懇談会、27頁、2003）参照。4週に1回、系列地方局の担当者を集めて「全国会議」としての、企画会議が番組スタート当初から行われているが、そのプロセスを通じて、同じ番組のスタッフであるという意識を強め、その後の『24時間テレビ』の連携へもつながっている。
43　西渕憲司「主婦は午前中のニュースだって見る！」『GALAC』2001年5月号（放送批評懇談会、21頁、2001）参照。
44　紫藤泰之（テレビ朝日・報道局、『スーパーモーニング』プロデューサー）談、2004年9月9日、東京・六本木にて対面インタビューによる聞き取り調査。
45　伊豫田康弘・上滝徹也・田村穣生・野田慶人・煤孫勇夫『テレビ史ハンドブック』（自由国民社、170頁、1996）参照。
46　小池正春「地上波制圧!?日本テレビの視聴率哲学」『創』2000年1・2月号（創出版、45頁、2000）参照。日本テレビ萩原敏雄常務のコメントを引用。
47　萩原敏雄「特集　スポーツ次の〝切り札〟は？　奥の深い、もっとおもしろい野球を！」『GALAC』2001年11月号（放送批評懇談会、12―14頁、2001）参照。当時、編成担当の常務であった萩原は、「1965年から1973

年まで九連覇した時代にも年間平均視聴率16・6％を2度記録しており、15％程度ならば問題ない」と公言していた。一方、２００1年の時点で、イチロー人気により、ＮＨＫの大リーグ中継マリナーズ戦の視聴率が6・5％に上昇していたが、日本のプロ野球中継への影響はないと分析している。その後、ヤンキース松井秀喜が出場した２００3年「ワールドシリーズ」は、平日の午前中に放送されたが、ＴＢＳで10・6％、ＮＨＫ・ＢＳ1で5・3％の視聴率を獲得している。

48　小池正春「地上波制圧!?日本テレビの視聴率哲学」『創』２０００年1・2月号（創出版、40頁、２０００）参照。

49　ビデオリサーチ「全局高世帯視聴率番組50」、ビデオリサーチホームページ、<http://www.videor.co.jp/>、２０１5年4月15日閲覧。

50　三雲薫（テレビ朝日・スポーツ局センター長）談、２００4年11月5日、東京・六本木にて対面インタビューによる聞き取り調査。

51　佐藤耕二（テレビ朝日・スポーツ局プロデューサー）談、２００4年11月5日、東京・六本木にて対面インタビューによる聞き取り調査。

52　小池正春「地上波制圧!?日本テレビの視聴率哲学」『創』２０００年1・2月号（創出版、43―44頁、２０００）参照。日本テレビ・五味一男のコメントを引用。

53　山田良明「データ分析から生まれる企画はない」『放送文化』２００4年春号「特集①テレビ局は視聴率をどう考えているか」（ＮＨＫ出版、29頁、２００4）参照。

54　佐藤孝吉（元日本テレビ執行役員専務）談、２０１4年7月17日、東京・池袋にて対面インタビューによる聞き取り調査。

55　岩崎達也『日本テレビの「1秒戦略」』（小学館新書、１62―１64頁、２０１6）参照。

56　小池正春『実録　視聴率戦争！』（宝島社新書、26頁、２００1）によると、「日本テレビ」の各番組には、「バー」と呼ばれる目標視聴率があり、これを超えると１００万円単位の報奨金が支払われていた。また、１９９4年に「フジテレビ」を抜いて「年間視聴率三冠王」になった時には、全社員に一律12万円の特別ボーナスが支給されている。

第７章　テレビの歴史⑤　２００４～２０１０

「第五期　フジテレビ・多メディア型モデル」

「第四期」に編成主導体制を完成させた日本テレビの10年間に及んだ「視聴率三冠王」を奪取したのは、「初期編成主導型モデル」を続けていたフジテレビで、その後、2010年まで7年間トップの座に君臨しています。既に、「第四期」最終年となった2003年の時点で、プライム帯の年間視聴率が同率であり、拮抗した状況でしたが、この覇権交代の主要因としては、フジテレビにこれと言ったエポックメイキングなヒット番組が生まれたわけではなく、むしろ指摘できるのは、日本テレビが凋落した理由です。

具体的に、日本テレビが失速した主要因として、「早朝帯番組」の『ズームイン!!SUPER』で他局と差が付けられなくなり、更に、「第四期」までは日本テレビのキラーコンテンツとして「視聴率三冠王」を牽引してきた、「プロ野球巨人戦中継」の「視聴率」が大幅に下落したことが挙げられます。既に「第四期」最終年の2003年には、「巨人戦」の年間平均視聴率が14・3%と、ピーク時の約半分になっていましたが、更に、2004年には13%台に落ち込みます。その後も、「第五期」の「巨人戦」は長期低落傾向に陥ることになり、日本テレビは独占放映権を放棄して、現在では地上波のプライム帯では一年に数回しか放送されていません。結果として、「第四期」には、「巨人戦」の高視聴率を前提とする、重要な年間計画の一環に組み込まれていた上半期の編成戦略が機能不全となり、逆に、プライム帯に残った「巨人戦」の低視聴率が、「第五期」の日本テレビ低迷の原因にもなりました。加えて、2003年10月に発覚した日本テレビのプロデューサーによる「視聴率買収事件」が視聴者に与えたマイナスイメージも、少なからず影響しています。

一方、フジテレビは「第三期」に、当時の村上七郎編成担当専務が中心となって「初期編成主導型モデル」の組織体制を構築して会社を再建した時期から、当初は低視聴率であっても、『北の国から』など、内容が良くて今後の成長が期待されれば、長期的な観点から番組を継続していくといった、「視聴率」を唯一の指針としない社風がありました。

この姿勢を継承して、「第五期」の初頭には、「視聴率」に完全依存しない体制作りの確立に向けた、「放送外収入」増加の方針を、明確に経営サイドが表明しています。その際に、具体的な裏付けとなったのが、ドラマと連動した映画『踊る大捜査線』や、イベント『キダム』、『お台場冒険王』などの成功により、「第五期」前年の2003年には、約302億円の放送外収入を記録して、収入構成比を「放送部門82・4%、非放送部門17・6%[1]」に変えた実績であったと考えられます。その翌年からは、「視聴率」でも、再び日本テレビを凌駕し、「視聴率三冠王」を7年連続で獲得するのですが、この第7章では、フジテレビが放送外収入を伸ばしながら「視聴率」の覇権を取り続けた、２００４年から２０１０年までを「第五期・多メディア型モデル」と位置付けて検証していきます。

1 「メディアを震撼させた視聴率買収事件・視聴率の歴史⑤」

まず「第五期」の「視聴率」の動向ですが、何と言っても２００３年10月の日本テレビによる「視聴率買収事件」が、その後も数年間は、対応策を含めて各方面に影響を及ぼしており、「第四期」の最終年に発覚していますが、この章で取り扱っていきたいと思います。

具体的な「視聴率買収事件」の概略としては、日本テレビの『奇跡の生還！』シリーズなどを担当する社員プロデューサーが、探偵を使ってビデオリサーチの複数の視聴率モニター世帯を買収して、自分の制作した番組を見るように依頼することで、「視聴率」を操作した不正行為でした。結果として、このテレビ局社員の「作り手」が首謀した「視聴率買収事件」により、長年築かれてきた「視聴率」に対する、スポンサーや視聴者からの信用を失墜させ、テレビメディアに及ぶ民放開局以来の最大級のダメージとなり、それ以上に、日本テレビの全体的な番組イメージへも著しく悪い影響を与えたようです。

その後、ビデオリサーチや日本テレビ、民放連も含めて対応策が協議されましたが、「視聴率買収事件」は、プロデューサー個人による不祥事とは別次元のメディア全体に及ぶ問題となり、徐々に「視聴率」システムの是非が問われる方向へと変容していきました。

ここで、その際に指摘された「視聴率の問題点」を整理しますと、①「視聴率至上主義」、②ビデオリサーチ一社による「独占的な調査体制」、③「視聴調査サンプル」数問題、④「視聴質」問題、⑤デジタル時代の「新評価基準」の5点が主な論点でした。しかし、これらは新たに起きた問題ではなく、１９６７年に民放連が刊行した『視聴率の見方』の中でも、竹内郁郎や藤竹暁により、既に指摘されていました[2]。この論点の一致は、「視聴率」が１９６７年以来35年以上も、多くの似たような問題を抱えたままの状態でシステムが稼働していたことを示しています。実際に、「視聴率」自体の仕組みが視聴者に半ば隠された状況で、唯一の絶対的な指標としてテレビメディアに不可欠なデータとなって機能してきたと言えるでしょう。この事件を報道した記事の言葉を借りますと、「視聴率」は、もはや「公共的数字」・「国民の信頼」・「物神化された数字」・「テレビ業界の通貨」として、「送り手」や「作り手」に大きな影響力を及ぼす制度になり、長期間に及び、テレビメディアと共に成長してきた欠かせないパートナーとなっていたと言えます。一方、BSデジタル放送が開局当初に、経営難に陥った主要因として、視聴率調査が実施されていなかったことが挙げられており、民放が「営業的指標」を持つ重要性を改めて感じます。

この「視聴率買収事件」を、新聞や雑誌などの紙媒体は「プロデューサー個人の問題ではなく、組織ぐるみの構造的問題」として、一種のビジネスモデルとなって成立する、「視聴率」のメディア全体の中でのシステム的な部分に対象を広げて批判していました。例えば、雑誌『創』の座談会で評論家のばばこういちは、この事件を視聴率至上主義が生み出したテレビ界の「構造的な問題」と指摘しており、これに対して、制作現場の実体験に基づいて田原総一朗は、特異なプロデューサーが起こした「一個人の問題」と反論します[3]。現実的には、編成部門を中心とした「送り手」が「視聴率買収」を指示する状況は考えにくく、この事件に日本テレビが組織的に関与した可能性は極めて低いでしょう。

やはり、この問題も「送り手」と「作り手」を分離した目線から、考えてみる必要があります。すると、「作り手」の観点からは、「視聴率」を上げていく方策として、キャスティング、企画、新聞タイトルなど各種ある中で、「視聴率買収」という手段はリスクが高く非現実的な方法論であり、不正をしたプロデューサーの「一個人の問題」と判断されるでしょう。いくら編成部門から「視聴率」獲得のプレッシャーをかけられていたとしても、「作り手」の対処の仕方として、「視聴率買収」は「送り手」も想定外であったと思われますし、「構造的な問題」と解釈するのは短絡的すぎると考えられます。

しかし、結果的にテレビメディア全体を震撼させたこの事件は、「視聴率」の意義や定義にまで議論の対象が広がり、一人の「作り手」の愚行が、現行の視聴率システムを再考させるきっかけとなったのは確かです。この「視聴率」を巡る事件の顚末を、作家で日本マス・コミュニケーション学会理事でもあった小中陽太郎は、次のように述べています。

問題はいまのところ、組織ぐるみか、個人的犯罪かということが焦点のようだ。そして、視聴率そのものの根底を問う動きにはなりそうにない。視聴率は、じつはそれほどのテレビ営業の生命線なのであろう。視聴率が、このように絶対化したのは、これが営業上、スポットCMの単価と結びついたからである。（中略）
では、この視聴率物神化をどうしたらいいのか。さしあたって視聴者は何を要求するか？視聴率の物神化を少しでも食い止めるには、視聴率の仕組みを知り、そのメカニズムを学ぶことからはじめなければならないだろう。（中略）
視聴率の対象をブラックボックスにして、そこから取り出した数字だけ信じろといわれても、それでは手品の類である。日テレのプロデューサーは、知らずしてブラックボックスに手を突っ込んだのかもしれない[4]。

結果的に、この「視聴率買収事件」を巡る批判も一過性に終わっており、小中の危惧通りに、「視聴率」システムの根幹が変わる事態にはなりませんでした。やはり、「送り手」と「作り手」を混同したままで議論が展開され、「視聴率」を単純に「営業的指標」として捉えた批判には現実味がなく、本質的な部分に迫ることができなかったと思われます。

しかし、この事件の直後から、日本テレビの「視聴率」獲得に特化した「編成主導体制」により、「作り手」が過剰なプレッシャーを受けて、精神的に追い込まれたとする指摘もあり、社内からも事件は「起こるべくして起きた」といった批判が集中しました。実際に、不正を行ったプロデューサーが、「視聴率至上主義」を公言する、日本テレビ社長に昇格していた萩原敏雄に対して、「きれいごとを言わない社長の姿勢に感銘を受けた」と語っているように、「作り手」として少なからず影響を受けていた様子も伺えます[5]。

その後、日本テレビの氏家齊一郎会長が最高経営責任者を引責辞任しており、謝罪会見で「企業として高視聴率を掲げることは間違っていない」と持論を貫いた萩原も副社長に降格しますが、同時に「編成主導体制」にもメスが入れられ、編成局と制作局を再度分離する組織体制となりました。しかし、日本テレビのイメージダウンは予想外に大きく、視聴者からの信頼が回復せず、翌年からフジテレビへ「視聴率」トップ局が移行しています。

2 「放送外収入も視野に・視聴率を唯一無二の目標としない体制へ」

一方で、フジテレビの組織体制は「作り手」の自律性を重視する「初期編成主導型モデル」を、「第四期」に日本テレビが本格的な「編成主導体制」に移行する中で、「視聴者本位主義≒視聴率至上主義」を掲げて「視聴率三冠王」を続けていた間も、継続させていました。当時の状況について、苦境に陥っていた「第四期」も基本姿勢を貫き、「業界をリードしているテレビの王者はやはりフジテレビという自信が揺らぐことはなかった」と明言するフジテレビの吉野嘉高は、その背景を次のように説明します。

理由のひとつは、2000年にはBSフジが開局し、地上波、CSと合わせて三波体制になったことで、地上波のみの視聴率競争に執着することに以前ほど意味を見いだせなくなったことがある。（中略）
つまり番組制作は三波体制で総合的に勝つためのソフト開発という意味合いが強くなったので、番組評価の基準がこれまでのものとは変わってきたのである[6]。

更に、吉野はNHKが2000年に調査した「ステーション・イメージ調査」で「好きなテレビ局」の第一位だったことを挙げて、「フジテレビが視聴率トップから転げ落ちても、そのイメージは変わらなかった」と分析した上で、次のように続けます。

局のイメージだけではない。日本テレビが視聴率四冠王（三冠王に加えてノンプライムでも視聴率トップ）の座にいた1994年から2003年まで、ずっとフジテレビの方が年間売上高は上回っていた。本来、視聴率とは売上高は比例しているはずである。儲かるからこそ、テレビ局は視聴率一位を目指すのだが、日テレは一位になっても、フジの売上高には届かなかったのである。

フジの売上高が大きいのは、新商品に敏感な感性をもっていて購買力があるとされるF1層（20歳から34歳までの女性）に強いことが一因である。フジの場合、スポンサーがターゲットとする視聴者層へのアピール度が高いため、世帯視聴率で勝っている日テレよりも営業による収益が大きいのだ[7]。

このように、吉野は、当時のフジテレビの中で、制作現場の「作り手」から編成の「送り手」に人事異動になり悪戦苦闘していた大多や吉田とは対照的に、全体的な社内の雰囲気として「視聴率」に拘らなかった理由を、メディア状況の変化、局イメージ、売上高など、複数の観点から分析します。実際に、「第五期」の初頭には、「視聴率」に完全依存しない体制作りの確立に向けて、「放送外収入」を増やしていく基本方針を、フジテレビの村上光一社長が次のように明言していました。

一時は視聴率が局の力の全てであった時代があったが、今は違うと考えている。テレビ局の力は視聴率だけでなく、視聴率を唯一無二の目標としてはいけないと言い続けてきた。具体的にはイベントや映画、社会的キャンペーンなど、視聴率以外の取り組みも会社の力になることを自覚してきた[8]。

この姿勢は制作現場の「作り手」にも十分に伝わっていたようで、「第五期」のフジテレビは、２００４年には『トリビアの泉』の「へぇボタン」が40万個、『脳内エステIQサプリ』の「モヤッとボール」が70万個売れ、２００６年はドラマ『海猿』のDVDボックスが3万7千セットも販売され、２００８年の「お台場冒険王」の物販売り上げが21億円を超えるなど、「放送外収入」で他局を圧倒的に上回っていました。この「お台場冒険王」は、２００３年の夏にお台場のフジテレビ本社で始まったイベントで、来場者が約３５０万人を超える大盛況となっており、当時のフジテレビ再興に向けて士気が上がっていった様子について、吉野は次のように回想します。

成功は来場者数だけではなかった。お台場に引っ越して以来、バラバラになってしまったフジテレビ社内の各部署が連携し、全社員が一丸となって取り組んだ結果、フジテレビらしい仲間意識や一体感を強めることになった。新社屋移転で分裂していた〝フジテレビ村〟が甦り、それを祝して〝村の夏祭り〟が行われたようなものだった。

80年代のフジテレビは、「大部屋」によって仲間意識を強め、視聴率三冠王を連発するエネルギーを育んできた。ところが新社屋からは「大部屋」が消え、セクショナリズムに陥りがちであった。

「お台場冒険王」は、忘れていたフジテレビの原点を社員に思い出させ、あらためてフジテレビのDNAをそれぞれが確認する良い機会となった[9]。

結果として、この「お台場冒険王」の開催が「放送外収入」の増収に留まることなく、「第三期」の躍進の原動力となった「大部屋」を再現することにより、フジテレビは活気を取り戻し、全社一丸となっていったようです。実際に、この翌年の2004年から「視聴率」でも、不祥事や「巨人戦」の不振などの影響で勢いの落ちていた日本テレビを凌駕しており、その後も7年連続で「視聴率三冠王」を獲得することになりました。

3 「番組の二次利用も見据えて・番組制作過程の変遷⑤」

それでは、ここから「第五期」のフジテレビを中心とする個々の人気番組を見ていきますが、この時期になると、全体的に視聴率30％を超えるレギュラー番組が極めて少なくなっています。特に、「ドラマ離れ」の傾向が強く、「第五期」を通じて30％を獲得したレギュラー番組は、『白い巨塔』（フジテレビ・2004年、32・1％）、『ごくせん』（日本テレビ・2005年、32・5％）、『華麗なる一族』（TBS・2007年、30・4％）の3本となり、全て「歴代ドラマ高視聴率番組」ベスト20のランク外でした。

また、「全局歴代高視聴率番組ベスト50」を参照しても、「第五期」の番組は『ワールドカップサッカー』を除いてランクインしておらず、各年の「年間高視聴率番組ベスト30」もサッカーやオリンピックなどのスポーツイベントが上位を独占する結果となりました[10]。更に、「第五期」最終年の２０１０年の「年間高視聴率番組ベスト30」では、レギュラー番組が、『笑点』（日本テレビ・18位、25・４％）、『サザエさん』（フジテレビ・20位、24・７％）、『ＮＨＫニュース7』（ＮＨＫ・21位、24・６％）、『龍馬伝』（ＮＨＫ・23位、24・４％）、『ゲゲゲの女房』（ＮＨＫ・26位、23・６％）、『世界の果てまでイッテＱ！』（日本テレビ・30位、22・６％）の５本のみであり[11]、かつてあった「お化け番組」と呼ばれる、「視聴率」が30％を超える高視聴率のレギュラー番組は消滅しています。

しかし、ＮＨＫの発表した「テレビ視聴時間の推移」によりますと、「第五期」の日本のテレビ視聴時間は微増傾向にあり[12]、対照的に高視聴率番組が減る傾向は、視聴者の「テレビ離れ」が原因ではなく、生活環境の変化による視聴者の好みの多様化が影響していたものと思われます。この「受け手」の動向に対して、「第三期」に「若年層」ターゲットを掲げて高視聴率番組を量産したフジテレビが、「第五期」は番組ジャンル毎に多様化する視聴者層に合わせて、二次利用も見据えた編成戦略で柔軟に対応していったようです。

「送り手」から復活した「作り手」によるヒット番組

その中で、「第五期」のフジテレビを牽引したのは、「第三期」と同様にバラエティー番組の安定した強さでした。特に、クイズ番組が躍進しており、２００６年の10月から２００７年３月までの19時台は、火曜日と金曜日以外を「クイズ番組編成」にして、軒並み高視聴率を獲得しており、「第四期」の日本テレビが躍進する原動力になった19時台を圧倒しました。具体的には、スザンヌや上地雄輔などの「おばかタレント」の珍回答を「笑い」に変えた『クイズ！ヘキサゴンⅡ』（２００８年、23・５％）が人気番組となり、２００７年には、深夜番組から昇格してタレント出演型のチーム対抗クイズ番組の雛形となった『ネプリーグ』（２００９年、24・５％）もスタートしています。これらのクイズ番組が高視聴率となったことで、ゴールデン帯に「クイズブーム」が起こり、「第五期」中盤以後の民放キー局に、数多くの似たようなクイズ番組が乱立することになりました。

一方で、フジテレビが「第三期」から得意としてきた「コント番組」では、1998年に編成部から制作部に戻ってきたフジテレビの吉田正樹が「日テレには決して真似できないバラエティーのフラッグシップ――コントである」と力説して、『オレたちひょうきん族』につながるフジテレビのDNAを持った番組」を目指して、「第四期」の後半に立ち上げたのが、内村光良らによる『笑う犬』シリーズでした[13]。当初は、『笑う犬の生活』（1999年、17・3％）として23時台の深夜枠で始まりましたが、すぐに人気番組となり、翌年には「第三期」に『オレたちひょうきん族』を放送していた日曜20時のゴールデン帯に枠移動して、『笑う犬の冒険』（2000年、18・1％）にタイトルを変え、2003年までシリーズは続いていきます。この『笑う犬』シリーズの中から、フジテレビのマスコットキャラクターとなった青い犬の「ラフくん」が生まれ、吉田自らも「フジテレビの権利ビジネスにおける創成期を切り開いた」と自己評価します[14]。結果として、『笑う犬』シリーズは「日テレ的なアプローチで作った企画番組ではなく、フジテレビの伝統芸であるコント番組」を復活させたと同時に、番組の二次利用を意識した制作スキームも始めていますが、当時の状況について、吉田は次のように回想します。

『笑う犬』のころは視聴率を気にしつつも、自分として番組づくりの指標がインターネットでの皆さんのお意見だったり、みんなが掲示板に書き込んでくる言葉だったりした。視聴率より、この人たちの気持ちみたいなもののほうが重要になってきちゃった。あるいはグッズ販売を全国で展開した時にそこに押し寄せてくる人とか、番組から生まれた書籍のような副産物を支持してくれるリアルなユーザーたち。実体があるかどうかわからない視聴率16％と20％でどう違うのかより、ここに何万人のユーザーがいることを愛してしまった結果、「20％欲しくないもんねー」という気持ちになってきた。これはぼくだけでなく、テレビ界全体が転換を始めたと思いますよ[15]。

この吉田の証言は、「第五期」に「視聴率を唯一無二の指標としない」と公言していたフジテレビの経営者の視聴率観と一致しており、興味深いところですが、実際には、放送外収入の意識が希薄であった当時の民放他局の「作り手」には、この考え方が広がっていなかったように思われます。更に、吉田は「第五期」に数多くのヒット番組の制作に携わっており、無名のお笑い芸人を発掘した貴重な「ネタ見せ」番組となった『爆笑レッドカーペット』（２００８年、22・５％）などが高視聴率を獲得しました。

その他の「第五期」のフジテレビのバラエティー番組としては、ナインティナインを中心とする「おだいばZ会」による数々の人気コーナー企画を生んだ『めちゃ×2イケてるッ！』（２００４年、33・２％）、世界各地を一台の車で男女に旅をさせて「恋愛観察バラエティー」を確立した『あいのり』（２００２年、20・４％）、逆転の発想で役に立たない無駄な知識をクイズにした『トリビアの泉』（２００３年、27・７％）などが人気を博しています。

一方、日本テレビのバラエティー番組は、『進め！電波少年』や『とんねるずの生でダラダラいかせて!!』など、「第四期」の高視聴率番組が次々と打ち切りとなり、全体的にも「視聴率」を落としました。しかし、日本テレビらしい企画本位の番組も開発されており、五味演出でテロップにより「笑い」を補填した『エンタの神様』（２００５年、22・０％）や、弁護士軍団が活躍する「法律バラエティー」からトーク番組に移行した『行列のできる法律相談所』（２００７年、35・３％）などが、新形式の人気番組となりました。

また、その他の民放キー局では、「第四期」に19時台のバラエティー番組が好調であったＴＢＳが、２００９年４月に平日の19時台を帯番組の『総力報道！ＴＨＥ ＮＥＷＳ』（２００９年、７・３％）に改編したため、『関口宏の東京フレンドパークⅡ』（１９９６年、26・０％）や『ぴったんこカン・カン』（２００６年、21・１％）などの人気バラエティー番組を枠移動させることになります。しかし、双方の番組の「視聴率」が低迷する結果となり、翌２０１０年の４月改編で19時台のバラエティー番組枠を復活させましたが、すぐに数字は戻らず、その影響もあり、全体的に「第五期」の「視聴率」が下落しています。

逆に、テレビ朝日の「第五期」は、ＰＴＡの選ぶ「子供に見せたくない番組」の常連になりながらも、「格付け」コーナーなどが人気を博した『ロンドンハーツ』（2004年、22・1%）など、全体的にバラエティー番組の「視聴率」が伸びていました。やはり、深夜の「ネオバラ」枠が高視聴率を確保する中で、ゴールデン帯への登竜門となる実験枠としても機能していたようです。具体的な昇格番組としては、深夜から枠移動した際に「クイズブーム」に便乗して企画変更した『クイズプレゼンバラエティーQさま!!』（2006年、19・7%、深夜帯は2005年、15・3%）、『クイズ雑学王』（2008年、17・7%、深夜帯は2007年、12・9%）などが、ゴールデン帯でも高視聴率を獲得しました。

このように、「送り手」による深夜番組を実験枠として活用する戦略が機能する中で、ゴールデン帯へ枠移動させて成功するケースが増えており、「第五期」以降はテレビ朝日以外にも広がっていきました[16]。一方で、放送時間帯の変化に企画内容がついていけない番組も見られ、テレビ朝日『Matthew's Best Hit TV』（2005年、14・3%、深夜帯は2005年、15・6%）、テレビ朝日『くりぃむナントカ』（2008年、10・3%、深夜帯は2008年、14・2%）など、人気のあった深夜番組が、ゴールデン帯にフィットせず、失敗するケースも少なからず出ています。しかし、全体的には「送り手」が主体となって「深夜帯」を枠移動も見据えた実験枠として、斬新で多様性のある番組企画の開発を進めたことにより、新たな視聴者層をゴールデン帯に波及させていったと言えるでしょう。

他方、バラエティー番組以外のジャンルを見ますと、ドラマのレギュラー番組の「視聴率」が全体的に低下しており、「第四期」からの「ドラマ離れ」が進む傾向が進んでいます。その中で、フジテレビは「月9」枠を中心にヒットドラマを連発していますが、「第三期」にフジテレビのドラマを引っ張っていた大多亮が「第四期」最終年の2003年に、編成部の「送り手」から制作現場の「作り手」へ、ドラマのプロデューサーとして8年半ぶりに復帰しており、当時の状況について次のように語っています。

もう1回現場をやれと。主に月9の立て直しをしてほしいってことですね。結局、ドラマ全体が地盤沈下してきて、前ほど数字を取れない状況の中で、以前数字を取った人を出してくるという流れになっちゃったみたいだね。（中略）

まぁ、以前現場にいた頃とは状況が変わったんで、そんなに高い数字は要求されてはいないだろうけど、月9はドラマの王者であり続けることが宿命だから。他のドラマ枠がいくら良くても、中日や広島の優勝みたいな感じでね。月9が強くないと、フジテレビ全体の勢いが出てこない。本当の意味で他局じゃできないキャスティングをして、他局じゃ取れない視聴率を取らなきゃいけないでしょう。（中略）

アンチ・トレンディなものを確立しないと、トレンディも死んじゃう。護送船団じゃない所に、ある勢力を作らないと。（中略）かかって来ない電話を待って切ないとか、主題歌かかってツーンと泣けるみたいなのばかりやったら、昔とまるで同じになっちゃうでしょ。今の流れとしては、医療ものとか仕事的なこととかをうまく絡めた上で、恋愛ってことにならざるを得ないだろうな[17]。

ここで大多は、「第五期」に「ドラマ離れ」が浸透していく中で、フジテレビの「ドラマ復権への最終兵器」として、プロデューサーに復帰する背景を述べていますが、その方法論として「アンチ・トレンディ」の方針を掲げて、「第三期」の成功体験を否定する新たな戦略で対応していくことを明言していました。実際に大多は、まず、山崎豊子の原作で4度目の連続ドラマ化となった『白い巨塔』（２００４年、32・1％）を手掛けており、唐沢寿明の主演で高視聴率を獲得して、田宮二郎の主演で名作となった前作（１９７８年、31・４％）を「視聴率」で上回ります。更に、その直後から、大多は木村拓哉主演のスポ根ラブストーリー『プライド』（２００４年、28・８％）と、『東京ラブストーリー』以来13年ぶりに「月9」枠に織田裕二が主演した『ラストクリスマス』（２００４年、25・３％）で連続して高視聴率を獲得しており、「月9」枠の原点回帰にも成功していました。

その後も、「月9」枠では、３度目の連続ドラマ化で初のフジテレビ制作となった『西遊記』（２００６年、29・２％）、天海祐希が「月9」枠に初主演して報道現場の裏側を描いた『トップキャスター』（２００６年、23・1％）、福山雅治主演、東野圭吾原作の推理ドラマで、数々のスピンオフ企画を成功させた『ガリレオ』（２００７年、24・７％）、木村拓哉主演の政治ドラマ『ＣＨＡＮＧＥ』（２００８年、27・８％）など、「若年層」のみならず幅広い層をターゲットとして、「第五期」に数多くのヒット作を放送します。しかし、２００９年以降の「月９」枠は、平均視聴率で15％以上となる作品が減っており、中居正広主演の『婚カツ！』（２００９年、16・３％）では、「月９」枠で初めて10％を切る放送回もあり、平均視聴率でも10・５％と当時の同枠の歴代最低記録となりました。

一方、当時のドラマの制作過程では、企画内容が決定される前から、ジャニーズ事務所などの芸能プロダクションに主演クラスの出演交渉を行う、キャスティングを最優先する傾向も残っていましたが、大多は当時の微妙な状況について、次のように述べています。

人気のある人をキャスティングできた方が、いいに決まってる。でも、それが最近のドラマ低迷の原因のひとつでもあるんです。出演者からの要求が大きくなりすぎたんだな。企画内容や脚本にまで、うるさく口を出してくるという状況があって、その結果、プロデューサーや脚本家が創りたいものを創れないわけだよ。だから、多少いろいろ言われても絶対この人に出演してほしいという場合と、自分が観たいものやりたいものを大事にして賛同してくれる人を集めようという場合と、半々ですね[18]。

大多自らも編成部の「送り手」の時に経験した、芸能プロダクションとの長期にわたるキャスティング戦略の功罪両面を認めた上で、自身の現場復帰を機に、「作り手」が自由に企画内容や主題歌などを選べるシステムを取り戻そうと考えていたようです。実際に、フジテレビの系列局である関西テレビでは、『僕と彼女と彼女の生きる道』（２００４年、27・１％）を制作した際に、キャスティングよりも企画内容を優先させており、結果として、高視聴率の人気番組となりましたが、担当プロデューサーの重松圭一は、次のように当時のドラマ制作現場の葛藤をストレートに語ります。

１クール、３ヶ月で結果が出てしまうドラマは、２クールごとのトータルな「視聴率」で判断されるバラエティー番組に比べて、１回ごとの数字に対して敏感であり、受身的に一喜一憂しがちである。ドラマはやりがいもあるが、テレビ局内でも志望者が多くて「視聴率」を獲れる番組を制作しなければ外されてしまうという、プレッシャーが強い。それなので、良い作品さえ創れば評価される時代は終わり、数字を持つ役者のキャスティングに左右され、企画内容は二の次になるという状況となりがちで、クリエーターとして何のために番組を制作しているのか疑問に思うこともあった。

その気持ちの迷いを払拭させてくれたのが、インターネットでの視聴者からのメッセージであり、『僕と彼女と彼女の生きる道』では2万件を超えるアクセスがあったが、全てを読み、出版化もした。その反応を見ると、「視聴率」の数字以上にドラマを作っていくことの意義が見えてきて、番組作りにも反映させた。

これからは、やはり以前のように企画力がキャスティングよりも優先されるべきであり、実際に、以前は2年くらい前から人気のある出演者を押さえていたが、最近ではその期間が短くなりつつある。やはり、タレントパワーだけで「視聴率」が獲れれば、それに越したことはないのかもしれないが、今もって［筆者注：２００４年］確実に数字を持っているのは木村拓哉と松嶋菜々子くらいであり、今後は、編成部も含めたより戦略的なキャスティングと、企画内容のバランスが重視されるのではないだろうか 19。

やはり、「第五期」のフジテレビらしく、系列局の関西テレビでも番組の二次利用を手掛けていましたが、それ以上に、継続的なドラマ不振の中で、重松が率先して、インターネットを活用したドラマ制作の新たな展開を、２０００年代前半の時点で一早く採り入れて、成果を上げていたことに驚かされます。

一方で、日本テレビの「第五期」のドラマは全体的に低調でしたが、仲間由紀恵のプライム帯の連続ドラマ初主演となった、学園ドラマ『ごくせん』（２００5年、32・5％）が3シリーズに及ぶヒット作となり、生徒役の中から松本潤、亀梨和也、三浦春馬などの人気俳優を輩出しています。そして、土曜日21時の同枠では、長瀬智也主演の学園ドラマ『マイ☆ボスマイ☆ヒーロー』（２００6年、23・2％）も高視聴率を獲得しますが、生徒役から新垣結衣が人気女優となり、『ごくせん』からのアイドル路線が継承されていました。

また、「ドラマのＴＢＳ」は「第五期」も「日曜劇場」枠が引き続き好調であり、松本清張原作による4度目のテレビドラマ化となった、中居正広主演の『砂の器』（２００4年、26・3％）、山崎豊子原作で木村拓哉主演により、１９７4年以来のテレビドラマ化となった『華麗なる一族』（２００7年、30・4％）が高視聴率を獲得します。双方の番組は、共に人気小説家による原作のリメイク作品に、ＳＭＡＰのメンバーが主演するという、「原作モノ＋ジャニーズ人気俳優」の組み合わせで、ヒット番組となっていました。

対照的に、この傾向と一線を画していたのが、水谷豊主演のオリジナル企画で大ヒット作となった、テレビ朝日の『相棒』（２０１１年、23・7％）です。まず、『相棒』は『土曜ワイド劇場』枠の単発のドラマシリーズとして始まりますが、安定した「視聴率」を取り続けて、２００2年10月に連続ドラマ化され、高齢者層を中心に人気を博しました。その後、２０１0年10月の第9シリーズでは、平均視聴率が20・4％を記録して、更に映画化などでマルチ展開されており、現在も幅広いファミリー層に人気が定着しています。

覇権交代の主要因・「早朝帯番組」と「巨人戦」の退潮

一方、その他のジャンルでは、「第四期」に日本テレビの全日帯で他局を寄せ付けない高視聴率となり、「視聴率三冠王」の陰の立役者となっていた早朝の「情報番組」で、「第五期」に大きな変化が起こっています。まず、フジテレビの『めざましテレビ』（２０１１年、17・2％）が、「Ｆ1」層を中心とした若年層の人気を集めるようになり、２００5年6月の月間平均視聴率が11・9％を獲得して、日本テレビの『ズームイン!!ＳＵＰＥＲ』（２００1年、17・8％）を番組開始以来、初めて上回りました。続いて、翌２００6年10月にはＴＢＳの『みのもんたの朝ズバッ！』（２００6年、12・1％）が月間平均視聴率10・2％で、こちらも初めて同時間帯のトップに立っています。その後は、各局とも看板アナウンサーを「早朝帯番組」に起用するなど、熾烈な視聴率競争を繰り広げましたが、２００9年には年間平均視聴率でも『めざましテレビ』が10・4％を記録して、１９７9年の『ズームイン!!朝！』開始以来、同時間帯で他局を圧倒してきた『ズームイン!!ＳＵＰＥＲ』を初めて凌駕します。そして、翌２０１０年も年間平均視聴率で『めざましテレビ』が同時間帯の首位をキープする中で、２０１１年３月に『ズームイン!!ＳＵＰＥＲ』は打ち切りとなり[20]、後番組の『ＺＩＰ！』が始まりますが、『めざましテレビ』の優位は変わらず、フジテレビの「視聴率三冠王」に大きく貢献していました。

そして、続く８時からの「ワイドショー編成」の時間帯も、「第五期」には変化があり、２０１０年３月から、ＮＨＫ『連続テレビ小説』のドラマ枠を15分間繰り上げて８時定時スタートとして、更に、後続番組の『生活ほっとモーニング』（１９９７年、13・９％）を終了させ、８時15分開始の大型情報番組『あさイチ』（２０１４年、19・３％）が始まっています。この『あさイチ』は、有働由美子アナウンサーが女性目線で「生活情報」を中心に伝えて、『連続テレビ小説』からの高視聴率をキープして、早々に同時間帯のトップになりました。この影響で、同じコンセプトの「生活情報」に特化したＴＢＳ『はなまるマーケット』の「視聴率」が急落することになり、２０１４年３月に打ち切られます。

加えて、「報道番組」でもプライム帯と夕方ニュース枠で、「第五期」には大きな変化が起きています。まず、プライム帯では１９８５年の開始以来、テレビ朝日の看板番組となっていた久米宏キャスターによる『ニューステーション』が２００４年３月に終了して[21]、古舘伊知郎をキャスターに据えた『報道ステーション』（２０１３年、33・０％）がスタートします。当時は、２０００年４月から『ニュースステーション』と同じ時間帯に、ＮＨＫが堀尾正明をキャスターに抜擢した『ＮＨＫニュース10』（２００４年、31・１％）をぶつけており、１９８９年にＴＢＳの『ＪＮＮニュース22プライムタイム』が終了して以来の、「プライム帯ニュース戦争」となっていました。この『報道ステーション』は、「わかりやすいニュース」を基本方針とするスタイルを踏襲しており、初回の「視聴率」は『ニュースステーション』の開始時より高い14・６％を記録します。当初より、番組スタート直後に起きた「イラク日本人拘束事件」で拘束された人質の家族をスタジオに出演させるなど、ニュースをショーアップする演出方法により、週平均13・０％前後の「視聴率」を確保しますが、『報道ステーション』の立ち上げに編成担当として加わっていた、テレビ朝日の谷村幸治は、次のように当時の状況を振り返ります。

放送枠が同じだったので、『ニュースステーション』の17年間の実績と比較されるときついので、番組コンセプトを大きく変えなかった。時間をかけて続けて放送していけば、自然と特長が出てくるし、差別化も図れるであろうと考えていた。

やはり、数字を獲っていくための重要な要素は、「情報がきちんとあるか、見ていて役に立つものがどれだけ積めているか、広いターゲットに興味を持たれるか」の3点が重要であり、ある面「時代と寝る」感覚が必要となってくる。今は報道番組であっても、時代とマッチするために、視聴者の嗜好性に無理してでも合わせていくことも必要になってくるだろう[22]。

ここで谷村は、プライム帯のニュース番組として、『報道ステーション』の「視聴率」獲得に向けた高いモチベーションを、編成部門の「送り手」目線から明言しています。実際に、看板番組の『ニュースステーション』が終了したことで危惧されていた22時台の「視聴率」も、引き続き安定した数字を残しており、『報道ステーション』は「わかりやすいニュース」を「受け手」に提供することで、同時間帯の「ニュースを見る視聴者層」を死守したと言えるでしょう。その後、『NHKニュース10』の「視聴率」が低迷して、2006年3月には21時台へ枠移動させ、新番組の『ニュースウォッチ9』(2007年、26・2%)が始まりますが、この影響により双方の「視聴率」は上がっており、結果として、22時台に唯一のニュース番組となった『報道ステーション』の人気が定着することになりました。

一方、「夕方ニュース」でも「第五期」には民放キー局の試行錯誤が見受けられ、2009年4月にTBSが17時50分から19時50分までの2時間枠で『総力報道！THE NEWS』を始めていますが、同時間帯のNHKニュースと民放他局のバラエティー番組の牙城が崩せず、19時台にニュースの視聴者層を開拓する編成戦略に再度失敗しました。

逆に、「第五期」は「夕方ニュース」の放送開始時刻を早める方向で、17時台以前に番組をスタートさせる「ワイド化編成」が成功します。具体的には、まず1996年10月に日本テレビ『NNNニュースプラス1』が17時30分の開始となり、翌

1997年4月にはテレビ朝日『スーパーJチャンネル』も17時開始の2時間枠となっておりましたが、更に、フジテレビ『FNNスーパーニュース』が2000年4月には17時からのスタートで追随するなど、既に「第四期」には17時台の「夕方ニュース」が誕生していました。その中で、TBSの17時台は、『水戸黄門』（再放送枠、1990年、19・3％）や『渡る世間は鬼ばかり』（再放送枠・2003年、14・7％）などの長年続く優良コンテンツがあったため、ドラマの再放送を編成していたようです。しかし、TBSも「第五期」に入って、2005年4月にはドラマの再放送枠を終わらせて、報道番組『イブニング・ファイブ』（2005年、11・8％）を16時54分からスタートさせ、ついにテレビ東京以外の民放キー局の「夕方ニュース」が全て、17時前後に始まる「2時間ワイドニュース編成」となります。その後も、この「夕方ニュース」の早い時間帯への枠拡大傾向が続いており、多くの局が15時台のスタートとなっていきますが、全て19時の終了であり、ゴールデン帯への拡大を断念する中で、対照的に開始時間は徐々に早期化することになりました。

これらの、早い時間帯からスタートとなった「夕方ニュース」の視聴者層は、主婦層をメインターゲットとしており、加えて学校から帰宅直後の「C・T」層の開拓を狙っていたようです。実際に、「夕方ニュース」の取り上げる内容として、特に17時台はローカル色の強い、「デパ地下」、「ラーメン」などの「企画モノ」と呼ばれる番組コーナーが放送され、主婦層や「C・T」層に向けて、以前のニュースでは見られなかった柔らかい内容になっていきました。この「夕方ニュース」の新たな番組構成は、ニュース素材を選ぶ際の基準が、従来の目安であった「社会的な重要性」よりも「人間的な好奇心」に照準を合わせる傾向になったと指摘されましたが、言い換えると「視聴率」の獲得が優先されたとも言えるでしょう。このような報道番組の変化が、「夕方ニュースのワイドショー化」と一部で揶揄されており、この当時の状況について、自らも「夕方ニュース」のキャスターを務めていた安藤優子は、次のように強い調子で自己批判しています。

私が夕方やっているフジテレビの『FNNスーパーニュース』（98年3月放送開始）も、間違った選択をしたこともあったと思うんです。「ながら視聴」の耳にもわかりやすいワードを選んだり、耳目を瞬間的にギュッと引きつけるような、効果音をたくさん使ったり。加えて「激白」とか「激撮」、「衝撃」というようなこけおどし的な言葉をつかっていたことがあったんです。

それに対して視聴者は、けっして共感はしていないんです。そういうことに対する私たちの仕掛けはとっくに見抜かれていて、それにずっとしがみついてきた夕方帯は、多くの視聴者の信頼を失ったと私は理解しています。私たちの番組もグルメや芸能をテーマとして扱いました。それは間違いではなかったと思いますが、時がたつにつれて視聴者の共感が薄れていった。こうやったら視聴者は喜ぶだろうという制作者サイドの傲慢もあったと思います。視聴率が低いということは、その傲慢さに対する視聴者の報復でしょう[23]。

やはり、安藤は1980年代に『ニュースステーション』のリポーターとして、世界各地を取材していた頃の経験と比較して、自らがキャスターとなり制作に参加していた「第五期」の「夕方ニュース」の、安易なテーマ選びと「こけおどし的」な作り方が横行する状況に物足りなさと違和感を抱いていたものと思われます。この背景には、当時の「夕方ニュース」で「企画モノ」を制作する「作り手」の多くが、「ワイドショー」を担当していた制作スタッフと重なっていた状況があり、必然的に番組作りが「ワイドショー化」したという側面も考えられます。

しかし、同じ「夕方ニュース」の拡大編成でも、19時台へ向けた延長の失敗とは対照的に、早い時間帯への前倒しの成功は、番組のメインターゲットとなる潜在的な視聴者層を的確に把握した上で、既存の報道スタッフ以外の「作り手」を参入させて、新しい視聴者層を開拓したことが機能したようにも思えます。結果として、民放キー局が半ば一体となった「送り手」主導の編成戦略により、「夕方ニュース」視聴にぴったり合った親子二世代の「複合ターゲット」層を新たに掘り起こして、従来のドラマやアニメの再放送枠を打ち切り、念願であった報道番組の拡大を実現させております。

一方、「スポーツ番組」では、日本テレビの開局当初からのキラーコンテンツとして君臨してきた「プロ野球巨人戦中継」が、「第四期」終盤からの急激な視聴率低下が止まらず、2006年に年間視聴率が9・6%と初めて一桁となり、その後も更に低迷していきました。このゴールデン帯の「視聴率」に大きなダメージを与える危機的な状況に対して、日本テレビは長年続けてきた読売巨人軍の主催試合の独占中継をやめて、２００５年5月21日の日本ハム戦の全国中継権を、民放では初めてテレビ朝日に譲りましたが、その後も「巨人戦」中継を減らしていき、「第五期」の最終年となった２０１０年には年間32試合に削減しています。全体的にも、「第五期」以降は、民放各局で「視聴率」の低下により「巨人戦」中継枠を縮小する傾向となっており、代わりにＢＳ日テレなどの衛星波で放送枠が拡大され、日本テレビのＣＳ局「Ｇ＋」が巨人軍主催の全試合を中継するなど、「巨人戦」中継が地上波からＢＳやＣＳ放送のキラーコンテンツへ変化していったようです。

この「巨人戦」の凋落とは対照的に、「第四期」と同様に「第五期」も期間中の最高視聴率を記録したのは、「ワールドカップサッカー」でした。具体的には、２００６年大会で6月１８日のテレビ朝日『サッカー・２００６ＦＩＦＡワールドカップ日本×クロアチア』が視聴率歴代30位の52・7％を記録し、続く２０１０年大会でも、ＴＢＳ『２０１０ＦＩＦＡワールドカップ日本×パラグアイ』が57・3％を獲得して視聴率歴代12位となっており、更に、同大会は日本が決勝トーナメントに進出したため、２０１０年の年間高視聴率番組のトップ5を独占する結果となりました[24]。

その他の、「第五期」のスポーツ番組として、過激な言動が社会問題にもなった「亀田兄弟」のボクシング中継が注目を集めており、２００９年11月29日のＴＢＳ『プロボクシングＷＢＣ世界フライ級タイトルマッチ・内藤大助×亀田興毅』が43・1％、２００６年8月2日『プロボクシングＷＢＡ世界ライトフライ級タイトルマッチ・亀田興毅×ファン・ランダエタ』も42・4％の高視聴率を獲得しています。しかし、過剰な演出方法や、「ＣＭまたぎ」を多用する番組構成に対して、ＴＢＳに批判が集中する結果にもなりました。

また、「プロゴルフ中継」では男女ともに、石川遼や宮里藍などのスター選手が誕生したため、「視聴率」が「第五期」に急上昇しており、「歴代ゴルフ中継番組ベスト10」にも数多くがランクインしました[25]。

「編成主導体制」の歪み・『あるある大事典』の不祥事

さて、ここからは「第五期」に起きた番組の不祥事として、２００７年1月に発覚した、フジテレビ系列である関西テレビ『発掘！あるある大事典Ⅱ』（２００４年、23・2％、以後「あるあるⅡ」）の「データ捏造事件」を精査していきたいと思います。この番組は、『発掘！あるある大事典』（２００２年、24・3％、以後「あるあるⅠ」）を企画変更したもので、関西テレビの東京支社制作部が担当でしたが、企画段階から編成部門や営業部門の「送り手」主導で調整され、当初から制作現場の「作り手」が深く関与しない社内体制の中、日曜21時の1時間枠で花王の一社提供による、全国ネット番組として開始されました。また、フジテレビの関連会社であった制作会社の「日本テレワーク」（以後、テレワーク）に番組納品までを全て委託する、「完パケ番組」と呼ばれる「完全パッケージ制作方式」の制作体制が敷かれており、典型例な「編成主導体制」で成立した番組として、２００４年4月にスタートしています。

その後、「あるあるⅡ」は、「ダイエット企画」などの身の回りにある一つのテーマに絞った内容で高視聴率番組となり、取り上げた食材が放送翌日にはスーパーマーケットの食品売場から品切れになるなど、人気の「生活情報バラエティー」として定着します。しかし、「食べてヤセる!!!食材Xの新事実」の副題が付けられた、２００７年1月7日の放送分で、再委託された「孫請け」の制作会社であった「アジト」のディレクターによるデータ捏造など、多数の不正が発覚して、打ち切りとなりました。

この「あるあるⅡ」は、「送り手」の依頼によりマーケッティングリサーチの結果を参考にするなど、「第四期」の日本テレビの制作体制にも似た、「視聴率」獲得に特化した典型的な「編成主導型モデル」の番組であったと思われます。皮肉なことに、日本テレビではなく、「第三期」に「視聴率」よりも制作現場の「自律性」を重視する「初期編成主導型モデル」を採用していたフジテレビの系列局で捏造事件が起きておりますが、結果として、「第五期」の後半に、「編成主導体制」の歪みを露呈することになりました。やはり、事件発覚直後には、「わかりやすさ、面白さ」が最優先された制作姿勢に対して、各方面から「視聴率至上主義」批判が集中しています。その後、総務省が捏造番組放送に対する新規制の発動を示唆するなど、テレビメディア全体に波及する大問題に発展しますが、民放連が関西テレビを除名処分とし、更にＢＰＯ（放送倫理・番組向上機構）の権限強化など自浄努力の表明により、結果的には政府や監督官庁の介入を阻止しました。

一方、関西テレビが弁護士の熊崎勝彦を委員長とする第三者委員会の『発掘！あるある大事典』調査委員会」を立ち上げており、音好宏上智大学助教授など5人の委員と、小委員会で計28名のメンバーにより、154ページに及ぶ調査報告書を作成しています。この調査報告書は、「あるあるⅡ」の番組制作過程について、この事件以前はテレビ局内部の企業秘密として公開されることのなかった制作費や制作過程の細部までをリサーチした、異例の内容になっております。その具体的な調査方法は、調査委員会が113回に及ぶ72名の番組関係者への聞き取り調査を行い、同時に前番組の「あるあるⅠ」から遡って、全放送回分を網羅した520本のVTRを精査したもので、まさに、過去に例のない制作過程の全容にメスが入る調査報告書となりました[26]。そこで、この貴重な調査報告書を丹念に辿っていくことにより、「送り手」主導で決定された番組スキームが、制作過程で「作り手」へ及ぼした影響を精査して、「編成主導体制」の歪みが具現化した番組の問題点を具体的に検証していきたいと思います。

まず、前番組の「あるあるⅠ」が「編成主導体制」で成立した背景として、関西テレビの編成部門を中心とする「送り手」には、キー局のフジテレビから長年キープしてきた日曜日21時の重要な全国ネットの放送枠確保に対して強い危機感があったようで、当時の状況について、調査報告書は次のように指摘しています。

〔筆者注：関西テレビと〕同様に危機感を抱いていた〔筆者注：花王担当の〕代理店である電通は、ネットワークに大きな影響力を持つフジテレビとも連絡し、テレワークを活用したてこ入れ策を考え、新しく同社を制作会社とする「知的エンターテインメント」と称する、生活情報を中心とする教養番組を制作しようと企画し、関西テレビの編成・営業に提案した。関西テレビの一部には、テレワークが番組制作のその品質管理の面で必ずしも十分でないなどとの理由から、これに賛同しないものもいたが、結局、この企画を受け入れ、テレワークに対する完全パッケージ制作委託方式で「あるあるⅠ」をスタートすることになった。

上記のように、「あるあるⅠ」は、関西テレビにおいて、制作部門ではなく編成・営業部門主導で企画が受け入れられ、当初からテレワークのBプロデューサーが企画に主導的に参画してきており、制作部が参加した段階では、すでにテレワークのBプロデューサーを中心にした制作スタッフにより、毎回ワンテーマを取り上げ、それについて様々な角度から情報を集め、視聴者が生活していくうえで役に立つ有益な情報を楽しくわかりやすく見せる番組にしようという企画が進んでいた[27]。

ここで、関西テレビの内部で制作現場の「作り手」が介在せず、編成や営業の「送り手」主導により決められたスキームの中で、「あるあるI」の放送が決定された過程が明らかになっています。その後、番組は「送り手」が選んだ制作会社のテレワークにより企画内容の詳細が決定されていったようです。この「編成主導体制」による、「テレワークを中核とした、各制作会社を傘下に置くピラミッド型制作体制」の中で、関西テレビの担当プロデューサーは「作り手」としての立ち位置が矮小化されており、この状況について、調査報告書では以下のように原因を指摘していますので、少し長くなりますが引用します。

本来、放送局の番組は、企画、要員の配置などを含め、プロデューサーが番組の枠組みを作り、ディレクターが番組の制作現場を預かるという分担がなされることが適切であるにもかかわらず、「あるあるI」の場合、本来なら関西テレビのプロデューサーが選定する権限を持つべき制作会社の選定、出演者の選任が広告代理店等の主導によりあらかじめ事実上決められているなど、初めから関西テレビの制作スタッフの番組関与は、限定的なものに枠組み設定がなされていた。このような状況下では、番組を管理するプロデューサーの発言力が十分確保できないことが容易に予測されるのであり、番組に対する関西テレビの影響力は当初から限定されたものであったといえ、このような番組作りでは、担当プロデューサーが番組の品質管理に十分なモチベーションを維持しにくい実情があったといえよう。

また、放送局にとって、ゴールデンタイムに全国ネットのレギュラー番組を持っていることは、一つの看板・ステータスであり、系列局に対する発言力にも影響するため、きわめて重要な位置づけにある。

関西テレビにとっては、「あるあるⅠ」「あるあるⅡ」は、まさにこの看板・ステータス及び発言力を形成する全国ネットの番組であり、しかも長寿番組化していて大切な存在であるのに、担当プロデューサーが十分に番組の企画・制作工程に参画し、指導性を発揮できないような環境にあった点で、担当プロデューサーとしてモチベーションを維持しにくい状況にあったといえる。

さらに、花王一社提供番組であったことも、上記の「あるあるⅠ」への沿革の経緯と相まち、スポンサーである花王及び広告代理店の意向を尊重せざるを得なかった点も、担当プロデューサーとしてモチベーションを維持しづらい環境であったといえる。

なお、「あるあるⅠ」立ち上げに関与したテレワークのチーフプロデューサーであるB氏は、テレビ業界での番組制作の実力者と言われ、その後も一貫して「あるあるⅠ」「あるあるⅡ」のチーフプロデューサーとして関わり、長寿番組を維持する敏腕プロデューサーのイメージが高まり、前記のとおり社内人事異動により時折交代して後から参画する関西テレビのプロデューサーは、いわば歯が立たない状況で、番組の管理に積極的に口を挟める状況ではなく、また番組品質維持のモチベーションを十分に維持することも困難といえる状況にもあったといえよう[28]。

この指摘は非常に的を射ており、具体的に「完パケ番組」、「準キー局制作」、「一社提供営業持ち込み企画」、「テレビ局プロデューサーの番組途中参加」の四点を挙げて、関西テレビの「作り手」が制作現場で力を失っていく状況が時系列で説明されています。少し捕捉しておきますと、まず「完パケ番組」自体はテレビメディア内部でも一般化しており、特にドラマ、アニメーション、深夜番組などでは比率が高く、この形態の番組の中でテレビ局の「作り手」は、「チェックP（プロデューサー）」と呼ばれる、演出内容には立ち入らない、管理業務に特化した役割になる傾向にあります。また、「完パケ番組」は、編成部門の「送り手」へ制作会社から直接持ち込まれるケースが多く、「作り手」を経由せず、典型的な「編成主導体制」の番組として成立する傾向にあります。これらの番組の「チェックP」は、民放キー局の制作部門の「作り手」が複数の番組と兼務したり、企画を持ち込まれた編成部門の企画担当者が行うこともありますが、後者は制作現場の経験が無い場合もあり、「作り手」と「送り手」の境界線を曖昧な状況にしています。

次に、準キー局が制作する全国ネット番組のテレビ局プロデューサーの立ち位置ですが、「あるあるⅠ」では、異例とも言える、キー局のフジテレビによる制作現場への介在が見られます。具体的には、テレワークは筆頭株主がフジテレビのフジサンケイグループ関連企業であり、加えて、「あるあるⅠ」は放送開始当初よりフジテレビアナウンサーの菊間千乃が進行役で出演しており、「あるあるⅡ」でもフジテレビアナウンサーの政井マヤが担当していました。やはり、関西テレビは大阪が本社である地理的な条件もあり、東京の有力制作会社や芸能プロダクションと対等に渡り合っていくプロデューサーの育成がなかなか難しく、これらのキー局からの手助けを拒む理由もなかったと考えられますが、このフジテレビの介入が推察されるテレワークを中心とした制作体制の成立により、自社の「作り手」は番組制作の主導権を喪失する結果になったようです。

一方、民放の系列ネットワーク局間の交渉は編成部門が担当窓口であり、「編成主導体制」でスタートした番組の利点として、フジテレビとの調整事項が円滑に進んだことが予想され、日曜日のゴールデンタイムに放送される重要な案件でもあり、経営レベルに近い「送り手」間による事前交渉があったと考えられます。その中で、キー局と準キー局の微妙な関係性が見受けられ、フジテレビとしては準キー局の関西テレビの枠である以上に、重要な一社提供スポンサーの花王や電通に対して協力しているといった部分があり、関西テレビとしても、自社の大切なゴールデンタイムの全国放送枠を、局の独立性を守って維持していく意識はあったものの、キー局の最大限の配慮を物理的にも拒否できず、甘んじて受け入れてしまった部分があったように思えます。

また、一社提供による「営業持ち込み」番組における、テレビ局の「作り手」の状況については、大多数が「編成主導型モデル」による「完パケ番組」となるため、先程も少し触れましたが、一般的には「チェックＰ」としての役割となる傾向です。以前から、制作の「作り手」がスポンサーから制約を受けやすい「営業持ち込み番組」の担当を拒むケースもあり、編成部門の企画担当者が「チェックＰ」に就くケースも見られ、営業調整を主要業務とする「送り手」と役割の違いが少ないプロデューサーも存在します。

実際に、「あるあるⅡ」では、番組の立ち上げ当初から担当する、制作会社の敏腕プロデューサーが君臨する中で、関西テレビの大阪本社から異動してきた「作り手」が番組へ途中参加する形となり、必然的に「チェックＰ」の役割を背負わされていたものと想定されます。実際に、最後に「あるあるⅡ」へ赴任してきた関西テレビのプロデューサーは、大阪本社ではローカル番組の「作り手」として豊富な制作経験を積んでいましたが、東京支社は初赴任であり、「完パケ、準キー局、営業持ち込み」の三要素が重なった「編成主導体制」の番組の中で、「作り手」としてのモチベーションの維持が難しい状況であったと考えられます。この「完パケ番組」の問題について、調査報告書は、テレビ局の立ち位置と、担当プロデューサーの状況にも触れて、以下のように指摘しています。

完全パッケージ方式による制作の場合であっても、放送責任はすべて放送局が負うのであるから、正確性を含む番組の品質管理は放送局の責任においてきちんとなされなければならないのは当然である。

したがって、ここでも番組制作を管理する放送局の制作担当者と実際の番組の作り手である制作会社との間の相互の尊重と適度な緊張感を伴った牽制が必要となる。

また、関西テレビは完全パッケージ方式でテレワークに番組を発注しているため、人事権（どの制作会社に再委託するか、人員をどう配置するか等）・予算権（予算をどれにどのように使うか、タレントの支払い等）はテレワークが行使するなど番組管理の基本的な部分をテレワークが握っていたため、関西テレビのプロデューサーは放送責任を負う者として主体的に番組に関わる意識が希薄化していた傾向にあったことは否めない[29]。

このように、調査報告書では、テレワークが「制作全般の業務とＶＴＲ制作業務に二重に関与」する中で、テレビ局と制作会社の力関係の逆転現象が捉えられていました。やはり、当初から関西テレビの担当プロデューサーは、制作現場で「作り手」としての職務を任されることなく、管理や調整業務に特化した「チェックＰ」に専念させられ、編成担当者と同じ立ち位置に近い状況となり、「送り手」化していったようです。

最終的に、調査委員会は、捏造事件の発生原因について、「孫請け」が横行する番組外注体制や、生活情報番組の危険性、準キー局の東京支社制作の問題点などの複数の要因を挙げて、テレビメディア全体が共通して抱える「構造的問題」と結論づけました。確かに、背景として、「あるあるⅡ」が「準キー局制作の全国ネット」で「一社提供」の「完全パーケージ番組」といった、テレビ局のプロデューサーの職務を「チェックP」に矮小化する要素が重なる、特殊な経緯で成立していた影響があったことは否めません。

しかし、これらの状況を生み出した根本的な原因は、番組制作過程の深部にまで及んだ調査報告書の結論の中では触れられていませんが、企画決定段階からの「編成主導体制」による組織自体の問題が核心部分として考慮されるべきでしょう。つまり、「編成主導体制」の影響が制作過程へ深く浸透したことにより、関西テレビの担当プロデューサーは「作り手」としての立ち位置を失い、典型的な「編成主導型モデル」の番組の中で、「送り手」に近い立場へ変質させられていったと考えられるのです。

ここは序章から再三述べている大変重要なポイントでもあり、「編成主導体制」がアカデミズムとメディア内部の双方で無批判な状態で放置され、すっかり民放キー局の内部に浸透する中で、制作現場の「送り手」と「作り手」の境界線が曖昧になってきています。結果として、「送り手」の主導する「視聴率」獲得を最優先する制作体制が構築され、番組の多様性低下を加速させていると推測されます。少し話が逸れますが、やはり「作り手」と「送り手」を混同したテレビ研究からは、そもそも「編成主導体制」の是非も見えてきませんし、「あるあるⅡ」の捏造事件の原因を究明する際にも、明確に「送り手」と「作り手」を分けた観点から検証していく必要があったと考えられます。実際に、調査報告書の中でも、結論を「構造的問題」として抽象的に指摘するに留まり、「編成主導型モデル」の番組で生じる、決定的な問題の発生メカニズムを見逃してしまうことになりました。

確かに、データ捏造を見逃した原因としては、「作り手」と「送り手」の境界線を曖昧にするテレビ局プロデューサーの「チェックP」化の問題があり、「送り手」の観点からは、「編成主導体制」を発端とする「構造的問題」の影響を受けていた部分も考慮されます。しかし、不正行為の実行に関して、「作り手」の観点からは、担当した全16本中10本に事実の捏造や、実験データの改竄を行った、「孫請け」制作会社「アジト」の担当ディレクター個人の資質による「個別的問題」の側面が強いと考えられます。やはり、「あるあるⅡ」では様々な難しい状況が重なっていたとはいえ、他の「作り手」は大きな問題なく番組制作をこなしており、「構造的問題」よりも個人の資質に問題があったと判断されます。

加えて、一連の政府の規制案と、番組ジャンルの違いを軽視した民放連の対応策の中にも、「送り手」主導で進められる中で、制作現場の「作り手」の実態に鑑みなかったことの弊害が見受けられます。具体的には、事実の捏造が疑われる番組について「報道からドラマ、バラエティーまで、全番組ジャンル」を等しく対象とする政府の規制案に対して、メディアサイドがBPOに調査権を与えた上で、「グレーゾーンは広い。疑わしきは調査してもらう」と、番組ジャンルを問わない方針を示したことの影響が出てきています[30]。やはり、報道やドキュメンタリーなどの堅い番組と、バラエティーでは、番組制作上の文法が全く異なっており、その実情を軽視して、等しく同じ尺度で規制の網を掛けることは、制作現場に混乱を招き、「作り手」を萎縮させる原因になっているとも考えられるのです。

実際に、「あるあるⅡ」の捏造に関与した「作り手」が、調査委員会からのヒアリング調査に対して、「われわれは科学番組を作っているのではない。報道でもないんです。われわれは情報バラエティー番組を作っているんです[31]」と答えており、この「わかりやすく」、「面白く」作るというバラエティーの制作手法が否定され、番組ジャンルの違いを無視した扱いに対して、異を唱えていたようです。確かに、アジトの「作り手」による捏造は、バラエティー番組を制作する際の文法に照らし合わせてみても、決して許される範囲ではありませんが、他の制作会社の作ったものに関しては、捏造の事実が断定されるケースはなかったものの、調査報告書の中で「制作の姿勢等に一定の問題があった」と指摘されており、潔白を主張する制作現場との見解の相違が見られました。やはり、番組ジャンルを特定しない規制のあり方は、制作現場を萎縮させ、自由な創作活動を妨げる原因になると考えられ、「送り手」サイドのみの判断ではなく、制作現場の意見も取り入れた、捏造と演出の境界線をめぐる、番組ジャンルごとの細かなルール作りが必要であり、「作り手」はもっと演出の裁量範囲に関して戦う姿勢を見せるべきであると言えるでしょう。

この事件以降は、「送り手」による「作り手」を軽視した判断により、民放キー局内部のコンプライアンス強化を目的とした番組内容のチェック体制が整備され、BPO勧告の遵守を大義名分にした番組検閲システムを確立させ、制作現場への編成部門の「送り手」による介入を正当化していったように見えます。つまり、捏造事件をきっかけに、政府の介入を阻止する名目で、「送り手」主導により決定したBPOの権限強化が、編成部門の番組内容への介在を可能にし、「編成主導体制」を強化させることにも繋がったようです。結果として、編成部門の「送り手」が制作現場を委縮させて「作り手」を抑え込み、企画段階と制作過程の両面で、コンプライアンス上の問題の起こらないようなチェック体制を強化して、番組内容を平板化させている状況にあると考えられます。

このように、典型的な「編成主導体制」の中で成立した、一番組が起こした不祥事の影響により、テレビメディア全体としても制作現場の「自律性」が制約されることにつながりました。一方で、「あるあるⅡ」の制作過程を精査した調査報告書により、「完パケ番組」や「一社提供枠番組」におけるテレビ局社員プロデューサーの「チェックP」化、「孫請け」が横行する外注番組の制作体制などの、具体的な番組制作過程の弊害が明らかにされ、改めて問題点を究明する機会にもなりました。

しかし、肝心の「編成主導体制」の是非が見逃されてしまい、「送り手」主導により「作り手」を軽視した解決策が実行されたため、皮肉な結果として、その後は編成部門がBPOの威光を背景に制作現場へ影響力を増大させたようです。典型的な「編成主導型モデル」として誕生した『発掘！あるある大事典Ⅱ』は、「編成主導体制」の歪みを浮き彫りにする中で、番組終了後も制作現場の「自律性」を制約し、問題の起こる可能性のある「生活情報バラエティー番組」がプライムタイムから消えるなど、番組の多様性を低下させる、負の面でのエポックメイキングな番組になったと判断されます。

「コンテンツビジネス」黎明期となった「過渡期」に

このように、「第五期」は「編成主導体制」の歪みが表面化する一方で、日本テレビの「朝の帯番組」と「巨人戦」中継がキラーコンテンツとして機能しなくなったことで、「第四期」の黄金時代に導いた編成戦略が完全に崩れており、フジテレビが2004年に11年振りとなる「視聴率三冠王」を獲得することになりました。この「視聴率三冠王」を奪還した際の記者会見で、当時のフジテレビ編成制作局長であった山田良明は、「視聴者のご支持の証であり大きな自信につながります。今後とも信頼される番組作りに邁進するつもりです[32]」と、とても謙虚なコメントを発表しています。この姿勢は、「第三期」に「若年層」をターゲットに、「視聴率三冠王」というフレーズを連呼して「フジテレビの番組は高視聴率であるから面白い」というイメージを視聴者に植え付けた際の編成戦略とは対照的にも見えます。やはり、「第三期」にはノリと勢いを前面に出した「軽く明るい」局イメージで高視聴率の獲得に成功していたフジテレビが、「第五期」は時代の変化にマッチさせた謙虚な姿勢で、各ジャンルに潜在する視聴者層を丁寧に発掘する編成戦略により、「第四期」の敗北から復活した側面が伺えます。この、いわば「第二次黄金時代」となった「第五期」と、バブル期とも重なった「第三期」の微妙な違いを、フジテレビの内部にいた「作り手」も感じていたようで、2000年代に『めざましテレビ』を担当していた吉野嘉高は、次のように振り返ります。

何かが変わりつつあった。

2004年から視聴率三冠王を再度取り続けているのに、80年代の黄金時代とは違い、社内の空気が少しずつ息苦しくなってきた。

2000年代後半あたりからフジテレビでは、上層部社員が現場にそれまで以上に介入するようになり、管理主義が強くなる。ひとつの原因は、2007年に相次いだ不祥事だ。

関西テレビ制作ではあるが、フジテレビ系の放送局で放送されていた『発掘！あるある大事典Ⅱ』の捏造問題。番組は打ち切られ、関テレ社長は辞任、さらに関テレは民放連から除名処分となった。

政府は行政処分を含む放送法改正案を国会に提出したが、権力による放送内容への介入を懸念したNHKと民放連は、BPO（放送倫理・番組向上機構）に「放送倫理検証委員会」を設けることで自律的に問題を解決することを明確にした。このように社会的なインパクトが非常に大きい不祥事であった。（中略）

社内では、放送基準ガイドラインの改定や勉強会の実施により、番組制作のルールを現場に周知徹底するよう上層部から指示があった。また、一般企業では当然のことかもしれないが、現場では「ホウ・レン・ソウ（報告・連絡・相談）」により、上司とコミュニケーションを取りながら問題解決に当たることが強く求められるようになった。

これはセクションを問わない。バラエティーだけでなく、報道・情報系のセクションでもコンプライアンスを重視し、番組の危機管理を徹底するよう上からのお達しがあったのだ[33]。

ここで、吉野は『発掘！あるある大事典Ⅱ』捏造事件の際に、政府や総務省などの公権力の介入を阻止する目的で、「送り手」主導により自浄作用を前面に押し出すことで、テレビメディアの自由を守った代償として、制作現場の「作り手」の「自律性」を一部で放棄する結果に繋がった状況を証言します。更に、吉野は「第五期」後半に制作現場が「自律性」を失い、「面白さ」や「独創性」よりも、「視聴率」や「安全性」を優先する番組チェック体制が強化されていった状況について、次のように述べています。

> テレビを見る目が厳しくなる中、放送に関する重要な事項に関しては、現場レベルで判断せず、それまで以上に部長、局次長、場合によっては局長クラスに相談することが求められるようになった。
>
> 放送が可能かどうかを判断するには、長年の経験に基づく知見が有効な場合がある。それならば、現場の経験が浅い若手制作者よりも、上層部の人に任せた方が適切な判断ができるという考え方は確かに理解できる。しかし、番組制作上の上司の裁量が大きくなることに反比例し、若手の自由度は下がっていった。
>
> 80年代であれば、部下に「やりたいように自由にやれ。何かあったらオレが責任を取る」と励ますような上司がフジテレビには多かった。上司は、実務を任せた若手のモチベーションを高める〝旗振り役〟として機能していたが、そんな仕事のやり方は通用しなくなっていた。（中略）
>
> とはいえ、2000年代後半の不祥事だけが原因で、上司が制作現場に積極的にコミットするようになったとは思

わない。お台場の新社屋に移転してから、フジテレビが〝一流企業化〟する中、少しずつ社内で管理主義が強まってきたという実感があった。

これは、企業が大きくなり成熟していく過程での必然的な変化なのかもしれないが、社内の空気が以前のように自由闊達ではなくなってきたことは確かだ。その傾向は2000年代の後半あたりから顕著になったと記憶している。

つまりフジテレビは、現場の若手への権限移譲によって大躍進をもたらした「80年改革」の逆方向を走り始めたのだ[34]。

この吉野の指摘する、テレビ局内部で管理体制が強化され、社員にエリート意識が高まっていく傾向は、フジテレビだけに見られるものではなく、「第五期」までに日本テレビやテレビ朝日でも都内の一等地に新社屋が建設される中で、以前のテレビ屋的な「作り手が制作現場を闊歩している」といった独特の破天荒な雰囲気を失っていきつつあったようです。

一方で、「第五期」のフジテレビは、民放他局を圧倒的に上回る「放送外収入」の増益も背景となり、2008年に民放初となる認定放送持株会社の「フジ・メディア・ホールディングス」を立ち上げています。当時の社内には、「お台場のきらびやかな社屋を拠点とする『メディア・コングロマリット』の中心として、多メディア化する日本社会をリードしていく」意識が芽生えていたと、吉野は指摘します[35]。実際に、フジテレビの「放送外収入」を伸ばしていく中で、「視聴率に代わる尺度」について、当時の村上光一社長も「テレビ局の力は視聴率だけでなく、視聴率を唯一無二の目標としてはいけない」として、イベントや映画、社会的キャンペーンなどの重要性を明言しておりました[36]。

ここで村上は、従来の「視聴率の呪縛」から脱却する企業体制を目指した、「第三期」からの継続的な経営戦略方針を民放局のトップとして示していますが、このフジテレビの姿勢は「放送外収入」の担当部署であった映画事業局の局長に『ロングバケーション』や『踊る大捜査線』などのプロデューサーを歴任して、後に社長となる亀山千広を起用するなど、人事面にも反映されていました。現在では、民放各局に「コンテンツビジネス局」といった「放送外収入」を担当する部く評価します。

署があり、新入社員にも人気のある局内でも重要な組織となっていますが、「第五期」はどこも10億円前後の「放送外収入」しかない中で、３００億円を超えていたフジテレビが他局に先駆けて、従来のテレビメディアのビジネスモデルを変える試みを始めていたとも言えます。このフジテレビの「送り手」主導による、「視聴率に代わるもの」を模索した「放送外収入」を重視する方針を「優れて経営判断に属する問題」として、早稲田大学准教授で元通産省官僚の境真良は、次のように高く評価します。

バラエティーやドラマといった娯楽系コンテンツの制作力を重視し、テレビ局からコンテンツファクトリーへの脱皮を早くから図ったフジテレビは、「踊る大捜査線」シリーズなどの映画や「お台場冒険王」などのイベント事業を収益源として育てた結果、在京キー局のなかでもテレビ放送以外の収益が著しく大きい財務構造となっている。テレビの流通力の覇権を、コンテンツビジネスという形で昇華できた例と言ってもよいだろう[37]。

確かに、この「放送外収入」のシステムが「第五期」以降も「視聴率に変わる指標」として機能すれば、低視聴率の番組でも内容次第では二次利用展開の可能性が残り、アメリカの「シンジケーション」に似た形態の、国際市場も含めた流通マーケットの構築が想定され、従来の「視聴率」の制約から「作り手」が逃れられることも期待できます。実際に、フジテレビ系列局の関西テレビで『僕と彼女と彼女の生きる道』を担当した重松圭一プロデューサーは、当時のフジテレビのドラマ制作現場について、次のように証言しています。

テレビ局におけるドラマの価値は二次使用以降の価値が大きく、ファーストランでペイしていれば、２回目以降はDVDや番組販売などが全て黒字分となり、費用対効果は絶大である。関西テレビでは制作サイドに対してまだ、二次使用以降のインセンティブは設定されていないが、フジテレビでは違っているようだ。

それは、やはり自社制作のメリットが大きく関係しており、ドラマ制作で自社制作比率の高いフジテレビならではの、最初から放送外収入を見据えた戦略もあるだろう。実際に、外注番組ならば発注金額は事前には、二次利用部分の計算が難しくてなかなか上げにくいが、局制作ならば制作費の枠はあってないに等しいので、全体的にフジテレビのドラマ制作費は、他局の2～3割増しで作られているようである[38]。

この重松の指摘からも、「第五期」のフジテレビの「作り手」に、「視聴率」以外の二次利用を含めた価値観が備わっており、「放送外収入」を重視する「送り手」の意向が、充分に伝わっていた状況が推察されます。やはり、「第五期」のフジテレビが民放他局より一早く「放送外収入」を想定した経営戦略を実行したことで、新たな指標が生まれており、「作り手」への「視聴率」からの制約も弱くなり、更に制作費が上乗せされたことで、結果的に、多様性が確保された番組の「視聴率」が上がっていった側面も考えられるでしょう。

このように、「第五期」のフジテレビでは、番組の二次利用などの多メディア展開が具体的に機能する中で、「第三期」からの「作り手」に自由度が残る「初期編成主導型モデル」による組織体制が、基本的には続いていたようです。結果として、当時のフジテレビでは、「放送外収入」を念頭に置いた、番組の二次利用を戦略的に活用することで、「視聴率」から比較的自由な制作過程が実現していたと推察されます。

対照的に、その他の民放キー局では、２０００年2月にテレビ朝日がプライム帯の「視聴率」トップを目指して、制作局を編成局内に統合させて編成制作局に移行するなど、概ね「編成主導体制」の浸透が進んでいたようです。やはり、この「第五期」はフジテレビが「放送外収入」の拡大に成功することで、「コンテンツビジネス」という形をメディア内部に広めていく契機とはなりましたが、民放他局は「送り手」が制作現場の「作り手」を完全に飲み込んだ組織となる「編成主導体制」へとシフトしており、全体的には、「第四期」からの流れを「第六期」に繋ぐ「過渡期」となる時期であったとも考えられます。

【註】

1 「放送ジャーナル」(2004年3月10日付)、参照。同時期のキー局他局の放送外収入は、TBS約12億、日本テレビ約7億、テレビ朝日約5億と、フジテレビが圧倒的に多い。

2 日本民間放送連盟放送研究所編『視聴率の見かた』(日本民間放送連盟放送研究所、7—43頁、1967)参照。この本によると、①は大宅壮一による「一億総白痴化」以来の視聴率批判の定番であり、②は1967年当時、ビデオリサーチとニールセンの2社体制でしたが、双方の「視聴率」の違いが問題視され、③も当時の関東地区の調査世帯が300サンプルで、その少なさに批判が集中しており、④、⑤も「視聴率以外の番組を評価するモノサシ」としての「視聴質」など、別の基準が当時より多方面から要求されていました。

3 田原総一朗、ばばこういち、吉永春子「座談会…視聴率調査とテレビの現実」『創』2004年1・2月号「特集 日本テレビ視聴率買収事件」(創出版、18—22頁、2004)参照。

4 小中陽太郎「視聴率の物神化を批判する」『放送レポート』186号(メディア総合研究所、5—6頁、2004)参照。

5 「それでも視聴率は目標 降格の日テレ社長が持論」、朝日新聞デジタル、2003年11月18日配信、<http://www.asahi.com/special/ntv/TKY200311180343.html>、2020年4月11日閲覧。

6 吉野嘉高『フジテレビはなぜ凋落したのか』(新潮社、146頁、2016)参照。

7 吉野嘉高『フジテレビはなぜ凋落したのか』(新潮社、146—148頁、2016)参照。

8 「日刊合同通信」(2003年11月5日付)参照。

9 吉野嘉高『フジテレビはなぜ凋落したのか』(新潮社、164—165頁、2016)参照。

10 ビデオリサーチ「全局高世帯視聴率番組50」、ビデオリサーチホームページ、<http://www.videor.co.jp/>、2015年4月15日閲覧。

11 ビデオリサーチ「全局高世帯視聴率番組50」、ビデオリサーチホームページ、<http://www.videor.co.jp/>、2015年4月15日閲覧。

12　NHK放送文化研究所編『テレビ視聴の50年』（日本放送出版協会、8頁、2003）参照。
13　吉田正樹『人生で大切なことは全部フジテレビで学んだ～「笑う犬」プロデューサーの履歴書～』（キネマ旬報社、168頁、2010）
14　吉田正樹『人生で大切なことは全部フジテレビで学んだ～「笑う犬」プロデューサーの履歴書～』（キネマ旬報社、191頁、2010）
15　吉田正樹「テレビは共有知。文化的バックグラウンドを支える」ビデオリサーチ・編『視聴率50の物語　テレビの歴史を創った50人が語る50の物語』（小学館、181―182頁、2013）参照。
16　この傾向は2010年代以降も続き、日本テレビ『幸せ！ボンビーガール』（2015年、16・3%、深夜帯は2011年、6・4%）、TBS『マツコの知らない世界』（2015年、14・5%、深夜帯は2013年、5・7%）、テレビ東京『YOUは何しに日本へ？』（2014年、11・2%、深夜帯は2013年、3・7%）などが人気番組になっている。
17　大多亮「8年半ぶりの現場復帰 低い数字じゃカッコつかない」伊藤愛子『視聴率の戦士』（ぴあ、162―175頁、2003）参照。
18　大多亮「8年半ぶりの現場復帰 低い数字じゃカッコつかない」伊藤愛子『視聴率の戦士』（ぴあ、162―175頁、2003）参照。
19　重松圭一（関西テレビ放送・プロデューサー）談、2004年12月3日、東京・銀座にて対面インタビューによる聞き取り調査。
20　『ズームイン!!SUPER』の司会であった羽鳥慎一は番組終了直後にフリーアナウンサーに転進し、テレビ朝日の朝帯番組である『情報満載ライブショーモーニングバード！』の総合司会に抜擢され、その後、朝帯の視聴率競争を制している。
21　『ニュースステーション』の全4795回の平均視聴率は、14・4%で、最高は1994年10月26日の34・8%、年度平均最高視聴率は1992年の17・3%、そして、最終回は19・7%であった。

22　谷村幸治（テレビ朝日・編成制作局、編成部報道番組担当）談、２００４年10月20日、東京・六本木にて対面インタビューによる聞き取り調査。

23　安藤優子「視聴者の共感度合いが現れるのが視聴率」ビデオリサーチ・編『視聴率50の物語　テレビの歴史を創った50人が語る50の物語』（小学館、１７４頁、２０１３）参照。

24　ビデオリサーチ「全局高世帯視聴率番組50」、ビデオリサーチホームページ、<http://www.videor.co.jp/>、２０１５年４月15日閲覧。

25　ビデオリサーチ「全局高世帯視聴率番組50」、ビデオリサーチホームページ、<http://www.videor.co.jp/>、２０１５年４月15日閲覧。男子は『第74回日本オープンゴルフ選手権・最終日』（ＮＨＫ・２００９年10月18日）が16・1％で第5位、女子は『第38回日本女子ゴルフ選手権大会コニカミノルタ杯・最終日』が14・１％で第４位であり、女子は「第五期」に放送された番組が、歴代ベスト20の半数を占めている。

26　関西テレビ「『発掘！あるある大事典Ⅱ』調査報告書」、関西テレビホームページ、<http://www.ktv.jp/info/grow/pdf/070323/houkokusyogaiyou.pdf>、２０１４年2月15日閲覧。この調査報告書の中で、具体的に捏造事件が起こるまでの番組制作過程を最初の打ち合わせとなる「テーマ会議」から最終的な「番組放送」まで、19工程に分けて細かく検証しており、この本の中では紙幅を割けないが、興味があれば参照してほしい。

27　関西テレビ「『発掘！あるある大事典Ⅱ』調査報告書」、19―20頁、関西テレビホームページ、<http://www.ktv.jp/info/grow/pdf/070323/houkokusyogaiyou.pdf>、２０１４年2月15日閲覧。

28　関西テレビ「『発掘！あるある大事典Ⅱ』調査報告書」、１００―１０１頁、関西テレビホームページ、<http://www.ktv.jp/info/grow/pdf/070323/houkokusyogaiyou.pdf>、２０１４年2月15日閲覧。

29　関西テレビ「『発掘！あるある大事典Ⅱ』調査報告書」、１０５頁、関西テレビホームページ、<http://www.ktv.jp/info/grow/pdf/070323/houkokusyogaiyou.pdf>、２０１４年2月15日閲覧。

30　「毎日新聞」（2007年3月8日付）、「総務省案に追随 番組ねつ造 独自策盛らず」によると、2月21日の総務省の放送法改正案は、「事実と異なる放送によって国民の生活や権利に悪影響を与えたり、与える可能性がある場合に、総務大臣は再発防止計画の提出を求め、計画は総務大臣の意見書とともに公表できる」とする内容であった。一方、BPOが3月7日に発表した対応策は、「放送番組委員会」を機能強化した「放送倫理検証委員会」を5月に発足させ、新組織は「虚偽の内容の番組が放送された場合、放送局に調査や報告、再発防止計画の提出を求める権限を持ち、審理結果は勧告や見解として放送局に通知、公表する」としているが、懲罰主体を「総務大臣」から「BPO」に変えたのみの内容で、両者に大きな相違は見られない。当時の広瀬道貞・民放連会長は「自分たちでやります、という思いで、あえて同じ文書にした」と説明している。

31　関西テレビ「『発掘！あるある大事典Ⅱ』調査報告書」、136頁、関西テレビホームページ、<http://www.ktv.jp/info/grow/pdf/070323/houkokusyogaiyou.pdf>、2014年2月15日閲覧。

32　「日刊合同通信」（2005年4月5日付）参照。

33　吉野嘉高『フジテレビはなぜ凋落したのか』（新潮社、171―173頁、2016）参照。

34　吉野嘉高『フジテレビはなぜ凋落したのか』（新潮社、175―176頁、2016）参照。

35　吉野嘉高『フジテレビはなぜ凋落したのか』（新潮社、178頁、2016）参照。

36　「日刊合同通信」（2003年11月5日付）参照。

37　境真良『テレビ進化論　映像ビジネス覇権のゆくえ』（講談社、67頁、2008）参照。

38　重松圭一（関西テレビ放送・プロデューサー）談、2004年12月3日、東京・銀座にて対面インタビューによる聞き取り調査。

第８章　テレビの歴史⑥　２０１１〜現在

「第六期　戦国時代・超編成主導型モデル」

「第五期」に7年間にわたる「第二次黄金時代」を築いていたフジテレビと全日帯は同率でしたが、2011年に、日本テレビがゴールデン帯とプライム帯も制して、8年ぶりに「視聴率三冠王」の奪還に成功します。しかし、翌2012年には、各時間帯を別のテレビ局が制したため、44年間も続いていた「視聴率三冠王」が崩れており、日本テレビとテレビ朝日による二局間の「視聴率」の覇権争いとなりました。

具体的には、2012年は日本テレビがゴールデン帯と全日帯の二冠を制しましたが、テレビ朝日が開局以来初となるプライム帯のトップとなり、翌2013年は日本テレビが辛うじて全日帯を取り、テレビ朝日がゴールデン帯とプライム帯の二冠を達成しています。その中でも、特にゴールデン帯は2012年が日本テレビ12・2%、2013年がテレビ朝日12・1%、日本テレビ12・0%と僅差になっており、視聴率競争を激化させました。その後、2014年から2019年までは、再度、日本テレビが「視聴率三冠王」を獲得しますが、全体的に「視聴率」を下げていく中で、各局の差も縮まり、特に全日帯ではテレビ朝日との熾烈な争いが、毎年のように繰り広げられています[1]。

その中で、テレビメディア全体としては、「視聴率」の低下と共に、売上高にも影響が波及する結果となり、長年に渡りトップの座を守ってきた年間総広告費で、2019年には「インターネット広告費」に「テレビメディア広告費」が、ついに凌駕されました[2]。やはり、多メディア化が進む中で、特に若年層の「テレビ離れ」が深刻になっており、対応策として、民放キー局が本格的なネット動画配信を手掛けており、一方で、ビデオリサーチも「視聴率」のルール改定に着手しています。この第8章では、日本テレビとテレビ朝日を中心に、徹底した「編成主導体制」の中で、あくまでも「視聴率三冠王」の獲得に拘って競争を続けている2011年以降を、「第六期 戦国時代・超編成主導型モデルの浸透」として精査していきます。

1 「営業的指標のルールを変えるP+C7導入・視聴率の歴史⑥」

現在までの「視聴率」の歴史の中で、その調査方法の進化により、「視聴率」自体が、ある種のレギュレーション的な機能を持って、メディア全体を変化させてきたと考えられます。そして、１９９７年の「機械式個人視聴率」導入以来の大きな視聴率調査の変化が、２０１６年に開始された「タイムシフト視聴率」と「総合視聴率」の導入でした。更に、２０１８年には、従来の「世帯視聴率」に代わるスポットＣＭ取引の新指標として、「個人全体視聴率（Ｐ）」に、７日分のＣＭ視聴を測定した「タイムシフト視聴率（Ｃ７）」を加えた、「Ｐ＋Ｃ７」という、新たな「営業的数値」への移行が決定されます。

この背景として、番組の録画視聴が増えて、全体的に「視聴率」が低下する状況を、「受像機離れ」であり「番組離れ」ではないと考えるテレビ局サイドが、その根拠を立証するデータを望んだことが挙げられます。まず、２０１３年にビデオリサーチが関東地区でタイムシフト調査を試験的に始めて、視聴データの提供方法などを検討した後に、２０１６年に「タイムシフト視聴率」と「総合視聴率」という形で、従来の６００世帯から９００世帯にサンプル数を増やして、関東地区で「視聴率」の新たな指標として導入されました。

次に、これらの定義ですが、ビデオリサーチによると、「タイムシフト視聴率」はリアルタイム視聴の有無にかかわらず、７日（１６８時間）以内の録画視聴など、別の時間軸でテレビ番組を見た実態を示す指標とされます。一方、「総合視聴率」はリアルタイム指標とタイムシフト視聴のいずれかの視聴を示す数値であり、リアルタイムとタイムシフトの双方で視聴した場合は、重複してカウントしないと明記しています[3]。

この双方の新たな指標の導入目的と意義について、ビデオリサーチの橋本和彦テレビ調査部長は次のように、調査会社の視点から、その重要性を主張します。

> 生活者（視聴者）の多様化・デジタル化（各種テレビ視聴デバイスの普及）による視聴形態の変化といった現象から生じている〝テレビ視聴の分散化〟に対応していくことが、これからの視聴率調査に必要な点である。その方向性として示したコンセプトの一つに「テレビ番組のあらゆるリーチを測定する」があり、タイムシフト、総合視聴率調査の取り組みは、その第一歩としてスタートした。（中略）

この2つの新指標の提供によって、これまでの視聴率調査では表現できていなかった視聴実態と現在の視聴構造を明らかにしていくこと、さらにはテレビ番組の新たな価値の再確認・再定義を行うことを始めた[4]。

実際に、2016年10月に発表された「タイムシフト視聴率」を参照しますと、TBSのドラマ『逃げるは恥だが役に立つ』が13・7%でトップであり(世帯視聴率は12・5%)、第13位までをドラマが独占しています。一方で、「総合視聴率」も第1位はテレビ朝日のドラマ『ドクターX～外科医・大門未知子～』の28・3%(世帯20・4%、タイムシフト9・5%)でしたが、第10位までにドラマが6番組入りました。特に、『逃げるは恥だが役に立つ』はタイムシフト視聴率がリアルタイムの世帯視聴率の数値を上回っており、その後もインターネットから人気に火がついた、エンディングの「恋ダンス」が社会現象化する中で「視聴率」も上昇していき、最終回は世帯視聴率20・8%、タイムシフト視聴率16・9%、総合視聴率33・1%を記録して、『ドクターX～外科医・大門未知子～』の総合視聴率(32・0%)を凌駕しますが、この状況について、橋本和彦は次のように述べています。

若年層視聴者をタイムシフト調査によって再確認したことも今回の収穫である。テレビ離れとして単純に表現されていた若年層であるが(その傾向を否定することではないが)、〝番組によってはタイムシフトであってもテレビ視聴していた、そこに視聴者は存在した〟を改めて確認していくことにつながるのではないかと考える[5]。

ここで橋本は、人気ドラマとなる『逃げるは恥だが役に立つ』の視聴実態を、番組開始当初から正確に捉えていた、二つの新しい指標の導入効果を指摘します。一方、各局の双方の新指標に対する期待値も高く、『GALAC』が実施した「総合視聴率に関するアンケート(記述式)」の結果を見ても、「トータルな視聴実態の把握に役立つ」(NHK)、「テレビのメディアパワーや番組のコンテンツパワーの実態をより正確に把握できる」(テレビ朝日)など、新指標導入による視聴率調査の精度向上を評価しています。更に、今後の新指標が「営業的指標」として機能する可能性についても、「タイムシフト視聴率および総合視聴率もテレビ視聴として評価していただきたい立場です」（ＴＢＳテレビ）、「視聴傾向がきちんと分析されてから、スポンサーの皆さんとの対話を始めていくことになる」（日本テレビ）と、マネタイズに繋がる指標の導入に、前向きな姿勢を示しました[6]。しかし、一般的に録画視聴時には早送りされて、「受け手」がＣＭを飛ばし見するケースが多く、正確なＣＭ視聴動向の把握が困難な「タイムシフト視聴率」と「総合視聴率」では、マネタイズが可能な「営業的指標」としての成立は難しかったようです。

その後、ビデオリサーチにより録画されたＣＭの正確な視聴率測定が可能となり、リアルタイムの個人全体視聴率「Ｐ」と、７日間内のＣＭ枠の平均視聴率「Ｃ７」から成る「Ｐ＋Ｃ７」と呼ばれる、新たなスポットＣＭ取引の基準となる新指標が、２０１８年4月から導入されます。実は、この「個人全体視聴率」の導入が大きな変革であり、従来の「世帯視聴率」とは別の尺度となる要素が含まれていました。例えば、10世帯で計30人の視聴者をサンプルとした場合に、その中で2世帯が見ていれば、10分の2で「世帯視聴率」は20％、３人に見られていれば、30分の３で「個人全体視聴率」は10％と算出されます。大雑把な計算ですが、「世帯視聴率」の半分＋αが「個人全体視聴率」となっており、幅広い層の視聴者を捉えているほど、「α」の部分が大きくなると想定されます。つまり、「若年層」も含んだ広い階層に見られるほど、「個人全体視聴率」が高くなり、高齢者層に偏り過ぎていれば、「世帯視聴率」は取れても、「個人全体視聴率」は伸びにくくなると言え、スポンサーサイドが、以前から「個人視聴率」を「営業的指標」として重視する中で、民放キー局も、「視聴率」のルール変更に合わせた番組編成の対応が必要となってくるでしょう。

結果として、「Ｐ＋Ｃ７」が「テレビ放送が始まって約60年の歴史の中で初めてといっていい、取引指標の変更」となったとも、一部で指摘されましたが、一連の新指標導入を巡るスポンサーサイドとの交渉に中心的立場で参加していた、テレビ朝日営業局営業担当局次長の橋本昇は、次のように回想します。

本意としてはタイムシフトの番組視聴率をそのまま評価していただきたいのですが、実際にスキップ行為が起きており、自らが決め、落ち着いたところは、タイムシフト視聴部分はＣＭ枠平均視聴率とした今回の「Ｐ＋Ｃ７」です。（中

略）

もともと1990年代から世帯から個人へというテーマはありましたが、当時は信憑性の問題もあり、ウヤムヤになってしまいました。ただ、タイムシフトに手をつけるタイミングで一緒に変えた方が迷惑をあまりかけなくて済みます。個人視聴率に変わってもアドバタイザーにとって、マーケティング上で大きな変化をもたらすことはおそらくないと思いますが、まずは変化が大前提だということです[7]。

やはり、橋本の指摘からは、テレビ局サイドと、スポンサーサイドが歩み寄って修正した上で、「P＋C7」という形で新たな「営業的指標」を成立させた背景が伺えます。一方で、テレビ局サイドには、デジタル化により番組の伝送路がパソコン経由などで複雑になる中で、それらを「視聴者数」として取り組みたい意向があり、「P＋C7」が「営業的指標」としての完成形ではないと考えられます。この状況について、橋本は次のように、今後の「営業的指標」を時代に合わせて改善していく必要性を、切実に明言します。

営業的にも、編成的にも、今の視聴データだけで、将来のコンテンツ開発やテレビ営業を考えていいのかという疑念があります。（中略）テレビコンテンツがデジタルという伝送路で流れるようになり、接触形態が変化して視聴データが分散し、それにあわせた広告業態にならざるを得ないというのは自然な流れです。その変化にあわせていくのが、生き残りのための最短の道です[8]。

このような導入経緯を考慮しますと、スポットCMの新たな「営業的指標」となる「P＋C7」の導入は現在の妥協点であり、その算出方法も局ごとの移行係数が織り込まれるなど、従来の「世帯視聴率」に比べるとシンプルさにも欠けています。やはり、「P＋C7」は、テレビ局の「送り手」主導による、「その先のテレビの指標改革像」を見据えた、ある種「過渡期型モデル」としての、暫定的な「営業的指標」なのかもしれません。

しかし、１９９０年代後半にメディア全体で将来像が考慮された「機械式個人視聴率」調査の導入時と比較すると、「Ｐ＋Ｃ７」導入までの一連の議論は、「作り手」の視線を欠いた決定であり、「視聴率」の持つ「社会的指標」の部分を軽視した印象が拭えません。この懸念について、朝日放送東京支社編成部の佐々木真司は、次のように指摘します。

「タイムシフト視聴率」や「総合視聴率」の導入は、大切な事かもしれないが、やって当たり前のことが日本は欧米に比べて、かなり遅れをとっていた。大切な事はマネタイズもそうだが、作ったコンテンツがきちんと測定され、評価されることだと考えている。まさに、番組がどう見られているかが大事であり、それが制作現場の「作り手」にフィードバックされる事が重要なのではないかと思う[9]。

ここで佐々木は、本質的な部分で視聴率調査が遅れている部分と、新指標の「作り手」への配慮の必要性を明言しています。実際に、制作会社イーストのプロデューサーとして、テレビ東京のドラマ『勇者ヨシヒコ』シリーズなどを担当した手塚公一は、「タイムシフト視聴率」や「総合視聴率」の制作現場への影響について、次のように述べています。

番組に新しい指標ができて、一人でも多くの人が見ていることが分かるのだとすれば、それは「作り手」として単純に嬉しいことである。しかし、現状では「タイムシフト視聴率」や「総合視聴率」について、テレビ局からあまり具体的には知らされておらず、その数値で制作現場が評価されているとは思えない[10]

新指標の導入直後の状況として、手塚は「作り手」に影響が波及することなく、「社会的指標」の部分が機能していない実態をストレートに証言します。更に、この点について、佐々木は「送り手」の立場から、日本の「視聴率」の本質的な部分への疑念を明示します。

現状で「総合視聴率」は番組改編に影響を与えるデータにはなっていない。ただ、番組が新指標で正しく評価されれば、言い換えると世帯視聴率以外でも評価されれば、フェアな評価がなされるのではないかと考える。マネタイズもそうだが、その手前の評価、測定がアメリカでは進んでおり、日本では順番が逆になっている。コンテンツの質は、誰がどこで、どのくらい見たかという指標が大切で、その後にも感情の評価があり、その上で社会的影響に繋がってくる[11]。

つまり、新指標導入の際に「営業的指標」が最優先されて、肝心な「番組への評価」の部分が遅れている状況を佐々木は疑問視しており、「視聴率」の持つ「社会的指標」としての機能の重要性を改めて指摘しています。これは、現時点で「タイムシフト視聴率」や「総合視聴率」が「作り手」へ大きな影響を及ぼしていない状況にも通底しています。

確かに、2016年に双方の新指標の結果が発表された際には、話題性の強かった『逃げるは恥だが役に立つ』がトップに立ったこともあり、紙媒体でも大きく報道されました。更に、若年層はリアルタイム視聴しかカウントされない旧来の「世帯視聴率」が、同世代の録画視聴が一般化する視聴形態を見過ごした状況であるため、「タイムシフト視聴率」や「総合視聴率」の導入を賛同する傾向にあります。しかし、最近では「タイムシフト視聴率」や「総合視聴率」が各メディアで取り上げられることが稀となり、私が担当する「メディア論」を受講する学生からも「タイムシフト視聴率は最近話題になりませんが、まだ調査されて機能しているのですか」といった質問を受けることがあります。実際に、2017年にテレビ朝日のドラマ『ドクターX～外科医・大門未知子～』が「総合視聴率」で35・2%を獲得して、過去最高の『逃げるは恥だが役に立つ』を凌駕しましたが、大きくは報道されず、新指標導入時の「テレビ視聴状況の現状に合った」数値への注目度は減退していると思われます。

やはり、この状況は「P+C7」の「営業的指標」としての導入決定も影響しており、テレビ局やスポンサーサイドを含めて、関心がそちらに移行しているものと推察されます。もし、「P+C7」を「営業的指標」に特化させた新指標として機能させるのであれば、「社会的指標」として、従来の「タイムシフト視聴率」や「総合視聴率」も同様にテレビ局内部で重要な数値として活用されるべきであると考えられます。しかし、現状で「タイムシフト視聴率」や「総合視聴率」は、マネタイズや番組の存続を決定する際のデータとして使われることはなく、「作り手」への影響も皆無に近い状況と言えるでしょう。

そもそも、「視聴率」の変更はテレビメディアにとって一種の「ルール改定」であり、「送り手」のみならず「作り手」も考慮に入れた慎重な議論が不可欠です。しかし、「Ｐ＋Ｃ７」の導入は、「送り手」サイド主導で成立した「営業的指標」の側面に特化したものになったため、今後は更に細かいデータの活用により、マーケティング的な手法を用いた「編成主導体制」が強化される可能性も考えられます。この傾向は、「作り手」の自律性を弱めるものであり、テレビ番組の多様性を保持する観点からも、テレビメディアが「視聴率」の「社会的指標」が機能する新たな指標を模索していく必要性があります。

その中で、２０２０年3月から、ビデオリサーチによる視聴率調査が大幅にリニューアルされ、従来の「世帯視聴率」や「個人全体視聴率」に加えて、番組の「到達人数」や「平均視聴人数」の指標が新たに導入されることになりました[12]。この視聴率調査の変化に伴い、民放各局で放送されている、「視聴率ランキング」も「視聴人数ランキング」に変わるなど、「視聴率」が年々下がっていく中で、何千万人単位の表記とすることで、インターネットの到達度を計るウィークリーアクティブユーザー（ＷＡＵ）などの数値に対抗する意識も伺えます。

そもそも、アメリカでは、２０００年代の前半から四大ネットワーク全体の総世帯視聴率が35％前後に下がり、「率」よりも「数」の方が目減り感も少ないため、一部の高視聴率番組を除き、「視聴人数・世帯数」で数値が発表されていました。これは、インターネットの普及ではなく、ケーブルテレビによる「多チャンネル化」の影響でしたが、「視聴率」がフラグメント化したため、単位を「絶対数・量」に転換して表されたもので、日本の場合はそこまで酷（ひど）い数値ではないものの、追随することになりました[13]。

また、今回の視聴率調査の変更では、これまで一部の地域のみで導入されていた「機械式個人視聴率」調査の範囲を広げて、全地区に統一した運用を開始しており、結果として、「全国」単位の、「到達人数」や「平均視聴人数」の推計値を算出することが可能になりました。加えて、関東地区の調査世帯も900世帯から2700世帯に3倍となり、調査の精度も上がりましたが、メディア状況や視聴形態の変化にも対応した、より正確なデータが各方面から求められていた中で、視聴率調査のリニューアルのコンセプトを、ビデオリサーチは次のように表明しています。

生活者（視聴者）におけるライフスタイルの多様化や、各種のテレビデバイスの普及による、視聴形態の変化に伴い、〝テレビ視聴の分散化〟が進んでいます。そこで当社は、「放送局由来のコンテンツについてあらゆる接触を測定する」「多様化する視聴者の実像をあらわす」ことを目指し、テレビメディアの価値を正しく示せる視聴率データの構築準備を進めてまいりました[14]。

ここで、二つの目的が述べられていますが、今回のリニューアルは後者の改善を図った視聴率調査の改革であったと思われます。これらの「視聴率」のルール変更に伴い、従来の「世帯視聴率」に代わり、関東地区の「個人全体視聴率」が、民放キー局内部で基準となる指標にシフトしています。以前から、スポンサーサイドも費用対効果が実態に近い形で測定される「個人視聴率」の導入を望んでおり、2018年に「P＋C7」の運用を既に開始していましたが、この「営業的指標」は、そのまま継続して使われるようです。

今後は、従来の「世帯視聴率」の獲得を最優先して、在宅率の高い「M3、F3」層をメインターゲットとする番組を偏重してきた編成部門の「送り手」が、「若年層」を含めた幅広い層の視聴者を対象とする番組編成に変化させていくことも予想されます。その意味では、これまで「世帯視聴率」一辺倒であった「送り手」が、指標の多様化に対応策を迫られる中で、番組の多様性も確保されることが期待されます。

しかし、今回の「視聴率」のルール変更に、制作現場の「作り手」が関与した形跡は見られず、長年に渡り対峙してきた「世帯視聴率」から、突然「個人全体視聴率」に評価基準が変わったことで、数値が半減するなど、翻弄されている部分は否めません。ただ、「世帯視聴率」に代わる「個人全体視聴率」に加えて、「到達人数」と「平均視聴人数」が加わることにより、少なくとも「数多くの方々に見て頂いた」という「作り手」のモチベーションが高まることは確かであり、今後は「営業的指標」となっている「P＋C７」と共に、番組を評価する際の「社会的指標」として機能していくことが望まれます。

２「組織の平準化・民放キー局が揃って編成主導体制へ」

一方で、民放キー局の組織体制については、少なくとも「第六期」の二強となった日本テレビとテレビ朝日に関して、以前よりも「編成主導体制」の影響力が制作現場に深く浸透していると推察されます。特に、日本テレビは、２００３年の視聴率買収事件の直後から、制作局を編成局から再度分離して、組織的には「作り手」が独立した形になっていましたが、実質的には編成部門が以前より強力な決定権を持つ「超編成主導型モデル」に肥大化していたようで、元日本テレビ執行役員専務の佐藤孝吉は次のように証言します。

現在［筆者注：２０１４年］でも、日本テレビは昔からの編成主導体制が強く機能しており、「作り手」の平準化が進んでいると思う。おそらく、この傾向は他の民放キー局でも、あまり大きく変わらないだろう。

今は、「金をかけても数字を取るのでやらせろ」という制作者もいないし、なかなか挑戦もさせてもらえない組織構造にテレビ局の内部が変化している。テレビという文化に愛情を持って、さらに儲けるという志を持つ「作り手」が、残念ながら今の「超編成主導型モデル」の中では育っていかない[15]。

ここで佐藤は、「第六期」のテレビメディアの中で「編成主導型モデル」が日本テレビ以外の民放キー局にも蔓延している状況を示唆しており、その影響で平板化していく制作現場の「作り手」を憂慮していました。やはり、日本テレビと同様に、ここ数年のライバル局であるテレビ朝日でも、強力な「編成主導体制」が築かれている状況と推察されますが、実際に、２０１４年にはＣＳなどを傘下に置いた「総合編成局」に組織体制を変更しており、全社的な編成部門の影響力が強化されたようにも見えます。

一方、2012年以降はフジテレビの全体的な「視聴率」が急落しており、年間視聴率の全カテゴリーで3位以下になる中で、人気ドラマ『踊る大捜査線』などの元プロデューサーで、「第五期」には「多メディア戦略」の中枢として映画事業局長も歴任していた亀山千広が、2013年6月に「再建の切り札」として社長に就任しています。当時のフジテレビは、「視聴率」の低迷により二次利用の収益も減らしており、亀山も放送外収入の獲得に向けて、高視聴率の獲得が必要条件になると認識していたようで、社長就任の直後から、プライム帯の3割を番組改編する中で、同年10月には人気長寿番組『笑っていいとも!』の終了も発表しました。

更に、翌2014年6月に亀山は、「一にも二にも視聴率奪還が柱」と記者会見で表明して、異例となる千人規模の人事異動を行い、過去に『めちゃ×2イケてるッ!』の演出を担当した片岡飛鳥を編成部門から復帰させるなど、制作現場の強化に向けて、「送り手」を減らし、経験豊かな人材を「作り手」に戻しています。しかし、「視聴率」はその後も回復せず、2015年の1月5日に開かれた新年全体会議の席上で、亀山は当時のフジテレビの置かれている危機的な状況について、次のように訴えかけました。

今年は視聴率の話は止めようと思っていたが、この結果を見たらせざるを得ない。昨年はオール三位、ゴールデン帯は一桁、年始週は調査開始の63年以来初のゴールデン、プライム最下位に沈んだ。この現状をどう踏まえているか、おそらく皆さん悔しいことだろう。私も悔しい。しかしこれが私達に突きつけられた現実だ。きょう五日を皆の胸に刻んで欲しい。この結果は視聴者の心が捉えきれていないことがすべてだと思う。視聴者に寄り添うことを私達が拒否し続けてきたからではないか。(中略)

最近よく「社長の考えがよく分からない」という声が聞かれるという。逆に私は「あなた達は会社をどうしたいのか?」と聞きたい。実は年末年始のタイムテーブルを見た時いくつか疑問があったが、現場介入になるかと自問し、発言を控えた。それは意見を言うことから逃げていたと思う。社長であろうと意見を言うべきであった[16]。

ここで亀山は、「第三期」以来フジテレビが続けてきた、制作現場の独創性を前面に押し出して、結果的に「視聴率」がついてくるといった、「作り手」本位の制作姿勢に対して、厳しく自己批判しています。更に、亀山は、「送り手」が制作現場の「作り手」へ基本的には介入しないという、「第三期」の村上七郎から受け継がれてきた、伝統的な「初期編成主導型モデル」の理念を、日本テレビの発展を支えた官僚的な「編成主導型モデル」のスタイルへ変えていくことを示唆しました。このフジテレビの組織モデルが徐々に変化していく状況は、「第六期」初頭から兆しが見えていたようで、フジテレビ系列局の関西テレビ安藤和久プロデューサーは、次のように証言しています。

フジテレビは以前に村上七郎の作った組織システムが徐々に変化しており、２０００年代後半から制作で実績を残した「作り手」が編成部長に異動するようになり、少し経った頃から徐々に制作現場へ口を出すようになっていった。やはり、有能な制作経験者が編成マンになると、制作過程も十分に自分でもわかるので不安になるのだろう。結果として、経験豊かな編成マンが番組内容にまで干渉することで、制作現場は萎縮して面白いものが作れなくなる。そして、「視聴率」が低下すると、更に「作り手」への信頼感がなくなっていき、制作現場も編成部門へ不信感が湧くといった悪循環を引き起こすことになる[17]。

この証言からも、「第五期」の末期から、フジテレビの編成部門が制作現場に干渉する組織体制が出来上がっていくに連れて、徐々に制作現場の「自律性」が損なわれ始めており、更に「第六期」に「視聴率」が低迷して、「作り手」と「送り手」の相互不信を深めていった状況が伺えます。その後も、フジテレビの「視聴率」の低迷は続いており、以前からの伝統的な「初期編成主導型モデル」の継承が困難な状況に陥る中で、新たに取り入れようとした「編成主導型モデル」もうまく機能していないものと推察されます。

3 「テレビ離れが進行する中で・番組制作過程の変遷⑥」

それでは、まだ継続中ではありますが、「第六期」の全体的な番組の傾向について、その概要を見ていきたいと思います。やはり、この時期も「第四期」、「第五期」と同様に視聴者の好みの多様化が進んでおり、更に、総視聴率（HUT）が下落する中で、「視聴率」が20％を超える番組が少なくなっています。実際に、「全局歴代高視聴率番組ベスト50」を参照しても、「第六期」の番組は入っておらず、『ワールドカップサッカー』中継でも、2014年大会は日本が予選リーグで敗退し、2018年大会も時差の関係で放送時間が深夜に及んだ影響もあり、ランクインしていません。それでも、NHKで放送した『2018FIFAワールドカップ・日本×コロンビア』が48・7％で、「第六期」の最高視聴率となっており、同年の「年間高世帯視聴率番組30」を見ても、トップ3を『ワールドカップサッカー』が独占しました[18]。また、その他の番組では、『平昌オリンピック』、『箱根駅伝』などのスポーツ中継が、2018年のトップ30の中で20番組を占めており、『紅白歌合戦』、『連続テレビ小説』、『ニュースウオッチ9』などのNHKの番組が数多くランクインする中で、民放のレギュラー番組でトップになったのは、第29位の日本テレビ『世界の果てまでイッテQ！』で、20％を少し超えた22・4％でした。

全体的にも、若年層を中心とした「テレビ離れ」が進む中で、「第六期」は「視聴率」を下げていましたが、それでも、日本テレビとテレビ朝日が熾烈な「視聴率三冠王」の覇権争いを繰り広げる中で、いくつかの新機軸のヒット番組も生まれていました。

週に「17本の海外情報番組」・「11本のレギュラー出演」

その中で、やはり「第六期」を代表する人気バラエティー番組として『世界の果てまでイッテQ！』が挙げられ、ほぼ毎年「年間高世帯視聴率番組30」に入っており、同じく日本テレビで日曜日に放送されている『笑点』や『ザ！鉄腕！DASH!!』、『行列のできる法律相談事務所』などと、バラエティーのレギュラー番組の年間第一位を競っていました。

これらの番組が、日曜夜の「視聴率」で他局に大差をつけて、「第六期」の日本テレビの「視聴率三冠王」を牽引しますが、この背景について日本テレビの「フォーマット改革プロジェクト」のメンバーであった岩崎達也は、次のように分析しています。

２０１５年の国民生活時間調査（ＮＨＫ放送文化研究所）によれば、１週間のうち、もっともテレビを見る人の割合が高いのは日曜の20時30分から21時にかけてで、約48％の人がテレビを視ているという。
視聴の流れを最大限意識した編成戦略は１９９２年のフォーマット改革でも焦点が当てられていた課題だが、日本テレビは特に日曜の夜に力を入れ、改善を加えていくうちに、今や黄金のラインナップができあがった。どれも長く支持される長寿番組だ。
考えてみれば、10年近くこのラインナップが変わっていないのだ。しかも、17時半～23時までの視聴率がすべて10％以上。これだけの長い期間、10％以上（番組によっては15％以上）の視聴率を維持するのは容易なことではない[19]。

確かに、民放他局のバラエティー番組が軒並み「視聴率」を落としていく中で、これらの日曜夜の番組は「第六期」も数字を伸ばしており、岩崎も「総世帯視聴率が年々減少している中で、日本テレビが視聴率を落とさず維持しているということは、これまで以上の制作者の努力のたまものであり、改善に次ぐ改善の成果といえるだろう[20]」と、自局の「作り手」の力量を高く評価します。

一方で、『世界の果てまでイッテＱ！』の影響により、民放各局のプライム帯に似たような番組が乱立する状況を招いており、２０１５年の4月編成では、民放キー局のプライム帯で週に17本の「海外情報レギュラー番組」が編成されていました。これは、序章でも少し触れましたが、民放キー局に「編成主導体制」が深く浸透していく中で、「送り手」が制作現場の「作り手」に対して、高視聴率が計算される『イッテQ』をモチーフとした番組を発注する傾向となり、結果として、視聴者から「どこをみても同じような番組しかない」と批判される事態に陥っていると想定されます。

同じように、この時期は出演者に関しても一部の人気タレントにキャスティングが集中しており、2015年は有吉弘之が一週間に11本、マツコデラックスも9本のレギュラー番組を抱えておりました。その他にも、くりぃむしちゅー、さまぁ～ず、ネプチューンなどの、「数字を持っている」と目されるお笑いタレントに出演依頼が集中する傾向となり、「どこを見ても似たような人が出ている」と指摘される状況にもなっています。特に、「第六期」のバラエティー番組では、こうした編成主導による「最大公約数」的な企画やキャスティングが横行しており、安易に人気タレントを起用した類似企画が濫造された結果として、多様性に欠けた番組編成状況となり、若年層を中心とした「テレビ離れ」が拡大する中で、全体的にも「視聴率」の低下が進行していった側面も考慮されます。

「若者向けドラマ」衰退と「シルバー向けドラマ」隆盛

一方、ドラマでは「第六期」の初年となった2011年に松嶋菜々子主演の日本テレビ『家政婦のミタ』（2011年、40・0％）で全11話の平均視聴率が25・2％となり、ほぼ同率でフジテレビと熾烈な争いを続けていたプライム帯の数値を大幅に上げて、最終的には日本テレビが0・1％上回り、「視聴率三冠王」を奪取することに貢献しました。特に、最終回は、2000年のTBS『ビューティフルライフ』（2000年、41・3％）以来となる40％台に到達しており、1977年以降に放送された歴代の日本テレビのドラマでは、『太陽にほえろ！』（1979年、40・0％）や『熱中時代』（1979年、40・0％）と並んで最高視聴率となっています[21]。やはり、1970年代後半と比較して全体的な「視聴率」が下がり、「ドラマ離れ」も進む中で、40％越えを記録した『家政婦のミタ』はエポックメイキングな作品と言え、主人公の決めセリフとなった「承知しました」が話題となり、SNSでも書き込み数が上位にランクインするなど社会現象を起こしましたが、フジテレビの吉野嘉高は、高視聴率獲得の主要因を次のように分析しています。

ドラマの不振が伝えられる中、「家政婦のミタ」が大ヒットしたのは、一切笑顔をみせない松嶋菜々子のミステリアスなキャラクターが視聴者の関心を高めたことや、家族の再生というテーマが、震災後に家族の意味について考え直した日本人の心に響いたことなどが考えられる。最終回だけが突出して視聴率が高かったのは、ツイッターやフェイスブックなどのＳＮＳで、ドラマについての書き込みが広がり、話題性が爆発的に増幅したことが理由であろう。テレビとＳＮＳを行き来することで盛り上がる新たな〝祭り〟に参加しておこうという人が多かったと考えられる[22]。

確かに、『家政婦のミタ』の「視聴率」は初回が19・5％であり、その後も緩やかに上昇を続けていましたが、吉野の指摘する通りに、最終回以外は最高でも29・6％であり、30％台にも届いておらず、最終回で40％に到達したことは、ＳＮＳによる話題の拡散が大きく作用したようにも思えます。このＳＮＳを巧みに使った手法は、「第五期」にも関西テレビ『僕と彼女と彼女の生きる道』が既に成果を上げておりましたが、２０１６年の新垣結衣が主演したラブコメディーのＴＢＳ『逃げるは恥だが役に立つ』（２０１６年、20・8％）でも、エンディングの「恋ダンス」によりＳＮＳを活用して、話題性を広げることに成功しています。結果として、『逃げるは恥だが役に立つ』の公式ホームページの一日の閲覧数が１００万ページビューを超える中で、「視聴率」も初回の10・2％から徐々に上げていき、最終回は20・8％を記録するなど、若年層に向けたドラマに対しても、ＳＮＳの活用は効果的な手法になっていると考えられます。

一方、「ドラマのＴＢＳ」も、以前は「東芝日曜劇場」枠であった伝統的な日曜21時に放送した『半沢直樹』（２０１３年、42・2％）が、主役の堺雅人が多用した「倍返しだ」が流行語になるなど社会現象となり、全10話の平均視聴率も28・7％と、驚異的な高視聴率を記録しました。特に、最終回は42・2％となり、『家政婦のミタ』を抜いて「第六期」のドラマの最高視聴率となり、１９７７年以降に民放で放送されたドラマの中で、ＴＢＳの『積木くずし』（１９８３年、45・3％）、『水戸黄門』（１９７９年、43・7％）、『女たちの忠臣蔵』（１９７９年、42・6％）に次ぐ第四位にランクインしています[23]。その後も、ＴＢＳは日曜21時枠で、『半沢直樹』と同じ池井戸潤の原作による『ルーズヴェルト・ゲーム』（２０１４年、17・6％）や『下町ロケット』（２０１５年、22・3％）などの、「Ｍ３、Ｆ３」層を中心とするファミリー層ターゲットの番組で、高視聴率を獲得します。

その中で、特にフジテレビでは、若者向けドラマの低迷が続いており、２０１６年に放送された『ラヴソング』（２０１６年、10・6％）の第6話が、当時の「月9」枠の史上最低視聴率となる6・8％を記録して、テレビ業界でも話題となるショッキングな出来事となりました。この『ラヴソング』は、福山雅治が同枠で放送されてヒット番組となった『ガリレオ』（２００７年、24・7％、第二シーズンは２０１３年、22・6％）以来、約3年ぶりに連続ドラマへ出演した作品であり、話題性も豊富なフジテレビの得意とする若者向けのラブストーリーでした。おそらく、フジテレビの看板番組であった「月9」枠で、福山雅治の主演作品であれば、担当プロデューサーは、20％越えを目論んでいたものと思われます。しかし、結果的に『ラヴソング』は全15回の平均視聴率でも8・5％と振るわず、10％を超えたのが初回放送分のみと、全体的に低視聴率となってしまいました。

その後も、「第六期」の「月9」枠は「視聴率」を下げており、翌２０１７年に放送された『突然ですが、明日結婚します』（２０１７年、8・5％）は、人気漫画の原作で西内まりやを主演に起用した、若年層ターゲットのラブストーリーでしたが、第6話で5・0％を記録して、全9回に短縮された平均視聴率も6・7％となり、同枠のワースト記録を更新しました。更に、２０１８年には再度、人気漫画を原作にした若者向けラブストーリーで、ＮＨＫ「朝の連続テレビ小説」のヒロインであった芳根京子を民放ドラマ初主演に起用した『海月姫』（２０１８年、8・6％）を放送しますが、全10回で平均視聴率6・1％と、現在までの「月9」枠の最低記録となっています。このような状況になってくると、若者向けドラマに力を入れてきたフジテレビも対応策を迫られたようで、同年の『絶対零度〜未然犯罪潜入捜査〜』（２０１８年、11・7％）では、「月9」枠では異例の高齢となる50代の沢村一樹を主演にした推理ドラマを放送することで、全10回の平均視聴率を10・6％と二桁に戻しており、少し数字を回復させました。

しかし、「第三期」から大多亮プロデューサーの拘っていた「若者向けドラマ」を、長年にわたり放送し続けていた「月9」枠が、「視聴率」の低迷によりフジテレビの看板番組としてのアイデンティティを放棄した結果となり、全体的なドラマ制作の方向性にも大きな影響が及んでいると考えられます。やはり、ドラマをリアルタイムで視聴する若年層は、プライム帯の個人視聴率を分析しても明らかに減っており、編成の「送り手」としては、「魚のいない所にエサはまかない」といった判断により、在宅率の高い「Ｍ３、Ｆ３」層を中心とするターゲットにせざるを得ない状況になってきているものと推察されます。

実際に、プライム帯よりも更に視聴者層が高齢者に偏っている「昼帯」では、テレビ朝日が２０１７年に高齢者向けの帯ドラマとして「帯ドラマ劇場」を始めており、第一作目として倉本聰の脚本による『やすらぎの郷』（２０１７年、８・７％）が放送されました。この「シルバー向け」に特化したドラマ枠をテレビ朝日は、「大人のための帯ドラマ」と標榜して、出演者も石坂浩二、浅丘ルリ子、野際陽子、八千草薫などの高齢の名優たちが数多くキャスティングされましたが、全１２９回の平均視聴率も５・８％と、フジテレビ「月９」枠の『海月姫』とあまり変わらない数字を残しています。更に、テレビ朝日はゴールデン帯でも、「Ｍ３、Ｆ３」層を中心とする幅広いターゲットに向けたドラマとして、「第五期」からヒットしていた『相棒』に加えて、米倉涼子が主演の『ドクターＸ～外科医・大門未知子～』（２０１４年、27・４％）を開始します。双方の番組は、共にシリーズ化されて高視聴率を獲得するテレビ朝日のキラーコンテンツとなっており、「送り手」の年間編成戦略にも組み込まれて、日本テレビとの熾烈な「視聴率」争いに貢献しています。

「巨人戦中継」・「時代劇」・「ドキュメンタリー」の消滅

一方で、「スポーツ番組」は、若年層を中心とする広いファミリー層に向けた『ワールドカップサッカー』中継で、ＮＨＫ『２０１８ＦＩＦＡワールドカップ・日本×コロンビア』が48・７％を獲得して、「第六期」も最高視聴率となりましたが、対照的に、「Ｍ３」層をメインターゲットとする「プロ野球巨人戦中継」の地上波での放送が激減します。実際に、「第四期」以前は、ほぼ全試合が地上波キー局でゴールデン帯に放送されましたが、「第五期」後半には、既に半減していました。この主要因としては、偏った視聴者層に加えて、大幅な「視聴率」の低下があり、ゴールデン帯で放送しても５％前後の数字しか見込めない状況になっています。その中で、２００４年までは巨人軍の主催ゲームを独占放送していた日本テレビが、ピーク時の１９８３年に年間平均視聴率が27・1％を記録していた「プロ野球巨人戦中継」について、２０１９年のプレスリリースで次のように発表しました。

地上波では「若年層を中心とした新規プロ野球ファンの拡大」を図りながら、ＢＳ、ＣＳ、インターネット配信（ジャイアンツＬＩＶＥストリームとＨｕｌｕ）など、あらゆる伝送路を通じて、コアな野球ファンから新たな野球ファンまで多くの層のニーズにお応えできるよう努力し、スポーツコンテンツとしての更なる成長を目指します[24]。

加えて、日本テレビは「プロ野球巨人戦中継」の編成予定について、全国ネットのナイター6試合（前年比1試合増）と関東ローカルのデーゲーム13試合で計19試合の地上波と、ＢＳ日テレで63試合、ＣＳ日テレジータスで76試合の放送予定を発表しています。確かに、日本テレビの発表したコメントの通りに、ＢＳやＣＳを含めたグループ企業全体で放送枠を確保していく状況は見えますが、このプレスリリース自体が２０１４年2月に出されたものと文体がほぼ同じで、コピーしたものに近く、かつてはキラーコンテンツであった「プロ野球巨人戦中継」に対して、日本テレビの安易な姿勢が伺えます。

とは言え、ゴールデン帯で「プロ野球巨人戦中継」が低視聴率になると、その放送時間帯のみならず直後の番組の数値も下がり、放送休止となるレギュラー番組にも悪影響を及ぼすと考えられ、「第六期」に「視聴率三冠王」をテレビ朝日と僅差で競り合っている日本テレビが、伝統の巨人戦の放送回数を削減する判断は理解できます。更に、巨人戦のみならず、プロ野球中継全体でも地上波の放送回数が減っており、２０１０年の中日対ロッテの日本シリーズでは史上初めて、第1、2、5戦が地上波で全国放送されませんでした。しかも、伝送路の多様化により、ＢＳやＣＳに加えて、インターネットの動画配信では巨人戦以外も、「プロ野球中継」を全試合、開始から終了まで完全中継で放送され、「受け手」の視聴形態も大きく変化しています。しかし、「プロ野球中継」がキラーコンテンツとなっているＢＳの普及率は7割を超えますが、受信できない視聴者が少なからず存在するため、番組の多様性確保の観点からも、低視聴率とは言え地上波から消滅させることなく、編成を中心とする「送り手」が放送枠を少しでも確保し続けていくことが望まれます。

同様に、以前から番組の多様性確保に関する重要案件として、「機械式個人視聴率」を導入した1990年代後半に議論された、高齢者層をメインターゲットとする「視聴率」の低い番組ジャンルの存続問題があります。精密な「個人視聴率」のデータが出ることにより、購買力が高いとされる「F1」層を重視する「ターゲット編成」となり、「M3・F3」を視聴者層とする「時代劇」や「ドキュメンタリー」などのジャンルが、スポンサーから避けられるため、地上波のプライム帯から消滅する可能性が指摘されていました。この当時、「プロ野球巨人戦中継」は高視聴率を確保しており、心配される状況ではなかったのですが、「M3」層をメインターゲットとする番組であり、「視聴率」が低迷するとセールスが厳しい状況になりました。同様に、「第六期」は「時代劇」や「ドキュメンタリー」がプライム帯でレギュラー番組を持つことはなくなり、放送枠自体が周縁的な時間に追いやられ、なかなか地上波では見られない番組ジャンルになってきております。

しかし、テレビメディアの草創期に「ドキュメンタリー」は、「ドラマ」と並ぶ「テレビ番組の二枚看板」と評価される時期があり、「時代劇」もフジテレビ『木枯らし紋次郎』（1972年、32・5％）や朝日放送『必殺シリーズ』（1973年、28・0％）などの高視聴率番組が人気を博していた1975年には、一週間に累計20時間以上も放送される黄金時代を迎えていました[25]。対照的に、現在では双方のジャンルが、共に「視聴率」の低迷に加えて、購買力が低いとされる高齢者を中心とするターゲット層に致命的な欠陥を抱えており、「機械式個人視聴率」導入後は、民放キー局が「編成主導体制」へ移行していく中で、「送り手」の総合的な判断により、放送枠が大幅に縮小されています。そこで、「時代劇」と「ドキュメンタリー」の状況についても、地上波が番組多様性を確保していく必要性の観点から、歴史的な側面も含めて見ていきたいと思います。

まずは「時代劇」ですが、視聴ターゲットは明らかに「M3・F3」の高齢者層に偏っており、ある程度の世帯視聴率が獲得できていても、営業セールスに直結しない状況です。実際に、「機械式個人視聴率」導入以降で民放キー局のプライム帯に放送された「時代劇」のレギュラー番組は、「第四期」に「編成主導体制」を確立していた日本テレビでは、2000年に消滅しており、他局も放送枠を大幅に減らしていきました。

しかし、過去には1970年代にTBSの『水戸黄門』（1979年、43・7％）が3年連続してレギュラー番組の年間視聴率でトップに立つなど、20％以上の「人気時代劇シリーズ」が、テレビ朝日『遠山の金さん』（1979年、25・1％）、日本テレビ『桃太郎侍』（1979年、24・8％）など各局にあり、視聴者層も「M3・F3」を中心としたファミリー層に及ぶ幅広いターゲットであったと推察されます。ところが、1990年代からは番組の視聴形態の多様化によりファミリー視聴が減っており、『水戸黄門』など一部の番組を除いて、全体的な「時代劇」の「視聴率」が悪化していきました。特に、20時、21時台の営業セールス面で重要な放送枠のスポンサーからは敬遠され、テレビ朝日は「機械式個人視聴率」導入後の2001年10月に、「時代劇」を土曜20時から月曜19時へ枠移動させましたが、当時の編成担当であった岡田亮は、その経緯について次のように述べています。

時代劇の枠移動に関しては、3年弱の検討期間があり、営業からはゴールデン帯以外の枠で編成して欲しいとの要請があった。しかし、制作費が高額であり、全日帯では金銭的に調整がつかず、当時は「視聴率」が低迷していた月曜の19時台に持ってきた。加えて、月曜日には時代劇と視聴者層の重なる『ナイター中継』がなくて好都合な面もあり、20時枠にはTBSの『水戸黄門』があったので、19時に編成枠を決定した[26]。

その後、当初は19時台に「時代劇」の視聴習慣がなかったため「視聴率」が低迷しましたが、徐々に定着していき、「世帯視聴率」の面では全番組平均で『子連れ狼』が10・2％、『八丁堀の七人』も10・8％と二桁を確保します。この程度の「視聴率」が取れていれば、営業的な問題を抱えていても、民放キー局として「時代劇」の需要を軽視できず、テレビ朝日の19時台に新たな「視聴習慣」を開拓したカウンター編成により「生存視聴率」を獲得して、しばらくは「時代劇」のゴールデン帯の放送枠を守りました。

加えて、テレビ朝日は東映と開局当時から資本関係にあり、民放他局も映画会社と関係性が深く、一部で伝統文化財と評価される「京都の撮影所」からの早急な撤退は難しかったという背景もあります。これらの理由からも、「時代劇」が地上波民放から完全に消滅する事態を「第五期」までは避けられていましたが、テレビ朝日は「プライムタイム視聴率トップ」を編成目標に掲げて、局の全体的な「視聴率」も上昇する中で、２００７年の『素浪人 月影兵庫』（２００７年、11・１％）を最後に、ゴールデン帯の「時代劇」枠を終了させ、以後の「東映枠」を『相棒』などの現代ドラマ枠へ移行しています。その後、民放キー局全体では、２０１１年12月に放送されたＴＢＳ『水戸黄門』の最終回（13・９％）により、「時代劇」が地上波のゴールデン帯のレギュラー番組枠から完全に消滅しました。

この「時代劇」からの撤退に際して、テレビ朝日は「今回をもって、連続時代劇は一旦終了」と簡素なコメントを表明しましたが、対照的に「作り手」の「時代劇」に対する思い入れは強く、テレビ朝日で最後に『素浪人 月影兵庫』の主役を演じた松方弘樹は、当時の状況について、次のように吐露しています。

〔筆者注：『素浪人 月影兵庫』の主役を〕引き受けるのに、３日間考えました。何しろおやじが3年もやっていた役ですから、生半可な気持ちじゃできない。（中略）切ないですよ。時代劇は絶え間なく継承すべきもので、新たにやろうと思ったら大変な努力がいる。途絶えてしまうのは、日本文化にとって大変な損失です[27]。

ここで松方は、父の代から主役を演じてきた作品に対する特別な感情と、長年続いてきたゴールデン帯のレギュラー枠が終了することに対する危機感を訴えておりました。やはり、俳優として活躍していた松方自身も、「時代劇」の放送枠が減っていく中で、晩年は「バラエティータレント」としての活動を広げておりましたが、当時の状況については忸怩たる思いもあったのではないでしょうか。

その後、「時代劇」は単発枠として放送されることになり、年末年始にテレビ東京が恒例の『新春ワイド時代劇』（２００６年、13・５％）を編成して人気を博し、ＴＢＳも『水戸黄門』を２０１５年６月に2時間スペシャル番組（10・０％）として復活させるなど、民放キー局で完全に消滅することはありませんでした。一方で、TBS『JIN―仁―』(2011年、26・1%)、テレビ朝日『信長のシェフ』(2014年、9・8%)、「月9」枠初の時代劇、フジテレビ『信長協奏曲』(2014年、15・8%)など、「M3・F3」以外の視聴者層をターゲットとするスタイルの「時代劇」が、新たに開発されています。更に、テレビ朝日は2015年4月に午前4時から放送開始の『おはよう!時代劇』枠をスタートしており、「M3・F3」層に特化した編成戦略により、『暴れん坊将軍』などの過去の人気時代劇シリーズを再放送していました。

しかし、全体的に民放キー局は「時代劇」をレギュラー番組枠から撤退させており、BSや加入者が約800万世帯のCS「時代劇専門チャンネル」などの再放送枠が主流となり、日常的な視聴形態が地上波から衛星放送に移っていく環境にあると言えます。

この「時代劇」と同様に、危機的な状況に直面しているのが民放の「ドキュメンタリー」番組です。実際に、民放のゴールデンタイムにレギュラー番組の「ドキュメンタリー」枠は、2010年3月にテレビ朝日19時台の『報道発ドキュメンタリ宣言』(2008年、22・9%)が撤退した以降は皆無となっています。また、各民放キー局で「ドキュメンタリー」のレギュラー番組枠を確保していますが、日本テレビ『NNNドキュメント』(2001年、9・3%)は日曜24時55分、TBS『世界遺産』(2005年、12・8%)が日曜18時、テレビ朝日『テレメンタリー』(2001年、5・2%)も日曜28時30分からの深夜帯で放送されており、フジテレビの『ザ・ノンフィクション』(1997年、15・9%)は日曜14時からの週末の昼帯に編成されています。一般的に、「ドキュメンタリー」番組は他の番組ジャンルよりも制作日数を要し、ディレクターを長期間に及び拘束して撮影されるため、制作費がかかり、その割には「視聴率」も期待できず、編成部門を中心とする「送り手」から、ゴールデン帯での放送には不適合なソフトと考えられているようです。

しかし、以前は「ドキュメンタリー」が民放でも、ある程度の「視聴率」が計算できる局のフラッグシップとなる良質な番組として、ゴールデン帯に放送されていた時期もありました。まず、民放キー局で「ドキュメンタリー」がスタートしたのは、1958年に日本テレビがアメリカCBSの番組を真似て作ったと言われる『二十世紀』であり、その後、

１９６２年に同局の牛山純一プロデューサーが、木曜21時15分から30分枠の『ノンフィクション劇場』を開始させ、民放初の本格的「ドキュメンタリー」番組の制作に着手しています。しかし、番組スタート直後に低視聴率でスポンサーの鐘淵紡績が降りたため、番組は一旦打ち切りになりましたが、第二回目に放送された『老人と鷹』がカンヌ国際映画祭でテレビ部門のグランプリを受賞したことで高く評価され、１９６４年４月に放送が再開されています。その後、番組は１９６８年３月まで続き、大島渚が演出した『忘れられた皇軍』、政府の干渉により第二部が放送中止となった『南ベトナム海兵大隊戦記』など、数多くの話題作を輩出しました。

この『ノンフィクション劇場』について、東京大学准教授でメディア研究者の丹羽美之は「大上段から社会を解説するようなＮＨＫ『日本の素顔』とは異なり、個人という小さな窓から社会を描き出そうとするヒューマン・ドキュメンタリー[28]」と評価しますが、一方で、民放が先行していたＮＨＫの「ドキュメンタリー」番組に対抗したメディア的な意義について、次のように指摘しています。

テレビ・ドキュメンタリーを制作するにはすぐれた制作者とコストと時間が必要で、ＮＨＫはいち早くテレビ・ドキュメンタリーを制作し放送していたが、民放は十分な取り組みをしているとはいい難かった。しかし、日本テレビがこの枠［筆者注：『ノンフィクション劇場』］をつくったことによって、すぐれたテレビ・ドキュメンタリーが数多く放送され、民放のドキュメンタリー制作能力は急速に向上した。その意味でこれは、放送局の編成政策いかんによって、放送番組の質的向上、ひいては放送の文化的貢献をより大きなものとなし得ることを如実に示した好例である[29]。

やはり、ＮＨＫとは異なる新たな手法を採用した牛山純一という優れた「作り手」による演出力と、日本テレビの「送り手」の編成戦略が見事にマッチした結果として、『ノンフィクション劇場』が、テレビの草創期に民放でも「ドキュメンタリー」の系譜を作ることに成功したと言えるでしょう。その後も、１９６６年には牛山が担当した日本テレビ『すばらしい世界旅行』（１９７３年、19・７％）や、１９６３年スタートの毎日放送『野生の王国』（１９７９年、22・８％）など、ゴールデン帯で放送される「ドキュメンタリー」番組が一社提供枠で成立しており、共に「視聴率」を確保する人気長寿番組となりました。

しかし、１９９０年代には「編成主導体制」移行の影響と費用対効果の側面により、民放では「ドキュメンタリー」枠を徐々に減らしていき、ゴールデン帯では日本生命の一社提供による「ニッセイワールドドキュメント」として、『日曜特集・新世界紀行』（１９９０年、11・２％）などを放送した、ＴＢＳの日曜20時枠以外は全て終了します。そして、このＴＢＳが死守したゴールデン帯のドキュメンタリー番組枠も、ＮＨＫ『大河ドラマ』や日本テレビの人気バラエティーなど、強力な裏番組の影響で「視聴率」が低迷して、２０００年3月に『神々の詩』（１９９８年、13・４％）を最後に、編成判断により打ち切られていきます[30]。この「ドキュメンタリー」枠がゴールデン帯から消滅していった状況について、当時のＴＢＳ編成部長であった貴島誠一郎は、次のように指摘します。

視聴率重視がドキュメンタリー枠をなくしたわけではない。制作者が見せる努力を怠り、同じ素材を使いまわし、人気のあるテーマや地域を各局が持ちまわり、視聴者が同じものを見せられた結果、低視聴率が起こったわけであり、ドラマやバラエティーは進化したが、ドキュメンタリーはチャレンジしていない[31]。

以前に、貴島は「作り手」として、『ずっとあなたが好きだった』や『愛していると言ってくれ』などのヒットドラマのプロデューサーを担当しており、双方の番組ジャンルを比較した上で、編成目線からドキュメンタリーの「作り手」を痛烈に批判していました。しかし、当時から『ＮＨＫスペシャル』や『プロジェクトＸ～挑戦者たち～』など、潤沢な制作費を使った「ドキュメンタリー」枠があったＮＨＫとは異なり、民放キー局ではドキュメンタリー制作に特化した専門職の「作り手」を育成してこなかったという事情も考慮されるべきでしょう。まさに、民放キー局は「ドキュメンタリー」の番組作りを継承していくノウハウもない状況であり、本来ならば、制作費に余力のあるキー局が「ドキュメンタリー」に特化した「作り手」を育成することもできたはずですが、実際には、地方局が全国ネットの「ドキュメンタリー」枠を数少ない放送機会として活用しており、エース級の「作り手」に制作させて、各種の「テレビ賞」を獲得するねじれ現象が起きています。この状況を生んだ背景について、「第四期」から「第五期」にかけてテレビ朝日で人事部長を務めていた木村寿行は、次のように指摘していました。

現場の社員にドキュメンタリー制作の希望者は多いが、現実的には番組枠が少ないため、そう人員も割けない。現在の局の編成方針が「プライム視聴率トップ」であるため、社会性はあっても「視聴率」をあまり期待できないドキュメンタリーの放送枠が今後も増えていくとは思えず、スペシャリストとしてドキュメンタリストを自局で育成するのは正直に言って難しい[32]。

この証言により、「送り手」が設定した編成戦略とは相反する、「ドキュメンタリー」番組を重視した「作り手」の育成が、2000年代前半の時点で、既にテレビ局の人事方針により制約され、「視聴率」の影響が制作現場の人事にまで波及していた様子が伺えます。つまり、民放キー局の抱える「編成主導体制」の組織的な問題もあり、貴島の指摘する「ドキュメンタリー」番組の停滞が起きていたと考えられます。

一方、単発番組ではゴールデン帯に一社提供の「ドキュメンタリー」が、期末期首の特別番組として、「第五期」までは定期的に放送されていました。これらのスポンサー名を冠に付けた『キヤノンスペシャル』や『イオンスペシャル』などの番組は、決して高視聴率は取りませんでしたが、大手スポンサーの企業メセナ的な「社会的看板」を背負った番組として、営業的には機能していました。実際に、現在の地上波キー局でも、企業の一社提供による単発「ドキュメンタリー」番組の需要はあるようですが、「編成主導体制」の中で、なかなか「視聴率」の確保が難しいため、ゴールデン帯での放送は難しい状況です。

一方、この一社提供番組の大多数は、編成部門に営業部門から直接提案される「営業持ち込み」企画であるため、電通などの大手広告会社から制作会社に企画ごと外注する「完全パッケージ番組」として成立しており、テレビ局内部で制作過程に大きく関わることが稀で、「作り手」の育成には直結しておりません。やはり、草創期と比べると、現在までに「ドキュメンタリー」を取り巻くテレビ局内部の環境が変化しており、丹羽美之は「ドキュメンタリーは危機に直面している。ドキュメンタリーさえ作っていればそれだけで〝良心的〟〝良識的〟だと信じることができた時代ではもうない[33]」と、2000年代前半の時点で、番組ジャンルとしての存在意義と将来性が不安視されていました。

しかし、民放キー局の「作り手」に「ドキュメンタリスト」養成の場として活用することもできると考えられます。更に、良質な「ドキュメンタリー」制作の希望者が今でも多くいる中で、一社提供の「営業持ち込み」企画を、自局の「ドキュメンタリー」は社会的な看板番組として、提供スポンサーのみではなく、放送するテレビ局自身の企業イメージを上げる力を持っていることも確かです。そこで、草創期の日本テレビのように、「送り手」の編成戦略と、「作り手」の「見せる努力・新たな演出」を合わせることにより、「ドキュメンタリー」が危機的な状況を抜け出すような、「生存視聴率」のキープが可能となる制作体制を実現させることが急務となります。

今後も、この「ドキュメンタリー」や「時代劇」など、「編成主導体制」確立後の「第六期」までに、民放キー局の番組表の周縁部に追いやられていった番組ジャンルが、BSなどの衛星メディアへ完全に移行して、地上波の放送枠が消滅することのないように注視する必要があります。一方、地上波放送が番組の多様性を確保するために、編成部門を中心とする「送り手」による、「ドキュメンタリー」や「時代劇」の新たな適合時間枠や放送スキームの開発が不可欠であり、同時に、「作り手」による既存の番組ジャンルのイメージから脱却した斬新な企画開発が肝要となり、双方の努力がマッチすることで、将来的に「受け手」へ向けた幅広い放送文化が享受できるようなメディア状況が実現されるでしょう。

制作現場の「自律性」を取り戻す「製作委員会方式」

最後に、新たな制作スキームの導入により、編成部門の制作現場への影響を最小限に抑えて、「作り手」の「自律性」を大部分で回復したと目される、2011年7月からテレビ東京で毎週金曜日の深夜番組として『ドラマ24』枠内で放送された、ドラマ『勇者ヨシヒコと魔王の城』（2011年、3・7％、以後「勇者ヨシヒコ」）を精査していきます。この番組は、映画製作のシステムを模した「製作委員会方式[34]」を採用しており、番組制作会社「イースト・エンタテインメント（以後、イースト）」や、広告会社「電通」が主体となって成立していますが、「予算の少ない冒険活劇」をキャッチコピーに、ロールプレイングゲームの「ドラゴンクエスト」をパロディー化した企画で、低予算を逆手に取った演出方法により人気シリーズ番組となりました。

この「製作委員会方式」の導入により、『ドラマ24』枠は全て制作会社に外注する「完全パッケージ番組」の体制で成立しています。しかし、前章で考察した『発掘！あるある大事典Ⅱ』とは根本的に異なり、DVD売り上げや動画再生数など、「視聴率」以外の数値が、番組の新たな評価基準となる中で、テレビ局の「作り手」や「送り手」と、制作会社や芸能プロダクションの「作り手」の関係性を大きく変えています。結果的に、「勇者ヨシヒコ」は「編成主導体制」から脱却して、「制作独立型モデル」が復活している部分も伺え、今後は、「製作委員会方式」が「作り手」の「自律性」を守るための、制作体制の新機軸になることも期待されます。

そこで、「製作委員会方式」が採用された「勇者ヨシヒコ」の制作過程を検証することで、編成部門を中心とする「送り手」と制作現場「作り手」の関係性の変化など、新システム導入の具体的な影響を指摘していきたいと思います。最終的には、現在の「編成主導型モデル」が主流となっている状況の中で、「製作委員会方式」を採用した番組が、新しいスタイルの「制作独立型モデル」として成立する潜在性や、その問題点も含めて提示します。

まず、「勇者ヨシヒコ」の企画段階ですが、脚本家であり、この番組では監督も兼務した福田雄一による、イギリスの映画『モンティ・パイソン・アンド・ホーリー・グレイル』のドラマ化構想が発端となっていたようです。この福田の構想を聞いた、制作会社イーストの手塚公一プロデューサーと共に、番組化に向けて動いていったようですが、当初の状況について手塚は次のように回想しています。

2002年に、フジテレビで『熱血！サンタマリア』というバラエティー番組を担当した際に、構成作家として番組に参加していた福田雄一と意気投合し、「ドラマを一緒にやりましょう」と盛り上がり、福田の脚本によるドラマを共同制作する内諾を得た。

その後、数年間は企画を温めていたが、以前にテレビ東京で『たけしの誰でもピカソ』を担当した際にご一緒した、電通のテレビ局ネットワーク5部の担当者が企画推進部に異動になり、テレビ東京の深夜枠で『ドラマ24』の多くのシリーズを担当していたので、「福田雄一の脚本でドラマをやりませんか」と相談を持ちかけた。その結果、番組は電通の主導により、テレビ東京の編成担当者には一度も会わないうちに成立したが、「福田雄一の脚本による冒険活劇にする」といった基本方針以外は企画内容の詳細やキャスティングがほとんど固まらないうちに放送枠が決定した[35]。

この証言からも、「勇者ヨシヒコ」は、企画決定過程でテレビ局の編成部門の「送り手」の関与度が低く、明らかに「編成主導体制」から脱却したスキームで成立していたことが伺えます。また、電通の担当者からイーストに対して、「製作委員会体制」への参加が事前に打診されていたようで、手塚は当時の状況について、次のように説明します。

確か、一回分の制作費とほぼ同額が、製作委員会に出資する際の〝一枠〟の料金であったように覚えている。この出資額に応じて、DVD売り上げなどの番組二次使用による収益が分配されるシステムであったが、その時点で製作委員会へ参加することに対して絶対的な勝算は無く、難しい判断になった。

最終的には、会社に持ち帰り上司に相談したものの、結局は社長判断となり、「イーストは番組制作業務が基本にあり、この類の出資話には参加しない」という方針を優先して、製作委員会への参加を取り止めた[36]。

この選択の結果として、イーストは企画段階までは番組を主導しましたが、その後は、制作委託会社として制作協力の形で番組に参加することになり、「製作委員会」が取り仕切るビジネススキームからは離脱しています。

一方で、テレビ東京の担当プロデューサーは、基本的に『ドラマ24』枠の全体を統括管理する「チェックP」として、「勇者ヨシヒコ」に従事していたと推察されますが、制作会社の担当プロデューサーの手塚は次のように語っています。

テレビ東京のプロデューサーは、ＤＶＤ関連と番組宣伝が中心業務であり、番組予算もイーストで管理していたので、撮影現場に立ち会うことは少なかった。ただ、福田雄一を脚本家のみではなく、監督として参加させることには固執しており、これもＤＶＤ売り上げへの影響を計算した依頼であったとも思われる。テレビ局のプロデューサーというより、どちらかと言えば、編成部の立ち位置に近い役割をしていたように感じた[37]。

ここで手塚は、従来の制作体制とは異なる「番組製作委員会」方式の内部で、制作会社とテレビ局のプロデューサーの立ち位置が、以前とは変化していた状況を指摘します。実際に、テレビ東京の組織図を参照すると、編成局と制作局が分かれた体制の中で、バラエティー番組制作は制作局に属していますが、「ドラマ制作部」は編成局の傘下にある組織となっています[38]。このドラマ部門のみが編成局に属する組織体制は、民放他局と比較しても特殊であり、その中で「勇者ヨシヒコ」を担当していた、テレビ東京の浅野太プロデューサーは、番組企画の中身の決定過程について、次のように言及します。

福田さんは『モンティ・パイソン』を愛していて、映画『モンティ・パイソン』から世界観をお借りしたようなシュールな冒険劇をやりたいとおっしゃっていた。モンティ・パイソンはお金がないことを逆手にとった面白さがあります。低予算はマイナスイメージが強いですが、他局ではできないような企画をやっているテレビ東京の枠ではむしろそれはすごい武器になる。ただ『モンティ・パイソン』はさほど日本で知られていないので、冒険物の世界観は某国民的人気ＲＰＧからお借りしました[39]。

やはり、基本的には制作現場を福田雄一が主導する中で、テレビ局の担当プロデューサーとして、一般的にはマイナーなイギリス映画から、日本で人気のあるロールプレイングゲーム『ドラゴンクエスト』へモチーフの変更を要請するなど、浅野が大枠で番組全体のコントロールをしていた様子も伺えます。実際に、『ドラゴンクエスト』の発売元である「スクウェア・エニックス」と交渉して、正式に番組のエンドロールにも「協力」として挿入されており、主役ヨシヒコの衣装や、効果音、小道具の「スライム」などのキャラクターに「ドラクエ風」の要素が幅広く取り入れられていました。結果として、リアルな『ドラゴンクエスト』色が、若年層を中心とする「ドラクエ世代」の視聴者層の獲得にも効果的な演出方法となっており、浅野はＳＮＳの視聴者投稿を見て、次のように分析しています。

反響が多かったのは、某国民的ＲＰＧの小ネタが好きというものでした。たとえば、人の家に入って勝手に壷をガシャガシャ割ったりするんですが、ゲームの世界を実写でやると、こんなにシュールになるのかとか、鎧や刀など強い装備を一気に全部身につけるとこんなに不恰好になるんだとか。あとは、ふざけた設定の中で、実力派の役者陣が真剣に芝居をする面白さがたまらないという声でした[40]。

実際に、浅野は企画段階から『ドラゴンクエスト』をモチーフにした番組内容と、インターネットユーザーの親和性を予測していたようで、ＳＮＳを活用した戦略的な番組宣伝活動を展開していました。具体的には、番組開始直後に、番組公式ツイッターとフェイスブックに絞って事前告知をして、新宿のライブハウスで福田雄一やレギュラー出演者のムロツヨシが参加するトークイベントを「公式オフ会」として行い、チケットが約３分で完売する人気となり、若年層の視聴者の囲い込みに成功しています。また、当日は主役の山田孝之も途中参加しており、会場でＤＶＤ発売も告知されましたが、この様子を動画サイトのニコニコ動画に生配信すると、約６５００人が視聴しており[41]、その後、ツイッターのトレンドワードの上位を「勇者ヨシヒコ」が独占するなど、番組のコアターゲット層に効果的に訴求して、ＤＶＤの販売にも貢献したと思われます。

一方で、キャスティングに関しては、浅野が深く関与していなかったようで、主役の山田孝之も、演出家の福田雄一による俳優本人との異例の直接交渉を経て、最終的に決定されており、その現場に同席した手塚公一は、次のように証言しています。

福田雄一が目の前で、知り合いだという山田孝之にメールを出した。山田は、「事務所が何と言おうと自分のやりたい内容のドラマに出る」と快諾して、難航していた主役のキャスティングが決定した。これにより、ドラマは大きく変わったと思う[42]。

この背景として、以前に、福田が監督と脚本を務めた映画に、山田が主演していた事情もありましたが、手塚の指摘通りに、山田の配役決定で主役となる「ヨシヒコ像」が固まり、「勇者ヨシヒコ」がヒット番組として成立する際の分岐点になったと考えられます。

また、福田雄一は「あて書き」と呼ばれる、特定の出演者を想定して台本を書くスタイルの脚本家と言われ、執筆が遅れる傾向にあり、スケジュール調整で融通の利かない主役をキャスティングすると、台本の遅れによる撮影現場の対応が物理的に難しくなるため、以前から顔馴染みである山田の配役は大きな意味を持っていました。一般的に、連続ドラマでクランクインの際には、大部分の台本が完成された状態でスタートしますが、主役決定の遅れも影響して、初回の撮影時に福田は第５話分までしか執筆していなかったようです。実際に、後のトークライブで福田も「撮影が始まってから書いた６話以降は、役者さんが〝ここまでやってくれる〟と分かって書いたので面白さがハンパない。すごいことになってます」と告白しており、山田孝之も「６話はやばいっすよね」と同調していました[43]。

基本的に、ドラマの制作現場で、脚本の遅れは監督の演出プランや撮影場所の決定に悪影響を及ぼすため、プロデューサーが厳しく管理して全体スケジュールを調整しますが、福田が脚本家と監督を兼務した一元的な制作体制の中で、このチェック体制が機能しない状況となり、台本の遅れが常態化していたようです。実際に、制作現場では福田が主宰する劇団「ブラボーカンパニー」の俳優が、「スライム」などのキャラクターを段ボールで手作業により完成させ、台本の恒常的な遅れと低予算を「作り手」サイドが一体となってカバーしていていました。一方で、予算の問題でセットの新築が難しいため、脚本の遅れや変更により、スケジュールが不安定となる中で、撮影も一部が長時間化し、「作り手」全体に体力的な負担が増していたと推察されます。実際に、福田雄一と山田孝之の交友関係によりキャスティングされたゲスト俳優も、深夜ドラマ枠としては豪華であり、沢村一樹、古田新太、綾野剛、小栗旬などが「友情出演」していますが、自ら志願して撮影に参加した『勇者ヨシヒコ』の制作現場について、勝地涼は次のように証言します。

夢が叶って一緒にお芝居ができてうれしい。ヨシヒコ一行は空気感が出来上がっていて、入って行くのは本当に緊張した。あんなに台詞練習したのは久しぶりだった。すごくうれしくて、テンション上がって行ったのに、スケジュールがハードだったのか、撮影場所に行ったら皆寝ていて…。俺のテンションと全然違う。撮影が夜中にようやく終わって、飲めるぞって思っていたら〝明日早いんで〟って皆さらっと帰って行く[44]。

この勝地の証言からも、制作現場で獅子奮迅の活躍をするレギュラー俳優陣の疲弊具合が伺えますが、この状況について、レギュラー出演者の宅麻伸は、「55歳でこれだけ楽しい現場はない。いろいろ闘ってきたけど、〝ダンボール〟と闘ったのは初めて[45]」と述べており、個性的な演出家によるドラマ収録体制を、出演者サイドが一体となって受け入れていたようで、福田自身も次のように回想しています。

撮影に入ってからも山田孝之は僕の後ろでずっと一緒に同じ神輿をかついでくれていた。〝こんな感じ面白くないですか?〟と楽しい意見をたくさんくれた。面白いアドリブも入れてくれた。あのクールな男が座長として共演者を笑顔でもてなし、スタッフを盛り上げてくれていた。冗談半分に〝今までいろんな映画やドラマで蓄積した演技力をすべて笑いに変えるために活用しているのが楽しいですよ〟と言っていた[46]。

ここで福田は、主役を務める山田孝之の主導による「作り手」が一体となった、撮影現場の雰囲気作りに、感謝の意を素直に表明しますが、「製作委員会」方式の番組として「勇者ヨシヒコ」が成立する中で、監督を兼務した脚本家に決定権が集中する制作現場は、台本の遅れの弊害はあったものの、「作り手」が一体となって協力することで克服しており、本来のモノづくりの精神や、「送り手」からの自律性が甦っていたと考えられます。

その後、制作現場の疲弊とは対照的に、「勇者ヨシヒコ」はツイッターを中心とするＳＮＳで人気が急上昇しており、初回放送時は2・3％とシリーズ中の最低視聴率でしたが、徐々に認知度が増す中で、第8話以降は３％以上となり、最終回は３・７％とシリーズの最高視聴率を記録します。この番組の「視聴率」について、制作会社のプロデューサー目線から、手塚公一は次のように指摘します。

> 制作現場は、福田の「面白い作品を作る」といった強い意思が、山田孝之を中心とする出演者にも深く浸透しており、彼らの協力でキャスティングされる豪華なゲスト俳優陣も本気で撮影に臨むなど、良い雰囲気が醸成されていて、高視聴率獲得に対しても一喜一憂することは無かった。
>
> 加えて、製作委員会方式のスキームで制作していたため、ＤＶＤ売り上げが番組継続に向けての最重要課題であり、テレビ東京の担当プロデューサーや編成から「視聴率」についてあまりうるさく言われることも無かった。民放の地上波でこれだけ「視聴率」のプレッシャーが無い番組は初めての経験であった[47]。

この発言からも、「番組製作委員会」方式を採用する「勇者ヨシヒコ」の制作現場は、従来の「編成主導体制」で成立する番組との決定的な違いとして、「送り手」のプレッシャーから解放され、「視聴率」に対する意識が低くなっていたと判断されます。この「視聴率」に対する考え方は、『ドラマ24』枠の番組に共通しており、役者サイドからも歓迎されていたようですが、その背景を、テレビ東京の浅野太は次のように説明します。

視聴率より、どれだけ攻めたかというプレッシャーの方が大きい枠です。（中略）テレ東なので、びっくりするほど申し訳ないギャラでやっていただいている。豪華なゲスト出演の人たちも、ほとんどが友情出演です。

ほかにないものを攻めてやっていく自由度を、演出の人たちと同様、役者の皆さんも面白がってくれているのだと思う。まずはこの枠にみんな遊びに来てほしい。集まった人たちが思い切ったことをやれる環境を整えるのが、この枠のプロデューサーの仕事[48]。

確かに、「勇者ヨシヒコ」のシリーズ平均視聴率は３・２％であり、同枠の平均を上回っていますが、特に高視聴率であったとは言えず、それよりも番組自体の攻めの姿勢が話題性を呼び、評価が集まったものと考えられます。また、続編の制作決定に至った主要因は、３万セット以上の売り上げを記録した『勇者ヨシヒコと魔王の城ＤＶＤ−ＢＯＸ』であったと推察され、「視聴率」を絶対視する旧来のシステムから脱却して成立していたと言えるでしょう。そのため、テレビ東京の担当プロデューサーの業務内容として、ＤＶＤセールスに直結するイベントの開催や、ツイッターを中心とするＳＮＳの活用がメインとなり、オンライン試写会を実施するなど、コアなファン層の獲得を模索していたようです。一方で、従来は「送り手」の中心である編成部門の、「製作委員会体制」で成立する「勇者ヨシヒコ」の中での業務内容は、トラフィック機能に限定され、「編成主導体制」の制作過程への影響は皆無に近かったと考えられます。つまり、「製作委員会方式」が「視聴率」獲得のプレッシャーから解放し、「作り手」の「自律性」を回復させる制作システムとして機能する中で、創造性豊かな番組を放送することに成功しており、今後も「編成主導体制」から脱却する方法論の一つとして機能する可能性を感じさせます。

しかし、一方でプロデューサーが脚本のチェックやスケジュール調整などの本来の役割を放棄して、演出家と脚本家を兼務する福田に一任しており、出演者や制作スタッフの協力によりフォローできていたものの、一人の「作り手」に権限が集中することになりました。加えて、制作会社のイーストが「製作委員会方式」に出資していなかったため、実質的に制作現場を統括する立場にあった、プロデューサーの影響力が弱くなった側面も伺えますが、実際に「製作委員会方式」による番組制作を経験したことがある、制作会社プランニング・テレビジョン社長の前田恵三は、自身の体験を基に次のように述べています。

小さい制作会社が番組企画を実現させるために、「製作委員会方式」は良いシステムだと思って広告会社の提案に応じた。しかし、大多数の制作会社は零細企業であり、製作委員会自体に参加する費用を負担する余裕はなく、結果的に番組制作部分のみを請け負うことになる。そうすると、企画を考案した上で、実質的にも現場で汗を流して一生懸命に作っている制作会社はスキーム外となって、テレビ局による従来の「編成主導体制」の制作システムとあまり変わらない疎外感があった[49]。

ここで前田は、「製作委員会方式」の番組における制作会社の限界について、物理的な面での弊害を証言します。一方、テレビ局サイドからも、テレビ朝日で『ザ・スクープ』のプロデューサーを務めた原一郎は、「製作委員会方式」について、「そもそも、広告会社主導で利潤獲得に基づいたシステムであり、この体制がもし主流になれば、テレビメディアからドキュメンタリーなどお金にならないジャンルがますます淘汰されてしまう[50]」と、システムの根幹となる部分を不安視しています。更に、人気ドラマ『ＧＴＯ』のプロデューサーで、関西テレビ制作部長も歴任した安藤和久は、今後の「製作委員会方式」について、次のように述べています。

製作委員会方式は映画を模した面白いシステムだとは思うが、いわば大家であるテレビ局が、いきなり店子さんに〝はいどうぞ〟とはいかないだろう。今は、テレビ東京の深夜枠で先駆的にやられているのだと思うが、やはり、内容や制作体制を含めて、ちゃんとスキーム自体を全体的に取り仕切っていく編成部的な役割が、テレビ局内部でも必要となってくるだろう[51]。

ここで安藤は、テレビ局の中に「製作委員会」を俯瞰から全体的に統括する「送り手」の必要性を指摘しますが、やはり、現状の「製作委員会方式」は試験的な導入段階とは言え、あくまで利潤獲得に基づいたシステムであり、いくつかの問題点が残ることは確かです。今後は、「勇者ヨシヒコ」が「編成主導体制」から脱却して、「視聴率」以外の価値基準の中で制作現場が機能していく際に露呈した、「製作委員会方式」の負の部分を、いかに克服していくか、その方法論の模索が必要となってくると考えられます。実際に、従来の「編成主導体制」による番組と比較すると、「勇者ヨシヒコ」では「作り手」の「送り手」からの「自律性」は確保されましたが、一方で、「製作委員会」に参加しない制作会社の立ち位置確保の問題も伺え、今後は改善策が考慮されるべきでしょう。

しかし、一部の「作り手」や権利者に権限が集中するスキームの限界が克服されれば、「勇者ヨシヒコ」の成功のように、「製作委員会方式」が制作現場の自由な創作活動を回復させる、新たなシステムとなる可能性は高いと考えられます。

このように、「第六期」の制作現場を検証しますと、全体的に日本テレビ以外の民放キー局にも「編成主導体制」が深く浸透しており、「作り手」の「自律性」が損なわれた、「超編成主導型モデル」に移行しているものと推察されます。その中で、「時代劇」、「プロ野球中継」、「ドキュメンタリー」などの、世帯視聴率の低下に加えて視聴者層にも問題を抱える番組ジャンルが、地上波の番組編成から消滅していく傾向にあり、番組の「多様性」が更に低下しています。

一方で、現状の番組制作体制は「第二期」以前の「制作独立型モデル」が普通に機能していた牧歌的な時代と比較すると複雑化しており、「作り手」内部のパワーバランスが崩れた際には、一気に健全な制作体制が崩壊する可能性も考えられます。つまり、テレビメディア黎明期のプロデューサーや監督を頂点とする明快な制作体制と比較すると、現在は「作り手」内部の関係性が複雑に変容しており、「制作独立型モデル」を単純に復活させる方法論が、必ずしも「作り手」の「自律性」の安定的な確保に繋がらないケースも考慮されるのです。この「作り手」内部で新たに発生する問題の克服方法として、テレビ局内部の管理制度を部分的に活用する方策など、あらゆる選択肢を再考した上で、終章では、現状における最良の組織モデルを具体的に提示したいと思います。

4 テレビの歴史の総括・「制作独立型から編成主導型への変遷」

では、その前にここから「第一期」から現在の「第六期」までを六区分にマッピングしてきたものを、「作り手」と「送り手」を分けた視点から、それぞれの時期の制作過程や、番組の「多様性」の変遷などを対比させた表により、整理していきたいと思います。

この表を分析しますと、「送り手」の中心である編成部門が、制作現場の「作り手」を吸収して徐々に拡大していくに連れて、「視聴率」が番組制作過程への影響力を増していく比例関係になっており、大局的には、「制作独立型モデル」から「編成主導型モデル」への移行による影響として捉えられます。この動向に関して、当初は、私自身も「第二期・制作独立型モデル」から「第三期・初期編成主導型モデル」への変化が、テレビ史を考察する上で、「送り手」が「作り手」を吸収して中央集権体制を造り、その後「第四期・編成主導型モデル」で「編成主導体制」が一連の流れの中で確立していくと想定していました。

しかし、実際には、同じ「編成主導体制」の組織体系の中でも、フジテレビと日本テレビの編成戦略は本質的に全くの別物で

	「送り手」の中心・編成の影響力	制作現場の「作り手」の自立性	「視聴率」の番組制作過程への影響力	「受け手」に供給される番組の多様性
第一期・「黎明期型モデル」	極小・トラフィック機能専念	極大・草創期の自由	極小・定期的調査の欠如	小・番組制作が未熟な段階
第二期・TBS「制作独立型モデル」	小・主にトラフィック機能	大・個人の独創性を優先	小・科学的機械式調査の開始	大・各ジャンルに代表作誕生
第三期・フジテレビ「初期編成主導型モデル」	中・大枠で若年層ターゲットの設定、企画制作は現場一任	大・組織的に吸収されるが、個人の独創性を優先	中・毎日のデータが開示、スポットCMの増加	大・若年層特化も各局間で視聴率層の棲み分け
第四期・日本テレビ「編成主導型モデル」	大・組織上と実質面で制作を吸収、企画制作は受発注関係	小・視聴率獲得を優先、マーケティング的手法導入	大・機械式個人視聴率が開始され、データ分析を重視	中・視聴率獲得を優先し、多数決的な類似番組増加
第五期・フジテレビ「多メディア型モデル」	中・大枠の設定、制作現場は一任、新価格基準も導入	中・組織的に吸収も基本は独創性優先、新基準も活用	中・視聴率競争が激化するが、放送外収入指標も視野	中・セグメント編成緩和も他局は視聴率獲得体制強化
第六期・戦国時代「超編成主導型モデル」	極大・制作現場を吸収、受発注関係浸透	極小・視聴率獲得を優先する編成に迎合	極大・視聴率獲得の編成方針が制作に浸透	小・編成主導で特定番組ジャンルの消滅

あり、双方が対照的な組織モデルの中で、躍進の原動力となった編成部門のキーマンの「送り手」個人のカラーが長期に及び継承されていたことが、調べていくうちに分かりました。具体的には、1980年のフジテレビが機構改革を断行した際に、編成担当専務であった村上七郎による最初の社内改革が、「社内の廊下に大きく張り出されていた視聴率のグラフを取り払った[52]」ことであったというエピソードに象徴されるように、蔓延していたデータ主義を撤廃し、「作り手」が「視聴率」のプレッシャーから自由に創造性を発揮できる環境を、「第三期」は、「送り手」が整えていった状況が伺えます。その上で、村上は「若年層」に特化した編成方針を制作現場に指示しましたが、番組内容は制作現場に一任しており、「作り手」の「自律性」を尊重する基本姿勢により、「初期編成主導型モデル」を構築していったと考えられます。

対照的に、1994年にフジテレビから「視聴率三冠王」を奪回した際の僅差の争いについて、当時の日本テレビ編成局長の萩原敏雄が、「ナンセンスな数字の差であっても、勝たなければしょうがない。（中略）うちは平均視聴率しか考えていない[53]」と公言するなど、「第四期」には「視聴率」獲得に対する強い拘りがありました。そして、「若年層」の獲得に特化したフジテレビとは異なり、「個人視聴率」を細かく分析して、複数の視聴者層を狙った「複合ターゲット」を設定する、データ重視で「視聴率至上主義」を掲げる日本テレビの編成方針が、マーケティング的な手法を制作現場に浸透させることで具現化していきます。これらの、フジテレビの村上七郎と、日本テレビの萩原敏雄が実現した「編成主導体制」は、「送り手」と「作り手」の関係性を見ても対照的な組織体制になっており、本質的に異なったものであると考えられ、同じ「編成主導体制」でも、同一視は避けられるべきでしょう。

結果として、「第三期・初期編成主導型モデル」（図③）の「作り手」と「送り手」の関係性は、「第四期・編成主導型モデル」（図②）よりも、「第二期・制作独立型モデル」（図①）に同型性が強く、同じ「編成主導体制」の組織でありながらも、実は、対照的に「作り手」が「送り手」から独立して存在するシステムであったと思われます。

その後、フジテレビの「初期編成主導型モデル」は「作り手」の独立性を基本的には保ったままで、「第五期・多メディア型モデル」までは、一部で形式を変化させた状態で続いていきました。しかし、現状では「超編成主導型モデル」の民放他局に覇権を奪還され、フジテレビも「初期編成主導型モデル」から、「送り手」が制作現場への影響力を増した「編成主導型モデル」へ徐々に変化する状況にあると推察されます。

実際に、「初期編成主導型モデル」を長い間貫いてきたフジテレビは、全体的に大きく「視聴率」を下げており、迷走状態にある中で、対照的に「超編成主導型モデル」となった日本テレビは「視聴率三冠王」の覇権を掌握し続けています。

しかし、本当に「初期編成主導型モデル」や同型性のある「制作独立型モデル」による組織体制は、「編成主導型モデル」の台頭により、今となっては現状のテレビメディアにフィットしない、消えていくシステムなのでしょうか。私は、必ずしもそうではないと想定しており、改めて、これらの組織モデルの是非について、考え直してみたいと思います。

実際に、テレビメディア全体を俯瞰してみますと、全体的に「視聴率」を大幅に下げており、それに呼応するように収益も減少しています。この状況は、単にインターネットの普及などによるメディア環境の多様化による影響ではなく、

【図①】

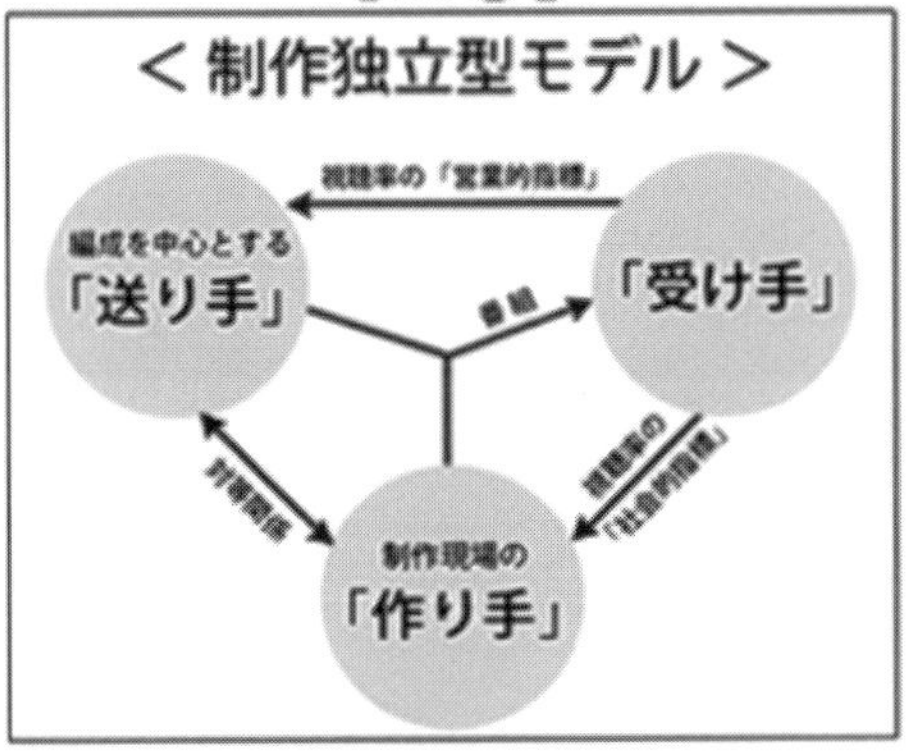

＜制作独立型モデル＞

【図②】

＜編成主導型モデル＞

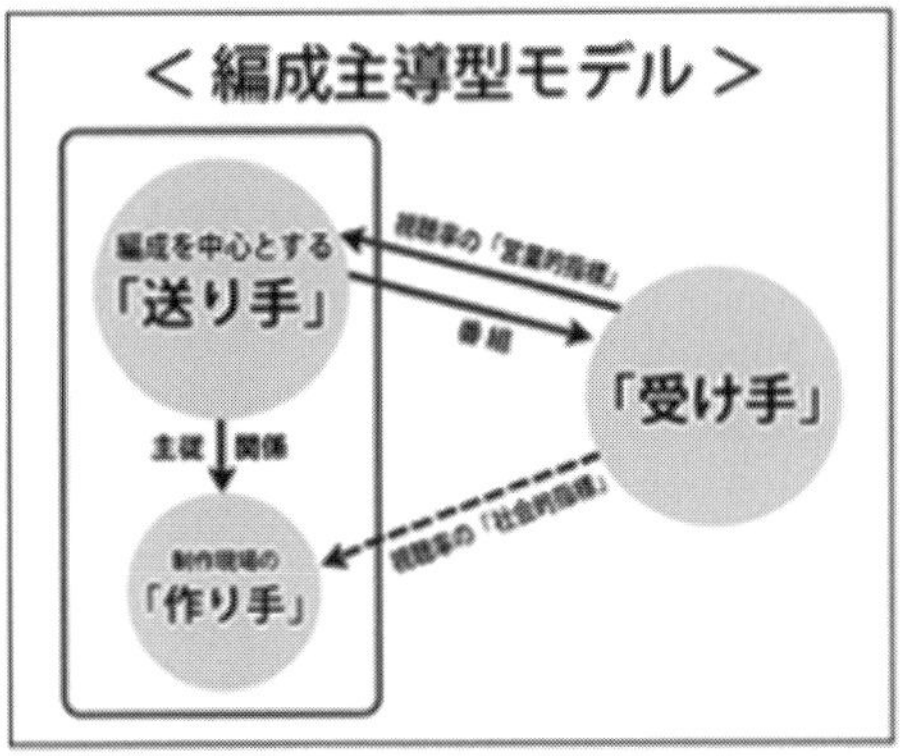

【図③】

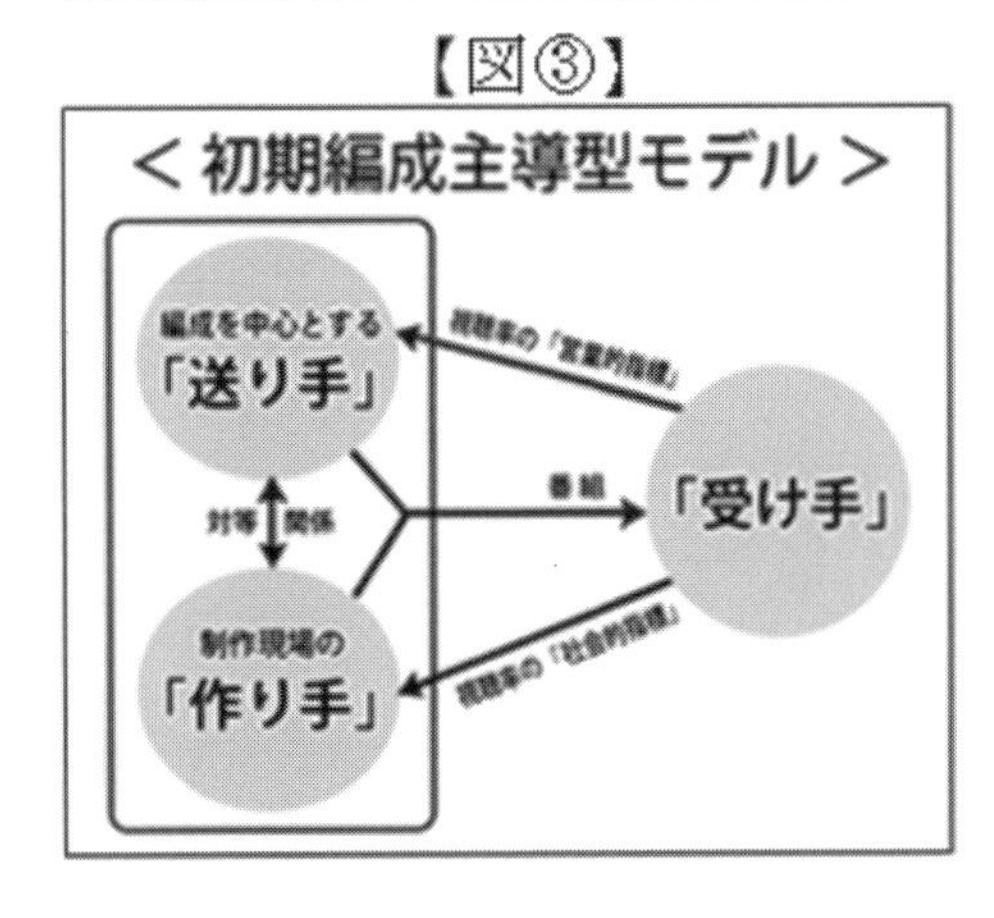

「編成主導体制」が浸透する中で、明らかに「作り手」が自由に創造性を発揮できる場所が少なくなっており、結果として、番組が多様性を失い、面白くなくなっていることにも原因があると考えられます。その辺りを、今一度精査して、ではどうしたら、再度テレビ番組が多様性のある面白いものになっていくことができるのか、その復活に向けて最善となる組織モデルを、残り少なくなってきましたが、次の終章で慎重に探っていきたいと思います。

【註】

1　２０１８年の全日帯の年間視聴率は、トップの日本テレビが７・９％で、以下、テレビ朝日７・７％、ＴＢＳ６・３％、フジテレビ５・７％となっており、20年前の１９９８年にトップであった日本テレビの11・２％、第四位のテレビ朝日７・３％と比較しても、僅差になると同時に、明らかに数字を下げている。

2　電通によると、２０１９年の日本の総広告費の中で、「インターネット広告費」が６年連続の二桁成長で２兆６０９４億円となり、前年割れとなった「テレビメディア広告費」の１兆８６１２億円を、初めて上回っている。

3　ビデオリサーチホームページ、用語集参照、２０１７年12月25日閲覧。<http://www.videor.co.jp/about-vr/terms/sougou_rate.htm>

4　橋本和彦「総合視聴率の現状と〝これからの視聴率〟」『ＧＡＬＡＣ』２０１７年３月号（放送批評懇談会、20―22頁、２０１７）参照。

5　橋本和彦「総合視聴率の現状と〝これからの視聴率〟」『ＧＡＬＡＣ』２０１７年３月号（放送批評懇談会、23頁、２０１７）参照。

6　渡邊久哲「テレビ局の現場は総合視聴率をどう捉え、どう活用すべきか」『ＧＡＬＡＣ』２０１７年３月号（放送批評懇談会、26頁、２０１７）参照。

7　橋本昇「〈ＴＶスポット取引新指標〉広告主と５局の画期的な直接対話―将来に向けて変化を優先―」『企業と広告』

２０１７年12月号（チャネル、27頁、２０１７）参照。

8　橋本昇「〈TVスポット取引新指標〉広告主と5局の画期的な直接対話―将来に向けて変化を優先―」『企業と広告』２０１７年12月号（チャネル、29頁、２０１７）参照。

9　佐々木真司（朝日放送東京支社編成部）談、２０１７年12月29日、東京・渋谷にて対面インタビューによる聞き取り調査。

10　手塚公一（イースト・エンターテインメント、『勇者ヨシヒコ』担当プロデューサー）談、２０１７年12月29日、東京・渋谷にて対面インタビューによる聞き取り調査。

11　佐々木真司（朝日放送東京支社編成部）談、２０１７年12月29日、東京・渋谷にて対面インタビューによる聞き取り調査。

12　ビデオリサーチによると、番組の「視聴率」に、対象となる地区の「推計人口マスタ」と呼ばれる比率を掛け合わせて推計したのが「平均視聴人数」であり、1分以上の番組視聴を「見た」と定義して、推計された「視聴率」を累計したのが「到達人数」とされる。

13　松井英光「メディアを規定する視聴率を巡るテレビの作り手研究〜放送デジタル化における評価基準とメディアの行方まで」（東京大学大学院修士論文、１７０頁、２００４）参照。

14　ビデオリサーチ「ニュース」、「視聴率調査、変わります〜２０２０年3月30日より大幅リニューアル」ビデオリサーチホームページ、
<http://www.videor.co.jp/press/2020/200206.html>、２０２０年4月20日閲覧。

15　佐藤孝吉（元日本テレビ執行役員専務）談、２０１４年7月17日、東京・池袋にて対面インタビューによる聞き取り調査。

16　日刊合同通信、２０１５年1月6日付、第60巻１４４２５号参照。

17　安藤和久（関西テレビ放送・プロデューサー、前東京支社制作部長）談、２０１５年10月26日、東京・銀座にて対

面インタビューによる聞き取り調査。

18 ビデオリサーチ「全局高世帯視聴率番組50」、「サッカー高世帯視聴率番組」ビデオリサーチホームページ、<http://www.videor.co.jp/>、2019年8月1日閲覧。

19 岩崎達也『日本テレビの「1秒戦略」』（小学館新書、141―142頁、2016）

20 岩崎達也『日本テレビの「1秒戦略」』（小学館新書、143頁、2016）

21 ビデオリサーチ「ドラマ高世帯視聴率番組」、ビデオリサーチホームページ、<http://www.videor.co.jp/>、2019年8月20日閲覧。

22 吉野嘉高『フジテレビはなぜ凋落したのか』（新潮社、190―191頁、2016）参照。

23 ビデオリサーチ「ドラマ高世帯視聴率番組」、ビデオリサーチホームページ、<http://www.videor.co.jp/>、2019年8月20日閲覧。

24 日本テレビプレスリリース「日テレ企業・IR情報」、日本テレビホームページ<http://www.ntv.co.jp/info/>、2019年9月1日閲覧。

25 ビデオ・リサーチ編『視聴率20年』（ビデオ・リサーチ、148―149頁、1982）参照。「時代劇」の放送時間量がピークであった1975年の平均視聴率は9・4％であり、「視聴率」の傾向は、放送量の増減に付随して高低する傾向が顕著であると指摘している。

26 岡田亮（テレビ朝日・人事局課長、元編成制作局編成担当）談、2005年9月6日、東京・六本木にて対面インタビューによる聞き取り調査。

27 ZAKZAK「松方弘樹亡き父へ果たし状…近衛十四郎代表作に挑む 消えるテレ朝時代劇枠の最終作『素浪人 月影兵庫』」、ZAKZAKホームページ、2007年7月17日配信<http://www.zakzak.co.jp/gei/2007_07/g2007071708.html>、2015年5月19日閲覧。前作は1965年から68年まで放送され、テレビ朝日のドラマ部門で歴代2位の35・8％の高視聴率を獲得している。

28　丹羽美之「テレビが描いた日本―ドキュメンタリー番組の五十年」『AURA』157号「特集テレビ50年の通信簿」（フジテレビ編成制作局調査部、26頁、2003）
29　伊豫田康弘・上滝徹也・田村穣生・野田慶人・煤孫勇夫『テレビ史ハンドブック』（自由国民社、38頁、1996）参照。
30　その後、同枠はバラエティー番組の『どうぶつ奇想天外！』（2001年、19・6％）に改編されている。「ニッセイワールドドキュメント」枠は、日曜日18時半開始の30分枠へ移動しており、『未来の瞳』（2000年、7・0％）が2001年3月まで放送された。
31　貴島誠一郎「レベルの低い作り手ほど視聴者のせいにする」『GALAC』2001年5月号（放送批評懇談会、19頁、2001）参照。
32　木村寿行（テレビ朝日・人事局人事部長）談、2004年9月6日、東京・六本木にて対面インタビューによる聞き取り調査。
33　丹羽美之「テレビが描いた日本―ドキュメンタリー番組の五十年」『AURA』157号「特集テレビ50年の通信簿」（フジテレビ編成制作局調査部、29頁、2003）
34　「製作委員会方式」の目的として、多額の制作費を必要とする映画製作を成立させるために、興行成績不振により製作費用回収が不可能になったケースを想定したリスク回避策であった側面があり、スポンサー企業の出資額に応じて利益が配分されるシステムを作ることで、中小規模の制作会社でも資金調達を可能にする制度となった。テレビ番組で最初に「製作委員会方式」を採り入れたのは、関連玩具やビデオ化などのメディアミックス展開をする「アニメ番組」で、この成功実績を持つテレビ東京がドラマ制作に応用させた。
35　手塚公一（イースト・エンターテインメント、『勇者ヨシヒコ』担当プロデューサー）談、2015年6月24日、東京・六本木にて対面インタビューによる聞き取り調査。
36　手塚公一（イースト・エンターテインメント、『勇者ヨシヒコ』担当プロデューサー）談、2015年6月24日、東京・六本木にて対面インタビューによる聞き取り調査。

37　手塚公一（イースト・エンタテインメント、『勇者ヨシヒコ』担当プロデューサー）談、２０１５年５月14日、東京・池袋にて対面インタビューによる聞き取り調査。

38　テレビ東京「会社情報・組織図」、テレビ東京ホームページ
<http://www.tv-tokyo.co.jp/kaisha/company/organization.html>、２０１５年８月８日閲覧。テレビ東京の編成局の傘下には、番組編成業務を担当する「編成部」の他に、「ドラマ制作部」、「映画部」の「作り手」が所属する部署が存在する。一方で、制作局の傘下には「ＣＰ制作チーム」、「ライブ情報部」があり、バラエティーや、情報番組を制作している。

39　オリコン「超低予算を武器に面白さを追求　ドラマ『勇者ヨシヒコと悪霊の鍵』」、オリコンスタイルホームページ、２０１２年10月13日配信
<http://www.oricon.co.jp/news/2017681/full/>、２０１５年６月29日閲覧。

40　オリコン「超低予算を武器に面白さを追求　ドラマ『勇者ヨシヒコと悪霊の鍵』」、オリコンスタイルホームページ、２０１２年10月13日配信
<http://www.oricon.co.jp/news/2017681/full/>、２０１５年６月29日閲覧。

41　ニュースウォーカー「『勇者ヨシヒコ』で山田孝之、福田雄一監督らが深夜の〝オフ会〟開催」、ニュースウォーカーホームページ、２０１１年８月10日配信 <http://news.walkerplus.com/article/23864/>、２０１５年６月29日閲覧。

42　手塚公一（イースト・エンタテインメント、『勇者ヨシヒコ』担当プロデューサー）談、２０１５年６月24日、東京・六本木にて対面インタビューによる聞き取り調査

43　ニュースウォーカー「『勇者ヨシヒコ』で山田孝之、福田雄一監督らが深夜の〝オフ会〟開催」、ニュースウォーカーホームページ、２０１１年８月10日配信 <http://news.walkerplus.com/article/23864/>、２０１５年６月29日閲覧。

44　テレビドガッチ「福田雄一監督、続編に意欲満々！『勇者ヨシヒコと悪霊の鍵』ブルーレイ、ＤＶＤ発売記念イベント」、テレビドガッチホームページ、２０１３年４月22日配信、
<http://dogatch.jp/news/tx/16058>、２０１５年６月29日閲覧。

45　オリコン「〝勇者〟山田孝之、ＲＰＧ風ドラマで体当たり演技も予算不足嘆く」、オリコンスタイルホームページ、２０１１年7月5日配信
<http://www.oricon.co.jp/news/89545/full/>、２０１５年6月29日閲覧。

46　福田雄一「第90回・妻の目を盗んでテレビかよ　男前ってのは、彼のことを言うんだな」『週刊現代』（講談社、１５１頁、２０１１）参照。

47　手塚公一（イースト・エンタテインメント、『勇者ヨシヒコ』担当プロデューサー）談、２０１５年5月14日、東京・池袋にて対面インタビューによる聞き取り調査。

48　梅田恵子「低ギャラでも出たい枠……テレ東深夜ドラマがまた豪華」、ニッカンスポーツ・コム、芸能記者コラム「梅チャンネル」、２０１５年4月17日配信
<http://www.nikkansports.com/entertainment/column/umeda/news/1458103.html>、２０１５年6月29日閲覧。

49　前田恵三（プランニング・テレビジョン社長、元日本テレビ・ドラマ『前略おふくろ様』ＡＰ）談、２０１５年11月22日、長野・大町にて対面インタビューによる聞き取り調査。

50　原一郎（テレビ朝日・プロデューサー）談、２０１５年10月22日、東京・六本木にて対面インタビューによる聞き取り調査。

51　安藤和久（関西テレビ放送・プロデューサー、前東京支社制作部長）談、２０１５年10月26日、東京・銀座にて対面インタビューによる聞き取り調査。

52　村上七郎（関西テレビ放送・名誉顧問、元フジテレビ専務取締役）談、２００４年10月21日、東京・銀座にて対面インタビューによる聞き取り調査。

53　伊藤隆紹「ＮＴＶの独走か!?民放視聴率競争に新展開」『創』１９９５年8月号（創出版、32―33頁、１９９５）参照。

終章　こうすればテレビはもっと面白くなる

最後に、「第8章」までを簡単にまとめますと、序章で示しましたテレビメディア内部で「編成主導体制」の浸透により、制作現場の「自律性」を制約した結果、番組の「多様性」が喪失されるとした仮説を、「送り手」と「作り手」を分離した新たな視座を採用して、「編成主導型モデル」と「制作独立型モデル」の二類型により検証して参りました。この「制作独立型モデル」から「編成主導型モデル」への移行に伴い、編成部門や「視聴率」の影響力が制作現場へ増していく実態と、メディア全体にもたらす功罪が、効果的に考察できたと思います。

従来の「送り手」と「作り手」を混同したテレビ研究では、メディア内部に浸透する「編成主導体制」の本質的な問題が見逃されており、「送り手」と「作り手」を分けた「内部的視点」に基づいた視点により、これまで看過されてきた編成部門の肥大化が、番組制作過程へ及ぼす具体的な弊害の指摘が可能になったと考えられます。

実際に、現在までのテレビ史の中で、「送り手」と「作り手」の関係性の変遷は、大きな流れとして、1970年代までのTBS「制作独立型モデル」から、1980年代にフジテレビ「初期編成主導型モデル」を経て、1990年代には日本テレビが「編成主導型モデル」を確立する中で、「送り手」が影響力を次第に大きくしていきました。この歴史の中で、「視聴率」を最終審級とする編成部門が、「送り手」の中心として勢力を拡大させた「編成主導体制」の浸透と、制作現場で「作り手」が自らの創造性よりも「視聴率」の獲得を優先させる傾向はシンクロしており、相関関係にあったと考えられます。

しかし、単純に「編成主導体制」の中では、「作り手」の「自律性」が制約されるとは言えないケースもあり、部分的に再考を要する結果となりました。現在の民放キー局の「送り手」や「作り手」の内部状況は複雑に変化しており、従来の尺度から単純に「編成主導体制」を捉えると、正確なメディア状況の把握が難しくなる側面も伺え、この終章では、「制作独立型モデル」から「超編成主導型モデル」までを再検証して、「作り手」の「自律性」回復に向けて、最適な組織モデルを最終的に明示したいと思います。

1 「制作独立型モデル」・「編成主導型モデル」それぞれの問題点

まず、「制作独立型モデル」の再検証ですが、1962年の「機械式視聴率調査」開始以前は「視聴率」に対して「作り手」が極めて自由に番組制作に打ち込める、牧歌的な「黎明期」の時代であり、その後、1963年から81年のTBSが「視聴率」の覇権を掌握した時期までを含めて、この「制作独立型」による組織体制が主流であったと考えられます。その中で、制作現場の「作り手」へ「視聴率」に対する意識は徐々に高まっていきましたが、基本的に「作り手」の「やりたいこと」を企画したものが制作され、結果として「視聴率が後からついてくる」といったスタイルの番組制作過程となる時代であったと言えます。この当時、現在は「送り手」の中心として君臨する編成部門の主要業務が、部署間の調整を担当する「トラフィック機能」に留まっており、営業要請などによる「送り手」から制作現場への直接的な介入も、例外的なケースであったと考えられます。

しかし、その後の「編成主導体制」の段階的な浸透により、高視聴率の獲得に向けて効果的な組織体制として「編成主導型モデル」が民放キー局で一気に主流となり、「制作独立型モデル」は旧型モデルとして、大幅に縮小されていきます。現在では、「送り手」の中心として編成部門が制作現場の職務範囲に様々な形で介入するなど、「トラフィック機能」に留まらない影響力を及ぼしており、「作り手」の創造性を発揮する「自律性」が大きくに制約されている状況が顕在化しています。

次に、「編成主導型モデル」ですが、第4章で検証した「編成主導体制」確立の歴史を概観しますと、1982年から93年までのフジテレビで村上七郎が主導した「初期編成主導型モデル」への移行によって、組織的には制作部門を編成部門が統合する「大編成局」と呼ばれる巨大組織に変わり、編成方針に基づいた番組制作体制を構築していく発端になりました。しかし、「楽しくなければテレビじゃない」と喧伝したキャンペーンを基本とする、若年層ターゲットの番組を重点的に編成した「軽チャー路線」は明確に設定されていたものの、個々の番組を実際に創っている制作現場の「作り手」の「自律性」は、まだ充分に残っている状況でした。

その後、1994年から2003年までの日本テレビによる「編成主導型モデル」は、フジテレビの組織体制を真似て、制作部門を統合する「大編成局」が中心となるシステムでしたが、編成部門が「視聴率」獲得の目標を前面に押し出して、その基本方針を個々の番組へ浸透させる官僚的なシステムとなり、「作り手」の「自律性」が圧倒的に制約されていきます。そして、２００４年から２０１０年まで、再度、フジテレビが覇権を握りますが、基本的には「初期編成主導型モデル」を続ける中で、「放送外収入」獲得の方針を早い段階で導入した「多メディア型モデル」となり、「視聴率」に対する絶対性も下がって、「作り手」の「自律性」が保たれました。しかし、フジテレビ以外の民放キー局では「編成主導型モデル」が浸透していった時期であり、更に、２０１１年以降は日本テレビとテレビ朝日が熾烈な「視聴率」の覇権争いを展開する中で、双方ともに以前より編成部門に権力が集中する「超編成主導型モデル」の組織体制となり、「作り手」の自由度が著しく低下していきます。一方、基本的に「初期編成主導型モデル」を継続していたフジテレビも、番組自体の「視聴率」の低下により、「放送外収入」のシステムがうまく機能しなくなり、２０１０年代に入ってからは「送り手」の制作現場への介入が表面化しています。

実際に、現在の「超編成主導型モデル」による組織体制の制作現場では、高視聴率獲得を最優先する編成部門のスタッフが、番組の構成会議や本編集直前のプレビューへ参加する形で、「作り手」に介入するケースも見られるようです。加えて、「送り手」が「編成プロデューサー」として制作現場へ権限を直に行使する番組も増えており、全体的に「作り手」の番組に対する裁量権が下がっています。このように、番組制作過程で「作り手」の「自律性」が失われ、視聴率至上主義への傾倒が進んでいくと、結果として番組の画一化が起こり、放送文化の多様性の確保が困難な状況になることも想定されるでしょう。

やはり、現状に鑑みましても、視聴データの分析により「視聴率」が獲得できないと判断された番組や「作り手」は淘汰されて、限られた人気タレントや構成作家を各テレビ局が使い回し、クイズや海外情報番組の氾濫など類似番組が横行する傾向が見られます。再三の指摘にはなりますが、日本テレビ『世界の果てまでイッテＱ！』（２０１０年、22・6％）の成功により似たような番組が急増しており、２０１５年４月編成では１週間の編成表に民放キー局で17本の海外情報バラエティー番組が並び、一方で、以前に「クイズブーム」が起こった時期よりは減っていますが、１週間に10本以上のクイズ番組が乱立する状況にあります。また、同時期の出演者に関しても、テレビ朝日『マツコ＆有吉の怒り新党』（２０１３

年、14・5％）で高視聴率を獲得して人気タレントの地位を確立した有吉弘之は一週間に11本の番組にレギュラー出演するなど、一部のお笑いタレントに出演依頼が集中しています。こうして、「編成主導体制」の中で、「最大公約数」的な企画やキャスティングによる番組が横行することで、安易な類似企画が濫造される多様性に欠けた番組編成状況となり、若年層を中心とした「テレビ離れ」の拡大と、全体的な「視聴率」の低下が進行する一因になっていると考えられます。

ところが、過去の番組制作体制の変遷を検証していく中で、当初想定していた、全ての「編成主導体制」で成立した番組が、「作り手」の自由な創造力の発揮を抑制する状況には、必ずしも直結していないことも明らかになりました。具体的に、1980年代の村上七郎が主導したフジテレビの「初期編成主導型モデル」では、「視聴率至上主義」からの脱却する姿勢が伺え、「作り手」の「送り手」に対する「自律性」は十分に保たれていたことが判明しています。このフジテレビの「初期編成主導型モデル」は、その後、1990年代の日本テレビによる「編成主導型モデル」以降に台頭した、現在の「編成主導体制」とは本質的に異なった組織体制であり、むしろ1970年代以前に主流であった「制作独立型モデル」に近いと判断されます。したがって、「初期編成主導型モデル」と「編成主導型モデル」を明確に分けて検証し、それぞれの功罪を評価する姿勢が不可欠です。

一方で、当初は「作り手」が「送り手」から独立した組織体制である「制作独立型モデル」の復活により、制作現場の「自律性」が回復して自由な創造力の発揮が可能になると、半ば想定していました。しかし、「初期編成主導型モデル」と「編成主導型モデル」の本質的な違いに加えて、現在も「編成主導体制」から脱却して「制作独立型モデル」で制作されている例外的な「製作委員会方式」で成立した番組の制作過程を精査すると、1970年代以前の状況とは大きな隔たりがあり、新たな問題点も明らかになりました。

このような、現状の「制作独立型モデル」の番組で起こる新たな問題に対処するためにも、「送り手」の中心となる編成部門が抑制的に制作現場へ介入する方法論も、制作現場が複雑化する中で、「制度と自由」のバランスが考慮されるべきであると考えられます。

2　テレビを面白くする新しい組織モデルとは

これらの「編成主導型モデル」と「制作独立型モデル」の状況を総合的に比較検証して判断しますと、結論から言えば、1980年代の村上七郎によるフジテレビ「初期編成主導型モデル」を基本形として、現在のメディア状況に合わせた形に部分的に改良した「ポスト編成主導型モデル」が、現状で「作り手」の「自律性」を回復させ、再び「テレビを面白くする」ための、最適な組織モデルとして提示されます。

その理由として、まず、村上がラジオ時代の経験を背景に構築した「編成主導体制」は、現在の民放キー局の組織体制にも継続的に採用されており、その合理的な組織モデルの先見性は再評価されるべき功績であると言えます。一方で、再度の確認になりますが、この村上による組織作りの目的は、現在の編成部門の「送り手」が、制作現場の「作り手」を吸収して自由度を制約している状況とは全く異なるものであり、組織的には編成部門が制作部門を吸収する中で、大枠となる編成方針を「若年層ターゲット」と明確に設定していましたが、制作過程で番組内容に介入することなく、実質的に制作現場の「作り手」に「自律性」は十分に残っておりました。

その後、村上のデザインした「編成主導体制」は、1990年代の日本テレビによって本質的に変えられ、制作現場の「作り手」の「自律性」を制約している現状と、ほぼ同じ形となる本格的な「編成主導型モデル」が構築されていきました。つまり、同じ「編成主導体制」を採る組織でも、フジテレビの「初期編成主導型モデル」と日本テレビが変容させた「編成主導型モデル」は根本的に別物であり、明確に分けた認識が必要となります。

そこで、ここからは80年代に生まれた「初期編成主導型モデル」を基本形として、番組制作過程が複雑に変化した現状のテレビメディアにも適合するように修正した「ポスト編成主導型モデル」を、具体的に提示していきたいと思います。この新たな「テレビを面白くする新しい組織モデル」が効果的に機能することにより、制作現場の「作り手」が再び編成部門を中心とする「送り手」から「自律性」を取り戻し、結果として、番組の「多様性」が確保され、「テレビ離れ」が広がる深刻な状況にも歯止めがかかると考えます。

一方で、この新たな組織モデルを提案するに当たって、現在の民放キー局を中心としたメディア内部に、果たして回復すべき「作り手」の主体が残っているのか、疑問視する反論も予想されます。実際に、「編成主導体制」の浸透により、制作現場の「作り手」は全体的に「自律性」を失ってきており、「送り手」からの「視聴率」獲得のプレッシャーを受け続ける中で、日々の業務に忙殺される傾向にあります。この「作り手」の状況について、関西テレビ安藤和久は、次のように指摘しています。

制作部長をやっていた頃に部員を面談すると、最近の若手社員の傾向として、現場で汗をかくよりも、編成部で企画を立てて制作現場に指示したいという志向が強かった。私からすれば、制作現場のプロデューサーやディレクターの方が、編成部で出世するより数倍楽しいと思うのだが、今は、編成部から視聴率獲得のプレッシャーも強く、現場で苦労するよりも、早く上がって「送り手」サイドに行きたいと思っているようである[1]。

ここで安藤は、「自律性」を失った「作り手」が制作現場の職務を放棄して、番組を発注する側の編成部門への人事異動を希望する実態に苦言を呈しています。対照的に、安藤自身は関西テレビ東京支社制作部長の管理職のポストから、自ら希望して制作現場のプロデューサーに一時は復帰していますが、当時の状況について以下のように述べています。

私自身は、53歳のときに、上司に頼み込んで部長から制作現場の一プロデューサーに戻してもらった。一部の幹部からは、「いつまで現場をやっているんだ。お前が現場にしがみつくと、若手の席が一つ減るんだ」と指摘されるが、そもそも今の制作現場の若い社員には「作り手」志向は薄いし、先輩を乗り越えて一人前になってもらいたいという部分もある。やはり、私が実際に現場の魅力を体現してみせることで、以前のような「制作現場はしんどいけど、楽しいし夢がある」という意識を、若手に植えつけていきたい。

実際には、現在の「編成主導体制」では放送枠だけが一人歩きして、番組ポリシーと乖離しがちであり、お互いの信頼関係も薄い。昔は、編成と制作で喧嘩もしたものだが、今やその風土すらない。やはり制作が対等に編成とやりあえる、村上七郎さんの居た頃のような社内組織に戻していければ、制作現場にも夢があるだろうし、理想的だと思う[2]。

このように、安藤は制作現場の危機的な状況の克服に向けた意思と方法論を「作り手」の立場から明示しますが、結果的に、安藤は2018年に関西テレビ本社で制作局長のポストに就き、自身の出世と引き換えに、制作現場の一線からは退いています。このように、制作現場で実績を残した「作り手」が、本人の意思に係わらず、制作部門の管理職や編成部門の「送り手」に人事異動となるケースが顕在化しており、テレビ局内部で有能なクリエーターの管理職化が進む状況にあると言えます。その中で、「編成主導体制」の制作現場への浸透は確実に進行しており、「回復すべき作り手の主体」も危機的な状況にあります。しかし、だからこそ、番組制作過程で、再度「作り手」の「自律性」を取り戻せるような、現状を打開する新たな組織モデルの実現が急務だと考えられるのです。

また、過去の「初期編成主導型モデル」を基本形とした組織モデルの採用は、民放キー局を中心とする「テレビ局内部に閉じた組織モデル」に解決策を見出しているように見えるため、「あまりに日本的でドメスティックな限界」を含んでいるのではないかといった批判も予想されます。確かに、現在の番組制作過程は大部分をテレビ局外部の制作会社に依存している状況であり、アメリカや韓国のように、制作会社が主体となり資金調達や制作体制を統括して著作権までを管理し、その上でテレビ局から放送枠を確保する、テレビ局内部に閉じない「ダイナミックな組織モデル」も検討する必要があるでしょう。

まず、韓国のケースですが、制作会社の「ペン・エンタテインメント」がアジア圏内の著作権を管理して制作したドラマ『冬のソナタ』の成功により、その後は、「ドラマ・音盤・芸能プロダクション・映画・デジタルメディア事業を展開する総合エンターテインメント企業」として、国際的なドラマ制作市場に進出していると指摘されています[3]。この背景には、韓国政府がコンテンツ産業振興策の一環として、国家戦略によりドラマを中心としたテレビ番組の輸出拡大を推進した政策がありました。その後も、ドラマ『宮廷女官チャングムの誓い』などが輸出されてヒット番組になるなど、日本でも「韓流ブーム」の引きがねになりましたが、その前段階として、韓国政府による放送産業育成に向けた、制作会社を保護するための、地上波放送に対する規制が導入されていたようです。

具体的には、放送局系列ではない「独立プロダクション」と呼ばれる制作会社からの番組調達を地上波テレビ局に義務づけた「外注クォータ」が韓国政府により制定され、結果として、外注の比率が２００６年には約35％まで達しています。この外注制作の義務化は「地上波に依存した放送の限界」を懸念した行政サイドによる、「放送の核となるソフトを、産業として育成する認識に欠けていた問題の解決策」であったと、韓国でも評価されました[4]。実際に、「外注クォータ」の導入により、番組の編成権を持つテレビ局の「優越的地位の濫用で経営が困難であった」とされる制作会社の地位が向上していますが、一方でテレビ局の制作能力の低下により制作会社への依存度が強まり、韓国のドラマを中心とする番組制作過程に影響を与えていたようです。具体的には、２０１６年に韓国で「視聴率」が30％を超えた、ドラマ『太陽の末裔』の輸出先が27か国に増えるなど、韓流ドラマの人気が高まる中で、俳優や脚本家の人件費が高騰しており、中小の新興制作会社が杜撰な制作費管理により、「ドラマは成功、経営は失敗」というケースが頻発しています[5]。

その他にも、韓国政府は独立プロダクションに所属する「作り手」を対象とした人材育成や、制作費調達を目的とする低金利融資、パイロット番組の制作支援、現地語の字幕付けに必要な費用の支援など、多岐に及ぶ放送振興策を実施していました[6]。結果として、これらの制作会社の環境改善に向けた支援や、地上波放送への「外注クォータ」導入による番組編成の規制により、番組制作過程に直結する産業基盤の底上げに成功しており、「韓国政府が推進してきた流通政策が、系列のプロダクションによる海外市場の開拓、さらにドラマ制作会社を中心とする業界の再編」に繋がったと、高く評価されています[7]。

確かに、韓国のテレビメディアで、国内市場に閉じない海外市場を視野に入れた新たな制作体制の確立は、テレビ局と制作会社の従来の関係性を変える、業界再編を実現したダイナミックな組織モデルを構築する効果的な方法論であったと判断されます。しかし、その根底には韓国政府による、国策としての文化産業政策の一環となる放送振興策があり、決してテレビメディア内部から自発的に発生した動きではありませんでした。更に、韓国のテレビメディアが１９８０年代までは軍事政権の言論統制を目的にした国家戦略に組み込まれていた実情もあり、国家や監督官庁などの公的機関が主導する放送政策による韓国の事例は、日本の現状に、そのまま採り入れることは難しいと考えられます。

　次に、アメリカのケースを精査したいと思いますが、その前に、アメリカと日本のテレビメディア環境の違いや、背景となる歴史の検証が必要となります。現状で、世界最大のテレビ放送システムを持ち、国内の約２００地域で広告収入を財政的基盤とする自由市場を機能させているのが、アメリカのテレビメディアです。しかし、１９８０年代後半の規制緩和以前は、自由市場のシステムではなく、政府機関の連邦通信委員会（以後、ＦＣＣ）がテレビ局を大きく規制しており、公共の電波の独占禁止と、多様な言論の保証の観点から厳しい制限を設けていました。具体的には、１９６０年代から飛躍的に伸びていたテレビ産業による映像メディアの一極支配を防ぎ、斜陽産業になる傾向にあった「ハリウッド」の映画製作プロダクションを救済するために、ＦＣＣが「フィンシン・ルール」を設定して、三大ネットワークに大部分の番組著作権を放棄させ、地方のＵＨＦ局へ番組販売などに制限をかけます。更に、ほぼ同時期にＦＣＣは「プライムタイム・アクセスルール」を採用し、人口順で上位50番までのエリアにある放送局は、プライムタイムのうち19時から20時までの1時間は、ネットワーク局発信の番組を放送せず、ローカル局で自主編成するルールも発令しました。これは当初、「地域の独自性のある番組をプライムタイムで放送する」ことが主目的であり、一部でローカルニュース枠が定着して地方の広告収入を増やすなど、一定の成果を収めましたが、高視聴率を獲得する番組の自社制作が可能なローカル局は少なく、実際には大多数の地方都市で、制作会社から購入した人気番組の再放送による番組編成が実施されることになりました[8]。

　結果的には、「フィンシン・ルール」により、人気番組の再放送権は三大ネットワークからハリウッドの「制作プロダクション」に移っていたので、その後、再放送ソフトを中心に「シンジケーション」と呼ばれる、ネットワークが関与しないプロダクション主導の番組流通システムが成立していきました。この時点から、三大ネットワークはニュースやスポーツ番組以外の、ドラマやバラエティーなどの人気娯楽番組の自社制作が無くなり、ハリウッドの制作プロダクションが高視聴率の期待されるクイズ番組やトークショーを、制作当初から「シンジケーション」を考慮した高額な制作費を投入して、放送枠を後から確保するスタイルが主流となります。後に、「フィンシン・ルール」や「プライムタイム・アクセスルール」は廃止され、２０００年代以降は現在まで自由市場システムの中で、タイムワーナーやディズニーなど「ハリウッド」の制作プロダクションのメディアグループにより、テレビ局も傘下とする巨大企業化が進行していきました。そして、現在まで「ハリウッド」を主体としたプロダクションによる、世界市場を背景とした潤沢な制作費の資金調達から制作過程までを統括する、テレビ局も含めたマルチメディアに番組を展開する組織体制が、アメリカでは整備されています。

しかし、日本の制作会社は大多数が中小企業であり、テレビ番組制作の際に自社で資金調達するケースは皆無に等しく、テレビ局に著作権を譲渡する契約形態が一般化しており、世界市場を背景とした「ハリウッド」とは比較が難しい状況と言えます。その中で、１９９２年に制作会社の時空工房が複数の制作プロダクションと共同で関連会社のＪＩＣを発足させ、テレビ局の下請け構造を脱却して、資金調達から制作過程を自社で完結させる方法論を模索しています。この当時、時空工房の社長であった鈴木克信は、既存の制作会社とテレビ局の関係性を改める、番組制作スキームの再編構想を、次のように語りました。

　放送局とは違う発想とやり方でローカルの情報を集めて発信する。そして、放送局に頼らない商売を目指す。目標は日本版ＣＮＮです。ニュースはＣＡＴＶに流すだけでなく、既存テレビ局に売ってもいいし、海外との連携を図ってもいい[9]。

しかし、実際にはＪＩＣによる制作会社の再編構想は資金調達の面で頓挫しており、テレビ局に依存しない、従来の下請け構造から抜け出すことを狙った、アメリカのテレビ番組制作システムに近い方法論への挑戦は失敗に終わります。この当時の状況について、電通でテレビ番組企画を担当する企画推進部のプロデューサーとして、多くの番組制作現場に携わってきた菅原章は、次のように分析しています。

ＪＩＣによる制作会社が「自ら放送局になる」といった試みは、画期的であったが、参加していたプロダクションの組織内部で本気度に温度差も見えた。また、決定的な問題として、営業的な裏付けを含めた、金銭的な部分に大きな問題があった。

彼らを金銭的に支援する企業として、大手広告代理店も考えられるが、当時の電通にはハリウッドや韓国のプロダクションのように、制作著作まで握って、本格的に自社でテレビ番組制作に関与するといった考え方はなかった。なぜなら、その人材を育成してこなかったからである。１９６０年代までは、『日真名氏飛び出す』など、電通が制作著作を持つ人気番組がいくつもあり、岡田三郎など「作り手」の経験者も外部から集めており、一方では「築地編成局」と揶揄される時代でもあったが、１９７０年代以降は、既に制作体制を固めていた日本最大の制作会社でもある民放キー局に対抗するのは厳しいと上層部が判断して、営業的な黒子役に徹する方針となった。しかし、以前とはメディア状況も変化してきており、コンテンツの重要性が再認識される中で、今後は制作会社と大手広告会社の提携も面白いのではないかと思う[10]。

ここで菅原は、制作会社の再編構想が失敗した理由を端的に指摘しますが、同時に、ＪＩＣで補えなかった資金調達の面で、大手広告会社がバックアップした形での、「ハリウッド」方式に近い番組制作システムを導入する可能性についても言及していました。

ところが、この菅原が提唱する、広告会社と制作会社の連携による新たな制作システムについて、制作会社プランニング・テレビジョン社長の前田恵三は否定的な見解を示します。実際に、前田は日本テレビの契約社員としてドラマ『前略おふくろ様』などの制作を担当した後に、正社員登用のオファーを辞退して自身で制作会社を設立しており、自らの経験則からも次のように述べています。

そもそも自分の作りたい企画をやりたいから、安定したテレビ局の正社員にならずに制作会社を作った。もし、広告会社と組んだら、スポンサーの意向が強くなるだけで、現状のテレビ局からの制約と、実質的には何ら変わらない。

また、制作会社として、１００％の著作権や他の権利を要求するよりは、テレビ局と50％で分け合うほうが、日本のテレビ番組制作システムの中では実情に合っていると思う。なぜなら、制作会社は零細企業が多く、例えば二次利用の際にも煩わしい権利処理の担当者を自前で置くことが難しく、一方でテレビ局には専門の部署があり、そこで一元的に管理してもらった方が明らかに効率的で、制作会社としても番組制作に徹することができるメリットがあるからである11。

やはり、制作会社の経営者でありながらも、前田の考え方は「作り手」目線であり、電通出身の菅原とは対照的ですが、大手広告会社と連携によるテレビ局への依存から脱却した、完全な番組著作権の確保よりも、現状のシステムでテレビ局と権利を折半する方法論を、自身の長年に及ぶ経験則から推奨していました。

一方、「送り手」の代表として民放連の会長も務めた、テレビ朝日の広瀬道貞元代表取締役社長は、番組二次使用の権利をテレビ局で独占せず、場合によっては制作会社に譲渡する可能性について、次のように明示します。

長期的に見ると「視聴率」に頼った広告収入による経営は、利益率が高いものの、景気に左右され易く、不況になっても困らないようにするためには、経営基盤を広げて広告外収入の割合を上げていくべきであろう。その方法論としては、「コンテンツマルチユース」などの、テレビの媒体力を生かした展開が出来るものも多いはずである。

しかし、ここでエンターテイメント系番組の権利をテレビ局が独占すると、制作会社の士気が下がる可能性も出てくる。場合によっては、制作会社に制作費を少し負担してもらって、その分を二次使用以降の権利を譲る事があって良いと思う。その方が、制作会社の作り手のモチベーションも上がるだろうし、それが結果的にファーストランでの高視聴率に結び付けば、テレビ局のみならず、制作会社も二次使用で利益が上がることにもなり、パートナーシップとして良いwin-winの関係性が作れるだろう[12]。

実際に、このインタビュー取材の前年には、テレビ朝日のドラマ『スカイハイ』(11・5%、2003年)で、制作会社アミューズに二次使用以降の権利を譲渡しており、ファーストランの放送でも高視聴率を獲得していました。この動向は、テレビ東京が手掛けている「製作委員会方式」より早い段階で、大手制作会社と新たなビジネススキームに着手しており、民放キー局の収益の約8割を占める広告収入構造からの脱却を目指した広瀬の見解は、インターネット普及の影響を受けている現状に鑑みても、「送り手」として先見の明があったと判断されます。しかし、残念ながら大多数が中小企業である制作会社に金銭的な余裕がある所は少なく、その後『スカイハイ』の様なケースも多くは見られませんでした。

このように、制作会社が主体となって、資金調達や制作体制を統括して著作権を確保した上で、テレビ局から番組放送枠が譲渡されるシステムの構築は、資金面の問題から、現状の日本の番組制作環境の中では難しいと考えられます。現実問題として、アメリカの制作体制のようなテレビ局内部に閉じない「ダイナミックな組織モデル」は魅力的ではありますが、その裏付けとなる潤沢な資金力が必要であり、世界市場を対象に巨大メディア企業化した「ハリウッド」の制作プロダクションのような存在が不可欠となるでしょう。

そこで、日本のテレビメディアの現状に立ってみると、実質的な日本最大の制作会社である民放キー局を中心とするシステムが、規模が小さくなるものの、代案として考えられ、テレビ局内部に閉塞しない「ダイナミックな組織モデル」が築けるような新たなスキームの実現も期待されます。実際に、ハリウッドの巨大メディア企業が、中小の番組制作プロダクションを統括する役割を、現状の日本のテレビメディアでは民放キー局が担っており、その中で、調整業務を統括する組織として編成部門が機能している状況です。そうなると、「ハリウッド」が存在しない日本においては、やはり、民放キー局が中心となる組織モデルが最適であると判断されます。具体的には、過去に編成部門が制作現場を統括しつつも、「作り手」の「自律性」を残した形で、メディア企業として機能させた実績のある、「初期編成主導型モデル」を基本にして、時代の変化に応じたマイナーチェンジを施した「ポスト編成主導型モデル」を確立することが、最も効果的な組織形態になると考えます。

また、ここで新たに提案する組織モデルの中では、「製作委員会方式」などの新たなスキームによる「制作独立型モデル」の中で起こりえる諸問題に対しても、「送り手」が謙抑的な内部統制者として、番組制作過程の中で「制度と自由」のバランスを確保しつつ、健全な制作現場の環境を保っていく、夜警国家的なシステムの構築が求められます。もちろん、その際には「送り手」と「作り手」の力関係が肝要となり、現状の「超編成主導型モデル」では、制作現場の「自律性」を大きく制約する、「送り手」の権限が肥大化した不適切な状況と言えますが、対照的に、「第三期」の「初期編成主導型モデル」は編成部門が夜警国家的な組織として、「作り手」とあくまでも対等な立場で機能していたと判断されます。

一方で、「ポスト編成主導型モデル」の基本形となる「初期編成主導型モデル」が誕生した背景には、1970年代中盤から1980年前後のフジテレビの制作部門の分離から統合までの「送り手」と「作り手」に関わる重要な問題がありました。この一連の組織改革の当事者として、村上七郎は、1970年代に制作部門の外部プロダクション化に対して公然と経営陣に異を唱えたため、テレビ新広島に出向することになりましたが、1980年代には不振を極めていたフジテレビに編成担当の専務として戻ってきて「初期編成主導型モデル」を牽引しており、当時の状況について、次のように証言しています。

経営者が勝手に競争の原理を持ち込んだのだから、現場が面喰うのは当然のことである。特に昨日まで仲間付き合いをしていた編成と制作が、まったく他人行儀な発注者と受注者という立場になり、きわめて気まずい関係になった。

制作の人間は元来気難しい所がある。職場が暗くて笑い声の出ないような状況からは、良い番組は絶対に出てこない。視聴率も次第に逃げてゆく。制作陣が能力をフルに発揮できるかどうかは、環境に大きく左右されるのだ。（中略）

昭和30年にニッポン放送編成課長になった時に〝婦人放送〟を、ついでフジテレビでは〝母と子ども〟を番組路線として強く打ち出したが、これが私の唱える編成理念である。（中略）

私はまた路線さえはっきりさせれば、個々の番組については、ゴチャゴチャ言わずに現場に任せたほうが良いと思う。企画は命令したからといって出るものではない。制作と編成は仲良くやることだ[13]。

ここで、村上は自身の編成哲学についても、「編成主導体制」の導入により、全体的なテレビ局の方向性を理念として示すものの、再統合した制作現場の「作り手」の「自律性」を尊重する方針を明言しており、この「作り手」を巡る「分離と統合」の感覚が、新たな組織体系として「ポスト編成主導型モデル」を構想する上でも重要な指針になります。

実際に、村上は、経営合理化のために鹿内信隆社長の一存で外部プロダクション化されていたフジテレビの制作部門を社内に戻す組織改革を実現していますが、この当時、TBSの編成部に在籍していた田原茂行は、一連の動向について以下のように指摘します。

「番組制作はテレビ局の仕事ではない」「テレビ局はアメリカにならって番組の管理と営業的な管理をやればよい」という鹿内の考えは、日本のキー局の媒体価値の源であり、番組の売値の市場価格の基礎となる自社の制作力への評価を無視したものであった。そして実はこれは鹿内一人の考えではなく、当時の民放経営者と経営スタッフのなかに流布されていた通俗的な理論でもあった。(中略)

フジテレビの外注体制による番組作りは結局、約十年つづいた。

この間の在京テレビ局の視聴率は、TBSと他局との差が終始大きく、自社の制作体制を維持した日本テレビが、昭和48年以降二位の座を確保するようになる。

フジテレビの経営者はこの間、編成部に視聴率の向上の対策を要求しつづけ、編成部は次々に番組を変更した。

「視聴率は最悪だった。地獄の釜の底から上の方を眺めていた」(編成部長石川博康談)

「編成部の注文通りに作るだけの子会社的な存在となると、次第に活力を失って行った。同じ社内にいれば対等の立場で企画が考えられ、双方注文をつけあうが、下請け関係が定着すると、どうしても与えられた枠の内にとどまってしまう」

（中略）

昭和55年、鹿内はグループ全体の再建の柱としてのフジテレビの強化のため、起死回生の策を決断する。

それは、地方に出ていた草創期の編成局長村上七郎の専務登用などのトップ人事を前提に、出向していた制作部員全員を本社に復帰させ、番組は基本的に自社で制作するという方針であった。（中略）

いずれにせよ、昭和55年の組織改革は、結果として、フジテレビの制作者集団の目覚ましい再生を生んだ。

ＴＢＳは最初に外注化の推進者となったが、ＴＢＳの場合一定の自社制作を維持し、これが番組編成の軸となっていた。これに対してフジテレビのこの方針は、制作主力スタッフをすべて内側に抱えるという、より徹底した内注化であった[14]。

ここで田原は、明確に１９７０年代のフジテレビ上層部の考え方を否定して、村上をキーマンに据えた昭和55年の組織改革を、１９８０年代以降のフジテレビ躍進の主要因として捉えています。この対照的な組織形態を概観すると、１９７０年代の外部プロダクション化されていた時代は、「超編成主導型モデル」の浸透する制作現場の現状と似ていることに気付かされます。実際に、１９７０年代に徹底的な番組外注化を断行したフジテレビは、「作り手」の士気が下がり「視聴率」も低迷する結果となりましたが、田原は当時の状況と、その後のテレビメディア全体に及ぼした影響について、次のように分析します。

20年かけて、ようやくテレビ局の核心は社員の制作集団のやる気と才能だという事実を探り当てたのだろうか。（中略）

この時期の民放のなかでは、テレビ朝日のニュースステーションが、30代、40代の男女の関心を引く報道番組となったが、これが民放唯一の新しい工夫といえるもので、ほかにはフジテレビに対抗する戦略は見られなかった。

このころＴＢＳは、首位奪回の方策の一つとして、経営コンサルタント会社に経営改善策を求めていたが、結局幻

の案としてお流れになったころには、フジテレビの優位がわれわれにも本物と感じられるようになっていた。（中略）
昭和55年以降のフジテレビの自己改革は、テレビ番組全体に大きな影響をもたらした。昭和40年代後半以降のテレビ番組の停滞は、制作者たちが若い視聴者の息遣いと感覚を受け止めることによって生気をとりもどした。そして、放送局における制作者集団の存在と、その内発的な創造力のもつ意味が、コスト効率だけを考えてきた経営者によって初めて認識され、その力が立証された[15]。

やはり、田原は民放キー局の経営者が抱いていた、一般企業的な経営理論が、テレビ局の制作現場には合わない実情を「送り手」の中枢で感じ取っており、「作り手」の創造性を伸ばしていくことの重要性を、改めて強調しています。一方、当時のフジテレビの「送り手」が、「作り手」の「自律性」を尊重する基本姿勢は、社内制作に限定されず、外部の制作会社に対しても等しく徹底されていたようで、田原は次のように証言します。

すでにテレビ界に根を下ろしていたプロダクションとの関係を、下請けではなくパートナーと見直すために、従来からの番組発注書を番組依頼書に変えた。昭和44年以降、ＴＢＳなどからの退職者、出向者、資本援助を皮切りに次々に生まれたプロダクションは、すでに民放業界の制作本数の三割以上を支えるまでに成長していたが、この「発注」から「依頼」への表現の変更は、これらのプロダクションの気持ちをつかもうとする姿勢の現れだった[16]。

この田原の指摘は、ＴＢＳの編成マンとしての冷静な目線から、制作部門の内注化を進める中で外部プロダクションの「作り手」も等しく尊重する、フジテレビの「送り手」の制作現場への配慮を高く評価したものでした。このように、村上の主導したフジテレビの「初期編成主導型モデル」は、合理性を重視した一般企業の産業構造や現状の「超編成主導型モデル」とは全く異なるシステムであり、現在もテレビメディアの中で形を変えて機能し続けている「編成主導体制」を、新たに「ポスト編成主導型モデル」として導入するに当たり、この「作り手」の創造性を基軸とする体制を復活させる必要性があるでしょう。

最終的に、村上はフジテレビから関西テレビ副社長に転じて、1990年には社長に就任しますが、同時期に在籍していた関西テレビの安藤和久は、次のように述べています。

村上さんは、東京に自社スタジオを新設して会社の器は作ったが、番組の中身は制作に任せてくれた。編成、制作、営業のバランスが良く「三権分立」となる組織を構築して頂いて、関西テレビでは自由な番組制作ができるようになっていった[17]。

ここで安藤は、村上の功績を「作り手」目線から評価していますが、やはり、新たに提案する「ポスト編成主導型モデル」では、これらの過去の歴史を踏まえた上で、明確に「作り手」と「送り手」を分けるための、具体的な方法論を提示したいと思います。それは、編成部門には「送り手」に特化した人材を育成し、「作り手」の経験者を異動させない人事規定の導入です。実際に、番組の存続や予算の決定権を持つ編成部門の担当者が「作り手」出身で、制作現場のスキルや人間関係も掌握していれば、権力の一元化を発生させる傾向になるのは明らかです。ここは、実質的な番組企画の決定権を持つ編成部門の「送り手」が、裏方として制作現場を後方支援する組織体制を造ることで、「作り手」の創造性を尊重して「自律性」を回復させ、番組の多様性確保も実現できると判断されます。

この制作現場の「作り手」を編成部門の「送り手」にする人事異動を制限する、「送り手」と「作り手」を明確に分けた制度の導入は、最終的に個々の民放キー局の判断に委ねられるものであり、決して簡単に実現できるものではないでしょうし、クリアするべき労使関係の問題も残されています。しかし、1980年代の「初期編成主導型モデル」までは、概ね双方の業務内容に特化した組織作りにより、それぞれの価値基準とキャリア形成が明確に設定されており、「作り手」の「送り手」化による、中途半端な立場でジレンマを抱えて創造性を発揮できなくなる状況が避けられていたものと考えられます。

その上で、今後は多メディア化による転換期を迎える中で、テレビ局内部に閉じた制作体制に留まらない、「ハリウッドモデル」の日本への部分的な適用を模索していく方向性で、編成部門が「送り手」の中心として、大局的に「製作委員会方式」などの新たなシステムにも対応できるシステムを構築する必要性があるのです。

このように、最終的に結論として提示する、「初期編成主導型モデル」を修正した「ポスト編成主導型モデル」は、単純に1980年代の成功例に先祖戻りさせるものではなく、「視聴率」以外の価値観も考慮に入れて、複雑化する番組制作過程にも対応できるシステムに改良した新たな組織モデルとなります。例えば、現在のテレビ局内に閉じた「編成主導体制」の中では、外部組織がイニシアティブをとる「製作委員会方式」の番組は実験的な位置付けであり、企画決定段階で金銭的に合意に至れば、番組制作過程では「製作委員会」内部のルールが適用されて、編成部門がほぼ関与しない中で運用されています。しかし、「ポスト編成主導型モデル」の組織体制で「製作委員会方式」を採用する場合は、全体的な番組編成バランスを考慮した上で、「送り手」の中心となる編成部門が、「視聴率」以外の尺度を導入するシステムを当初から認めた上で、放送を決定することになります。そのため、「視聴率」獲得のプレッシャーを制作現場の「作り手」に押し付けることなく、「送り手」が番組内容にも介入しない制作体制となりますが、番組編成の全体像を勘案した上で枠状況を調整するため、番組ジャンルの偏向も防止できますし、制作内部で明らかに不適切な状況が生じた場合には、放送主体として編成部門が抑制的に介入する夜警国家的な機能も併せ持つ組織となります。一方、以前のドラマ『スカイハイ』のケースのように、制作会社へ番組著作権を完全に譲渡する際にも、「ポスト編成主導型モデル」では、トップダウンによる決定ではなく、編成部門が全体的な枠状況を調整した上で、企画決定を主体的に判断することになるでしょう。

ここで、「初期編成主導型モデル」と「ポスト編成主導型モデル」を比較して、根本的な部分の相違を指摘しますと、まず、村上七郎により1980年代のフジテレビで採用された「初期編成主導型モデル」は、一度1970年代に社内の制作部門を外部プロダクション化していた組織体制を、再びテレビ局内の「編成局」の傘下に「制作部」として戻すことにより、「作り手」を「内注化」する、半ば「テレビ局内部に閉じた」体制を基本とする組織改革であったと言えます。しかし、その後のメディア状況はインターネットの普及などにより大きく変化しており、番組制作過程が複雑化する中で、「初期編成主導型モデル」の進めた制作部門の「内注化」では、適切な対応が難しくなるケースが考えられます。

そこで、新たに提示する「ポスト編成主導型モデル」（図④）では、対照的に「テレビ局外部にも開かれた」制作体制を視野に入れたシステムに修正することにより、「送り手」の中心となる編成部門が全体的な立場から、「局制作番組」に加えて「制作会社と共同制作番組」、「制作会社完パケ番組」、「製作委員会方式番組」、「ハリウッド方式番組」など、多様な番組制作体制による組織の企画を公正に判断して回していく「ハブ機能」を持って、番組編成を決定するシステムを想定しています。

その際に、大前提として編成部門が制作現場には基本的に介入しない、「送り手」と「作り手」を分けた対等関係により、個々の番組の「送り手」と「作り手」の関係性は、「初期編成主導型モデル」に極めて近い組織体制となります。この新たな組織モデルの採用により、編成部門が「作り手」の「自律性」を大きく制約する現在の「超編成主導型モデル」における制作体制が修正され、多様な制作システムにより成立した番組群が切磋琢磨して競争する相乗効果を生むことでしょう。結果として、メディア全体の制作能力が上がり、「受け手」に提供される番組の「多様性」を確保することにより、数多くの面白い番組が生まれ、豊かなテレビ文化が復活して、テレビ離れにも歯止めがかかると考えられます。

一見すると、この新たな「ポスト編成主導型モデル」は、１９７０年代にフジテレビが制作部門を外部プロダクション化した際の組織と近い感じもしますが、テレビ局内部に制作機能を残した「自社制作」の部分を残した上で、制作会社による番組と創造力を競わせるシステムであり、当時の民放キー局の経営者が利潤を追求した合理化対策とは異なる、外部プロダクションも含めた「作り手」の自律性確保を優先させる組織改革となります。

具体的に、アメリカで巨大メディア企業と制作会社が連動して成功したケースとして、２００６年にディズニーが買収した「ピクサー・アニメーション・スタジオ（以後、ピクサー）」が挙げられます。実際に、ディズニーは巨大メディア企業として、ピクサーに制作費を払い、大枠で全体の方向性を提示しましたが、制作現場の創造性を尊重して会社としての独立性も侵害しなかったため、ピクサーは徹底した現場優先主義で「作り手」を活性化させ、制作過程で創造性を発揮するための理想的な環境を実現しています。

【図④】

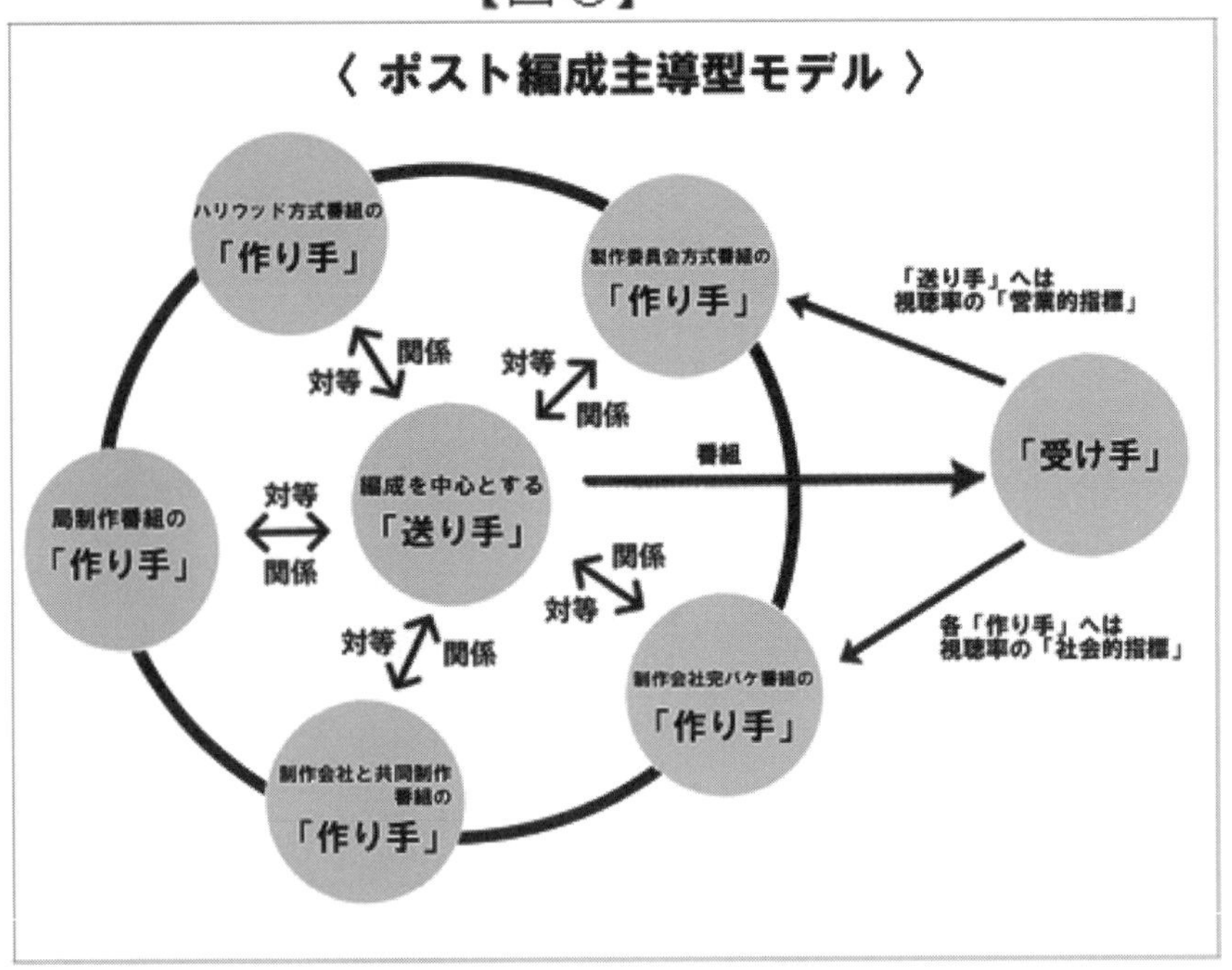

この、ピクサーとディズニーの「作り手」と「送り手」の関係性は、「ポスト編成主導型モデル」の中で想定される、究極的な成功例と言えますが、日本のテレビメディアが進むべき、時代に合わせたダイナミックな変化の方向性が感じられます。今後は、民放キー局が主体になると想定される「ポスト編成主導型モデル」の中でも、中小の制作会社がテレビ局の傘下に参入するケースが想定されます。既に、ドラマの制作会社であるメディアミックス・ジャパン（略称、ＭＭＪ）が、２００５年にテレビ朝日の持分法適用関連会社となっており、テレビ朝日以外のキー局や準キー局でもヒットドラマ番組を制作して、しばしば高視聴率を獲得しています。しかし、「ポスト編成主導型モデル」では、ディズニーがピクサーを吸収したような、更に本格的な統合も視野に入れた組織改革も想定され、番組制作現場の大胆な再編構想も視野に入れた組織体制となるでしょう。

実際に、アメリカではディズニーなどハリウッドの巨大メディア企業が、テレビメディアのみならず映画やＣＡＴＶも傘下に入れて、外部プロダクションの制作も含めた番組コンテンツを多角的に回していく「ハブ機能」を担っています。そこで、巨大メディア企業が存在しない日本では、実質的に「日本最大の制作会社」として機能する民放キー局が、代行できると想定されるのです。その際には、民放キー局の編成部門が中心となり、ハリウッドの巨大メディア企業のように、マネージメントに特化して、中小制作会社の「作り手」の創造性に介入しない基本姿勢で、制作現場に介入することなく全体を統括していくことが、「ポスト編成主導型モデル」の成立に向けた前提条件となるでしょう。

このように、「初期編成主導型モデル」を現在のメディア状況に合わせて改良した「ポスト編成主導型モデル」が、従来の「編成主導体制」の抱えていた、「送り手」と「作り手」の歪な関係性を発展的に解消していきます。もちろん、この構想に対して、現在の硬直化した日本のテレビメディアの中で、その実効性に疑念を抱く反論も想定されます。

しかし、「ポスト編成主導型モデル」は、決してテレビメディアの性善説に基づくロマンティックな発想ではありません。なぜならば、メディア状況が刻々と変化する中で、現在の危機的な状況を打開する最終手段として、「視聴率」の絶対性を否定して、「作り手」の「自律性」を尊重する内部的変革の必要性が、テレビメディア内部においても理解されると判断されるからです。結果として、「ポスト編成主導型モデル」は「送り手」と「作り手」を明確に分けて機能させていく中で、まずは、制作現場が編成部門の最優先事項となってきた「視聴率」に価値観を一元化されることなく、個々の創造性に基づいた異なる基準を追求することにより、「作り手」が「自律性」を確保した状態に復活するでしょう。更に、「制作会社完パケ番組」や「製作委員会方式」などにより複雑化した制作現場において、多様で独創的な番組が生まれる中で、一部に権力が集中した場合には、「送り手」が抑制的な内部統制者として「制度と自由」のバランスを確保する機能を持って、テレビメディア全体を再び成長させる組織構造へ昇華させるシステムになると考えます。

3　制作現場とテレビ研究が変わる意味と明るい将来像

ここまで、従来のテレビ研究では曖昧な定義で語られてきた「送り手」から「作り手」を明確に分けて、マス・コミュニケーション一般理論とは異なる視座により論理を構築してきました。この図式により、制作現場の実務者の目線を含んだ、経験的な「内部的視点」に立脚した、既存のテレビ研究とは異なるアプローチ方法により、「編成主導体制」や「視聴率」の影響など、現在のテレビメディアの重要問題を概ねカバーできたと思います。

一方、ここで採用した、編成を中心とする「送り手」と制作現場の「作り手」を分けた枠組みの設定は、「経営／制作」、「産業／表現」という既存の概念と似ているといった反論も想定されます。しかし、「経営／制作」、「産業／表現」の中間的な存在となる、テレビメディア特有の組織でもある、「編成」部門に着目することにより、既存の概念では捉え切れない番組制作過程の実態を明らかにすることが可能になったと考えます。

最後に、テレビメディアを「ひと塊」として捉えていた既存の概念から脱却して、「送り手」と「作り手」を分けた複眼的な手法から、以前は語られていなかった「編成主導体制」などの重要事項を考察できたことにより、従来のテレビ研究に「厚み」を加えられた意義について、再確認していきたいと思います。

やはり、この本の中で扱った「民放キー局及び、準キー局」の番組制作過程の中では、現在も「編成主導体制」が組織の特徴を表すキーワードとして、深く浸透しているようです。何度も書きましたが、このフジテレビの村上七郎がラジオ時代の経験を基に、テレビメディアに援用して生まれた組織形態が、日本テレビにより「視聴率」獲得という目的を「作り手」にも徹底した体制に変容され、その後の民放キー局に合理的なシステムとして定着していきました。今後も、番組制作過程で「作り手」の「自律性」が失われて、「視聴率至上主義」への傾倒が進むようであれば、更なる番組の画一化が予想され、豊かな放送文化の確保が困難な状況になることは間違いありません。実際に、現在の「送り手」が「作り手」をほぼ掌握した組織体制の中では、「視聴率」を絶対的な価値基準とする番組制作過程に陥っており、番組の「多様性」が著しく失われる結果となっています。

ここで一点、誤解のないように確認しておくと、「視聴率」自体が悪いと言っているわけではありません。制作現場の「作り手」が「一人でも多くの方に見てもらいたい」といった自然発生的な欲望をもって努力することは当然のことですし、「視聴率」がメディア企業として経営を成立させるための重要な指標となっていることも確かです。再三の確認になりますが、この前者が「社会的指標」になり、後者が「営業的指標」となって長年にわたり「視聴率システム」としてテレビメディアを発展させていく重要なスキームとなり機能してきたのです。しかし、「第四期」の日本テレビが確立した「編成主導型モデル」以降は、徐々に過度な「編成主導体制」の浸透により両者のバランスが悪くなり、「営業的指標」の機能一辺倒の価値観が、制作現場に押し付けられている状況に問題があるのです。

そこで、最終的に提示した「ポスト編成主導型モデル」においても、「視聴率システム」を健全に機能させる必要条件として、「作り手」が「送り手」からの「自律性」を保って番組制作にあたることが不可欠になります。一方で、1980年代以前から、編成戦略をマクロな部分で「送り手」が設定した上で、日々のタイムテーブルは時間帯別の裏番組対策をおおまかに「作り手」へ伝えるミクロな方法により、制作現場の「自律性」を損なうことなく、ある程度の「視聴率」の確保が可能であったようであり、TBSの編成部で視聴率対策に直面していた田原茂行は、次のように証言していました。

民放は時間帯と番組ごとに中心的な年齢・階層を大きく変えることで、全体の視聴率を稼いでいる。たとえばナイター中継とワイドショーと時代劇で男女の高年齢層を中心ターゲットにし、それ以外では、アニメととんねるずとダウンタウンとトレンディドラマが、子供、10代、20代のそれぞれを中心的なターゲットとして視聴率の総計を維持する構造である[18]。

この田原の指摘通りに、総合放送を標榜する民放キー局は、視聴ターゲットに応じた番組ジャンルを時間帯ごとに放送する、安定的な「視聴率」を確保していく編成方針により、「視聴率」が「営業的指標」としても機能する中で、経営的なリスクを回避してきました。

しかし、現状ではインターネットの普及により多メディア化が進行する中で、若年層の「テレビ離れ」が顕在化してきており、今後は従来の視聴データでは対応が難しくなり、各時間帯でテレビ視聴が見込まれなかった、新たな視聴者層の開拓が要求されます。そのためには、やはり「視聴率」に拘泥しない、独創性に溢れる「作り手」の「自律性」を重視する番組制作過程を保つことが必要でしょう。この現在の危機的状況に対する際の「作り手」の姿勢として、テレビメディア草創期に日本特有の新たな番組ジャンルとなった「ワイドショー」を開発した実績を持つ浅田孝彦による、以下の「視聴率観」が示唆的です。

「視聴率」について私の考え方を結論として申し上げると、それは過去の記録、つまり放送された番組がどれだけ多くの人に見られたかという結果の数字である。多くのプロデューサーは、この数字をより高めるために努力をしてきた。そして、そのパターンの中で、よく見られた番組が生まれたことにも間違いはない。

しかし、繰り返しになるが、「視聴率」はこの番組がこれだけ見られたのだという過去のデータに過ぎず、その積み重ねには限界がある。つまり、これまでに無かった全く新しい番組が、どれ位の「視聴率」が獲れるかということは教えてくれない。そんな新しい高視聴率番組を作り上げることこそ、プロデューサーの仕事であり、生き甲斐であると、私は信じている[19]。

ここで浅田は、明確にデータとして現れる「視聴率」の結果と同時に、「全く新しい番組」の重要性を力説していますが、やはり、過去の実績を尊重する中で、更に独創的な演出方法や新技術を導入していくことが、今後のテレビメディアを発展させていく上で不可欠となるのは間違いありません。ところが、現在も基本的な民放キー局の基本戦略として、「視聴率」データに合わせて、時間帯により異なる視聴者層をターゲットとする番組編成が基本的に行われており、過去のデータに捉われない「作り手」の独創性を優先する新番組の開拓が妨げられる傾向にあります。現在のメディア利用形態が多様化する中で、テレビ局が従来の「時間帯イメージ」による編成方針を続けていけば、若年層の「テレビ離れ」などに対応できなくなり、新たな視聴者層の獲得も覚束なくなると断言できます。

実際に、民放キー局の「年間視聴率」や「年間売上高」も、10年前と比較すると大幅に落ちてきており、編成部門が影響力を肥大化させる組織体制や、「作り手」の「自律性」が厳しく制約される番組制作過程を変える、組織改革が早急に必要です。だからこそ、「ポスト編成主導型モデル」の採用が、内部的な変革として急務になってきます。実際に、現在の硬直化した日本のテレビメディア内部でも、この危機的なメディア状況を「送り手」の上層部は認識しているものと推察されますが、現状を脱却する具体的な処方箋が望まれる中で、「ポスト編成主導型モデル」は十分に実効性を持つ選択肢になると考えます。

最後に、再三の確認になりますが、現在のテレビメディア研究の中で、「社会的指標」の部分を考慮せず「営業的指標」に特化した「視聴率」の一面的な捉え方と、編成部門の過剰な影響力が見逃されてきた状況を克服するには、「送り手」と「作り手」を混同した枠組みを修正して、「作り手」を独立させることによって、初めて見えてくるものと言えます。やはり、研究自体が活発な「受け手」論と比べると、研究方法が未だ確立されていないと指摘されるテレビの「送り手」論の中で、今後は「作り手」を「送り手」から独立させた新たな視座の導入が、アカデミズムと同時に、テレビメディア内部でも不可欠となってくるでしょう。実際に、「作り手」が水面下で危機感を強く抱いている編成部門の勢力拡大により、制作現場の独創性が失われていく状況の中で、今後のテレビメディアで重要になるのは、「作り手」の「自律性」を保った番組制作過程をいかにして実現するかであり、そのためには、現在も深く浸透する「編成主導体制」を修正した組織作りが不可欠です。実際に、この本の中で提示した「ポスト編成主導型モデル」を導入する場合も、「チェックプロデューサー」の乱造などを容認しない、「作り手」と「送り手」の境界線上での制作現場の「自律性」を巡る攻防が、制作現場の独創性や番組の多様性確保に向けた分岐点になると考えられます。

このように、従来のメディア論で使用されてきた「送り手」と「受け手」の二元論による図式に「作り手」を加えた三元論の図式を採用する方法論で、「編成主導体制」や「視聴率」の「作り手」に及ぶ影響を「内部目線」から明らかにして、放送現場の実態から乖離しないテレビ研究を模索してきました。この新しい視座の採用により、「編成主導体制」の番組制作過程への影響を論理的かつ実践的に究明することができ、結果として、「作り手」の「自律性」確保に向けた最良の組織モデルを構想することが可能になりました。最終的には、当初、理想的な組織モデルと想定していた１９７０年代の「制作独立型モデル」が現状には必ずしも合っていないと判断して、１９８０年代の「初期編成主導型モデル」を基本形に、多メディア時代へ適合させた「ポスト編成主導型モデル」を新たな組織モデルとして提示するに至りました。この村上七郎が構築した１９８０年代の革新的な組織モデルを修正した「ポスト編成主導型モデル」が、現行の「超編成主導型モデル」とは対照的なシステムとして、「作り手」の「自律性」回復に向けた最善の組織モデルとなるでしょう。

今後は、インターネットやスマートフォンの普及で「テレビ離れ」が進む危機的な状況にあるテレビメディアの再興に向けて、この「ポスト編成主導型モデル」の実現に向けた方途を探っていきたいと思います。実際に、各方面からテレビメディアの現状が憂慮されており、その克服方法として、コンテンツビジネスに頼ったビジネスモデルの変換や、番組の質的向上を指摘する論考が数多く見受けられます。確かに、双方共にテレビメディアの進むべき道として正しい指摘だとは思いますが、それらを成立させるためには、従来の一般企業で用いられてきた「トヨタ生産方式」などの平準化を促進するモデルとは異なる、メディア企業内部での独自の組織論が最終的に大きく影響してくることは間違いありません。

この側面からは、現在も民放キー局はメディア企業として、「ステーション機能」と「プロダクション機能」の双方を併せ持ち、それぞれを編成部門の「送り手」と、報道や制作部門の「作り手」が引っ張っている状況にあると言えます。その中で、インターネットの普及などによる伝送路の多様化で「ステーション機能」の部分での優位性が怪しくなってきており、テレビメディア特有の全国ネット放送による、「視聴率」を指標とした広告収入モデルが揺らぎつつあります。そこで、もう一方の「プロダクション機能」が生命線としてクローズアップされ、日本にはハリウッドのような巨大制作会社が存在しない中で、「インターネット時代になっても、最後にモノを言うのは制作能力」といった発想も出てきています。もちろん、ハリウッドのマルチメディア企業のように、多メディア展開が可能なスケールの大きい良質な番組を「コンテンツ」として流通していくことも必要だとは思いますが、世界市場を背景としない日本では資金調達も難しいこともあり、日本流の組織モデルを構築することが、まずは必要でしょう。そこで、ディズニーのような巨大プロダクションに代わって、日本では民放キー局がハブ機能を持ち、その中で編成部門が「ステーション機能」を現在の「視聴率」を最終審級とするモデルとは違った形で、ドラマやバラエティーなどのエンターテイメント系の番組やスポーツ、報道番組などを制作する「プロダクション機能」を、幅広い体制で健全に回していくことを考えました。

このテレビメディア特有の編成部門が核となって、番組をマルチ展開していく構図は、プラットフォームを立ち上げただけで、一見、現状の「超編成主導型モデル」と変わらなく見えるかもしれません。ただ、必要なのは過去の歴史に学ぶことであり、民放キー局が大企業化していく中で、編成部門の「送り手」の影響力が過剰に強くなり、対照的に「自律性」を失い、制作現場の地位が揺らいでいった状況を改めて、「作り手」を復権させる、現状とは正反対の組織モデルを構築することが肝要です。その際に、個々の番組の制作体制については、「送り手」と「作り手」の関係性を現状から一新する組織モデルとして、過去の実績からも「初期編成主導型モデル」が有効であると判断しており、プラットフォーマーとしてよりも、むしろハブ機能に徹する編成部門と各制作現場の対等な関係性の構築が最重要課題になります。

実際に、テレビメディアの現状は、その社会的影響力や営業的数値の側面を考慮しますと、まだ基幹メディアにあると推察されますが、2019年の総広告費でインターネットがテレビメディアを抜いており、これが更に10年、20年先にどうなっているか不透明です。昨今は番組の画一化も見られ、「放送文化の多様性」を遵守した創造性豊かな番組の放送ができなくなれば、近い将来にテレビは「多様なメディアの選択肢の一つ」に脱落する可能性もあります。そこで、ここは多メディア状況にも対応した「ポスト編成主導型モデル」の採用により、自由な創造力を尊重する制作現場に変わることで、番組の「多様性」が確保され、メディアの雄として「テレビはもっと面白くなる」と胸を張って言える状況が作り出されることが期待されるでしょう。

同時に、序章で宣言した「日本のテレビ研究の再構築」となる、「送り手」論の再興に貢献する、テレビの「作り手」論を展開する意義を最後に強調しておきたいと思います。

この本は、以前に岡部慶三が提唱した、放送現場の実用的目的を一部で制限して、真理価値を追究する学問的な動機に基づいた科学としての「自律性」を確保した上で、組織構造や作用について実践的な活動に寄与することを目指した、「政策科学」としての「放送学構想」を継承しようとする目論見もありました。結果として、「作り手」という新たな研究視座から、対照的な「編成主導型モデル」と「制作独立型モデル」の双方を「内部的目線」に立って検証して、「作り手」の「自律性」回復を実現する具体的な組織モデルを提示できたことが、テレビ研究と放送現場の双方で改革の芽となり、新たに

「テレビ学」の地平が開拓されていくことを切望します。

【註】

1　安藤和久（関西テレビ放送・プロデューサー、前東京支社制作部長）談、2015年10月26日、東京・銀座にて対面インタビューによる聞き取り調査。

2　安藤和久（関西テレビ放送・プロデューサー、前東京支社制作部長）談、2015年10月26日、東京・銀座にて対面インタビューによる聞き取り調査。

3　沈成恩「韓国映像ビジネス興隆の背景〜文化産業政策と放送の海外進出〜」『放送研究と調査』2006年12月号（NHK出版、23―24頁、2006）参照。

4　沈成恩「韓国映像ビジネス興隆の背景〜文化産業政策と放送の海外進出〜」『放送研究と調査』2006年12月号（NHK出版、12頁、2006）参照。

5　東亜日報「大ヒットしたのに大損したという韓国ドラマ」東亜日報日本語版ホームページ2013年6月23日配信<japanese.donga.com/List/3/all/27/422151/1>、2016年10月16日閲覧。

6　沈成恩「韓国映像ビジネス興隆の背景〜文化産業政策と放送の海外進出〜」『放送研究と調査』2006年12月号（NHK出版、16―18頁、2006）参照。

7　沈成恩「韓国映像ビジネス興隆の背景〜文化産業政策と放送の海外進出〜」『放送研究と調査』2006年12月号（NHK出版、24頁、2006）参照。

8　辛坊治郎『TVメディアの興亡――デジタル革命と多チャンネル時代』（集英社新書、55―58頁、2000）参照。

9　坂本衛「制作プロダクションの現実」『創』1993年8月号（創出版、67頁、1993）参照。

10　菅原章（フリープロデューサー、元電通企画推進部『水戸黄門』担当）談、2015年11月11日、東京・根津にて対面インタビューによる聞き取り調査。

11　前田恵三（プランニング・テレビジョン社長、元日本テレビ・ドラマ『前略おふくろ様』ＡＰ）談、２０１５年11月22日、長野・大町にて対面インタビューによる聞き取り調査。

12　広瀬道貞（テレビ朝日・代表取締役社長）談、２００４年12月9日、東京・六本木にて対面インタビューによる聞き取り調査。

13　村上七郎『ロングラン マスコミ漂流50年の軌跡』（扶桑社、２７６―２７８頁、２００５）参照。

14　田原茂行『テレビの内側で』（草思社、40―44頁、１９９５）参照。

15　田原茂行『テレビの内側で』（草思社、49―51頁、１９９５）参照。

16　田原茂行『テレビの内側で』（草思社、48頁、１９９５）参照。

17　安藤和久（関西テレビ放送・プロデューサー、前東京支社制作部長）談、２０１５年10月26日、東京・銀座にて対面インタビューによる聞き取り調査。

18　田原茂行『テレビの内側で』（草思社、54頁、１９９５）参照。

19　浅田孝彦（テレビ朝日社友、元テレビ朝日『木島則夫モーニング・ショー』プロデューサー）談、２００５年6月18日、東京・永福町にて対面インタビューによる聞き取り調査。

参考文献

〈参考文献〉
Ang, I.（１９９１）, Desperately Seeking The Audience, London: Routledge
浅田孝彦「〝生〟の力を結実させた初めての番組」『ＧＡＬＡＣ』２００３年4月号「特集　テレビの〝突破者〟たち！」（放送批評懇談会、２００３）
浅田孝彦『ニュースショーに賭ける』（現代ジャーナリズム出版会、１９６８）
浅田孝彦『ワイド・ショーの原点』（新泉社、１９８７）
浅野太「低予算を強調してヒットした『勇者ヨシヒコ』の続編の狙い」『日経エンタテインメント！』２０１２年12月号（日経ＢＰ社、２０１２）
バーワイズ・Ｐ・、エーレンバーグ・Ａ・著、田中義久訳『テレビ視聴の構造』（法政大学出版局、１９９１）
ばばこういち『されどテレビ半世紀』（リベルタ出版、２００１）
ばばこういち『視聴率戦争―その表と裏―』（岩波書店、１９９６）
Caldwell, J.（２００８）, Production Culture: Industrial Reflexivity and Critical Practice in Film/Television, Durham, NC and London: Duke University Press
Caldwell, J.（１９９５）, Televisuality : Style, Crisis, and Authority in American television, New Brunswick, N.J. : Rutgers University Press
沈成恩「韓国映像ビジネス興隆の背景～文化産業政策と放送の海外進出～」『放送研究と調査』２００６年12月号（ＮＨＫ出版、２００３）
Davis, H. and Scase, R.（２０００）, Management Creativity. Buckingham: Open University Press
土橋臣吾「アクターとしてのオーディエンス」小林直毅・毛利嘉孝編『テレビはどう見られてきたのか　［テレビ・オーディエンスのいる風景］』（せりか書房、２００３）
遠藤知己「メディアそして／あるいはリアリティ―多重メビウスの循環構造―」『思想』２００３年第12号「テレビジョ

ン再考」（岩波書店、2003）
藤平芳紀『視聴率'96』（大空社、1997）
藤平芳紀『視聴率'97』（大空社、1998）
藤平芳紀『視聴率'98』（大空社、1998）
藤平芳紀『視聴率の謎にせまるデジタル放送時代を迎えて』（ニュートンプレス、1999）
藤平芳紀「視聴率のナゾ　視聴率調査一社独占の功罪」『GALAC』2002年5月号（放送批評懇談会、2002）
藤平芳紀「視聴率のナゾ　テレビ放送と視聴率調査のあゆみ①」『GALAC』2003年3月号（放送批評懇談会、2003）
藤平芳紀「視聴率のナゾ　テレビ放送と視聴率調査のあゆみ②〜1980年代量から質へ〜」『GALAC』2003年4月号（放送批評懇談会、2003）
藤平芳紀「視聴率のナゾ　テレビ放送と視聴率のあゆみ③　1990年代〜今日に至る視聴率調査」『GALAC』2003年5月号（放送批評懇談会、2003）
藤平芳紀「視聴率のナゾ　変わってきたテレビの見方」『GALAC』2003年10月号、（放送批評懇談会、2003）
藤平芳紀「視聴率のナゾ　ニュースステーション誕生余話」『GALAC』2003年11月号、（放送批評懇談会、2003）
藤平芳紀「視聴率のナゾ　視聴率不正工作事件の意味すること」『GALAC』2004年3月号（放送批評懇談会、2004）
藤平芳紀「視聴率のナゾ　日本式MRCの設置に向けて」『GALAC』2004年10月号（放送批評懇談会、2004）
藤平芳紀『視聴率の正しい使い方』（朝日新聞社、2007）
藤竹暁「思想の言葉　環境となったテレビ」『思想』2003年12月号「テレビジョン再考」（岩波書店、2003）
藤竹暁『テレビの理論』（岩崎放送出版社、1969）

藤竹暁「テレビ研究の20年」『新聞学研究』22号（日本マス・コミュニケーション学会、１９７３）
藤竹暁『テレビとの対話』（日本放送出版協会、１９７４）
藤竹暁『テレビメディアの社会力』（有斐閣、１９８５）
藤竹暁　山本明『図説　日本のマス・コミュニケーション』（日本放送出版協会、１９９４）
藤竹暁『図説　日本のマスメディア　第二版』（ＮＨＫブックス、２００５）
藤田真文「テレビ40年―不惑の検証　未完のプロジェクト《放送学》テレビ実践活動に規範を与える政策科学を―」『総合ジャーナリズム研究』30巻1号（東京社、１９９３）
フジテレビ調査部著『形而上のテレビ百論』（講談社、１９９０）
フジテレビ社長室編『フジテレビ十年史稿』（フジテレビ、１９７０）
福田陽一郎『渥美清の肘突き―人生ほど素敵なショーはない』（岩波新書、２００８）
福田雄一「第90回・妻の目を盗んでテレビかよ　男前ってのは、彼のことを言うんだな」『週刊現代』（講談社、２０１１）
Garnham,N.(２０００),Emancipation, the Media and Modernity, Oxford: Oxford University Press
Gitlin, T.(１９８３), Inside Prime Time, New York, NY: Pantheon
五味一男「１０００万人の代弁者として番組をつくってきた」ビデオリサーチ・編『視聴率50の物語　テレビの歴史を創った50人が語る50の物語』（小学館、２０１３）
五味一男『視聴率男の発想術　「エンタの神様」仕掛け人の〝ヒットの法則〟』（宝島社、２００５）
後藤和彦「編成・制作論の構想」『放送学研究』11号（日本放送出版協会、１９６５）
後藤和彦「編成における決定―一事例の問題発見的考察―」『放送学研究』18号（日本放送出版協会、１９６８）
後藤和彦『放送編成・制作論』（岩崎放送出版社、１９６７）
後藤和彦「放送研究の対象領域としての編成」『放送学研究』18号（日本放送出版協会、１９６８）

後藤和彦「テレビ研究の20年」『新聞学研究』22号（日本マス・コミュニケーション学会、１９７３）
萩原敏雄「改善策を十月編成から実施。クリエーターの努力を測る方法に、いろんな尺度を取り入れたい。」『ＧＡＬＡＣ』２００４年10月号「特集　どうなる視聴率　どうする視聴質」（放送批評懇談会、２００４）
萩原敏雄「特集 スポーツ次の〝切り札〟は？ 奥の深い、もっとおもしろい野球を！」『ＧＡＬＡＣ』２００１年11月号（放送批評懇談会、２００１）
濱田純一「５法制度論 自由」『マス・コミュニケーション研究』50号（日本マス・コミュニケーション学会、１９９７）
濱田純一『メディアの法理』（日本評論社、１９９０）
濱田純一『情報法』（有斐閣、１９９３）
花田達朗『公共圏という名の社会空間』（木鐸社、１９９６）
橋本和彦「総合視聴率の現状と〝これからの視聴率〟」『ＧＡＬＡＣ』２０１７年３月号（放送批評懇談会、２０１７）
橋本昇「〈ＴＶスポット取引新指標〉広告主と５局の画期的な直接対話―将来に向けて変化を優先―」『企業と広告』２０１７年12月号（チャネル、２０１７）
早川善次郎・小川肇「わが国のマス・コミ研究の現状について」『放送学研究』第22号（日本放送出版協会、１９７１）
林知己夫「視聴率調査の論理と倫理～機械による個人視聴率をめぐって～」『ＡＵＲＡ』１０６号(フジテレビ編成局調査部、１９９４)
林真理子「マリコの言わせてゴメン！45」『週刊朝日』１９９６年７月26日号（朝日新聞社、１９９６）
林利隆「求められる『専門職』としての意識―ＴＢＳ取材テープ問題を考える」『新聞研究』１９９６年５月号(日本新聞協会、１９９６)
Hesmondhalgh, D.(２００７), The Cultural Industries, Los Angeles: Sage Publications
平島廉久『検証視聴率』（日本能率協会マネジメントセンター、１９９３）
ホルスタイン・Ｊ・、グブリウム・Ｊ・、山田富秋他訳『アクティブ・インタビュー』（せりか書房、２００４）

堀川とんこう『ずっとドラマを作ってきた』（新潮社、１９９８）
細野邦彦「不良番組であってもカルチャーだった」『ＧＡＬＡＣ』２００３年４月号「特集　テレビの〝突破者〟たち」（放送批評懇談会、２００３）
井原高忠『元祖テレビ屋大奮戦！』（文藝春秋、１９８３）
今村庸一「『電波少年』の冒険」『放送レポート』１９９５年９月号（メディア総合研究所、１９９５）
稲葉三千男「現代マス・コミ労働の特質」北川隆吉ほか編『講座　現代日本のマス・コミュニケーション　４　マス・メディアの構造とマス・コミ労働者』（青木書店、１９７３）
稲葉三千男『現代マスコミ論』（青木書店、１９７６）
稲田植輝『放送メディア入門』（社会評論社、１９９８）
井上宏『現代テレビ放送論―〈送り手〉の思想―』（世界思想社、１９７５）
井上宏『テレビの社会学』（世界思想社、１９７７）
井上宏「テレビ編成の構造」大山勝美編『テレビ表現の現場から―プロデューサー／ディレクター／編成編』、（二見書房、１９８１）
井上宏『テレビ文化の社会学』（世界思想社、１９８７）
石川明「組織の中のジャーナリスト」、花田達朗・廣井脩編『論争　いま、ジャーナリスト教育』（東京大学出版会、２００３）
石光勝『テレビ番外地　東京12チャンネルの奇跡』（新潮新書、２００８）
石沢治信「誰のための視聴率戦争だったのか　日テレ・フジ、年末年始の必死の攻防戦」『創』１９９５年３月号（創出版、１９９５）
石沢治信「90年視聴率戦争、フジテレビまたも独走」『創』１９９１年１月号（創出版、１９９１）
石沢治信「日テレ・フジの三冠王めぐる激闘」『創』１９９５年２月号（創出版、１９９５）

伊藤愛子『視聴率の戦士』（ぴあ、２００３）
伊藤守・藤田真文編『テレビジョン・ポリフォニー』（世界思想社、１９９９）
伊藤隆紹「ＮＴＶの独走か⁉民放視聴率競争に新展開」『創』１９９5年8月号（創出版、１９９５）
岩崎達也『日本テレビの「1秒戦略」』（小学館新書、２０１６）
伊豫田康弘・上滝徹也・田村穣生・野田慶人・煤孫勇夫『テレビ史ハンドブック』（自由国民社、１９９６）
加地倫三『たくらむ技術』（新潮新書、２０１２）
神山冴と検証特別取材班著『ＴＢＳ　ザ・検証　局にかわって私がやる‼』（鹿砦社、１９９６）
笠原唯央『テレビ局の人びと　視聴率至上主義の内情とプロダクションの悲喜劇』（日本実業出版社、１９９６）
片岡俊夫『放送概論　制度の背景をさぐる』（日本放送出版協会、１９８８）
加藤秀俊「視聴率の本質は何か 制作者側にほしいマスへの訴求意欲」『調査情報』１９６1年8月、32号「特集《視聴率カルテ》」（東京放送調査部、１９６１）
加藤秀俊『テレビ時代』（中央公論文庫、１９５８）
加藤義彦、鈴木啓介、濱田高志『作曲家・渡辺岳夫の肖像 ハイジ、ガンダムの音楽を作った男』（ブルース・インターアクションズ、２０１０）
貴島誠一郎「レベルの低い作り手ほど視聴者のせいにする」『ＧＡＬＡＣ』２００1年5月号（放送批評懇談会、２００１）
岸田功「〝放送〟を学ぶ基礎　受け手の関心によって多様なアプローチが…」総合ジャーナリズム研究所編『総合ジャーナリズム研究１２１号』（東京社、１９８７）
岸田功『テレビ放送人　私の仕事　第2版』（東洋経済新報社、１９８６）
北田暁大『嗤う日本の「ナショナリズム」』（ＮＨＫブックス、２００５）
小林直毅・毛利嘉孝編『テレビはどう見られてきたのか』（せりか書房、２００３）

小林信彦『テレビの黄金時代』（文藝春秋、２００２）
小池正春「地上波制圧!?日本テレビの視聴率哲学」『創』２００１年12月号（創出版、２００１）
小池正春『実録　視聴率戦争！』（宝島社新書、２００１）
小池正春「検証！テレビ戦線異状あり 個人視聴率の可能性に賭けたニールセンの哀愁」『創』１９９５年２月号（創出版、２００４）
小池正春「三冠の方程式は堅実〝森型野球〟」『新・調査情報』１９９９年11月、第20号「特集 日テレ式高視聴率の背景をよむ」（東京放送編成考査局、１９９９）
小池正春『ＴＶ　大人のみかた　テレビ生活者のスマート・ナビ』（ダイヤモンド社、１９９８）
個人視聴率調査懇談会「機械式個人視聴率調査検証報告書（概要）」『月刊民放』１９９６年９月号「特集 個人視聴率」（日本民間放送連盟、１９９６）
小中陽太郎「視聴率の物神化を批判する」『放送レポート』１８６号（メディア総合研究所、２００４）
神足裕司「視聴率、この祝福されざる道具…の巻」『週刊ＳＰＡ！』１９９１年３月６日号（扶桑社、１９９１）
今野勉『それでもテレビは終わらない』（岩波書店、２０１０）
久保田了平「放送調査とはどういうものか Ｎ調査機関ニールセンの効用とその限界」『調査情報』１９６１年８月、（東京放送調査部、１９６１）
隈元信一「転機迎えたテレビ視聴率」『ＡＥＲＡ』１９９０年６月19日号（朝日新聞社、１９９０）
ラスウェル・Ｄ・Ｈ・、「社会におけるコミュニケーションの構造と機能」シュラム・Ｗ・編、学習院大学社会学研究室訳『新版マス・コミュニケーション　マス・メディアの総合的研究』（東京創元社、１９６８）
ラザースフェルド・Ｆ・Ｐ・、ベレルソン・Ｂ・、ゴーデッド・Ｈ・著、有吉広介監訳『ピープルズ・チョイス アメリカ人と大統領選挙』（芦書房、１９８７）
マクルーハン・Ｍ・、カーペンター・Ｅ・編著、大前正臣・後藤和彦訳『マクルーハン理論』（平凡社ライブラリー、

２００３）
松田浩『ドキュメント　放送戦後史Ⅰ』（双柿舎、１９８０）
松田浩『ドキュメント　放送戦後史Ⅱ』（双柿舎、１９８１）
松井英光「メディアを規定する視聴率を巡るテレビの作り手研究〜放送デジタル化における新評価基準とメディアの行方まで〜」（東京大学大学院修士論文、２００４）
松井英光「ＴＶ外交〜トーキョーはアジアのハリウッドになれるか？ブラウン管を通しての国際ＰＲ外交〜」（慶應義塾大学法学部政治学科卒業論文、１９８９）
松村由彦「信頼性の高い調査の導入を〜個人視聴率調査にはＰＰＭが最適〜」『ＡＵＲＡ』１０６号（フジテレビ編成局調査部、１９９４）
松山秀明「テレビジョンの学知―１９６０年代、放送学構想の射程」『マス・コミュニケーション研究』第85巻（日本マス・コミュニケーション学会、２０１４）
マートン・Ｒ・著、森東吾・森好夫・金沢実・中島竜太郎訳『社会理論と社会構造』（みすず書房、１９６１）
マートン・Ｒ・著、柳井道夫訳『大衆説得―マス・コミュニケーションの社会心理学』（桜楓社、１９７０）
南博ほか編『マス・コミュニケーション講座〈第4巻〉映画・ラジオ・テレビ』（河出書房、１９５４）
南博「テレビと人間」南博編『講座　現代マス・コミュニケーション2　テレビ時代』（河出書房新社、１９６０）
南博「序論―パーソナル芸術・マス化芸術・マス芸術―」南博他編『講座　現代芸術』第四巻（勁草書房、１９６１）
美ノ谷和成『放送メディアの送り手研究』（学文社、１９９８）
水越伸「メディア・プラクティスの地平」水越伸、吉見俊哉編『メディア・プラクティス』（せりか書房、２００２）
水越伸「日本におけるテレビ放送研究の系譜―「テレビジョン」特集と「放送学」構想にみる限界と有効性―」『社会情報と情報環境』（東京大学出版会、１９９４）
水越伸『新版　デジタル・メディア社会』（岩波書店、２００２）

水島久光「視聴率問題が提起する、メディアと産業の新しい関係」『月刊民放』２００４年２月号（日本民間放送連盟、２００４）
水島久光『テレビジョン・クライシス 視聴率・デジタル化・公共圏』（せりか書房、２００８）
森俊幸「広告効果の詳細を素早く知りたい〜日記式調査の機械化で精度とスピードのアップを〜」『ＡＵＲＡ』１０６号「特集 個人視聴率問題を徹底検証」（フジテレビ編成局調査部、１９９４）
毛利嘉孝「〝イラク攻撃〟、〝テレビ〟、そして〝オーディエンス〟」小林直毅・毛利嘉孝編『テレビはどう見られてきたのか』（せりか書房、２００３）
村上七郎『ロングラン マスコミ漂流50年の軌跡』（扶桑社、２００５）
村木良彦『ぼくのテレビジョン―あるいはテレビジョン自身のための広告』（田畑書店、１９７１）
室田泰志「良質な番組を支援する！リーディングカンパニーの選択基準」『ＧＡＬＡＣ』２００２年10月号「スポンサーに聞いちゃいました！番組提供の理由」（放送批評懇談会、２００２）
中島仁「偏差値世代の個人視聴率観〜泥縄式調査部卒業論文〜」『ＡＵＲＡ』１０６号（フジテレビ編成局調査部、１９９４）
中野収『メディア空間』（勁草書房、２００１）
中野収「特集 テレビ50年の通信簿―テレビ論のはたしてきたこと―」『ＡＵＲＡ』１５７号（フジテレビ編成制作局調査部、２００３）
生田目常義『新時代テレビビジネス 半世紀の歩みと展望』（新潮社、２０００）
ＮＨＫ総合放送文化研究所編『テレビで働く人間集団』（日本放送出版協会、１９８３）
ＮＨＫ放送文化研究所編『日本人の生活時間・２０００―ＮＨＫ国民生活時間調査』（日本放送出版協会、２００２）
ＮＨＫ放送世論調査所編『テレビ視聴の30年』（日本放送出版協会、１９８３）
ＮＨＫ放送文化研究所編『ＮＨＫ放送文化研究所年報２０１２』（ＮＨＫ出版、２０１２）

ＮＨＫ放送文化研究所編『テレビ視聴の50年』（日本放送出版協会、２００３）
日本放送協会編『放送の五十年―昭和とともに』（日本放送出版協会、１９７７）
日本放送協会総合放送文化研究所・放送学研究室編集『放送学研究28　日本のテレビ編成』（日本放送出版協会、１９７６）
日本放送出版協会編『「放送文化」誌にみる　昭和放送史』（日本放送出版協会、１９９０）
日本民間放送連盟放送研究所編『デジタル放送産業の未来』（東洋経済新報社、２０００）
日本民間放送連盟放送研究所編『民間放送五十年史』（日本民間放送連盟放送研究所、２００１）
日本民間放送連盟放送研究所編『民間放送三十年史』（日本民間放送連盟放送研究所、１９８１）
日本民間放送連盟放送研究所編『民間放送十年史』（日本民間放送連盟放送研究所、１９６１）
日本民間放送連盟放送研究所編『視聴率の見かた』（日本民間放送連盟放送研究所、１９６７）
日本民間放送連盟放送研究所編『視聴率を補完する充足度システム』（日本民間放送連盟放送研究所、１９７９）
日本テレビ放送網社史編纂室編『大衆とともに25年　沿革史』（日本テレビ放送網株式会社、１９７８）
日本テレビ放送網社史編纂室編『大衆とともに25年　写真集』（日本テレビ放送網株式会社、１９７８）
西渕憲司「主婦は午前中のニュースだって見る！」『ＧＡＬＡＣ』２００１年５月号（放送批評懇談会、２００１）
西垣通『マルチメディア』（岩波新書、１９９４）
仁科俊介「見て〝得〟したと思う番組」『ＧＡＬＡＣ』２００３年４月号「特集　テレビの〝突破者〟たち」（放送批評懇談会、２００３）
西正『テレビが変わる』（ごま書房、１９９９）
丹羽美之「テレビが描いた日本―ドキュメンタリー番組の五十年」『ＡＵＲＡ』１５７号「特集　テレビ50年の通信簿」（フジテレビ編成制作局調査部、２００３）
野崎茂『第二世代テレビの構想ＶＰ、ＣＡＴＶ、空中波』（現代ジャーナリズム出版会、１９７０）

小田久榮門『テレビ戦争勝組の掟　仕掛人のメディア構造改革論』（角川書店、２００１）
小田義文「〝テレビ視聴率調査対象世帯への不正干渉〟に対するビデオリサーチの対応」『月刊民放』２００４年2月号（日本民間放送連盟、２００４）
オフィス・マツナガ『なぜフジテレビだけが伸びたのか―独自の宣伝戦略・番組づくりにみる「アピール・テクニック」の秘密』（こう書房、１９９０）
荻野祥三「視聴率時代の終わりの始まり」『ＡＵＲＡ』１６２号（フジテレビ編成制作局調査部、２００３）
岡部慶三「科学としての放送研究（1）―いわゆる「放送学」理論の性格について―」『放送学研究』1号（日本放送出版協会、１９６１）
岡部慶三「科学としての放送研究（2）―「放送学」の課題について―」『放送学研究』２号（日本放送出版協会、１９６２）
岡部慶三「科学としての放送研究（3）―放送研究と「放送学」―」『放送学研究』7号（日本放送出版協会、１９６４）
岡部慶三「特集・放送学研究の25年 第1章 放送学の課題と方法―草創期における論点を中心に」『放送学研究』35号（日本放送出版協会、１９８５）
奥田良胤「第X章　番組制作と放送倫理」島崎哲彦・池田正之・米倉律編『放送論』（学文社、２００９）
大石泰彦「ジャーナリストの自由と倫理―フランス、そして日本」『新聞研究』１９９５年11月号（日本新聞協会、１９９５）
大倉文雄『２０００年代　テレビはデジタル化で変わる』（日本図書刊行会、２０００）
大下英治『ＮＨＫ王国ヒットメーカーの挑戦』（講談社、１９９４）
大竹和博他「座談会　視聴率の〝質〟向上を急げ！」『ＧＡＬＡＣ』２００４年3月号（放送批評懇談会、２００４）
大多亮『ヒットマン　テレビで夢を売る男』（角川書店、１９９６）
太田省一・長谷正人編著『テレビだョ！全員集合 自作自演の１９７０年代』（青弓社、２００７）

大山勝美編『テレビ表現の現場から―プロデューサー・ディレクター・編成編』（二見書房、１９８１）
大山勝美『時代の予感』（東洋経済新報社、１９９０）
音好宏「個人視聴率・視聴質～この10年の歩み～」『ＡＵＲＡ』１０６号（フジテレビ編成局調査部、２００３）
音好宏、日吉昭彦「テレビ番組の放映内容と放送の〝多様性〟～地上波放送のゴールデンタイムの内容分析調査～」『コミュニケーション研究』第38号（上智大学コミュニケーション学会、２００８）
王東順「今までにない番組をつくる喜び」『ＧＡＬＡＣ』２００３年4月号「特集　テレビの突破者たち！」（放送批評懇談会、２００３）
ポルトラック・Ｆ・Ｄ・、「アメリカが経験した事～ＰＭ導入が米国ＴＶ界をどう変えたか～」『ＡＵＲＡ』１０６号（フジテレビ編成局調査部、１９９４）
プライス・Ａ・Ｄ・著、櫻井祐子訳『ピクサー 早すぎた天才たちの大逆転劇』（早川書房、２０１５）
Riley,J.W. and Riley, M.W.(１９５９)`Mass Communication and the Social System' in Merton, R.K. (ed), Sociology Today - Problems and Prospects, New York: Basic Books.
ライリー・Ｊ・Ｍ・著、宇賀博訳「マス・コミュニケーションと社会体系」『新聞研究』１９６１年9月号（日本新聞協会、１９６１）
Ryan, B.(１９９２), Making Capital from Culture The Corporate Form of Capitalist Cultural Production, Berlin and New York NY: Walter De Gruyter
「最近のテレビ番組視聴率とラジオ番組聴取状況―ＭＭＲをめぐって―」『調査情報』１９５８年9月上旬号（ラジオ東京調査部、１９５８）
境真良『テレビ進化論　映像ビジネス覇権のゆくえ』（講談社、２００８）
坂本衛「制作プロダクションの現実」『創』１９９３年8月号（創出版、１９９３）
笹川巌「ピープルメーターをめぐる近年の事情と論点」『調査情報』１９９３年2月号（ＴＢＳ編成考査部、１９９３）

佐藤孝吉『僕がテレビ屋サトーです　名物ディレクター奮戦記　「ビートルズ」から「はじめてのおつかい」まで』（文藝春秋、２００４）
澤田隆治「上方喜劇を超え全国区へ」『ＧＡＬＡＣ』２００３年4月号「特集　テレビの〝突破者〟たち」（放送批評懇談会、２００３）
澤田隆治「面白い番組をつくれば、いまでも視聴率40％は取れる」ビデオリサーチ・編『視聴率50の物語 テレビの歴史を創った50人が語る50の物語』（小学館、２０１３）
シュラム・W・編、学習院大学社会学研究室訳『新版 マス・コミュニケーション マス・メディアの総合的研究』（東京創元社、１９６８）
志賀信夫『デジタル時代の放送革命』（源流社、２０００）
志賀信夫『放送』（日本経済新聞社、１９８６）
志賀信夫『テレビ社会史』（誠文堂新光社、１９６９）
執行文子「若者のネット動画利用とテレビへの意識～〝中高生の動画利用調査〟の結果から～」ＮＨＫ放送文化研究所編『ＮＨＫ放送文化研究所年報２０１２』（ＮＨＫ出版、２０１２）
島森路子「なにを・いつ・いかに放送するか」ＮＨＫ総合放送文化研究所編『テレビで働く人間集団』（日本放送出版協会、１９８３）
清水幾太郎『社會心理學』（岩波書店、１９５１）
清水幾太郎「テレビジョン時代」『思想』４１３号（岩波書店、１９５８）
清水幾太郎「テレビ時代のマス・コミュニケーション」『講座　現代マス・コミュニケーション1　マス・コミュニケーション総論』（河出書房新社、１９６１）
辛坊治郎『ＴＶメディアの興亡―デジタル革命と多チャンネル時代』（集英社新書、２０００）
白石信子・井田美恵子「浸透した『現代的なテレビの見方』　平成14年10月〝テレビ50年調査〟から」『放送研究と調査』

2003年5月号（NHK出版、2003）
菅谷実・中村清『放送メディアの経済学』（中央経済社、2000）
菅谷実『アメリカのメディア産業制作　—通信と放送の融合』（中央経済社、2000）
田原茂行『テレビの内側で』（草思社、1995）
田原総一朗『テレビ仕掛人たちの興亡』（講談社、1990）
田原総一朗他「座談会…田原総一朗×ばばこういち×吉永春子 視聴率調査とテレビの現実」『創』2004年12月号「特集 日本テレビ視聴率買収事件」（創出版、2004）
高木教典「マス・メディアの構造と生産過程」北川隆吉ほか編『講座　現代日本のマス・コミュニケーション　4　マス・メディアの構造とマス・コミ労働者』（青木書店、1973）
高木教典「〈シンポジウム〉・放送研究の進め方〈報告〉マス・メディア産業論と放送研究」」『新聞学評論』第13号（日本マス・コミュニケーション学会、1963）
田辺勝則「食卓のテレビから見た一考察」『新・調査情報』1999年11月号、（東京放送編成考査局、1999）
田中晃「変貌する視聴率戦略〜世帯から個人へ」『放送文化』2004年春号（NHK出版、2004）
谷富夫・芦田徹郎編著『よくわかる質的社会調査　技法編』（ミネルヴァ書房、2009年）
TBS調査部編『情報未来学序説（70年代情報シリーズ1巻）』（ブロンズ社、1970）
テレビ東京30年史編纂委員会編『テレビ東京30年史』（テレビ東京、1994）
弟子丸千一郎「時代の鏡となる番組をつくる！」『GALAC』2003年4月号「特集　テレビの〝突破者〟たち」（放送批評懇談会、2003）
東京大学社会情報研究所、東京大学新聞研究所編『放送制度論のパラダイム』（東京大学出版会、1994）
東京放送編『東京放送のあゆみ』（東京放送、1965）
鳥越俊太郎『ニュースの達人「真実」をどう伝えるか』（PHP新書、2001）

Tschmuck, P.（２００６）, Creativity and Innovation in the Music Industry ,Berlin: Springer
津田浩司「ワイドショー・情報番組、ボーダーレス化の現在」『創』１９９４年７月号、（創出版、１９９４）
筑紫哲也「自我作古　視聴率についてお訊ねへのお答」『週刊金曜日』１９９６年５月24日号（金曜日、１９９６）
筑紫哲也「やっかいなのは〝利口馬鹿〟な人びと」『ＧＡＬＡＣ』２００１年５月号、（放送批評懇談会、２００１）
植田康夫、伊豫田康弘、小林宏一「開拓途上における研究の位相と展開」『新聞学評論』39号（日本マス・コミュニケーション学会、１９９０）
上村忠「視聴率機械式個人調査の早期導入に強く反対する　放送文化全般の問題として討議尽くすべき」『月刊民放』１９９４年４月号（日本民間放送連盟、１９９４）
上村忠「視聴率をどう使うか 量と質の両立は果たして可能か」『調査情報』１９６１年８月、32号、（東京放送調査部、１９６１）
瓜生忠夫「受けて側の生活分析 電波媒体の経済構造１８」『調査情報』１９６３年４月、51号、（東京放送調査部、１９６３）
ビデオ・リサーチ編『視聴率15年』（ビデオ・リサーチ、１９７７）
ビデオ・リサーチ編『視聴率20年』（ビデオ・リサーチ、１９８２）
ビデオ・リサーチ編『視聴率30年』（ビデオ・リサーチ、１９９３）
ビデオ・リサーチ編『視聴率の正体』（廣松書店、１９８３）
渡辺久哲「連載・視聴率　どの調査方法にも一長一短　―テレビの多様な特徴をどうとらえるか」『月刊民放』１９９３年７月号（日本民間放送連盟、１９９３）
渡辺久哲「連載・視聴率　放送における人気の尺度」『月刊民放』１９９３年６月号、（日本民間放送連盟、１９９３）
渡邊久哲「テレビ局の現場は総合視聴率をどう捉え、どう活用すべきか」『ＧＡＬＡＣ』２０１７年３月号（放送批評懇談会、２０１７）

渡辺みどり『現代テレビ放送文化論』（早稲田大学出版部、１９９７）
渡辺みどり『新版　現代テレビ放送学』（早稲田大学出版部、１９８６）
山田修爾『ザ・ベストテン』（新潮文庫、２００８）
山田良明「データ分析から生まれる企画はない」『放送文化』２００４年春号「特集①テレビ局は視聴率をどう考えているか」（ＮＨＫ出版、２００４）
山形弥之助「視聴率の調査に幅を 量的調査は必要だが、十分ではない」『調査情報』１９６１年8月、32号「特集《視聴率カルテ》」、（東京放送調査部、１９６１）
横澤彪「〝芸〟の解体こそ新しい笑い」『ＧＡＬＡＣ』２００３年4月号「特集　テレビの突破者たち！」（放送批評懇談会、２００３）
横澤彪『犬も歩けばプロデューサー』（ＮＨＫ出版、１９９４）
読売テレビ編『アメリカのテレビ』（読売テレビ放送、１９６９）
吉田正樹『人生で大切なことは全部フジテレビで学んだ～「笑う犬」プロデューサーの履歴書～』（キネマ旬報社、２０１０）
吉田正樹『怒る企画術！』（ベスト新書、２０１０）
吉田正樹「テレビは共有知。文化的バックグラウンドを支える」ビデオリサーチ・編『視聴率50の物語　テレビの歴史を創った50人が語る50の物語』（小学館、２０１３）
吉田直哉『霧中で影をあつめ』（ＮＨＫ出版、１９９５）
吉見俊哉「カルチュラル・スタディーズ」北川高嗣、須藤修、西垣通、浜田純一、吉見俊哉、米本昌平編『情報学事典』（弘文堂、２００２）
吉見俊哉「解題―〈再録〉テレビジョン時代―」『思想』２００３年第12号「テレビジョン再考」（岩波書店、２００３）
吉見俊哉『メディア文化論 改訂版 メディアを学ぶ人のための15話』（有斐閣アルマ、２０１２）

吉見俊哉『メディア時代の文化社会学』(新曜社、1994)
吉見俊哉「テレビが家にやって来た―テレビの空間　テレビの時間―」『思想』2003年第12号「テレビジョン再考」(岩波書店、2003)
吉見俊哉『都市のドラマトゥルギー』(弘文堂、1987)
吉本隆明『状況としての画像　高度資本主義下の「テレビ」』(河出書房新社、1991)
吉野嘉高『フジテレビはなぜ凋落したのか』(新潮社、2016)
郵政省郵政研究所編『21世紀　放送の論点―デジタル・多チャンネルを考える』(日刊工業新聞社、1998)
郵政省郵政研究所編『有料放送市場の今後の展望』(日本評論社、1997)
全国朝日放送編『テレビ朝日社史―ファミリー視聴の25年』(全国朝日放送、1984)

〈新聞〉
「朝日新聞」(2003年10月25日付)
「朝日新聞」(2007年3月28日付)
「報知新聞」(2004年6月11日付)
「放送ジャーナル」(2004年1月23日付)
「放送ジャーナル」(2004年3月10日付)
「毎日新聞」(2007年3月8日付)
「毎日新聞」(2015年7月8日付)
「三田新聞」(1968年5月1日付)
「日刊合同通信」(2003年11月5日付)
「日刊合同通信」(2005年4月5日付)

「日刊合同通信」（２０１５年１月６日付）
「日刊スポーツ」（２００４年１月６日付）
「産経新聞」（２００７年３月28日付）
「産経新聞」（２０１５年９月15日付）
「スポーツ報知」（２０００年９月26日付）
「東京新聞」（２００４年６月１日付）
「東京新聞」（２００７年５月11日付）
「読売新聞」（２００３年10月25日付）

〈参考ＵＲＬ〉

ＢＰＯ「青少年委員会 審議事案　２０００年４月『おネプ！』テレビ朝日」、ＢＰＯホームページ、
<http://www.bpo.gr.jp/?p= ５１１１>、２０１５年３月20日閲覧。

フジテレビ「会社情報・組織図」、フジテレビホームページ、
<http://www.fujitv.co.jp/company/info/soshiki.html>、２０１５年７月１日閲覧。

Hesmondhalgh, D.（２０１３）.Media Industry Studies, Media Production Studies
<http://www.academia.edu/1534970/Media_industry_studies_media_production_studies>、２０１４年９月15日閲覧。

関西テレビ『『発掘！あるある大事典Ⅱ』調査報告書』、関西テレビホームページ、
< http://www.ktv.jp/info/grow/pdf/070323/houkokusyogaiyou.pdf>、２０１４年２月15日閲覧。

ＮＨＫ「ＮＨＫの世論調査について 沿革」、ＮＨＫオンライン、
<https:// www.NHK.or.jp/bunken/yoron/NHK/history.html >２０１６年１月14日閲覧。

日本テレビ「会社情報・組織図」、日本テレビホームページ、

<http://www.ntv.co.jp/info/organization/>２０１５年7月1日閲覧。
日本テレビ「日テレ企業・ＩＲ情報」、日本テレビホームページ
<http://www.ntv.co.jp/info/organization/>２０１９年9月1日閲覧。
日刊スポーツ「テレ朝は暴れん坊…朝4時から時代劇放送します」、日刊スポーツコムホームページ、２０１５年3月4日配信
<http://www.nikkansports.com/entertainment/news/1442161.html>２０１５年5月19日閲覧。
ニュースウォーカー「『勇者ヨシヒコと魔王の城』で山田孝之、福田雄一監督らが深夜の〝オフ会〟開催」、ニュースウォーカーホームページ、２０１１年8月10日配信
<http://news.walkerplus.com/article/23864/>２０１５年6月29日閲覧。
オリコン「超低予算を武器に面白さを追求　ドラマ『勇者ヨシヒコと悪霊の鍵』」、オリコンスタイルホームページ、２０１２年10月13日配信
<http://www.oricon.co.jp/news/2017681/full/>２０１５年6月29日閲覧。
オリコン「山田孝之が勇者熱演！異色のドラクエ風ドラマ主演で〝Lv99目指す〟」、オリコンスタイルホームページ、２０１１年5月16日配信
<http://www.oricon.co.jp/news/87651/full/>２０１５年6月29日閲覧。
オリコン「山田孝之主演の低予算ドラマ『勇者ヨシヒコ』10月にパート2放送」、オリコンスタイルホームページ、２０１２年5月16日配信
<http://www.oricon.co.jp/news/2011678/full/>２０１５年6月29日閲覧。
オリコン「〝勇者〟山田孝之、ＲＰＧ風ドラマで体当たり演技も予算不足嘆く」、オリコンスタイルホームページ、２０１１年7月5日配信
<http://www.oricon.co.jp/news/８９５４５/full/>２０１５年6月29日閲覧。

私的昭和テレビ大全集「マルマン深夜劇場（１９６２）」、私的昭和テレビ大全集ブログ、２０１４年４月27日配信 <goinkyo.blog2.fc2.com/blog-entry-878.html>、２０１５年６月29日閲覧。

ＴＢＳ「会社情報・組織図」、ＴＢＳホームページ、
<http://www.tbsholdings.co.jp/information/soshikizu.html>、２０１５年７月１日閲覧。

テレビ朝日「会社情報・組織図」、テレビ朝日ホームページ
<http://company.tv-asahi.co.jp/contents/corp/formation.html>２０１５年７月１日閲覧。

テレビドガッチ「福田雄一監督、続編に意欲満々！『勇者ヨシヒコと悪霊の鍵』Blue-ray、DVD 発売記念イベント」、テレビドガッチホームページ、２０１３年４月22日配信 <http://dogatch.jp/news/tx/16058>２０１５年６月29日閲覧。

テレビ東京「会社情報・組織図」、テレビ東京ホームページ
<http://www.tv-tokyo.co.jp/kaisha/company/organization.html>２０１５年８月８日閲覧。

テレビ東京「『勇者ヨシヒコと魔王の城』秘蔵メイキング映像第12弾！」、テレビ東京ホームページ、２０１１年９月23日配信
<http://www.tv-tokyo.co.jp/yoshihiko/>２０１５年６月29日閲覧。

東亜日報「大ヒットしたのに、大損したという韓国ドラマ」、東亜日報日本語版ホームページ、２０１３年６月23日配信
<japanese.donga.com/List/3/all/27/422151/1>２０１６年10月16日閲覧。

梅田恵子「低ギャラでも出たい枠……テレ東深夜ドラマがまた豪華」、ニッカンスポーツ・コム、芸能記者コラム「梅チャンネル」、２０１５年４月17日配信
<http://www.nikkansports.com/entertainment/column/umeda/news/1458103.html>２０１５年６月29日閲覧。

ビデオリサーチ「視聴率調査について」、ビデオリサーチホームページ
<http://www.videor.co.jp/>２０１５年４月15日閲覧。

ビデオリサーチ「視聴率調査の歴史」、ビデオリサーチホームページ

<http://www.videor.co.jp/>２０１５年４月15日閲覧。
ビデオリサーチ「視聴率の定義」、ビデオリサーチホームページ
<http://www.videor.co.jp/>２００５年４月10日閲覧、２０１５年４月15日閲覧。
ビデオリサーチ「全局高世帯視聴率番組５０」、ビデオリサーチホームページ、
<http://www.videor.co.jp/>２０１５年４月15日、２０１５年10月20日閲覧。
ビデオリサーチ「プレスリリース」、ビデオリサーチホームページ
<http://www.videor.co.jp/>２０１４年７月14日、２０１７年12月25日閲覧。
ＺＡＫＺＡＫ「松方弘樹亡き父へ果たし状…近衛十四郎代表作に挑む　消えるテレ朝時代劇枠の最終作『素浪人　月影兵庫』」、ＺＡＫＺＡＫホームページ、２００７年７月17日配信
<http://www.zakzak.co.jp/gei/2007_07/g2007071708.html>２０１５年５月19日閲覧。
〈口絵〉
ウィキペディア・「街頭テレビ」、
<https://ja.wikipedia.org/wiki/%E8%A1%97%E9%A0%AD%E3%83%86%E3%83%AC%E3%83%93>２０２０年６月20日閲覧。

あとがき

1997年秋の沖縄県座間味島。

水族館などで飼育されているイルカを野生に還すドキュメンタリーを撮影するため、三カ月に及び、この美しい島に滞在しました。日夜、番組制作の業務に追われる中で、寸暇を惜しんで遊んでいた20代があっという間に過ぎ、テレビマンになって、初めてまとまった時間ができた南国の楽園で、ふと自分の人生を見つめ返す余裕ができたのです。

「50歳になった時の自分は、一体、どんな仕事をしているのだろう？」

「その時、テレビはどうなっているのだろう？」

まだインターネットも今ほど普及しておらず、大雑把に「多メディア化」の影響が巷で語られている時期でしたが、その状況とは関係なく、将来のテレビメディアの行方と、50歳になった時の自分自身の姿が朧気にも見えてきませんでした。当時は、「視聴率」の締め付けで、「作り手」が思うように自分たちの好きなものを創れなくなりつつあり、一方で、尖っていた先輩たちが年を取ると管理業務に移り、スーツを着て丸くなっている姿を見て、自分の将来像へ置き換えた時に、明るい未来が思い浮かばなかったのかもしれません。

そんな時に、レンタルビデオで借りて観た、映画『化身』の中で藤竜也が演じた大学教授に、いつまでも現場で輝ける「50歳になった時の、あるべき人物像」を見出し、漠然とアカデミズムの道を目指すことになったのです。その後、願いが叶い、東京大学大学院に進むことができ、当時から20年以上が経ち、この本の基になる博士論文が完成します。

その20年間で、インターネットの普及や娯楽の多様化などにより、テレビメディア自体が大きく変化しており、「視聴率」の覇権も、日本テレビ、フジテレビ、日本テレビ、テレビ朝日、日本テレビと、競争が激化する中で、目まぐるしく変わっていきました。

この本では、1953年のスタートから遡ってテレビの歴史を検証して、「編成主導体制」確立まで、制作現場の「作り手」と、編成部門の「送り手」の関係性の変遷を追っていき、最終的には現状で最善の組織モデルを提示することができたと思います。また、手薄であったと指摘される「送り手」論に、制作現場の「内部的目線」から「作り手」論を導入する、新たな方法論を採り入れて、従来のテレビ研究の再構築も模索しました。

しかし、この本の中では、「作り手」の対象範囲を「出演者」や「構成作家」などを含まない、プロデューサーやディレクターなど狭義の「作り手」に設定したため、広義の「作り手」をカバーした研究にはなりませんでした。

実際に、テレビ番組の制作過程の表舞台と裏側の双方で、プロデューサーやディレクター以外にも、数多くのクリエーターたちが広義の「作り手」として深く関与しています。例えば、「出演者」に注目しますと、時代別に「視聴率男」と呼ばれた人物がおり、「第一期」では、街頭テレビに群集を造った力道山や、国民のナショナリズムを刺激したファイティング原田、ハリウッド製「外画」のアメリカ人スターたち、「第二期」は、視聴者に斬新な笑いを提供した林家三平やザ・ドリフターズ、そして「視聴率１００％男」と呼ばれた萩本欽一などが活躍していました。更に、「第三期」では従来の「笑い」を解体して現在も第一線で活躍する「ビッグ３」と呼ばれる、ビートたけし・タモリ・明石家さんまが出現し、「第四期」では、ドラマ、歌番組、バラエティーとマルチに活躍するジャニーズ事務所の代表的存在であったＳＭＡＰが登場するなど、高視聴率番組とは切っても切れない「数字を持っている」人気出演者たちが、微妙に時期を跨ぎながらも、大車輪の働きを見せます。

一方で、番組の企画立案や、台本を執筆する「構成作家」や、ドラマの「脚本家」も番組の「作り手」として、重要な役割を担っています。その代表的な存在として、「第一期」から、『シャボン玉ホリデー』などを手掛けた青島幸男、『巨泉×前武ゲバゲバ90分!!』などで創作コントを連発した井上ひさし、「ドラマのＴＢＳ」の柱となり社会的題材をテーマとした山田太一、萩本欽一のヒット番組の大多数を担当した大岩賞介など「パジャマ党」のメンバー、フジテレビの躍進を支えたヒットメーカー秋元康、ドラマにバラエティーの感性を導入し、独自路線を開拓した三谷幸喜、『カノッサの屈辱』、『料理の鉄人』など新感覚のバラエティー番組を生み出した小山薫堂など、時代ごとに新しい番組作りのアイデアの源となった「構成作家」や「脚本家」が、獅子奮迅の活躍を見せます。しかし、「第四期」以降は、「構成作家」が本来のクリエイティブな側面より、有名タレントの「座付き作家」としての側面が目立つようになり、連続ドラマでも複数の「脚化していきます。

本家」が起用されるケースが恒常化するなど、その役割が「作り手」の平準化が進む番組制作体制に同調して、質的に変

実際に、これらの「出演者」や「構成作家・脚本家」と「編成主導体制」の浸透を関連付けて、体系的に検証した研究は皆無に等しい状況と言えます。ところが、彼らの番組制作過程や、「視聴率」に対する影響力は極めて強く、この本の中では、ほとんど取り扱えず、未達の部分になりましたが、今後は詳しい考察が必要であることは間違いありません。

同様に、この本では「視聴率」の影響の有無を限定条件として、基本的には地上波の「民放キー局及び、準キー局」を研究範囲としたため、「NHK」や「BS」「CS」などは対象外となりました。しかし、NHKも1997年に会長へ海老沢勝二が就任して以来、「視聴率」に対するスタンスが変化しており、公共放送としての使命である「公共の福祉」の解釈として、「広く万人に視聴される」といった事実性が重視される中で、「視聴率」に対する意識も強化されているようです。結果として、以前のNHKは局制作が大部分であり、その他の番組も子会社のNHKエンタープライズが担当していましたが、バラエティー番組を中心に他の制作会社が参入してくるようになり、フジテレビの子会社である共同テレビが実質的に制作する『チコちゃんに叱られる!』(2019年、18・0%)などが人気番組になるなど、民放の番組制作体制と変わらない状況が一部で生まれています。

また、開局当初から定期的な視聴率調査を行っていなかった「BS」も、視聴可能世帯の増加に伴い媒体価値が上がったことにより、営業売上が飛躍的に伸びており、従来の精度の低い日記式の「接触率調査」に代わる本格的な「営業的指標」の導入が、スポンサーサイドから要求され、2015年4月から地上波放送と同様の「機械式視聴率調査」を導入して、制作現場にも少なからず影響が及んでいるようです。更に、インターネットの普及に対応して、テレビ朝日がサイバーエージェントと共同で「インターネットテレビ局」の「AbemaTV」を立ち上げており、地上波の「作り手」を投入した本格的な番組の動画配信も手掛けるようになっています。やはり、この本の中で「民放キー局及び、準キー局」に限定した研究範囲を広げて、今後は「NHK」や「BS」「CS」「インターネット動画配信」も対象にする、研究自体の広がりを将来的な抱負にしたいと思います。

このように、残念ながら、テレビメディアの全てを網羅した研究には至りませんでしたが、地上波民放キー局、準キー局の制作現場で働くプロデューサーやディレクターの「内部的目線」から、一点突破した「作り手」論を提示できたとは、確信しています。その中で、これまでの人生でお話を伺うことの出来なかった、テレビメディアを代表する偉大な方々に、「テレビ研究」の名目で、貴重な時間を割いてインタビュー取材をさせて頂いたのが、この本の本質的な部分で血や肉となり、皆様方には大変感謝しております。

ここで列挙させて頂きますと、まずは、この本のキーワードである「編成主導体制」を1980年代に組織イノベーションとして敢行された、関西テレビ元社長の故村上七郎さん。私自身も、新入社員の時から非常にお世話になったにもかかわらず、他局へ転職して以来、音信不通になっていましたが、突然の不躾なインタビュー依頼にも快く応じて頂き、この本の根幹となる部分を示唆されており、感謝の言葉がみつかりません。

そして、この「村上イズム」を、制作現場で番組に具現化された、故横澤彪さんには、1980年代当時と現状の「編成主導体制」の違いを明確に証言して頂き、同時に、変わりゆく「作り手」像に対する危機感を強く訴えかけられていたのが印象的です。

また、学生時代から公私共に、大変お世話になっていた、演出家の山像信夫さんには、関西テレビ元ドラマプロデューサーとして、テレビ草創期の「古き良き時代」の制作現場について貴重なお話を伺いました。日本のオリジナルジャンルである「ワイドショー」の生みの親である、テレビ朝日元プロデューサーの故浅田孝彦さんには、何度も手紙でやりとりをして、今後の「作り手」像からメディア全体の在り方まで、幅広い議論をさせて頂きました。同郷で大学の大先輩として、20代の頃から非常にお世話になり、数々の人気番組を生み出してきた、テレビ朝日元取締役の皇達也さんからは、「視聴率」を獲得する方法論や、「作り手」としての矜持に薫陶を受けました。日本テレビ元専務の佐藤孝吉さんには、「編成主導体制」の導入により、制作現場で「効率化と平準化」が進み、「美や個性が喪失される」状況について、説得力のある体験談を踏まえた重いお話を伺えました。

そして、制作現場で苦楽を共にしてきた制作会社の方々からも、普段は気恥ずかしくて聞けなかった、熱くて実践的な「テレビ論」を教示して頂きました。特に、オン・エアー社長の石戸康雄さんと、プランニング・テレビジョン社長の前田恵三さんには、テレビ局の社員目線では気付けない、重要な指針となるご指摘を頂き、貴重な裏付け証言となりました。

一方、「送り手」としての目線からは、テレビ朝日元会長で民放連会長も兼務されていた広瀬道貞さんの、経営者としての奥深いテレビ観に魅了され、新聞と比較した「テレビ論」を丁寧に教えて頂きました。テレビ朝日の人事部長であった、木村寿行さんには、編成戦略とテレビ局の人事の関わりについて、かなり突っ込んだ話を伺えました。そして、元報道マンの経営者である、山口朝日放送元社長の増田信二さんには、大学院進学の際にも相談に乗って頂きましたが、論理的な視点から、民放局の報道の役割と問題点を実践的な観点から冷静に分析され、非常に感銘を受けました。

その他、長年にわたる民放キー局のドキュメンタリーの動向について論じて頂いたテレビ朝日プロデューサーの原一郎さん、広告会社の目線から、テレビ番組の制作体制の過去と未来像を明示して頂いた元電通プロデューサーの菅原章さん、フジテレビの「編成主導体制」の変化と、「村上イズム」の継承の必要性を断言された関西テレビ制作局長の安藤和久さん、人気ドラマ『勇者ヨシヒコ』シリーズで採用された「製作委員会方式」の功罪を、制作会社のプロデューサー目線から指摘して頂いた、イーストの手塚公一さんなど、本当に数多く方々から重要証言と新たな視点を頂き、改めてお礼を申し上げます。

こうして、テレビメディアを支えてきた屈指の「作り手」や「送り手」に直接インタビューできて、独自の「テレビ論」について伺うことが出来たのは、今後、テレビ研究者としてメディアを探求する際の、大きな財産になりました。

一方、この本の基になった博士論文の執筆に当たり、研究者として未熟な私を広いお心でご指導下さった、東京大学大学院のお二人の恩師には、大変お世話になりました。まずは、修士論文執筆から博士課程進学の段階で、「私が面倒を見る」と仰って頂き、本当にご恩を受けた現BPO理事長で東京大学名誉教授の濱田純一先生。濱田先生のご配慮がなければ、博士論文の執筆はおろか、進学すらできていなかったと考えられ、大変感謝すると同時に、先生の弟子であることを誇りに思っております。その後、濱田先生が東京大学総長に就任され、私の担当教官を制度上できなくなり、後任として推薦して頂いたのが、丹羽美之先生でした。

さて、丹羽先生には、どうお礼を言ってよいのか見当がつかないほど、本当にお世話になりました。よく、「博士論文の執筆は担当教官と学生の二人三脚」と言われるのですが、論文の根幹から枝葉末節の部分まで、「二人羽織」のように懇切丁寧にご指導して頂きました。当初は、生意気にも論文構成などで、自説を曲げなかったりもしましたが、今にして思えば、今回この本を再構成した結果、ほぼ丹羽先生がご指摘されていた形となっており、改めてご指導の的確さに気付かされました。途中からは、丹羽先生を信奉して、ひたすらついて行かせて頂きましたが、大変ご多忙にもかかわらず、思い起こすとどれだけお時間を割いて頂いたのか気が遠くなり、改めて深くお礼を申し上げます。

そして、ようやく書き上げた博士論文を出版化するに当たって、まず相談したのが、以前に番組でご一緒させて頂いた、雑誌編集者の石川次郎さんでした。次郎さんは、とても広い人脈を持つリベラルかつパワフルな方で、非常にお世話になっているのですが、今回もぴったりな素晴らしい方を、その場ですぐ電話をされて私に紹介して頂きました。それが、この本の担当編集者で、茉莉花社の社長で作家の塩澤幸登さんです。塩澤さんとは、次郎さんに紹介して頂いた直後から、「本作りは私に任せなさい。一緒に良い本を作りましょう」と仰って頂き、何度もコンセプトを確認しながら、出版化までの筋道をつけて頂きました。やはり、私の書いた博士論文は学術書であり、多くの方々に読んで頂くには論文調の言い回しを多用しているために難解であり、研究成果を広く世に問うことを、最終目標とする中で、出版化には手直しが必要でした。つまり、専門的過ぎる堅い内容を、いかに「読み物」として面白くしていくかが問われ、塩澤さんと打ち合わせを重ねるうちに、読みやすい形にするため、文体だけではなく構成も含めて修正する決断を下します。塩澤さんは、「本の出版の可否は本人がどのくらいのエネルギーを出しながら原稿書きをするかに尽きる」と叱咤激励されましたが、実際に、博士論文を一から書き直すことになりました。要は、「合格ラインまで自力ではい上がってこい！」ということでしたが、塩澤さんの執筆されたメディア関連の書籍を何度も読み返して、構成方法や言い回しを直す際の指針としており、大変感謝すると共に、今後とも、ご指導を宜しくお願い致します。

今回、この本を執筆するにあたり、偉大な先人たちの名前は、このような本の通例として、大変申し訳ありませんが、敬称を略させて頂きました。

最後になりますが、そもそも私が小学校三年生で将来テレビマンになるという目標を立てたのは、広島の民放局に勤めていた父・泰郎の影響からでした。その私自身も、座間味島での予想通りに、番組の制作現場から離れ、母・喜多子の願っていた大学院に進学することになりました。その後、私生活では修士課程に在学中に妻・弥生と結婚して、２０１４年7月には長男・見心が誕生しますが、それを待つかのように喜多子が10月に他界しました。生前、母は「必ず博士論文を完成させるように」と、帰省の度に念押ししましたが、臨終の間際に「博士号を必ず取る」と母と妻に約束して、何とか果たすことができました。

今は、その次の約束に向かって邁進しておりますが、この本の執筆にあたり、私には集中力が高まる最高の書斎としてトイレを長時間占有する悪癖があり、妻や息子に多大な迷惑を掛けてしまいました。そこで、会社業務や育児に追われながらも、手厚いサポートをしてくれた妻、狭いトイレに閉じこもり執筆したため、遊びたい盛りに本も読んであげられなかった息子、そして父母にこの本を捧げたいと思います。

また、私の書いた最初の本になる、拙書を最後まで読んで頂いた方々に深くお礼を申し上げます。そして、社業の傍らで、この本の多くの読者である学生たちを、大学の教壇に立って教える機会を頂き、そもそも大学院への進学を容認して頂いた、上司や同僚の方々にも本当に感謝しています。

今後とも、「テレビはまだまだ面白くなる」と胸を張って言えるような状況に復活させる方法論を、もう少しの間はテレビマンと研究者の二足の草鞋を履いて、微力ながら提示していきたいと意気込んでおります。

２０２０年10月　参考資料が山積みとなった自宅のトイレにて

松井　英光

【著者紹介】　松井英光（まつい　えこう）
1965 年兵庫県西宮市生まれ。幼少時は広島県で過ごし、修道中学、修道高校を卒業。1984 年カリフォルニア州スカイラインハイスクールに留学。ディプローマ取得。1989 年慶應義塾大学法学部政治学科を卒業し、関西テレビ放送に入社。1991 年在京キー局に転職し、主にバラエティー番組のディレクターやプロデューサーを務める。2005 年東京大学大学院人文社会系研究科社会情報学専門分野修士課程修了。2017 年東京大学大学院人文社会系研究科社会情報学専門分野博士課程修了。社会情報学博士。現在は在京キー局で働きながら、実践女子大学非常勤講師、東洋大学非常勤講師、広島大学特別講師、東京外国語大学特別講師などを務めており、テレビマン、研究者の二足の草鞋を履いて活動中。

新テレビ学講義

もっと面白くするための理論と実践

2020 年 11 月 20 日　初版印刷
2020 年 11 月 25 日　初版発行
著　者　松井英光
発行者　堀内明美
発　行　有限会社　茉莉花社（まつりかしゃ）
〒 173-0037　東京都板橋区小茂根 3-6-18-101
電話　03-3974-5408
発　売　株式会社　河出書房新社
〒 151-0051　東京都渋谷区千駄ヶ谷 2-32-2
電話　03-3404-1201（営業）
http://www.kawade.co.jp/
印刷・製本　（株）シナノパブリッシングプレス

落丁本・乱丁本はお取り替えいたします。
ISBN978-4-309-92216-4